"十三五"职业教育系列教材

DIANGONG DIANZI JISHU YU SHIJIAN

电工电子技术与实践

（第二版）

主　编　徐钰琨
副主编　赵传伟　陈　伟　武际花
参　编　王德彬　周玉霞　隋瑞红　李　兵
主　审　刘文忠

中国电力出版社
CHINA ELECTRIC POWER PRESS

内 容 提 要

本书共分九个学习项目，主要内容包括直流电路的测试与分析、交流电路的测试与分析、直流稳压电源的分析与设计、简易扩音器的分析与设计、交通信号灯故障检查电路的分析与设计、医院病房呼叫显示电路的分析与设计、抢答器电路的分析与设计、数字计步器的分析与设计、可燃气体报警器分析与设计。每个学习项目包括若干任务单元，分别从任务目标、任务引入、学习任务单、知识准备、拓展知识和任务实施等几个方面加以阐述。每个学习项目都附有较丰富的有难度层次的典型例题和习题，可达到使学生触类旁通、融会贯通、举一反三的目的。

本书主要作为高职高专机电一体化、电气自动化、机械制造、应用电子等专业的学习教材，同时也可作为工程技术人员的自学参考用书。

图书在版编目（CIP）数据

电工电子技术与实践 / 徐钰琨主编．—2 版．—北京：中国电力出版社，2019.10（2021.10 重印）
“十三五”职业教育规划教材
ISBN 978-7-5198-3817-1

Ⅰ．①电…　Ⅱ．①徐…　Ⅲ．①电工技术－高等职业教育－教材②电子技术－高等职业教育－教材　Ⅳ．①TM②TN

中国版本图书馆 CIP 数据核字（2019）第 249376 号

出版发行：中国电力出版社
地　　址：北京市东城区北京站西街 19 号（邮政编码 100005）
网　　址：http://www.cepp.sgcc.com.cn
责任编辑：周巧玲（010-63412539）
责任校对：黄　蓓　常燕昆
装帧设计：郝晓燕
责任印制：吴　迪

印　　刷：北京雁林吉兆印刷有限公司
版　　次：2016 年 7 月第一版　2019 年 10 月第二版
印　　次：2021 年 10 月北京第五次印刷
开　　本：787 毫米×1092 毫米　16 开本
印　　张：17.5
字　　数：422 千字
定　　价：44.00 元

前 言

本书总码

本书在编写过程中，依据“以学生为出发点，以职业标准为依据，以职业能力为核心”的原则，从实际应用出发，根据企业的实际需要进行内容的选取，加强实践技能的培养，注重新技术的注入，加强学生创新意识的培养。

本书参照国家技能标准要求，以电工电子的应用为主线，包括基本电路的应用、模拟电子电路的应用、数字电子电路的应用三大部分，根据学生的认知规律与技能要求，突出高等职业教育的角色，注重职业素质和创新精神的培养，把职业岗位所必需的知识、技能编入教材，取材新颖、实用，便于激发学生的学习兴趣。

全书共分九个学习项目，主要内容包括直流电路的测试与分析、交流电路的测试与分析、直流稳压电源的分析与设计、简易扩音器的分析与设计、交通信号灯故障检查电路的分析与设计、医院病房呼叫显示电路的分析与设计、抢答器电路的分析与设计、数字计步器的分析与设计、可燃气体报警器分析与设计。每个学习项目包括若干任务单元，分别从任务目标、任务引入、学习任务单、知识准备、拓展知识和任务实施等几个方面加以阐述。

本书为了便于不同层次的学生和读者自学，每个学习项目都附有较丰富的有难度层次的典型例题和习题，可达到使学生触类旁通，融会贯通，举一反三的目的。本书增加了绝大部分元件实例图片，适当增加了实训内容，增加了学生的感性认识。同时，例题与习题的安排，均来源于工程实例，注重培养学生分析问题和解决问题的能力。

本书配备了丰富的数字资源，按封四所示步骤扫码即可获取。配套资源包括学生 PC 版网络学习平台（https://mooc1.chaoxing.com/ mycourse/teachercourse?moocId=202029653&clazzid=9655639&edit=true&v=0）与手机 App 学习通，借助平台资源完成整堂课的课前、课中、课后的学习。本课程数字资源有电子教材、电子学习任务单、课件、课前教学视频、现场教学视频（日常使用电工安装与维修）、技能拓展视频、助学动画、答疑讨论模块、电子作业、仿真软件、在线测试模块、学生电子作品、每个模块自测题库、试卷库、维修电工技能考试题库等。

本书采用工学结合的模式组织编写，由山东科技职业学院徐钰琨担任主编，陈伟、武际花担任副主编，潍坊航锐机械科技有限公司的工程师赵传伟参与编写并担任副主编，还对本书提出了很多宝贵的建议，山东科技职业学院王德彬、周玉霞、隋瑞红和李兵参与编写。本书由潍坊航锐机械科技有限公司刘文忠高级工程师担任主审。在此表示衷心的感谢。本书编写过程中参考了很多文献资料，在此谨向这些文献资料的编著者表示衷心的感谢。

限于编者水平，书中难免有不妥或疏漏之处，恳请广大读者批评指正。

编　者

2021 年 7 月

第一版前言

本教材在编写过程中，依据“以学生为出发点，以职业标准为依据，以职业能力为核心”的原则，从实际应用出发，根据企业的实际需要进行内容的选取，加强实践技能的培养，注重新技术的注入，加强学生创新意识的培养。

本教材参照国家技能标准要求，以电工电子的应用为主线，包括基本电路的应用、模拟电子电路的应用、数字电子电路的应用三大部分，根据学生的认知规律与技能要求，突出高等职业教育的角色，注重职业素质和创新精神的培养，把职业岗位所必需的知识、技能编入教材，取材新颖、实用，便于激发学生的学习兴趣。

全教材共分九个学习情境，主要内容包括手电筒电路的测试与分析、家庭简单照明电路的测试与分析、±5V 简易直流稳压电源的分析与设计、简易扩音器的分析与设计、交通信号灯故障检查电路的分析与设计、医院病房呼叫显示电路的分析与设计、抢答器的电路的分析与设计、数字计步器的分析与设计、烟雾报警器分析与设计。每个学习情境包括若干任务单元，分别从任务目标、任务引入、学习任务单、知识准备、拓展知识和任务实施等几个方面加以阐述。

本教材为了便于不同层次的学生和读者自学，每一学习情境都附有较丰富的有难度层次的典型例题和习题，可达到使学生触类旁通，融会贯通，举一反三的目的。本教材增加了绝大部分元件实例图片，适当增加了实训内容，增加了学生的感性认识。同时，例题与习题的安排，均来源于工程实例，注重培养学生分析问题和解决问题的能力。

本教材适合机电一体化、电气自动化、机械制造、应用电子等专业的学习需要，同时也可作为工程技术人员的自学参考教材。

本教材采用工学结合的模式组织编写，由山东科技职业学院徐钰琨担任主编，陈伟、武际花担任副主编，潍坊航锐机械科技有限公司的工程师赵传伟参与编写并担任副主编，还对本书提出了很多宝贵的建议，山东科技职业学院周玉霞、隋瑞红、王德彬和李兵参与编写。本书由潍坊航锐机械科技有限公司刘文忠高级工程师担任主审。在此表示衷心的感谢。本教材编写过程中参考了很多文献资料，在此谨向这些文献资料的编著者表示衷心的感谢。

限于编者水平，书中难免有不妥或疏漏之处，恳请广大读者批评指正。

编　者

2016 年 3 月

目　录

学习项目一　直流电路的测试与分析

项目描述

电流按照性质不同分为直流电与交流电，电路相应地分为直流电路与交流电路。世界首个直流电网——张北可再生能源柔性直流电网实验示范工程成功接入首都电网。

在日常生活中手电筒电路、门铃电路、新能源汽车电路等都是直流电源供电电路。这些电路由什么元件构成？这些元件有什么特点？构成的电路参数如何测量？电路有哪些工作状态？带着这些问题我们进入本项目的学习。

项目目标

知识目标

（1）了解电路的基本组成及各部分的作用，理解电路的基本物理量及其参考方向的意义。

（2）了解电路元器件的外观、分类、应用和特性，掌握电阻串联、并联特点，掌握串联、并联电路中物理量的求解，能求解混联电路的参数。

（3）理解并掌握电源的特点，并学会电源等效变换的方法。

（4）掌握直流电路中各个基本定律求解电路参数的方法。

技能目标

（1）会使用电工仪表测量电路基本参数。

（2）会识别、检测常用的电路元件。

（3）会正确选择电源、合理使用电源。

（4）会通过实验验证复杂直流电路。

任务框架

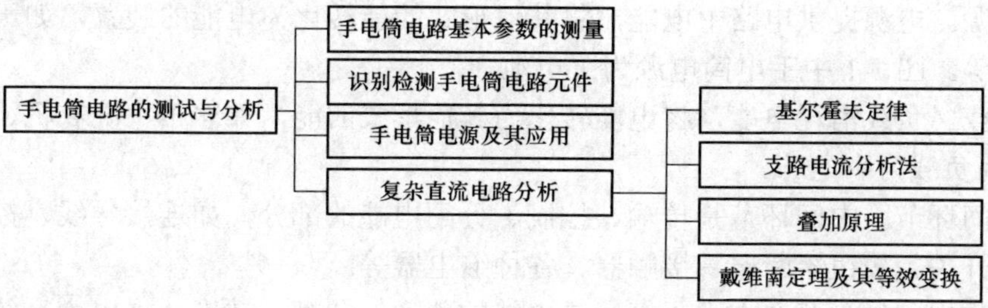

任务一　手电筒电路基本参数的测量

学习目标

（1）了解电路的基本组成及各部分的作用。

（2）能将实际电路转化为简单电路模型。

（3）理解电路的基本物理量及其参考方向的意义。

（4）掌握电路在不同工作状态下的特点。

（5）会使用仪表测量电路基本参数。

任务引入

日常生活中手电筒电路、门铃电路、汽车大灯电路等都是直流电源供电电路。这些电路由什么元件构成？如何将这些元件连接起来？它们是怎么工作的？下面以手电筒电路为例进行讲解，电路如图 1-1 所示。

（a）外形

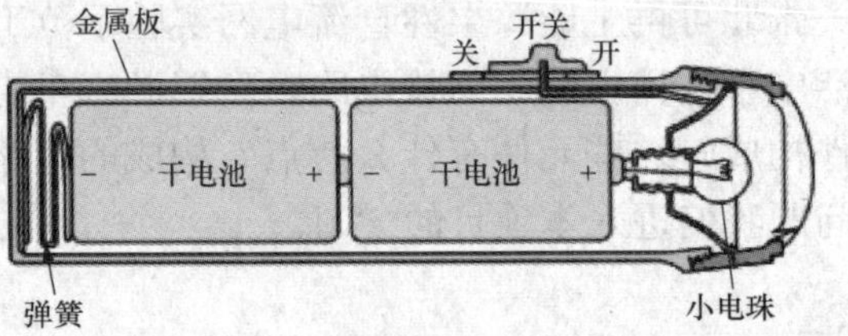

（b）内部

图 1-1 手电筒电路

任务分析

手电筒电路是由开关控制小电珠的亮与灭，把干电池的化学能转换为光能。那么电流是如何流动的？能量是如何转换的？本任务以手电筒为例来分析电路的组成、作用及电路的状态，使用电工仪表测量电路中电压、电流等相关参数的方法。

知识准备

一、电路与电路模型

1. 电路的组成与作用

如图 1-1 所示，手电筒电路由以下三部分组成：

（1）电源。电源提供电路中电能，将其他形式的能转化为电能的装置，如干电池、蓄电池、发电机等。图 1-1 中手电筒电源为干电池。

（2）负载。负载消耗电能，将电能转化为其他形式的能，如冰箱、洗衣机、灯泡等。图 1-1 中手电筒负载为小电珠。

（3）中间环节。中间环节是传输、控制、分配电能的部分，如连接导线、控制和保护电路的元件，开关、按钮熔断器、接触器、各种继电器等。

电路的作用归纳为两个方面：第一是电能的传送、分配、转换，如电力系统中的输电电路；第二是实现信息的传递与处理，如收音机、电视机、手机电路。

2. 电路模型

图 1-1 所示电路是实际连接电路，电路中的元件及其连接方式清晰明了，但是在绘制电路时比较费时，通常用一些简单但能够表征电路主要电磁性能的理想元件来代替实际元件，这种元件称为电路元件。理想电路元件分为有源元件和无源元件两种。有源元件有电压源和电流源，无源元件有电阻元件、电感元件和电容元件。由多个理想电路元件的组合来模拟的

电路称为电路模型。各种电气元件都可以用图形符号或文字符号来表示，根据国家标准规定，常用电气元件图形符号见表 1-1。

表 1-1　　常用电气元件图形符号

元件名称	图形符号	元件名称	图形符号
电阻器一般符号		电感器、线圈	
可变电阻器或可调电阻器		带磁芯、铁芯的电感器	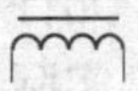
滑动触点电位器	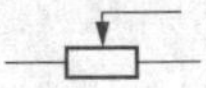	理想电流源	
熔断器		理想电压源	
一般电容器	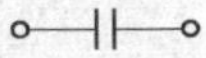	极性电容器	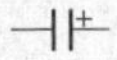
开关		导线的连接	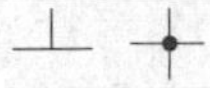
指示灯及信号灯		导线的不连接	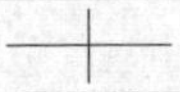
接大地		接机壳或底板	 或 

将实际电路中各个部件用其模型符号来表示的图称为实际电路的电路模型图，也称为电路原理图。图 1-2 所示为手电筒的电路模型。

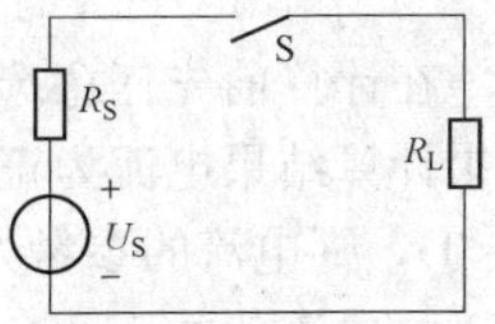

图 1-2　手电筒的电路模型

二、电路的基本物理量

电路中物理量有电流、电压、电位、电动势、电功率、电能量等，它们的符号及单位见表 1-2。

表 1-2　　电路中主要物理量的符号及单位

物理量	量的符号	单位	单位符号
电流	I	安［培］	A
电压	U	伏［特］	V
电位	V	伏［特］	V
电动势	E	伏［特］	V
电功率	P	瓦［特］	W
电能量	W	焦［耳］或千瓦时	J 或 kWh

1. 电流

（1）形成。在电源电场力的作用下，带电粒子有规则的定向运动就形成了电流。

（2）定义。表示电流强弱的量称为电流强度，在大小上等于单位时间内通过导体横截面的电荷量，设在 dt 时间内通过导体横截面的电荷为 dq，则通过该截面的电流为

$$i=\frac{\mathrm{d}q}{\mathrm{d}t} \tag{1-1}$$

在一般情况下电流是随时间而变化的，称为交流电流。如果电流不随时间而变，即 dq/dt=常量，这种电流就称为直流电流，用大写字母 I 表示，它所通过的路径就是直流电路。在直流电路中，式（1-1）可写成

$$I=\frac{Q}{t} \tag{1-2}$$

式中 Q——在时间 t 内通过导体截面的电荷量，C（库［仑］）；

I——直流电流，$1kA=10^3A$，$1A=10^3mA=10^6\mu A$，A（安培）。

（3）方向。习惯上规定正电荷运动的方向为电流的方向。

（4）参考方向。对于直流电路，简单电路的电流方向通过电源电压极性能够很容易地确定下来，图 1-3 所示电路的电流实际方向可以直接判断出来。但是在复杂电路中，某段电路或某个元件上电流的实际方向往往很难预先确定下来，如图 1-4 所示的桥式电路中，电阻 R_5 的电流实际方向难以判定，故引入了电流参考方向的概念。

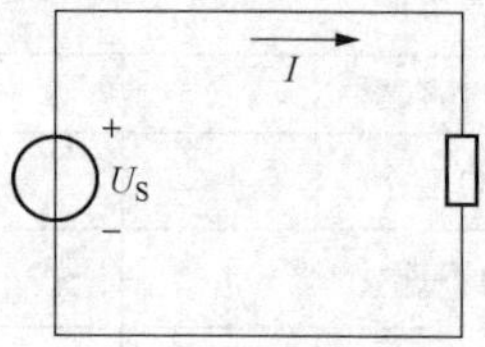

图 1-3 简单电路

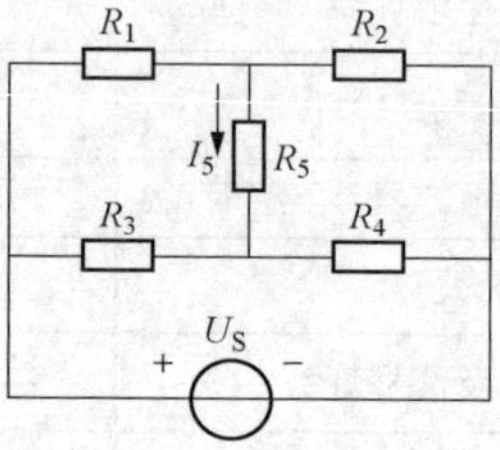

图 1-4 桥式电路

在计算前先任意选定某个方向作为电流的参考方向，根据参考方向进行电路的相关计算。如果计算结果电流为正值（$I>0$），则电流的参考方向与它的实际方向一致；如果电流为负值（$I<0$），则电流的参考方向与它的实际方向相反，如图 1-5 所示。因此，在指定的电流参考方向下，电流值的正和负可以反映出电流的实际方向。

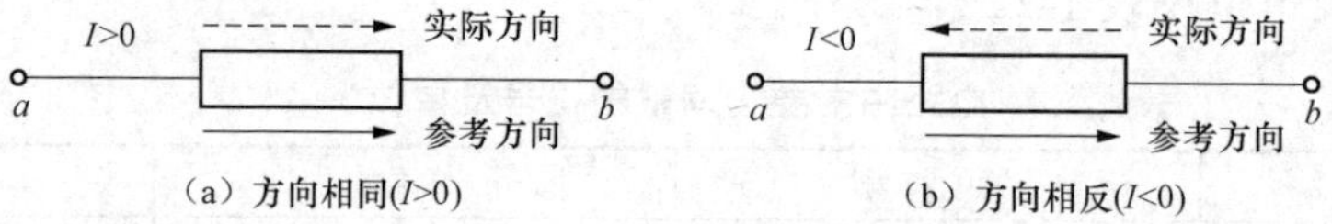

图 1-5 电流参考方向与它的实际方向间的关系

电流的参考方向是任意指定的，在电路中一般用箭头表示；也有用双下标表示的，如 I_{ab}，其参考方向是由 a 指向 b。

2. 电压

（1）定义。a 点至 b 点间的电压 U_{ab} 在数值上等于电场力把单位正电荷由 a 点经外电路移到 b 点所做的功。

（2）实际方向。正电荷在电场中受电场力作用（电场力做正功时）移动的方向。

（3）单位。V（伏［特］），$1kV=10^3V$，$1V=10^3mV=10^6\mu V$，$1mV=10^3\mu V$。

（4）参考方向。电压的参考方向可任意指定。表示方法如下：①箭头法，如图 1-6（a）所示；②正（+）、负（−）极性法，如图 1-6（b）所示；③双下标表示，如 U_{AB} 表示 A 和 B 之间的电压的参考方向由 A 指向 B，如图 1-6（c）所示。

关联参考方向：当电压、电流的参考方向选为一致时称为关联参考方向，如图 1-7（a）所示。电阻元件端电压与电流的关系式为

$$I=\frac{U}{R}$$

非关联参考方向：当电压、电流的参考方向选为不一致时称为非关联参考方向，如图 1-7（b）所示。电阻元件端电压与电流的关系式为

$$I=-\frac{U}{R}$$

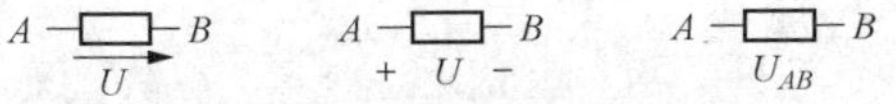

（a）箭头法　（b）正负极性法　（c）双下标法

图 1-6　电压的参考方向表示法

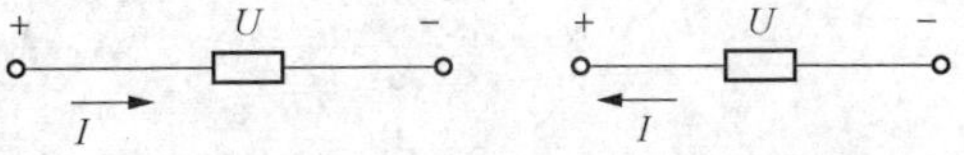

（a）关联参考方向　（b）非关联参考方向

图 1-7　电压、电流参考方向

3. 电位

（1）定义。在电路中任选一点作为参考点，则电路中某一点与参考点之间的电压称为该点的电位。

（2）符号。用字母 V 或 v 表示。例如 A 点的电位记为 V_A 或 v_A。显然，V_A=V_{AO}，v_A=v_{AO}。

（3）参考点。参考点可以任意选定。若电路中有接地点，则以接地点为参考点；若没有接地点，则选择较多导线的汇集点为参考点。在电子线路中，通常以设备外壳为参考点。参考点用符号“⊥”表示。

有了电位的概念后，电压也可用电位来表示，即

$$\left.\begin{aligned}U_{AB}=V_A-V_B\\u_{AB}=v_A-v_B\end{aligned}\right\}\tag{1-3}$$

说明

两点间的电压就是这两点电位之差，电压的实际方向是由高电位点指向低电位点，有时也将电压称为电压降。

（4）电位的计算。电位的计算有以下几个步骤：

1）任选电路中某一点为参考点，设其电位为零。

2）标出各电流参考方向并计算。

3）计算各点至参考点间的电压即为各点的电位。

说明

（1）参考点一旦确定，电路中各点的电位是唯一确定的数值。

（2）若某点电位为正，说明该点电位比参考点高；若某点电位为负，说明该点电位比参考点低。

[例 1-1] 计算图 1-8 所示电路中 A 点的电位。

解：–24V 电源的正极在接地点上，12Ω 和 36Ω 两个电阻串联，流过的电流为

$$I=\frac{24}{12+36}=0.5(\mathrm{A})$$

方向向左再向下，故 A 点电位为

$$V_A=-I\times12=-0.5\times12=-6(\mathrm{V})$$

［**例 1-2**］电路如图 1-9 所示，求各点的点位并求两点间电压。

解:（1）选 b 为参考点，则 V_b=0，V_a=3V，V_c=5V，$U_{ab}=V_a-V_b$=3V。

（2）选 a 为参考点，则 V_a=0，V_b=−3V，V_c=2V，$U_{ab}=V_a-V_b$=3V。

（3）选 c 为参考点，则 V_c=0，V_b=−5V，V_a=−2V，$U_{ab}=V_a-V_b$=3V。

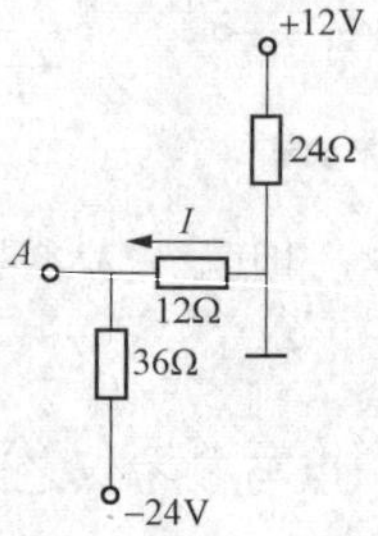

图 1-8 例 1-1 图

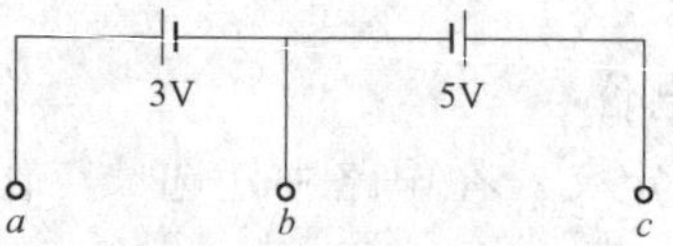

图 1-9 例 1-2 图

讨论

电压、电位与参考点选取有关吗？

答:（1）电位值是相对的，参考点选取得不同，电路中各点的电位也将随之改变。

（2）电路中两点间的电压值是固定的，不会因参考点的不同而变，即与零电位参考点的选取无关。

4. 电源电动势

（1）定义。电动势 E 在数值上等于电源力把单位正电荷从电源负极经过电源内部到达正极所做的功。

（2）方向。规定电动势的真实方向是指向电位升高的方向，即从电源的负极指向电源的正极。

（3）单位。伏［特］（V）。

（4）特点。电源的电动势与电源端电压是对应的，当电源不接负载时，电压 U_{ab} 的方向自电源正极指向电源负极，则电源的电动势与电源的开路电压大小相等，如图 1-10 所示。

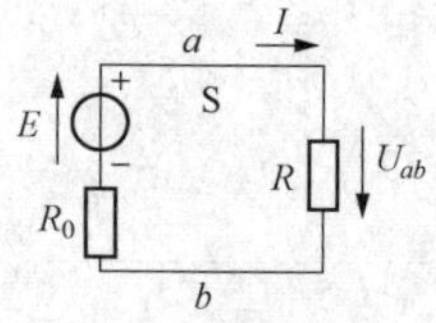

图 1-10 电源电动势

5. 电能

电源力或电场力所做的功，通常指电流做的功，即

$$W = UIt \tag{1-4}$$

式中 W——电路所消耗的电能，kWh；

U——电路两端的电压，V；

I——通过电路的电流，A；

t——电场力做功所用的时间，s。

1kWh 就是常说的 1 度电，即

$$1\text{度}=1\text{kWh} = 3.6\times10^6\text{J} \tag{1-5}$$

［**例 1-3**］某空调器正常工作时的功率为 1214W，设其每天工作 4h，若每月按 30 天计算，

试问一个月该空调器耗电多少千瓦时？若每千瓦时电费 0.80 元，那么使用该空调器一个月应缴多少元电费？

解： 空调器正常工作时的功率为

$$P=1214\text{W}=1.214\text{kW}$$

空调器一个月耗电为

$$W=Pt=1.214\times4\times30=145.68\text{（kWh）}$$

使用该空调器一个月应缴电费为

$$S=145.68\times0.80\approx116.54\text{（元）}$$

6. 电功率

（1）定义。单位时间（秒）内元件所发出或接受的电能称为电功率，即

$$P=\frac{W}{t}=\frac{UIt}{t}=UI \tag{1-6}$$

（2）单位。瓦（W），$1\text{kW}=10^3\text{W}=10^6\text{mW}$。

（3）元件功率性质的判定。

1）在电压和电流为关联参考方向下，根据 $P=UI$，若 $P>0$，表示该部分电路消耗功率，是负载；若 $P<0$，表示该部分电路提供功率，是电源。

2）在电压和电流为非关联参考方向下，根据 $P=UI$，若 $P>0$，表示该部分电路提供功率，是电源；若 $P<0$，表示该部分电路消耗功率，是负载。

注意

对于电源元件，其作用不一定是电源，有时它消耗电能则是负载。

以上有关功率的讨论同样适用于任何一段电路，而不局限于一个元件。

［**例 1-4**］求图 1-11 所示各元件的功率。

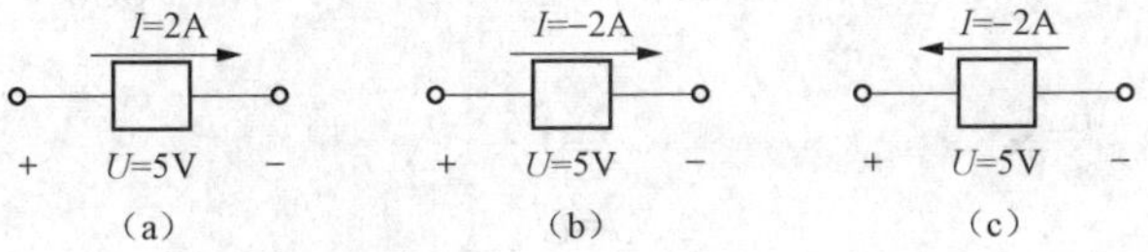

图 1-11　例 1-4 图

解： 图 1-11（a）中关联方向，$P=UI=5\times2=10$（W），$P>0$，消耗功率。

图 1-11（b）中关联方向，$P=UI=5\times(-2)=-10$（W），$P<0$，提供功率。

图 1-11（c）中非关联方向，$P=-UI=5\times(-2)=-10$（W），$P<0$，消耗功率。

练习

在图 1-12 所示电路中，方框表示电源或电阻，各元件的电压和电流的参考方向如图 1-12 所示。通过测量得知：$I_1=2\text{A}$，$I_2=1\text{A}$，$I_3=1\text{A}$；$U_1=4\text{V}$，$U_2=-4\text{V}$，$U_3=7\text{V}$，$U_4=-3\text{V}$。

（1）试标出各电流和电压的实际方向。

（2）试求每个元件的功率，并判断其是电源还是负载。

三、电路的三种状态和电气设备的额定值

（一）电路的工作状态

手电筒电路（见图 1-1）中按下按钮小电珠发光，弹上按钮小电珠灭。电路中还有一些电路没有明显的标志显示其状态，但是可以通过对电路有关电学量的测量分析判断电路的状态。总体说来，电路一般包括有载、开路和短路三种工作状态，如图 1-13 所示。

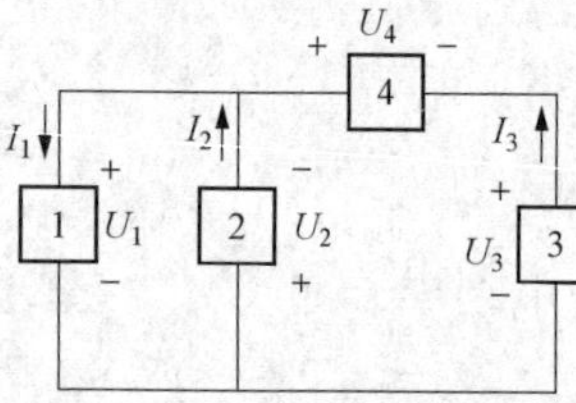

图 1-12　练习题图

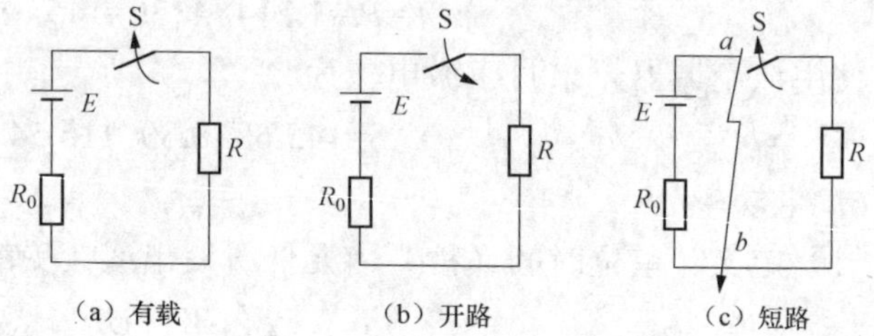

图 1-13　电路的工作状态

1. 有载工作状态

在图 1-13（a）电路中，当开关闭合后，电源和负载之间形成闭合路径，电源向负载提供能量，灯泡发光。这时电路的工作状态称为有载工作状态。

电源有载工作时，根据欧姆定律，电路中的电流为

$$I = \frac{U_S}{R_0 + R_L} \tag{1-7}$$

电源的端电压为
$$U = IR = U_S - IR_0 \tag{1-8}$$

电路中功率的关系
$$UI = U_S I - I^2 R_0 \quad 即 \quad P = P_e = P_0 \tag{1-9}$$

2. 开路工作状态

在图 1-13（b）的电路中，开关断开时，电路处于断开状态，即电源和负载之间没有形成闭合路径，灯泡不亮，此时的电路处于开路状态，也称为断路状态或空载状态。电路中各个基本物理量的值如下：

电路中电流　$I=0$

电源端电压　$U=U_S$　（1-10）

电源向外提供的功率　$P=0$

3. 短路工作状态

在图 1-13（c）的电路中，当电源的两端由于某种原因而直接连接在一起时，电路处于短路状态。电路中各个基本物理量的值如下：

电路中的电流　$I = I_S = \frac{U_S}{R_0}$

电源的端电压　$U=0$　（1-11）

电源向外提供的功率　$P_e=P_0=I^2R$

负载消耗的功率　$P=0$

短路时电路中的电流很大，会缩短电源或其他电气设备的使用寿命，甚至将其烧毁。为了防止短路事故发生引起严重后果，应在电路中接入熔断器等保护装置。

（二）电气设备的额定值

1. 额定值

由 $P=UI$ 可知，一台发电机要发出大功率，不但要有大电流，还要有高电压。但是实际上，任何电气设备的电压、电流都受到条件的限制，电流受到温升的限制，电压受到绝缘材料耐压的限制。电流过大或电压过高，都会使电气设备受到损坏。为使设备正常工作，电压、电流必须有一定的限额，这个限额称为电气设备的额定值。电源设备的额定值一般包括额定电压 U_N、额定电流 I_N 和额定容量 S_N。其中，U_N 和 I_N 是指电源设备安全运行所规定的电压和电流限额；额定容量 $S_N=U_NI_N$，表征电源最大允许的输出功率。

2. 满载、过载、欠载

（1）满载。电气设备工作在额定值情况下的状态称为额定工作状态，又称满载。这时电气设备的使用是最经济合理、最安全可靠的，不仅能充分发挥设备的作用，而且能保证电气设备的设计寿命。

（2）过载。若电气设备超过额定值工作，则称为过载。因为温度升高需要一定时间，所以电气设备短时过载不会立即损坏。但过载时间较长，就会大大缩短电气设备的使用寿命，甚至损坏。

（3）欠载。若电气设备低于额定值工作，则称为欠载。在严重的欠载下，电气设备就不能正常合理地工作或者不能充分发挥其工作能力。

过载和严重欠载都是在实际工作中应避免的。

任务实施　电路基本参数的测量

万用表又称为多用表、三用表、复用表，是一种多功能、多量程的测量仪表，一般万用表可测量直流电流、直流电压、交流电压、电阻和音频电平等，有的还可以测交流电流、电容量、电感量及半导体的一些参数（如 β）。常用万用表可分为指针式、数字式两种。

一、指针式万用表

下面以应用较广泛的 500 型指针式万用表（见图 1-14）为例，介绍指针式万用表的结构、使用知识等。

图 1-14　500 型指针式万用表

（一）结构

指针式万用表主要由表头、测量线路和转换开关三部分组成。

1. 表头

表头是一个高灵敏度的磁电系微安表，其满偏电流为几微安到几百微安，它是将过渡电量转换为仪表指针的机械偏转角。万用表表头如图 1-15 所示。表头上有四条刻度线，它们的功能如下：第一条（从上到下）标有 R 或 Ω，指示的是电阻值，转换开关在欧姆挡时，即读此条刻度线；第二条标有∽和 VA，指示的是交、直流电压和直流电流值，当转换开关在交、直流电压或直流电流挡，量程在除交流 10V 以外的其他位置时，即读此条刻度线；第三条标有 10V，指示的是 10V 的交流电压值，当转换开关在交、直流电压挡，量程在交流 10V 时，即读此条刻度线；第四条标有 dB，指示的是音频电平。

2. 测量电路

测量电路用来把各种被测量转换到适合表头测量的直流微小电流。测量电路中使用的元器件主要包括分流电阻、分压电阻、整流元件等，如图 1-16 所示。

图 1-15 万用表表头

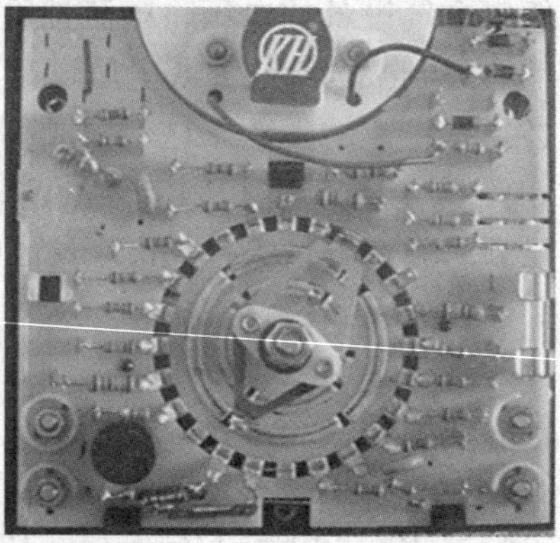

图 1-16 万用表测量电路

3. 转换开关

转换开关的作用是用来选择各种不同的测量线路，以满足不同种类和不同量程的测量要求。万用表使用的一般是多层多刀多掷开关。图 1-17 所示为万用表转换开关。500 型指针式万用表外形图面板上有两只转换开关的旋钮，左边旋钮采用 2 层 3 刀 12 掷开关，共 12 个挡位。右边旋钮采用 2 层 2 刀 12 掷开关，也有 12 个挡位。

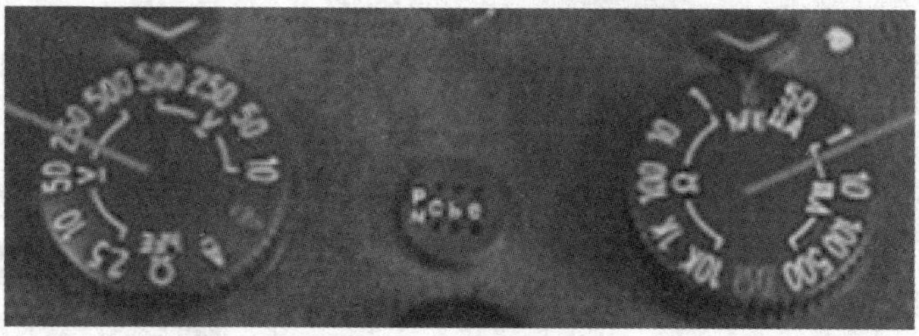

图 1-17 万用表转换开关

（二）工作原理

万用表是由电流表、电压表和欧姆表等各种测量电路通过转换装置组成的综合性仪表。下面分别介绍各种测量电路的工作原理。

1. 直流电流的测量电路

万用表的直流电流测量电路实际上是一个多量程的直流电流表。由于表头的满偏电流很小，所以采用分流电阻来扩大量程，一般万用表采用闭路抽头式环形分流电路，如图 1-18 所示。

这种电路的分流回路始终是闭合的。转换开关换接到不同位置，就可改变直流电流的量程，这与电流表并联分流电阻扩大量程的原理是一样的。

2. 直流电压的测量电路

万用表的直流电压测量电路是一个多量程的直流电压表，如图 1-19 所示。它是由转换开关换接电路中与表头串联的不同的附加电阻，来实现不同电压量程的转换。这和电压表串联分压电阻扩大量程的原理是一样的。

3. 交流电压的测量电路

磁电式微安表不能直接用来测量交流电，必须配以整流电路，把交流变为直流，才能加以测量。图 1-20 所示为交流电压测量电路，它是一种整流电压表。整流电流是脉动直流，流经表头形成的转矩大小是随时变化的。由于表头指针的惯性，它来不及随电流及其产生的转矩而变化，指针的偏转角将正比于转矩或整流电流在一个周期内的平均值。

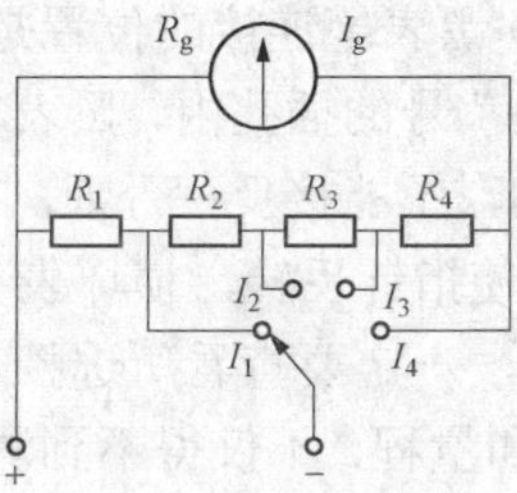

图 1-18 直流电流测量电路

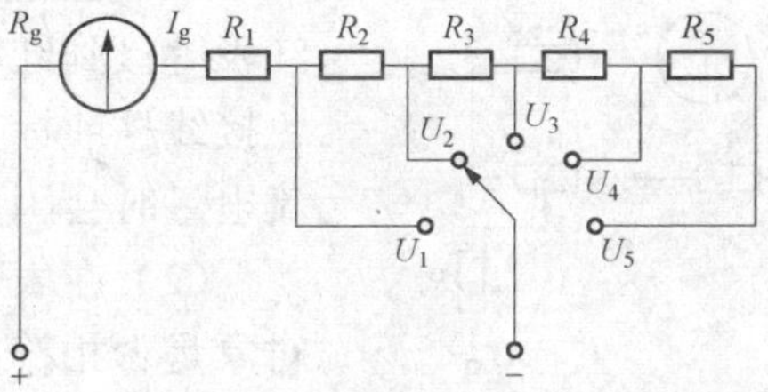

图 1-19 直流电压测量电路

4. 电阻的测量电路

在电压不变的情况下，如果回路电阻增加一倍，则电流减小一半，根据这个原理，就可制作一只欧姆表。万用表的直流电阻测量电路就是一个多挡位的欧姆表。电阻测量电路如图 1-21 所示，R_x 为被测电阻，R_A 为表头电阻，R_B 为分流电阻，R_C 为限流电阻，E 为电源电压。

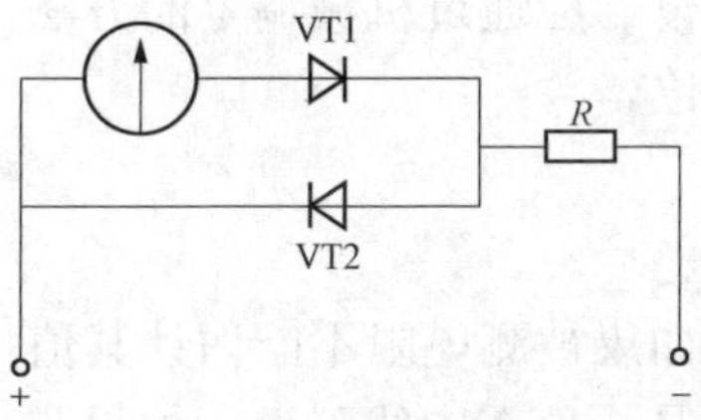

图 1-20 交流电压测量电路

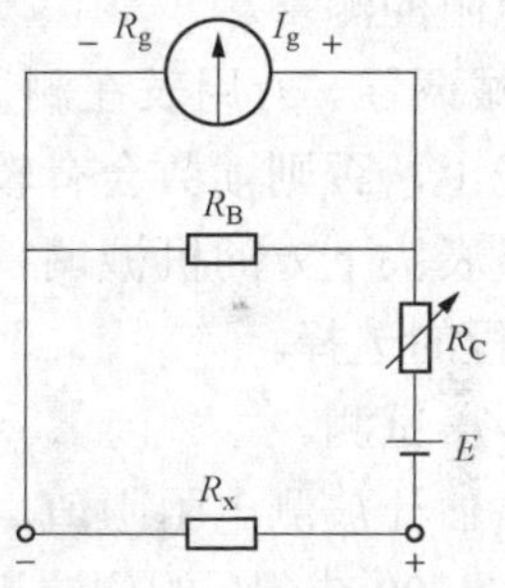

图 1-21 电阻测量电路

欧姆测量电路挡位的变换，实际上就是 R_x 和满偏电流 I 的变换。MF-500 型万用表中的欧姆挡位有 R×1、R×10、R×100、R×1k、R×10k，其中，R×1 挡的 R_x 值可以从欧姆标度上直接读得。在多挡位欧姆测量电路中，当挡位改变时，保持电源电压 E 不变，改变测量电路的分流电阻，虽然被测电阻 R_x 变大了，而通过表头的电流仍保持不变，同一指针位置所表示的电阻值相应变大。被测电阻的阻值应等于标度尺上的读数，乘以所用电阻挡位的倍率，如图 1-22 所示。

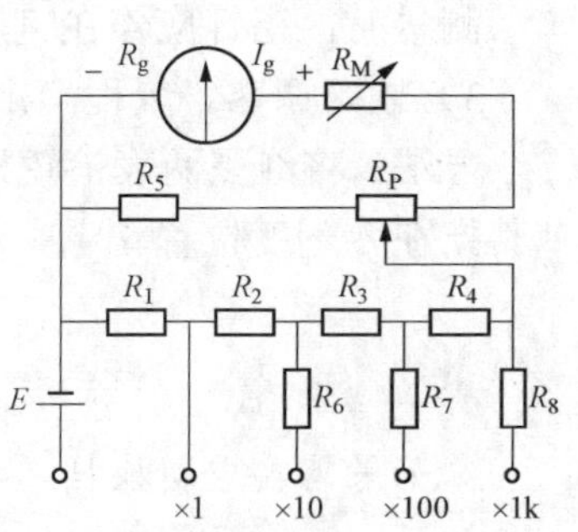

图 1-22 电阻值的读数

电源干电池 E，在使用中其内阻和电压都会发生变化，并使 R_x 值和 I 改变。I 值与电源电压成正比。为弥补电源电压变化引起的测量误差，在电路中设置调节电位器 RP。在使用欧姆量程时，应先将表笔短接，调节电位器 RP，使指针满偏，指示在电阻值的零位。即进行“调零”后，再测量电阻值。

在 R×10k 挡上，由于 R_x 很大，I 很小，当 I 小于微安表的额定值时，就无法进行测量。因此，在 R×10k 挡采用提高电源电压的方法来实现扩大其挡位，如图 1-23 所示。

（三）使用与维护

1. 万用表使用注意事项

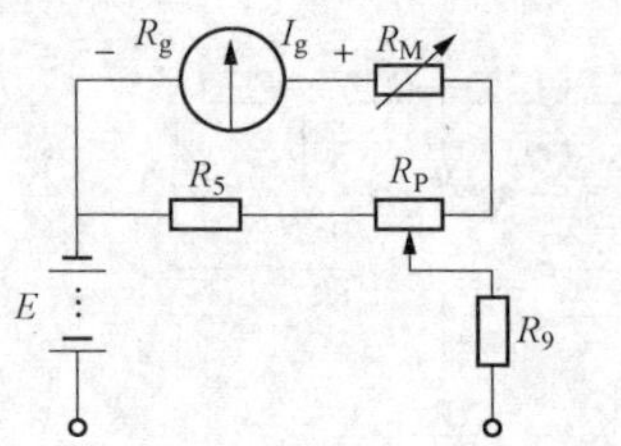

图 1-23 R×10k 挡挡位扩大电路

（1）进行测量前，先检查红、黑表笔连接的位置是否正确。红表笔接到红色接线柱或标有“+”号的插孔内，黑表笔接到黑色接线柱或标有“−”号的插孔内，不能接反；否则，在测量直流电量时会因正、负极的反接而使指针反转，损坏表头部件。

（2）在表笔连接被测电路前，一定要查看所选挡位与测量对象是否相符；否则，误用挡位和量程，不仅得不到测量结果，而且会损坏万用表。

（3）测量时，需用右手握住两支表笔，手指不要触及表笔的金属部分和被测元器件。

（4）测量中若需转换量程，必须在表笔离开电路后才能进行；否则，选择开关转动产生的电弧易烧坏选择开关的触点，造成接触不良的事故。

（5）万用表不用时，不要旋在电阻挡，因为内有电池，若不小心使两根表笔相碰会造成短路，不仅耗费电池，严重时甚至会损坏表头。

2. 万用表的使用方法

（1）电阻的测量。

1）机械调零。万用表在测量前，应注意水平放置时，表头指针是否处于交、直流挡标尺的零刻度线上，否则读数会有较大的误差。若不在零位，应通过机械调零的方法（即使用小螺丝刀调整表头下方的机械调零旋钮）使指针回到零位。

2）量程的选择。

第一步：试测。

先粗略估计被测电阻阻值，再选择合适的量程。如果被测电阻不能估计其值，一般情况将开关拨在×100 或×1k 的位置进行初测。然后看指针是否停在中线附近，如果是，说明挡位合适；如果指针靠近零，则要减小挡位。

第二步：选择正确挡位。

测量时，指针应停在刻度的 1/3～2/3 处。

3）欧姆调零。量程确定以后在正式测量之前必须调零，否则会造成测量值有误差。

方法：将红黑两表笔短接，看指针是否指在零刻度位置，如果没有，调节欧姆调零旋钮，使其指在零刻度位置。

注 意

如果需要重新换挡，在正式测量之前也必须进行欧姆调零。

4）连接电阻进行测量。万用表两表笔并联接在被测电阻两端进行测量。

注 意

不能带电测量。

被测电阻不能有并联支路。

5）读数。

阻值=（读数/满刻度数）×量程

（2）电压的测量。

1）测量交流电压。测量交流电压时，将万用表右边的转换开关置于 V 位置，左边的转换开关（量程选择）选择到交流电压的某一量程位置上。将两表笔金属部分分别接触电压的两端，观察指针偏转并读数。如果被测电压高低未知，则选择表的最大量程，交流 500V 试测，若指针偏转小，逐级降低量程，直至调到合适的量程读数。量程选择 50V 及 50V 以上各挡时，读交、直流电压标度尺，即标度盘自上而下的第二行标度尺读取测量值。选择交流 10V 量程时，应读交流 10V 专用标度尺，即标度盘自上而下的第三行标度尺读取测量值。（交流电不分正负极）

2）测量直流电压。测量直流电压时，将万用表右边的转换开关置于交直流电压挡位置上，左边的转换开关选择到直流电压所需的某一量程位置上，用红表笔金属头接触被测电压的正极，黑表笔金属头接触被测电压负极。测量直流电压时，表笔不能接反，否则易损坏万用表。若不清楚被测电压正负极，可用表笔轻触被测电压两极，观察指针偏转，确定正负极再进行测量。读数与交流电压同一标度尺。

（3）直流电流的测量。测量直流电流时，将左边的转换开关置于 A 位置，右边的转换开关选择在直流电流所需的某一量程。将两表笔串接在被测电路中，串接时注意电流的极性。如方向和大小未知，方法可参照测量电压的方法进行。直流电流读数与交直流电压同一标度尺。

注意

使用完毕，把挡位开关打在 OFF 位置或打在交流电压 1000V 挡。

二、数字式万用表

（一）结构

数字式万用表主要由数字式电压基本表、测量线路、量程转换开关三部分组成。数字式电压基本表是数字式万用表的核心，相当于指针式仪表的测量机构。测量线路的作用是将被测量转换为微小的直流电压，供数字式电压基本表显示数值。量程转换开关的作用是当其置于不同位置时，可接通不同的测量线路。下面以 DT9205A 万用表为例，说明数字式万用表的使用。DT9205A 万用表如图 1-24 所示，面板如图 1-25 所示。万用表面板符号说明见表 1-3。

表 1-3　万用表面板符号说明

符号	功能	符号	功能
V～	交流电压测量	HFE	晶体管测量
V⎓	直流电压测量	F	电容测量
A～	交流电流测量	℃	温度测量
A⎓	直流电流测量	⊣▷⊢	二极管测量
Ω	电阻测量	•))	通断测量
Hz	频率测量		

图 1-24　DT9205A 万用表

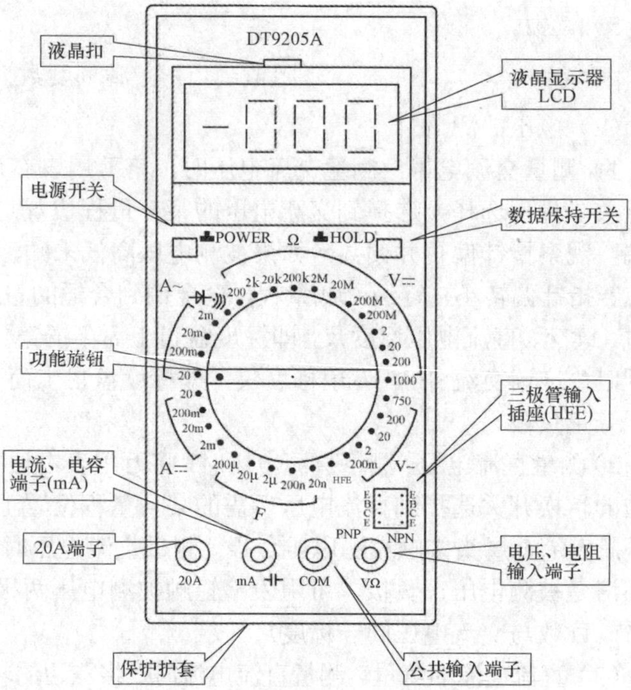

图 1-25　DT9205A 面板

（二）使用与维护

1. 使用方法

（1）V⎓直流电压的测量。黑表笔插入 COM 孔，红表笔插入 VΩ 孔，选择合适的量程，红表笔探针接触被测电路正端，黑表笔探针接地或接负端，即与被测线路并联。

（2）V~交流电压的测量。黑表笔插入 COM 孔，红表笔插入 VΩ 孔，选择合适的量程，屏幕上显示数据即为所测交流电压值。

（3）A⎓直流电流的测量。四个挡位上的数字分别代表所能测量的最大电流值。黑表笔插入 COM 孔中，红表笔插入 mA 或者 20A 端口。功能旋转开关打至A⎓（直流），选择合适的量程；断开被测线路，将数字万用表串联入被测线路中，被测线路中电流从一端流入红表笔，经万用表黑表笔流出，再流入被测线路中，接通电路，读出 LCD 显示屏数字。

注意

电流的测量需要断开电路，将万用表串联到被测电路。

（4）A～交流电流的测量。黑表笔插入 COM 孔中，红表笔插入 mA 或者 20A 端口。功能旋转开关打至 A～（交流），并选择合适的量程；断开被测线路，将数字万用表串联到被测线路中，被测线路中电流从一端流入红表笔，经黑表笔流出，再流入被测线路中，接通电路，读出 LCD 显示屏数字。

（5）Ω 电阻的测量。电阻测量前需要断电。选择电阻挡，黑表笔插入 COM 孔，红表笔插入 VΩ 孔中，可用来测量导线的通断，电阻值的大小。当用某个量程测阻值显示“1.”时，表示所选量程小了，需要换更大的量程来测量；当数值前显示“.”时，表示所选量程太大了，需要更换小的量程来测量。

（6）二极管和导线通断的测量。黑表笔插入 COM 孔，红表笔插入 VΩ 孔中。转盘打在（▷|）挡，红表笔插在右一孔内，黑表笔插在右二孔内，两支表笔的前端分别接二极管的两极，然后颠倒表笔再测一次。

测线路通断时，有蜂鸣声为通。当所测电路有短路情况时，会发出蜂鸣声。

当用来测二极管时，显示的数值就是二极管的正向压降值。

（7）三极管的测量。红表笔插入 VΩ 孔黑表笔插入 COM 孔，转盘打在（▷|）挡，找出三极管的基极 b，判断三极管的类型（PNP 或者 NPN），转盘打在 HFE 挡，根据类型插入 PNP 或 NPN 插孔测 β，读出显示屏中的 β 值。

注 意

e、b、c 管脚的判定：表笔插位同上；其原理同二极管。先假定 A 脚为基极，用黑表笔与该脚相接，红表笔与其他两脚分别接触；若两次读数均为 0.7V 左右，用红表笔接 A 脚，黑表笔接触其他两脚，若均显示“1”，且 A 脚为基极，此管为 PNP 管，否则需要重新测量。

集电极和发射极可以利用“HFE”挡来判断：先将挡位打到“HFE”挡，可以看到挡位旁有一排小插孔，分为 PNP 和 NPN 管的测量。前面已经判断出管型，将基极插入对应管型“b”孔，其余两脚分别插入“c”“e”孔，此时可以读取数值，即 β 值；再固定基极，其余两脚对调；比较两次读数，读数较大的管脚位置与表面“c”“e”相对应。

（8）F 电容值的测量。标示的值也是各挡位所能测量的最大电容值。测电容前，将电容两端短接，对电容进行放电，确保数字万用表的安全。将功能旋转开关打至电容（C）测量挡，选择合适挡位后，将电容插入万用表 C-X 插孔，屏幕显示数据即为该电容的容量。

2. 使用注意事项

（1）如果无法预先估计被测电压或电流的大小，则应先拨至最高量程挡测量一次，再视情况逐渐把量程减小到合适位置。测量完毕，应将量程开关拨到最高电压挡，并关闭电源。

（2）满量程时，仪表仅在最高位显示数字“1”，其他位均消失，这时应选择更高的量程。

（3）测量电压时，应将数字万用表与被测电路并联。测电流时应与被测电路串联，测直流量时不必考虑正、负极性。

（4）当误用交流电压挡去测量直流电压，或者误用直流电压挡去测量交流电时，显示屏将显示“000”，或低位上的数字出现跳动。

（5）禁止在测量高电压（220V 以上）或大电流（0.5A 以上）时换量程，以防止产生电弧，烧毁开关触点。

（6）在超出 30V 交流电压均值，42V 交流电压峰值或 60V 直流电压时，使用万用表应特别留意。该类电压会有电击的危险。

（7）测试电阻、通断性、二极管或电容之前，必须先切断电源，将所有的高压电容放电。

（8）使用测试表笔的探针时，手指应保持在表笔保护盘的后面。

3. 万用表保养

（1）请不要打开底壳调整或修理仪表。

（2）更换电池时，在打开电池盖前，应将表笔从被测线路移开。

（3）更换的熔丝必须符合指定的电压电流规格，防止燃烧。

（4）清洁仪表时，使用湿布和温和洗涤剂，不能用研磨剂或溶剂。

（5）仪表不使用时应将电源关闭。

（6）若长时间不使用，应将电池取出以防漏液。

拓展与延伸　发电厂

发电厂是将自然界蕴藏的各种一次能源转换为电能（二次能源）的工厂。发电厂按其所利用的能源不同，分为火力发电厂、水力发电厂、核能发电厂，以及风力、太阳能、地热、潮汐发电厂等类型。目前在我国接入电力系统的发电厂最主要的有火力发电厂、水力发电厂、核能发电厂。

1. 火力发电厂

火力发电厂简称火电厂或火电站。它利用燃料的化学能来生产电能，其主要设备有锅炉、汽轮机、发电机，我国的火电厂以燃煤为主。为了提高燃料的效率，现代火电厂都将煤块粉碎成煤粉燃烧。煤粉在锅炉的炉膛内充分燃烧，将锅炉的水烧成高温高压的蒸汽，推动汽轮机转动，使与之联轴的发电机旋转发电。其能量转换过程是燃料的化学能→热能→机械能→电能。

2. 水力发电厂

水力发电厂简称水电厂或水电站。它利用水流的位能来生产电能，主要由水库、水轮机和发电机组成。水库中的水具有一定的势能，经引水管道送入水轮机推动水轮机旋转，水轮机与发电机联轴，带动发电机转子一起转动发电。其能量转换过程是水流势能→机械能→电能。

3. 核能发电厂

核能发电厂通常称为核电站。它主要是利用原子核的裂变能来生产电能，其生产过程与火电厂基本相同，只是以核反应堆（俗称原子锅炉）代替了燃煤锅炉，以少量的核燃料代替了煤炭。其能量转换过程是核裂变能→热能→机械能→电能。

现在使用最普遍的民用核电站大多是压水反应堆核电站，其工作原理是：用铀制成的核燃料在反应堆内进行裂变并释放出大量热能；高压下的循环冷却水把热能带出，在蒸汽发生器内生成蒸汽；高温高压的蒸汽推动汽轮机，进而推动发电机旋转。

4. 风力发电厂

风力发电厂是利用风力的动能来生产电能，建在有丰富风力资源的地方。

5. 太阳能发电厂

太阳能发电厂是利用太阳光能或太阳热能来生产电能。太阳能光伏发电是新能源和可再生能源的重要组成部分。目前，世界上已建成多座兆瓦级的太阳能光伏发电系统。

6. 地热发电厂

地热发电厂是利用地球内部蕴藏的大量地热能来生产电能，需建在有足够地热资源的地方。地热发电是地热利用的重要方式。地热发电和火力发电的原理是一样的，都是由蒸汽推动汽轮机转动，将热能转变为机械能，进而带动发电机发电。不同之处是不需要消耗燃料，而是利用地热能，利用地下热蒸汽或热水把地下热能带到地面利用。按照热载体不同，可把地热发电分为蒸汽型地热发电和热水型地热发电两类。

思考与练习

一、填空题

1．电路由______、______、______构成。

2．按照习惯规定，导体中______运动的方向为电流的方向。

3．电路的三种工作状态包括______、______、______。

4．用万用表测量电路的电流时必须先断开电路，然后按照电流从正到负的方向，将万用表直流电流挡______连到被测电路中。

5．两点之间的电位差等于两点之间的______。

6．电动势与电源端电压之间总是大小______、方向______。

7．测量电阻时，应先进行______调零，再进行______调零。

二、判断题

1．当负载被断开时，负载上电流、电压、功率都是零。（　　）

2．电路图上标出的电压、电流方向是实际方向。（　　）

3．与参考点有关的物理量是电位。（　　）

4．电路中任意两点间的电位差与电位参考点的选择有关。（　　）

5．电源将其他形式的能转换为电能，电路中的负载将电能转换为其他形式的能。（　　）

6．电路中电流的方向是电子运动的方向。（　　）

三、简答题

举例说明，若按工作任务划分，电路的功能有哪两类。

四、分析计算题

1．在图 1-26 中，已知各支路的电流、电阻和电压源电压，试写出各支路电压 U 的表达式。

2．分别求图 1-27 中各电路元件的功率，并指出它们是吸收功率还是发出功率。

3．电路如图 1-28 所示，计算各点电位。

4．电路如图 1-29 所示，若以 b 点为参考点。求 a、c、d 三点的电位及 U_{ac}、U_{ad}、U_{cd}。若改 c 点为参考点，再求 a、c、d 点的电位及 U_{ac}、U_{ad}、U_{cd}。

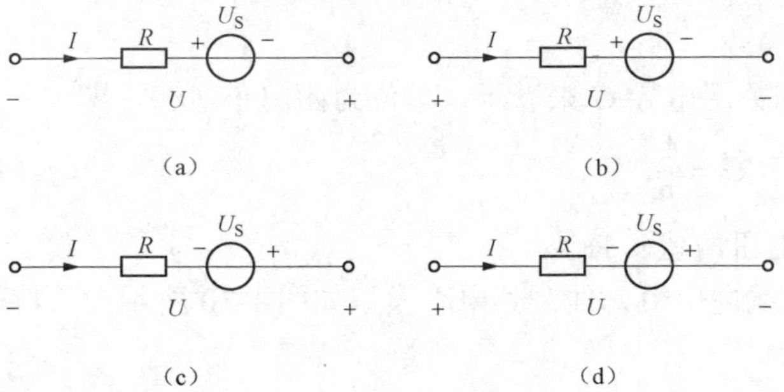

图 1-26　题 1 图

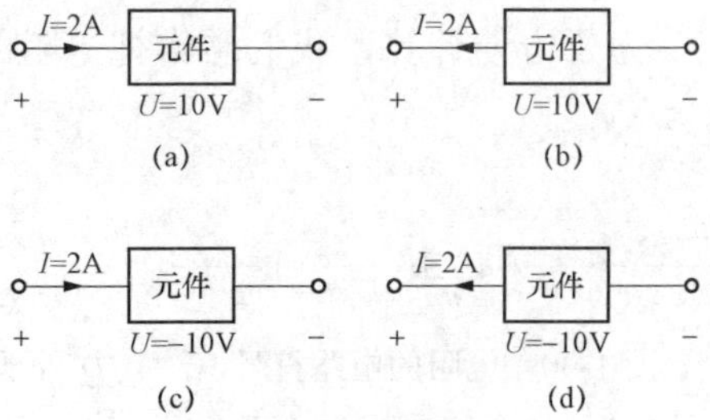

图 1-27　题 2 图

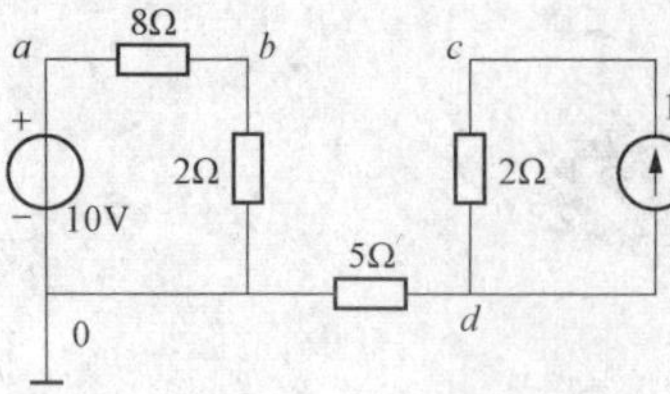

图 1-28 题 3 图

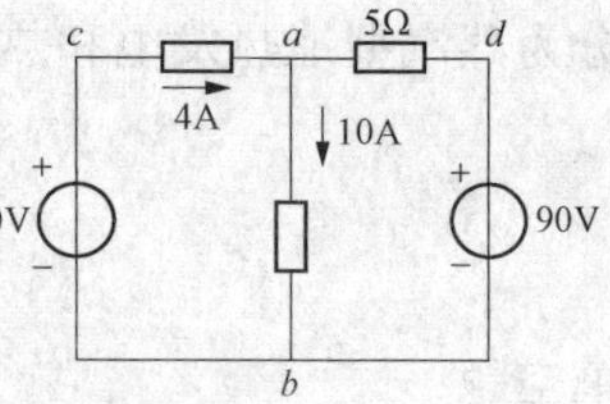

图 1-29 题 4 图

任务二 识别检测手电筒电路元件

学习目标

（1）了解电阻、电容、电感等电路元器件的外观、分类、应用和特性。

（2）熟练掌握简单电阻电路的串、并联计算。

（3）会识别、检测常用的电路元件。

任务引入

任务一中以手电筒电路为例学习了电路的组成元件，包括电源、负载和中间环节。电路中的负载形式分为电阻、电感、电容三种。它们是组成电路最基本的元件，那如何识别这些元件呢？

任务分析

电路元件的质量和性能的好坏直接影响电路的性能。掌握元件的性能及识别方法是非常重要的。下面就以学习这些元件的性质和识别展开学习。

知识准备

一、电阻元件

1. 电阻与电导的概念

导体的电阻不仅与导体的材质有关，还与导体的尺寸有关。实验证明，同一材料导体的电阻与导体的截面积成反比，与导体的长度成正比，即

$$R=\rho\frac{l}{S} \tag{1-12}$$

式中 R——电阻，Ω。

为了方便计算，我们常常把电阻的倒数用电导 G 来表示，单位为西门子（S），即

$$G=\frac{1}{R} \tag{1-13}$$

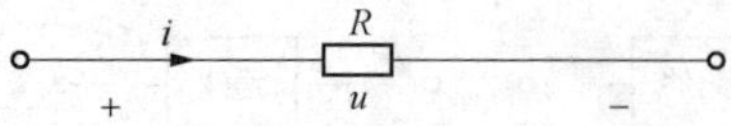

图 1-30 电阻的电路符号

2. 电阻的伏安特性

对于线性电阻元件，其电路模型如图 1-30 所示。其特性方程为

$$\begin{cases}u=Ri & (u、i\text{关联})\\ u=-Ri & (u、i\text{非关联})\end{cases} \tag{1-14}$$

或
$$\begin{cases} i = Gu & （u、i\text{关联}） \\ i = -Gu & （u、i\text{非关联}） \end{cases} \tag{1-15}$$

可以把电阻两端的电压与电流的关系标在坐标平面上，用一条曲线（直线）表示其关系，这条曲线（直线）就称为电阻的伏安特性曲线。

根据此定义有如下几种电阻元件：

（1）若直线的斜率随时间变化［见图 1-31（a）］，则称该电阻为线性时变电阻元件。

（2）若电阻元件的 VCR 不是线性的［见图 1-31（b）］，则称该电阻为非线性电阻元件。

（3）VCR 在任意时刻都是通过 u-i 平面坐标原点的一条直线，如图 1-31（c）所示，则称该电阻为线性时不变电阻元件，其电阻值为常量，用 R 表示。

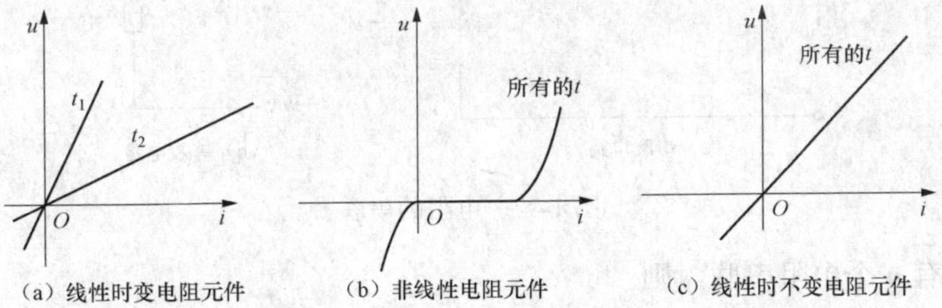

图 1-31　电阻的伏安特性曲线

3. 电能

电阻元件在通电过程中要消耗电能，是一个耗能元件。电阻所吸收的功率为

$$p = ui = Ri^2 = \frac{u^2}{R} \tag{1-16}$$

则 t_1 到 t_2 的时间内，电阻元件吸收的能量为 W 全部转化为热能，即

$$W = \int_{t_1}^{t_2} Ri^2 \mathrm{d}t \tag{1-17}$$

在直流电路中

$$P = UI = RI^2 = \frac{U^2}{R} \tag{1-18}$$

$$W=Pt \tag{1-19}$$

［例 1-5］将电流是 6.8A 的电加热器接在 220V 的电源上，电加热器 4h 用了多少千瓦时的电？

解：电加热器的功率是

$$P=UI=220\times 6.8=1500\text{W}=1.5（\text{kW}）$$

4h 中电加热器消耗的电能是

$$W=Pt=1.5\times 4=6（\text{kWh}）$$

即该电加热器用电 6kWh。

4. 电阻的连接

（1）电阻的串联。在电路中，把几个电阻元件依次一个一个首尾连接起来，中间没有分支，在电源的作用下流过各电阻的是同一电流，这种连接方式称为电阻的串联。

图 1-32（a）表示电阻 R_1、R_2、R_3 的串联，以 U 代表总电压，I 代表电流；U_1、U_2、U_3 代表各电阻上的电压。串联电路特点如下：

1）串联电路中的电流处处相等。

2）串联电路总电压等于各电阻电压之和，即

$$U = U_1 + U_2 + U_3 = (R_1 + R_2 + R_3)I = R_{eq}I \tag{1-20}$$

3）串联电路总电阻等于各电阻之和，即

$$R_{eq} = R_1 + R_2 + R_3 \tag{1-21}$$

式中 R_{eq}——串联电阻的等效电阻，如图 1-32（b）所示。

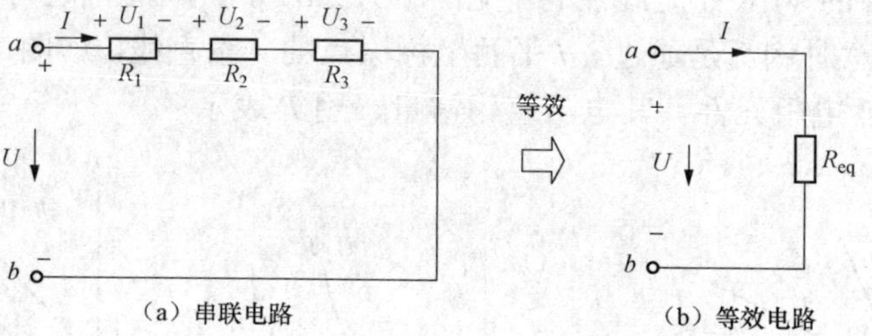

图 1-32　电阻的串联

同理，若有 n 个电阻串联，则

$$R_{eq} = R_1 + R_2 + \cdots + R_n \tag{1-22}$$

等阻值电阻的串联公式　　$R_{eq} = nR$

4）串联电路中各电阻的电压与电阻值成正比，即

$$\frac{U_1}{U_1} = \frac{R_2}{R_2}, \cdots, \frac{U_1}{U_n} = \frac{R_2}{R_n} \tag{1-23}$$

5）串联电路中电阻消耗的总功率等于各电阻消耗功率之和，即

$$\begin{cases} U_1 = \dfrac{R_1}{R_1 + R_2}U \\ U_2 = \dfrac{R_2}{R_1 + R_2}U \end{cases} \tag{1-24}$$

练 习

把两个电阻 R_1、R_2（$R_2=R_1/3$）串联在电路中，若 R_1 两端的电压为 3V，则 R_2 两端的电压为______V。

（2）电阻的并联。在电路中，把几个电阻元件两端分别连接在两个公共节点之间，各电阻的电压相等的这种连接方式称为电阻的并联。

图 1-33 表示电阻 R_1、R_2、R_3 的并联，以 U 代表两端电压，I 代表总电流；I_1、I_2、I_3 代表各电阻上的电流。

并联电路特点如下：

1）并联电路各个支路的电压相等。

2）并联支路总电流等于各分电流之和，即

$$I = I_1 + I_2 + I_3 \tag{1-25}$$

3）并联电路总电阻的倒数等于各支路电阻倒数之和，即

$$\frac{1}{R_{eq}}=\frac{1}{R_1}+\frac{1}{R_2}+\frac{1}{R_3} \tag{1-26}$$

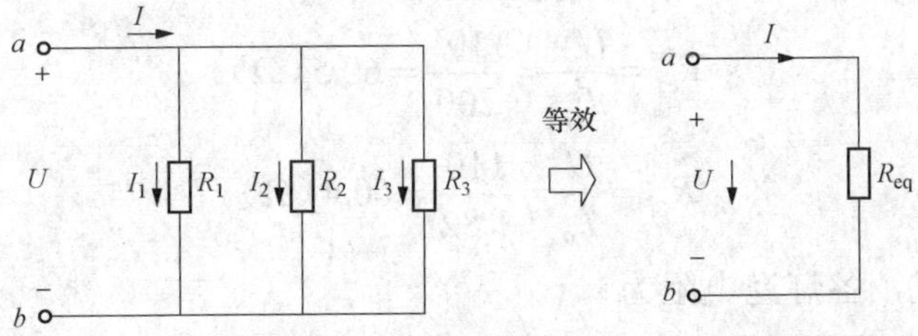

（a）并联电路　（b）等效电路

图 1-33　电阻的并联

同理，若有 n 个电阻并联有

$$\frac{1}{R_{eq}}=\frac{1}{R_1}+\frac{1}{R_2}+\cdots+\frac{1}{R_n} \tag{1-27}$$

式中　R_{eq}——并联电阻的总电阻或等效电阻，$R_{eq}<R_n$。

等阻值电阻的并联公式

$$R_{eq}=\frac{R}{n}$$

4）并联电路中各电阻流过的电流与其电阻成反比，即

$$\frac{I_1}{I_2}=\frac{R_2}{R_1},\ \cdots,\ \frac{I_1}{I_n}=\frac{R_n}{R_1} \tag{1-28}$$

5）并联电路中电阻消耗的总功率等于各电阻消耗功率之和，即

$$\begin{cases} I_1=\dfrac{R_2}{R_1+R_2}I \\ I_2=\dfrac{R_1}{R_1+R_2}I \end{cases} \tag{1-29}$$

［例 1-6］ 有三盏电灯并联接在 110V 电源上，参数分别为 110V、100W，110V、60W，110V、40W，求：

1）P_{al} 和 I_{al}。

2）通过各灯泡的电流、等效电阻。

3）各灯泡电阻。

解： 1）电路中消耗的总功率等于每个电阻消耗的功率之和，即

$$P_{al}=P_1+P_2+P_3=100+60+40=200\text{（W）}$$

则

$$I_{al}=\frac{P_{al}}{U}=\frac{200}{110}=1.82\text{（A）}$$

2）三盏电灯都工作在额定电压下，根据欧姆定律，有

$$I_1=\frac{100}{110}=0.91\text{（A）}$$

$$I_2=\frac{60}{110}=0.545\text{（A）}$$

$$I_3=\frac{40}{110}=0.364\text{（A）}$$

等效电阻

$$R_{eq}=\frac{U^2}{P_{al}}=\frac{110^2}{200}=60.5\text{（Ω）}$$

或

$$R_{eq}=\frac{U}{I_{al}}=\frac{110}{1.82}=60.4\text{（Ω）}$$

3）根据功率公式，各灯泡电阻为

$$R_1=\frac{U^2}{P_1}=\frac{110^2}{100}=121\text{（Ω）}$$

$$R_2=\frac{U^2}{P_2}=\frac{110^2}{60}=201\text{（Ω）}$$

$$R_3=\frac{U^2}{P_3}=\frac{110^2}{40}=302\text{（Ω）}$$

（3）电阻的混联。电阻的串联和并联相结合的连接方式称为电阻的混联。图 1-34 所示电路中，电阻 R_3 和 R_4 串联后与 R_2 并联，再与 R_1 串联。这些电阻的等效电阻为

$$R_{eq}=R_1+\frac{R_2(R_3+R_4)}{R_2+R_3+R_4}$$

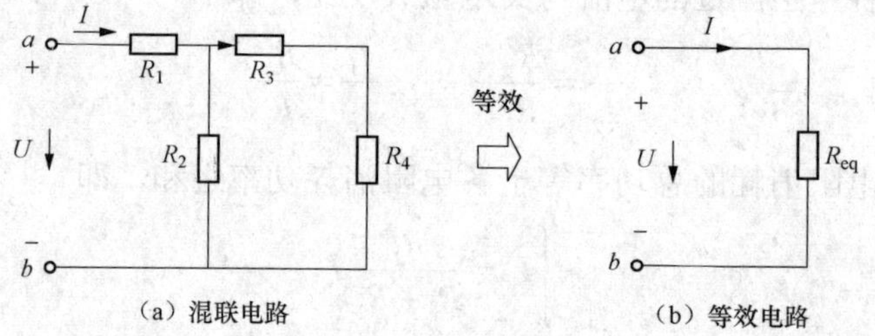

图 1-34　电阻的混联

在电阻混联电路中，若已知总电压 U 或总电流 I，欲求各电阻上的电压和电流，其求解步骤如下：

1）首先利用串、并联的特点化简为一个等效电阻。

2）应用欧姆定律求出总电流或总电压。

3）应用电流分配公式和电压分配公式求出各电阻上的电流和电压。

［**例 1-7**］如图 1-35 所示的混联电路中，U_{AB}=6V，R_1=1Ω，R_2=2Ω，R_3=3Ω。当开关 S1、S2 同时打开或同时闭合时，求 R_{al} 和 I_{al}。

解：当开关 S1、S2 同时打开时，相当于三个电阻在串联，则

$$R_{al}=R_1+R_2+R_3=6\text{（Ω）}$$

$$I_{al}=\frac{U_{al}}{R_{al}}=\frac{6}{6}=1\text{（A）}$$

当开关 S1、S2 同时闭合时，等效电路如图 1-36 所示。

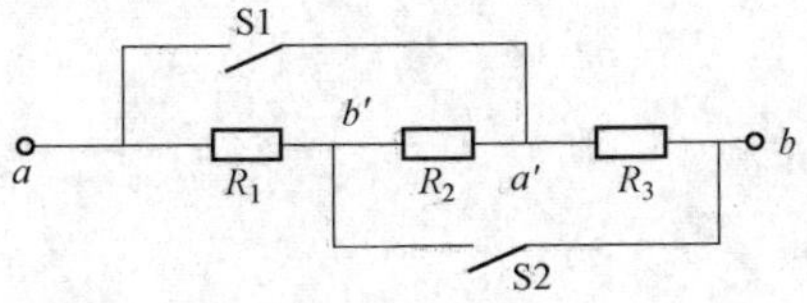

图 1-35　例 1-7 图

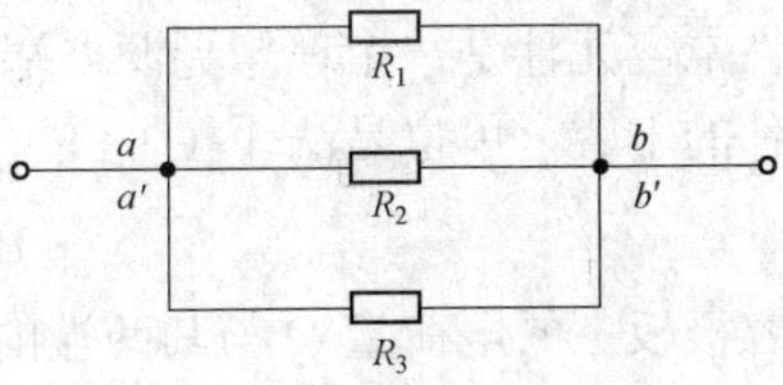

图 1-36　例 1-7 等效电路

则有

$$R_{a1} = R_1 // R_2 // R_3 = \frac{6}{11}(\Omega)$$

$$I_{a1} = \frac{U_{a1}}{R_{a1}} = \frac{6}{\frac{6}{11}} = 11(\text{A})$$

［**例 1-8**］求图 1-37 所示电路中 a、b 两点间的等效电阻 R_{ab}。

解：观察图 1-37，将 a 点和 d 点短路线缩为一点，可以得到图 1-38 所示的等效电路，等效电阻为

$$R_{ab}=（R_3//R_5+R_2）//（R_1//R_4）$$

$$=\left(\frac{20}{2}+10\right)\bigg/\!\!\bigg/\frac{40}{2}=10(\Omega)$$

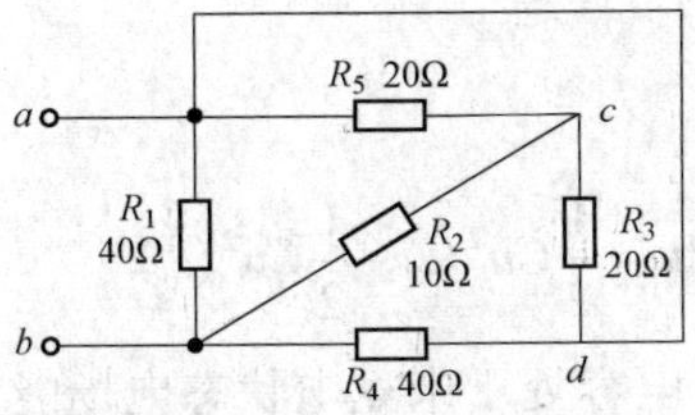

图 1-37　例 1-8 图

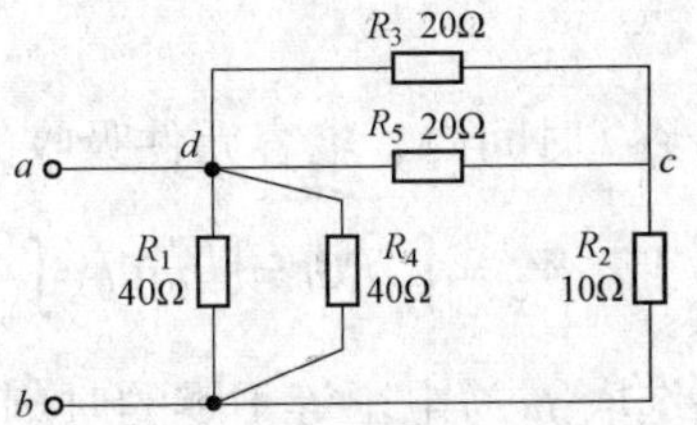

图 1-38　例 1-8 等效电路

练 习

如图 1-39 所示混联电路中，R=2Ω，画出等效电路，并求 R_{ab} 的等效电阻。

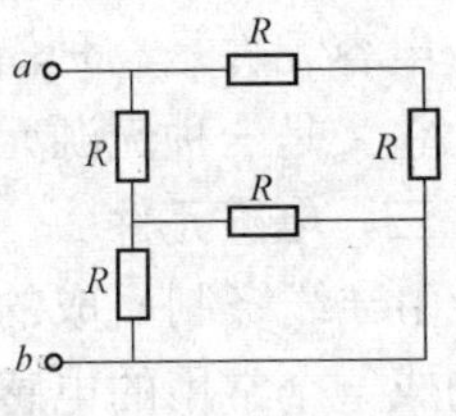

图 1-39　练习题图

二、电容元件

工程中，电容器的应用极为广泛。电容器按其构成原理来说，都是由两块金属极板间隔以不同的介质（如云母、绝缘纸、电解质等）组成的。加上电源后，极板上分别聚集起等量异号的电荷，在介质中建立起电场，并储存有电场能量。电源移去后，电荷可以继续聚集在极板上，电场继续存在。因此，电容器是一种能够储存电场能量的实际电路元件。

线性电容元件是一个理想无源二端元件，它在电路中的图形符号如图 1-40 所示，C 称为电容元件的电容，单位是法［拉］（F）。

$$1\text{F}=10^6\mu\text{F}=10^{12}\text{pF}$$

电容极板上的电荷量 Q 与其两端的电压 u 关系为

$$Q=Cu \tag{1-30}$$

当电容极板间电压 u 变化时，极板上电荷 Q 也随着改变，于是电容器电路中出现电流 i。如指定电流参考方向为流进正极板，即与电压 u 的参考方向一致，如图 1-40 所示，则电流

$$i=\frac{\mathrm{d}q}{\mathrm{d}t}=C\frac{\mathrm{d}u}{\mathrm{d}t} \tag{1-31}$$

式（1-31）表明：任何时刻，线性电容元件中的电流与该时刻电压的变化率成正比。

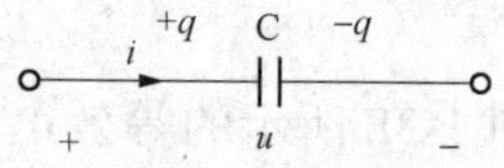

图 1-40　线性电容元件的图形符号

（1）当元件上电压发生剧变$\left(\text{即}\frac{\mathrm{d}u}{\mathrm{d}t}\text{很大}\right)$时，电流很大；当电压不随时间变化时，则电流为零，这时电容元件相当于开路。

（2）在直流电路中，电容上即使有电压，但 i=0，相当于开路。故电容元件有隔断直流（简称隔直）的作用。

在电压和电流的关联参考方向下，线性电容元件吸收的功率为

$$P=ui=Cu\frac{\mathrm{d}u}{\mathrm{d}t} \tag{1-32}$$

从 t_0 到 t 时间内，电容元件吸收的电能为

$$W_C=\int_{t_0}^{t}P\mathrm{d}t=\int_{t_0}^{t}ui\mathrm{d}t=\int_{t_0}^{t}C\frac{\mathrm{d}u}{\mathrm{d}t}u\mathrm{d}t=\int_{u(t_0)}^{u(t)}Cu\mathrm{d}u=\frac{1}{2}Cu^2(t)-\frac{1}{2}Cu^2(t_0) \tag{1-33}$$

如果选取 t_0 为电压等于零的时刻，即有 u（t_0）=0 电容处于未充电状态电场能量为零，则从 t_0 到 t 时间内，电容元件储存的电场能量为

$$W_C=\frac{1}{2}Cu^2 \tag{1-34}$$

电容元件是一种储能元件。同时，电容元件也不会释放出多于它所吸收或储存的能量，因此它又是一种无源元件。

三、电感元件

由导线绕制而成的线圈或把导线绕在铁芯或磁芯上就构成一个常用的电感器。线圈中通以电流 i 后，就会在线圈内部产生磁场，产生磁通 Φ_L，若磁通 Φ_L 与线圈 N 匝都交链，则产生 $\psi_L=N\Phi_L$，如图 1-41 所示，图中同时画出了线性电感元件在电路中的图形符号。

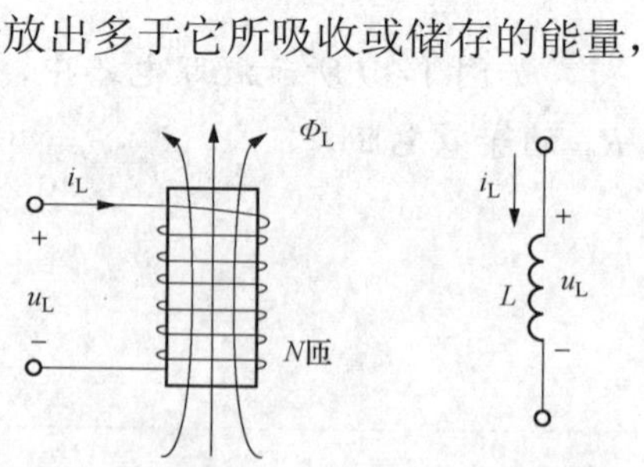

（a）电感器　　（b）图形符号

图 1-41　线性电感元件

Φ_L 和 ψ_L 都是由线圈本身的电流产生的，称为自感磁通和自感磁通链。规定磁通 Φ_L 和磁通链 ψ_L 的参考方向与电流 i_L 参考方向之间满足右手螺旋关系。在这种关联的参考方向下，在任何时刻线性电感元件的自感磁通链 ψ_L 与元件中电流 i_L 的关系为

$$\psi_L = Li_L \tag{1-35}$$

其中，L 为该元件的自感，单位为亨［利］（H），1H=10^3mH=10^6μH。

在电感元件中电流 i 随时间变化时，磁通链 ψ_L 也随之改变，元件两端感应有电压，此感应电压等于磁通链的变化率；在电压和电流的关联参考方向下，则电压的参考方向与磁通链的参考方向之间满足右手螺旋关系，如图 1-41（a）所示，根据楞次定律，感应电压为

$$u_L = \frac{d\varPhi_L}{dt} = L\frac{di_L}{dt} \tag{1-36}$$

由式（1-36）可知：任何时刻，线性电感元件上的电压与该时刻电流的变化率成正比。电流变化快，感应电压高；电流变化慢，感应电压低。当电流不随时间变化时，则感应电压为零，这时电感元件相当于短接线，因此对于直流电电感相当于导线。

在电压和电流的关联参考方向下，线性电感元件吸收的功率为

$$P = u_L i_L = Li_L\frac{di_L}{dt} \tag{1-37}$$

从 t_0 到 t 时间内，电感元件吸收的磁场能量为

$$W_L = \int_{t_0}^{t} P dt = \int_{t_0}^{t} u_L i_L dt = L\int_{i_L(t_0)}^{i_L(t)} i_L d(i_L) = \frac{1}{2}Li_L^2(t) - \frac{1}{2}Li_L^2(t_0) \tag{1-38}$$

如果选取 t_0 为电流等于零的时刻，即 $i_L(t_0)=0$，此时电感元件没有磁通链，其磁场能量为零。因此，电感元件在任何时刻 t 所储存的磁场能量 $W_L(t)$将等于它所吸收的能量，即

$$W_L(t) = \frac{1}{2}Li_L^2(t) \tag{1-39}$$

电感元件也是一种储能元件。同时，电感元件也不会释放出多于它所吸收或储存的能量，因此它又是一种无源元件。

任务实施　电阻、电容、电感电路元器件的识别和检测

一、电阻元件的识别和检测

1. 电阻的表示方法

电阻的表示方法有直标法和色环法。

（1）直标法。用数字和单位符号在电阻器外表标出阻值，其允许误差直接用百分数表示，若电阻上未注偏向，则均为±20%。T 为碳膜，H 为合成碳膜，J 为金属膜，X 为线绕。

（2）色环法。色环法有四道和五道色环两种表示法。

1）四道色环。第 1、2 色环表示阻值的第一、第二位数字，第 3 色环表示前两位数字再乘以 10 的方次，第 4 色环表示阻值的容许误差，如图 1-42（a）所示。

2）五道色环。第 1、2、3 色环表示阻值的 3 位数字，第 4 色环表示前 3 位数字再乘以 10 的方次，第 5 色环表示阻值的容许误差。1 至 4 道（4 色标为 3 道）色环是均匀分布的，另外一道是间隔较远分布的，读取色标应该从均匀分布的那一端开始。也可以从色环颜色断定从电阻的哪一端开始读，最后一环通常是金、银和棕三种颜色，如图 1-42（b）所示。

色环法中，每种不同的颜色所对应的数值及误差见表 1-4。

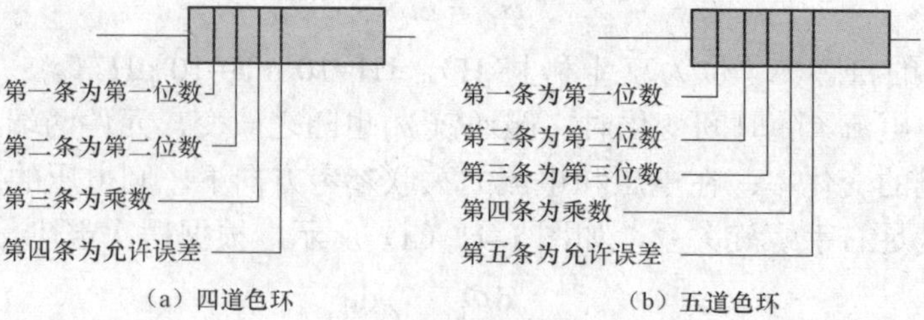

图 1-42　电阻色环的表示方法

表 1-4　　　　电阻的色环表示对应值

色环颜色	黑	棕	红	橙	黄	绿	蓝	紫	灰	白	金	银	本
对应数值	0	1	2	3	4	5	6	7	8	9	—	—	—
误差											±5%	±10%	±20%

（3）电阻额定功率的直接标识方法，如图 1-43 所示。电阻额定功率一般常见的有 1/8W，个别数字电路会用到 1/4W，电源电路或大功率驱动会用到 1/2W，甚至更大。替代电阻器和电位器时要注意元件的阻值和额定功率。

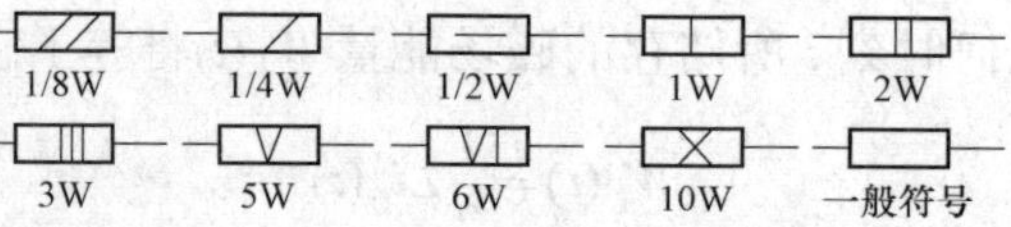

图 1-43　电阻功率的标注方法

（4）贴片电阻的表示方法。贴片元件由于体积小、自感系数小，安装容易（底板不需打孔），因而被广泛采用。但由于体积小，故型号或数值不可能完全标出，只能用代码表示。下面简要介绍几种贴片元件的识别方法。

1）E-24 标注方法。E-24 标注法有两位有效数字，精度在±2%（–G），±5%（–J），±10%（–K），±20%（–M）。

a．常用电阻标注：XXY，其中，XX 代表底数，Y 代表指数。

例如：470，代表 $47\times10^0\Omega=47\Omega$；103，代表 $10\times10^2\Omega=10k\Omega$；224，代表 $22\times10^4\Omega=220k\Omega$。

图示：[103]，表示电阻为 10kΩ。

b．小于 10Ω的电阻的标注：用 R 代表单位为欧姆的电阻小数点，用 m 代表单位为毫欧姆的电阻小数点。

例如：1R0，代表 1.0Ω；R20，代表 0.20Ω；5R1，代表 5.1Ω；R007，代表 7.0mΩ；4m7，代表 4.7mΩ。

图示：[10R0]，表示电阻为 10Ω。

2）E-96 标注方法。E-96 标注法有三位有效数字，精度在±1%（–F）。

a．常用电阻标注：XXXY，其中 XXX 代表底数，Y 代表指数。

例如：4700，代表 $470\times10^0\Omega=470\Omega$；1003，代表 $100\times10^3\Omega=100k\Omega$；2203，代表 $220\times10^3\Omega$

=220kΩ。

图示：1502，表示电阻为 15kΩ。

b．小于 10Ω的电阻的标注：用 R 代表单位为欧姆的电阻小数点，用 m 代表单位为毫欧姆的电阻小数点。

例如：1R00，代表 1.00Ω；R200，代表 0.200Ω；5R10，代表 5.10Ω；R007，代表 7.00mΩ；4m70，代表 4.70mΩ。

图示：R003，表示电阻为 3mΩ。

c．2 位数字 1 位字母标注法：XXY，其中，XX 为数字，代表底数的代码，具体数值可从表 1-5 中查找；Y 为字母，代表指数的代码，具体数值可从表 1-6 中查找。

例如：18A，代表 $15\times10^0\Omega=15\Omega$；02C，代表 $102\times10^2\Omega=10.2\text{k}\Omega$。

表 1-5　　底 数 代 码

代码	数字	代码	数字	代码	数字	代码	数字	代码	数字
01	100	21	162	41	261	61	422	81	681
02	102	22	165	42	267	62	432	82	698
03	105	23	169	43	274	63	442	83	715
04	107	24	174	44	280	64	453	84	732
05	110	25	178	45	287	65	464	85	750
06	113	26	182	46	294	66	475	86	768
07	115	27	187	47	301	67	487	87	787
08	118	28	191	48	309	68	499	88	806
09	121	29	196	49	316	69	511	89	825
10	124	30	200	50	324	70	523	90	845
11	127	31	205	51	332	71	536	91	866
12	130	32	210	52	340	72	549	92	887
13	133	33	215	53	348	73	562	93	909
14	137	34	221	54	357	74	576	94	931
15	140	35	226	55	365	75	590	95	953
16	143	36	232	56	374	76	604	96	976
17	147	37	237	57	383	77	619		
18	150	38	243	58	392	78	634		
19	154	39	249	59	402	79	649		
20	158	40	255	60	412	80	665		

表 1-6　　指 数 代 码

倍率	A	B	C	D	E	F	G	H	X	Y	Z
	0	1	2	3	4	5	6	7	−1	−2	−3

说 明

这种标识方法用于精密电阻，一般为1%精度的，电阻估算法为 $XXY=XX*10^{Y}$。

2. 电阻的检测

万用表测量电阻的过程可以分解为四个步骤：选量程→调零→测试→读数。

一般的电阻是可以在线测量的，在线阻值和标称阻值差别不大，但有些电路设计电阻的两端连接其他的电路形成并联，这样阻值就会降低，有些甚至降低一半还要多，那么就要用电烙铁焊起电阻的一端进行测量。

检测方法：

（1）模拟式万用表：刻度误差较大。应合理选择量程，使指针尽可能偏转至刻度中心位置。

（2）数字式万用表：误差比模拟式万用表的误差小，但用它测量阻值较小的电阻时，相对误差仍然比较大，测电压和电流应靠近满刻度的1/3区域。

（3）直流电桥法：测量精度很高。

（4）伏安法：间接测量法，先直接测量被测电阻两端的电压和流过它的电流，然后根据欧姆定律 $R=U/I$ 计算出被测电阻的阻值。原理简单、测量方便，尤其适用于测量非线性电阻的伏安特性。伏安法有电流表内接和电流表外接两种测量电路。

3. 电阻常见故障

（1）阻值变化，一般都是变大。用万用表可以查出（注意在线测量会有误差），故障无法修理，只能换新的电阻。

（2）断路，用万用电表测量，表针指示无穷大。

（3）内部接触不良。工作时有微小跳火花现象，给仪器带来杂音、噪声、时好时坏；只能在坏时检查并做更换。

4. 电阻的识别与检测实验

首先每组分别取不同类型的电阻若干，根据它们的外形和标识法进一步认识和判断它们的阻值，填入表1-7中，然后用万用表测量电阻阻值进行对照，核对识别的正确性。

表1-7 实验数据及分析1

电阻类型	四道色环电阻 R_1	五道色环电阻 R_2	可调电阻 R_3	热敏电阻 R_4	直标法电阻 R_5
标识阻值					
测量阻值					
误差原因					

然后每组分别取已损坏的各类电阻若干，分别测量它们的阻值，并根据测量情况判断其损坏的性质。具体数据填入表1-8中。

表1-8 实验数据及分析2

电阻类型	电阻 R_1	电阻 R_2	可调电阻 R_3	热敏电阻 R_4	直标法电阻 R_5
标识阻值					

续表

电阻类型	电阻 R_1	电阻 R_2	可调电阻 R_3	热敏电阻 R_4	直标法电阻 R_5
测量阻值					
测量现象					
损坏原因分析					

二、电容元件

1. 电容的表示

电容的表示方法有直标法、数字表示法、数码表示法、色码表示法和字母数字混合表示法。

（1）直标法。直标法是将电容的标称容量、耐压及偏差直接标在电容体上，如图 1-44 所示。例如：4700μF　25V。若是 0.0×，常把整数位的“0”省去，如 .01μF 表示 0.01μF。

（2）数字表示法。数字表示法是只标数字不标单位的直接表示法，如图 1-45 所示。采用此种方法的仅限于单位为 pF 和μF 两种，一般无极性电容默认单位为 pF，电解电容默认单位为μF。

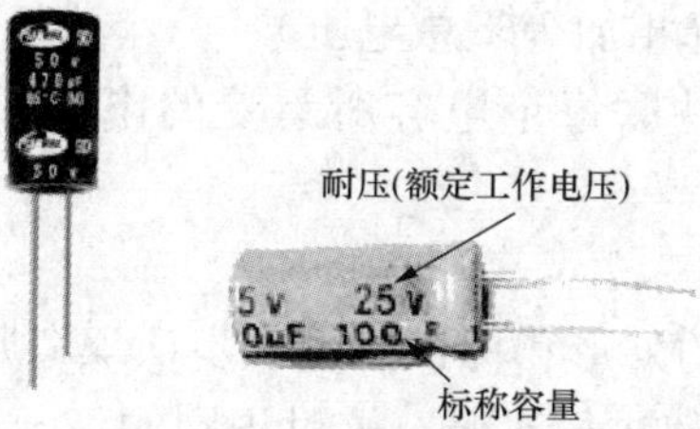

图 1-44　电容直标法示例

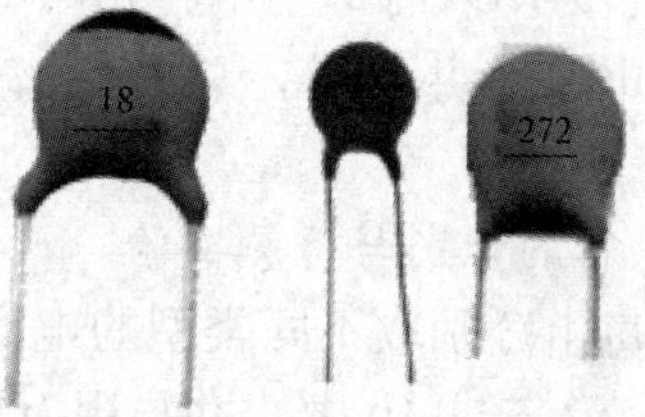

图 1-45　电容数字表示法示例

（3）数码表示法。数码表示法一般用三位数字来表示容量的大小，单位为 pF。其中前两位为有效数字，后一位表示倍率，即乘以 10^i，i 为第三位数字，若第三位数字 9，则乘 10^9。（同电阻的 E-24 标注方法）：XXY，其中 XX 代表底数单位为 pF，Y 代表指数。

例如：104，容量为 10×10000pF=0.1μF；473，容量为 47×1000pF=0.047μF。

图 1-46　电容色码表示示例

（4）色码表示法。色码表示法与电阻器的色环表示法类似，颜色涂于电容器的一端或从顶端向引线排列，如图 1-46 所示。色码一般只有三种颜色，前两环为有效数字，第三环为位率，容量单位为 pF。

（5）字母数字混合表示法。电容器耐压的标注有一种是采用一个数字和一个字母组合而成。数字表示 10 的幂指数，数字最大为 4；字母表示耐压值，见表 1-9。

表 1-9　字母数字混合表示法字母对应耐压值

字母	A	B	C	D	E	F	G	H	J	K	Z
耐压值（V）	1.0	1.25	1.6	2.0	2.5	3.15	4.0	5.0	6.3	8.0	9.0

例如：1J 代表 6.3×10=63V

2G 代表 4.0×100=400V

3A 代表 1.0×1000=1000V

1K 代表 8.0×10=80V，数字最大为 4

2. 电容的检测

用指针式万用表的电阻挡测量电解电容时，电表指针摆动到一定的数值后，应当返回起点或接近起点。指针摆动的幅度越大表示电容容量越大，指针返回起点时离起点越近表示电容漏电越小、绝缘电阻越大；若指针不摆动或摆动后不返回，则表示电容器已断路或短路损坏。

3. 电容器常见故障

电容器常见故障主要有断路、短路、容量减退、漏电。大容量电容器可用万用表查找，方法同电解电容。小容量电容器除短路、严重漏电外，其他故障用普通万用电表不易检查。

4. 电容器串联和并联

两个电容器串联时，总容量 $C=C_1C_2/(C_1+C_2)$。串联后耐压，若串联的各电容容量相等，则所承受的电压也相等；若容量不等，则容量越大所承受的电压越小，容量越小所承受的电压越大（因为串联时每个电容充电电流相等，其电压降相加等于总电压）。

多个电容器并联时，总容量 $C=C_1+C_2+C_3+\cdots$，并联每个电容所承受的电压即为电路电压。

5. 电容的识别与检测实验

首先每组分别取不同类型的电容若干，根据它们的外形和标识法进一步认识和判断它们的容值，填入表 1-10 中，并与用万用表测量的电容容值进行对照，核对识别的正确性。

表 1-10　　实验数据及分析 1

电容类型	电解电容 C_1	色环电容 C_2	数码标注电容 C_3	直标电容 C_4
标识容值				
测量容值				
误差原因				

然后每组再分别取已损坏的各类电容若干，分别测量它们的容值，并根据测量情况判断其损坏的性质。具体数据及分析填入表 1-11 中。

表 1-11　　实验数据及分析 2

电容类型	电解电容 C_1	电解电容 C_2	普通电容 C_3	普通电容 C_4
标识容值				
测量容值				
测量现象				
损坏原因分析				

三、电感元件

电感元件概括起来可分两大类：一类为自感式线圈，如天线线圈、调谐线圈、阻流线圈、提升线圈、稳频线圈、偏转线圈等；另一类为互感式变压器，如电源变压器、音频变压器、振荡变压器、中频变压器（中周）等。

1. 自感式线圈

自感式线圈是只有一个绕组并靠自感原理工作的元件，它一般由绕组、骨架和导磁芯三部分组成，如图 1-47 所示。线圈广泛用于电子电器的阻流、降压、交链、滤波、谐振、调谐等电路中。电感的标值有色标、色点，这跟电阻的色标识别类似，还有直接标注的。

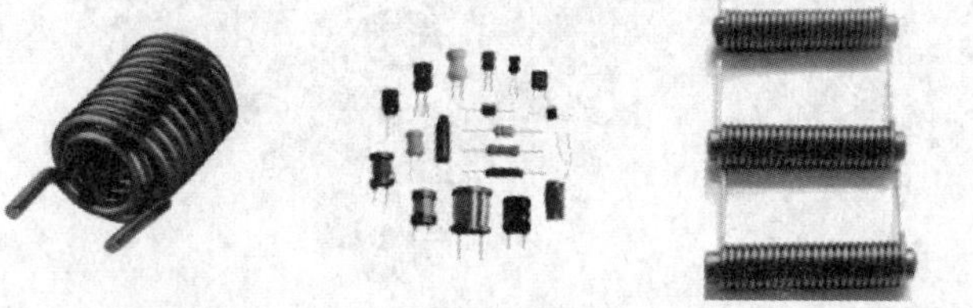

（a）空芯线圈　（b）铜芯线圈　（c）棒状线圈和磁环线圈

图 1-47　自感式线圈实物

自感式线圈常见故障主要是断线、短路、线匝松动。自感式线圈断线可用万用表Ω挡进行检查，在修理时可部分或全部重绕；自感式线圈断线也时常发生在接线端子（如脱焊或受力而断线），若仔细观察就能发现。自感式线圈短路大多是由于受潮后线的绝缘力降低而被击穿，由于一般线圈电阻小而用万用表不易发现自感式线圈短路（特别是局部短路），最好的办法是用 Q 表或电桥等仪器进行测量，看其电感值和 Q 值是否与正常值一致，在修理时可重绕或将短路处填以适当的绝缘材料。线圈线匝松动较轻时可用绝缘胶水加固，较重时（有部分乱线或全部乱线）可部分或全部重绕。

小贴士

Q 值是衡量电感器件的主要参数，是指电感器在某一频率的交流电压下工作时，所呈现的感抗与其等效损耗电阻之比。电感器的 Q 值越高，其损耗越小，效率越高。Q 表是一种通用的多用途、多量程的阻抗测量仪器，广泛应用于科研机关、学校、工厂等单位，用以测量高频电感或谐振回路的 Q 值、电感器的电感量和分布电容量、电容器的电容量和损耗角、电工材料的高频介质损耗、高频回路的有效并联及串联电阻、传输线的特性阻抗等。

用万用表Ω挡对线圈进行测量并观察线圈上的有关标识，来识别和测量其大小，然后人为设置断线、短路、线匝松动等故障再进行测量观测其现象，并分析其现象原因。相关记录填入表 1-12 中。

表 1-12　　实 验 数 据 及 分 析

电感类型	线圈 1	线圈 2
标识情况记录		
测量情况记录		
断线时现象记录及分析		
短路时现象记录及分析		
线匝松动时现象记录及分析		

2. 互感式变压器

互感式变压器是利用两个线圈绕组的互感原理来传递电信号和电能的器件，它一般由绕组线圈、骨架和铁芯三部分组成，如图 1-48 所示。变压器绕组的圈数直接关系到变压比、电流比、阻抗比以及高频电路里的谐振频率等。电路中一般用 B 或 T 表示互感式变压器。

图 1-48 互感式变压器实物

互感式变压器常见故障主要是断路、短路、漏电，断路时无输出电压，一次侧输入电流很小或无输入电流，可用万用表Ω挡进行检查，在修理时可部分或全部重绕线圈。互感式变压器线圈发生短路或严重漏电时，互感式变压器会发生温度过高、有焦臭味、冒烟、输出电压降低等现象，须将短路的线圈拆除重绕。

思考任务

电阻器、电容器、电感器分别有哪些标识方法，识别和检测时有哪些注意事项？

拓展与延伸　　其他种类电阻

1. 电位器

电位器是一种具有三个接头的可变电阻器，文字符号为 RP。它可以带开关，也可以不带开关。它分为可调电位器（调整幅度不超过 360°）和多圈可调电位器。电位器的测量方法和常见故障与电阻器相似，先测量电位器两固定端之间的总固定电阻，然后测量滑动端对任意一端之间的电阻值。进行测量时，缓慢调节滑动端的位置，观察电阻值的变化情况，阻值指示应平稳变化，没有跳变现象；而且滑动端从开始调到另一端时，应滑动灵活，松紧适度，听不到“嗞嗞”的噪声，否则说明滑动端接触不良，或滑动端的引出机构内部存在故障。电位器的标称一般采用 3 位数字标注，前两位是有效数值，后一位是 10 的幂数。例如，1kΩ 的电位器标注成 102，10 是有效数字，2 表示 10 的 2 次方，这样组合起来就是 1000 也就是 1kΩ。同样，103 表示 10kΩ，223 表示 22kΩ，202 表示 2kΩ。

2. 水泥电阻

在电视机和开关电源里面常看到巨大的白色电阻即为水泥电阻，其电阻值很低，一般在几欧姆至几十欧姆。开路是水泥电阻最常见的故障。这个电阻一般用在假负载上，用手触摸感到烫手是正常的。其阻值一般直接标注在表面。

3. 热敏电阻

热敏电阻对温度敏感，根据温度的变化改变阻值，作为不精确温度测量使用。也用作电源电路的过电流保护，根据不同的用途体积也不同，但温度范围都很宽可以在很高或者很低的温度下工作，有些可直接浸入在液体内工作。

4. 压敏电阻

压敏电阻对电压敏感，一般用于电源过电压保护，并联在电源输入端，电压高于标称范围即刻短路烧毁上一级熔断器，从而保护后级电路。这个电阻的阻值正常情况下很大几乎开路，发生保护时很小接近短路，也有一次性和自恢复型的。

5. 光敏电阻

光敏电阻对光敏感，目前很少采用，一般都使用光电管替代。

思考与练习

一、填空题

1．在串联电路中，等效电阻等于各电阻______。串联的电阻越多，等效电阻越______。

2．俗称的 1 度电就是 1kW 的功率做功 1h 所消耗的电量，所以它的单位又叫______。

3．在 220V 电源上串联额定值为 220V、60W 和 220V、40W 的两个灯泡，灯泡亮的是______；若将它们并联，灯泡亮的是______。

4．任何两块导体，中间隔以______，就构成一个电容器。

5．如果电容电压不随时间变化，则电流为______，这时电容元件的作用相当于使电路______。

二、选择题

1．三个阻值相同的电阻串联，其总电阻等于一个电阻值的（　　）倍。

A．1/3　　B．3　　C．6　　D．4/3

2．额定电压相等的两只灯泡，额定功率大的灯泡电阻（　　）。

A．大　　B．小　　C．无法确定

3．有两个电容器 $C_1>C_2$，若它们所带电荷量相等，则（　　）。

A．C_1 两端电压较高　　B．C_2 两端电压较高

C．两个电压相等

4．对某一固定线圈，下面结论中正确的是（　　）。

A．电流越大，自感电压越大　　B．电流变化量越大，自感电压越大

C．电流变化率越大，自感电压越大

三、判断题

1．电阻小的导体，电阻率一定小。（　　）

2．线圈中有电流就有感应电动势，电流越大，感应电动势就越大。（　　）

3．电容元件中电流为零时，其储存的能量一定为零。（　　）

4．电感元件通过直流时可视作短路，此时的电感 L 为零。（　　）

5．电容两端电压的变化量越大，电流就越大。（　　）

四、计算题

1．如图 1-49 所示的电路中，$R_1=R_3=30\Omega$，$R_2=20\Omega$，$R_4=60\Omega$，$R_5=40\Omega$；画出等效电路图，

并求等效电阻 R_{AB}。

2．求图 1-50 所示电路中的等效电阻 R_{ab}。

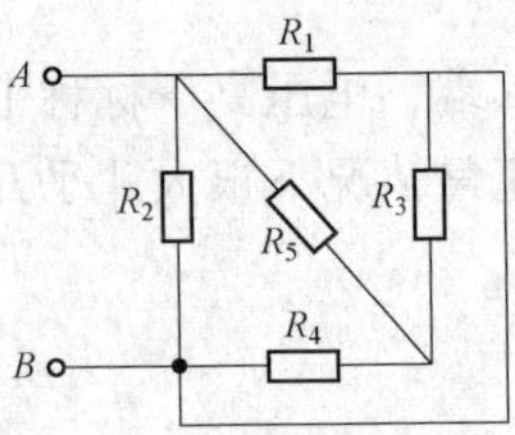

图 1-49　题 1 图

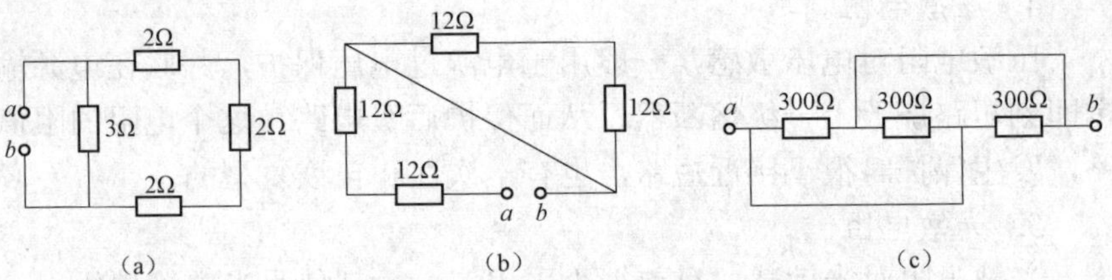

图 1-50　题 2 图

3．两个 40W/220V 的灯泡串接与并接在 220V 的电路中，灯泡中通过的电流各是多少？两个灯泡的功率是多少？

4．两个电阻 R_1、R_2，阻值之比为 1:2，分别串接与并接在回路中，问功率之比分别为多少？

任务三　手电筒电源及其应用

学习目标

（1）掌握理想电源与实际电源的区别。

（2）理解理想电压源与实际电压源的特性区别。

（3）理解理想电流源与实际电流源的特性区别。

（4）理解并掌握电源等效变换。

任务引入

日常生活和工业生产的控制中所用到的电源都是同一种电源吗？它在提供能量的时候是以什么形式来表现的？具有怎样的特点？电源之间能相互转换吗？

任务分析

电源的作用是将电能转化为其他形式的能量，它是供给电路正常工作的源头，掌握电源的种类、特点以及电源之间转换的条件是分析电路的基础。

知识准备

直流电源分为干电池、发电机、蓄电池等，其中手电筒电路的电源是干电池。一般情况下电源有电压源和电流源两种类型。电压源的电压不随其外电路而变化，电流源的电流不随其外电路而变化，因此，电压源和电流源总称为独立电源，简称独立源。

一、电压源

1．理想电压源

理想电压源在电路图中的符号如图 1-51 所示，其电压用 U_S 表示。

理想电压源简称为恒压源，从图 1-52 可看出，它有以下几个特点：①端电压恒定，与外电路无关；②电源中的电流由外电路决定。

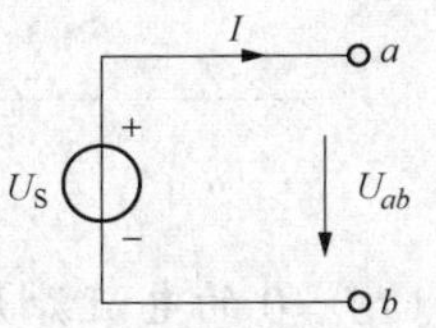

图 1-51　理想电压源的符号

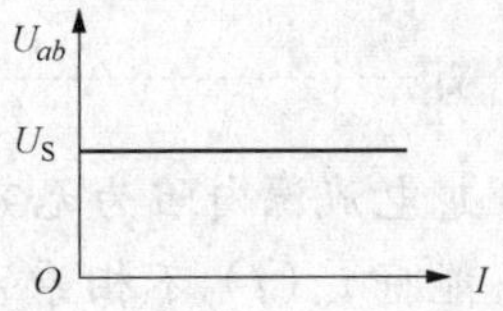

图 1-52　理想电压源的伏安特性

说明

（1）电压源内阻 R=0。

（2）不能将 u_s（t）不相等的电压源并联，也不能将 u_s（t）≠0 的电压源短路。

2. 实际电压源

实际的电压源，其端电压都是随着电流的变化而变化的。因为电池内部存在电阻，端电压随着电流的变化而变化。实际的直流电压源电压 U_S 的理想电压源和一个内阻 R_0 相串联的模型来表示，如图 1-53（a）所示。

实际直流电压源的端电压为

$$U = E - IR_0 \tag{1-40}$$

实际直流电压源的伏安特性，如图 1-53（b）所示。

［**例 1-9**］电路如图 1-54 所示，直流电压源的电压 E=10V，则当接入 R_1 时，电流是多少？当 R_1、R_2 同时接入时，电流是多少？

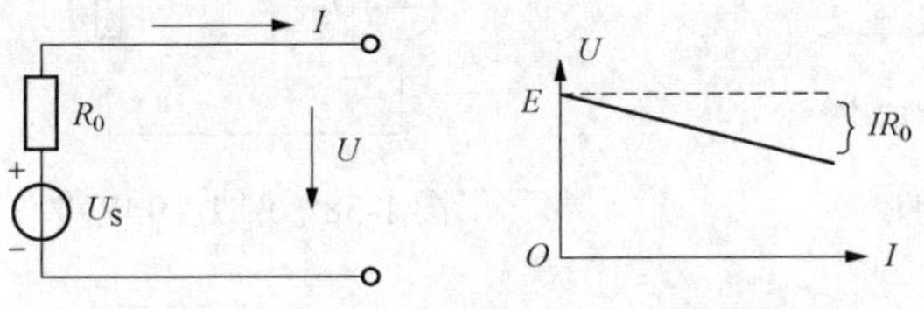

图 1-53　实际电压源模型及其伏安特性

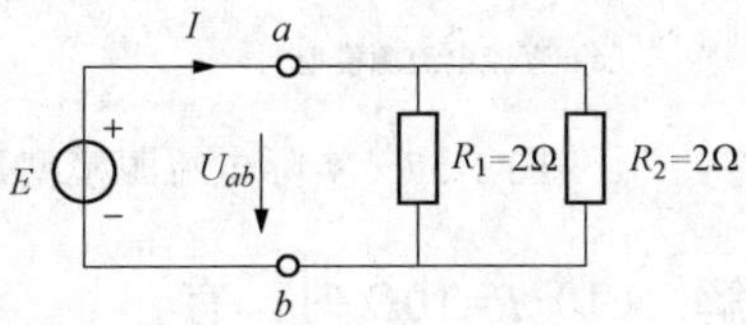

图 1-54　例 1-9 电路

解：当 R_1 接入时　I=10/2=5（A）

当 R_1、R_2 同时接入时，总电阻　$R=R_1 R_2/(R_1+R_2)$=2×2/（2+2）=1（Ω）

则　I=10/1=10（A）

二、电流源

1. 理想电流源

理想电流源在电路图中的符号如图 1-55 所示，其中恒流源的电流用 I_S 表示。

从图 1-56 可看出，它有以下几个特点：①输出电流恒定；②输出电压由外电路决定。

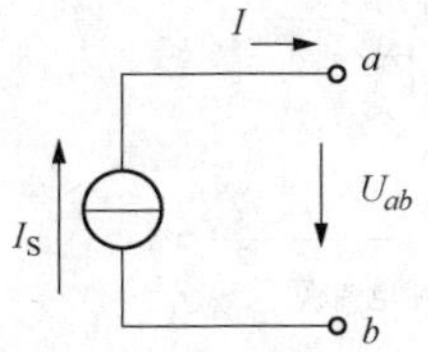

图 1-55　恒流源符号

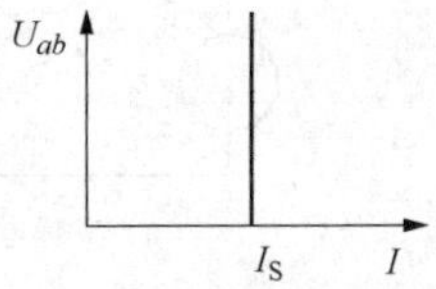

图 1-56　恒流源伏安特性

说明

（1）理想电流源内阻为无穷大。

（2）不能将 $i_s(t)$ 不相等的电流源串联，也不能将 $i_s(t) \neq 0$ 的电流源开路。

2. 实际电流源

实际电流源输出的电流是随着端电压的变化而变化的。实际的直流电流源可用数值等于 I_S 的理想电流源和一个内阻 R_0 相并联的模型来表示，如图 1-57（a）所示。

于是，实际直流电流源的输出电流为

$$I = I_S - \frac{U_{ab}}{R_0} \tag{1-41}$$

实际直流电流源的伏安特性，如图 1-57（b）所示。

［**例 1-10**］电路如图 1-58 所示，直流电流源的电流 I_S=1A。R 分别为 10Ω 与 0Ω 时，电流 I 分别是多少？

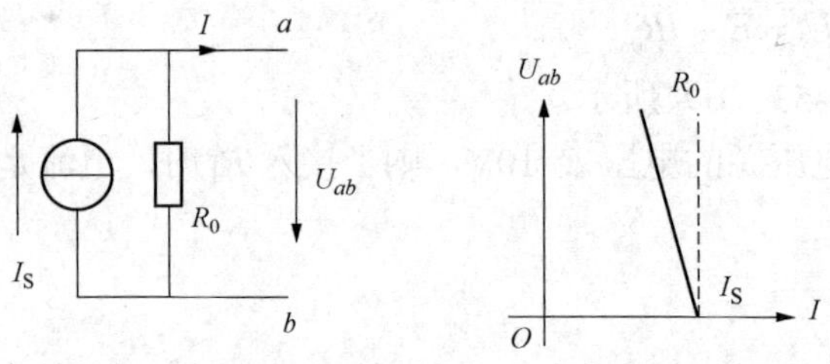

（a）直流电流源模型　（b）伏安特性曲线

图 1-57　实际电流源模型及其伏安特性

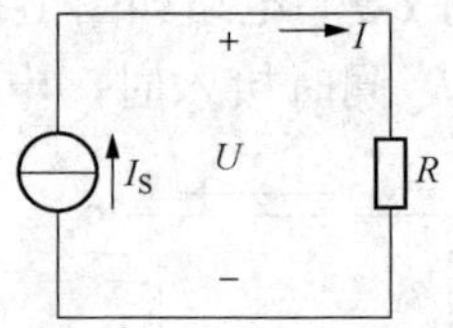

图 1-58　例 1-10 电路

解：（1）R=10Ω 时，有 $I=I_S=1A$

则 $U = IR = I_S R = 1 \times 10 = 10\text{（V）}$

（2）R=0Ω 时，有 $I=I_S=1A$

则 $U = IR = I_S R = 1 \times 0 = 0\text{（V）}$

三、电压源与电流源的等效变换

图 1-59（a）实际电压源与图 1-59（b）实际电流源如果等效，就要求当与外部相连的两端之间具有相同的电压 U 时，两端的电流必须相等，即 $I = I'$。

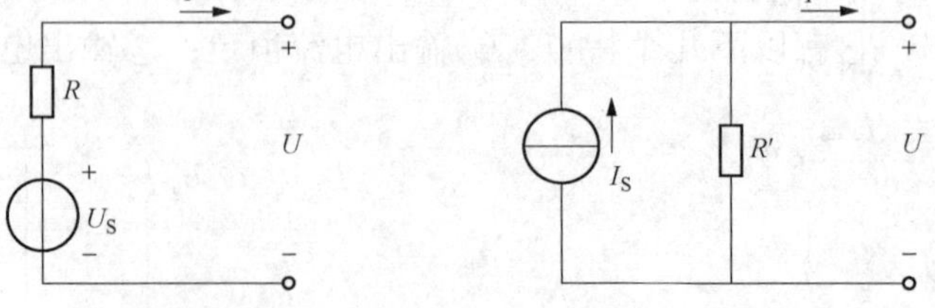

（a）实际电压源　（b）实际电流源

图 1-59　电压源与电流源的等效变换

在电压源、电阻串联组合中

$$I=\frac{U_S-U}{R}=\frac{U_S}{R}-\frac{U}{R}$$

而在电流源、电阻并联组合中

$$I'=I_S-\frac{U}{R'}$$

根据等效变换的要求，$I=I'$ 得等效变换的条件为

$$I_S=\frac{U_S}{R}\qquad (R=R')\qquad (1\text{-}42)$$

说 明

（1）U_S 和 I_S 的参考方向应如图 1-59 所示，即 I_S 的参考方向由 U_S 的负极指向正极。

（2）等效变换只适用于外电路，对内电路不等效。

（3）恒压源和恒流源不能等效互换。

注 意

只有电压相等的电压源才允许并联，只有电流相等的电流源才允许串联。

两种变换的特殊变换情况：从外部性能等效的角度来看，任何一条支路与电压源 U_S 并联后，总可以用一个等效电压源替代，等效电压源的电压为 U_S，如图 1-60（a）所示。同理，任何一条支路与电流源 I_S 串联后，总可以用一个等效电流源替代，等效电流源的电流为 I_S，等效电流源的电压不等于替代前的电流源的电压而等于外部电压 U，如图 1-60（b）所示。

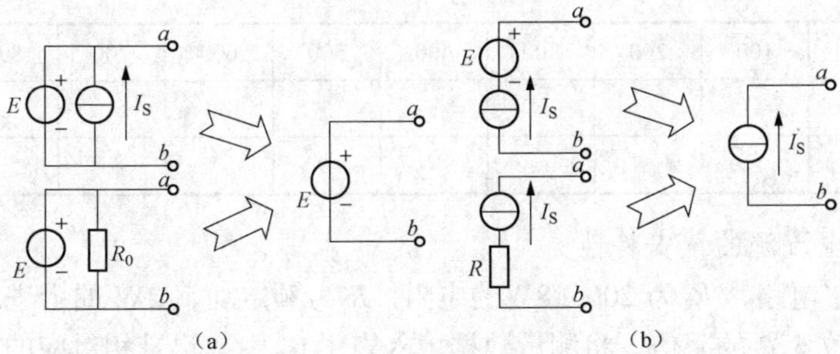

图 1-60　电源与支路的串联和并联

［**例 1-11**］电路如图 1-61 所示，试用电压源与电流源等效变换的方法，计算 2Ω 电阻中的电流。

解：等效变换过程如图 1-62 所示。

由图 1-62（c）可知，2Ω电路中的电流为

$$I=\frac{8-2}{2+2+2}=1(\text{A})$$

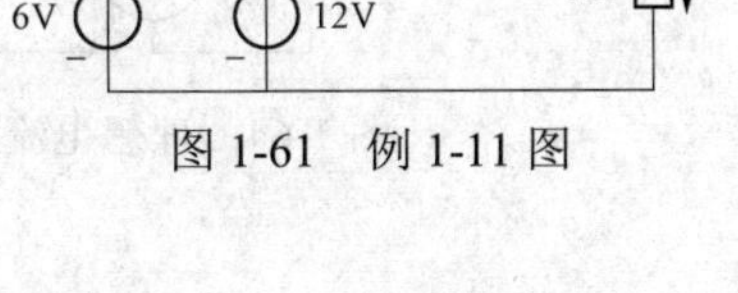

图 1-61　例 1-11 图

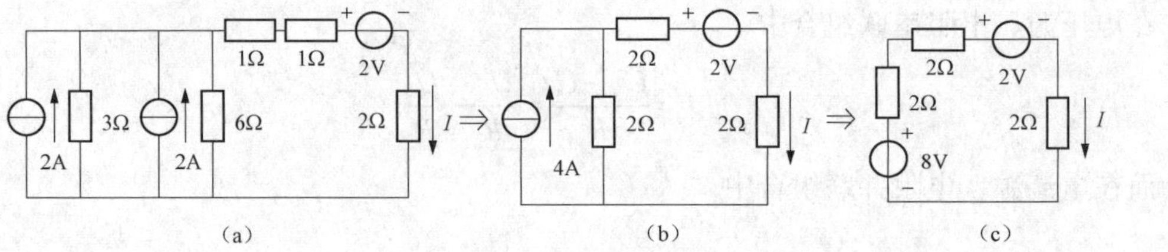

图 1-62 等效变换过程

任 务

求如图 1-63 所示电路中的电流 I_0。

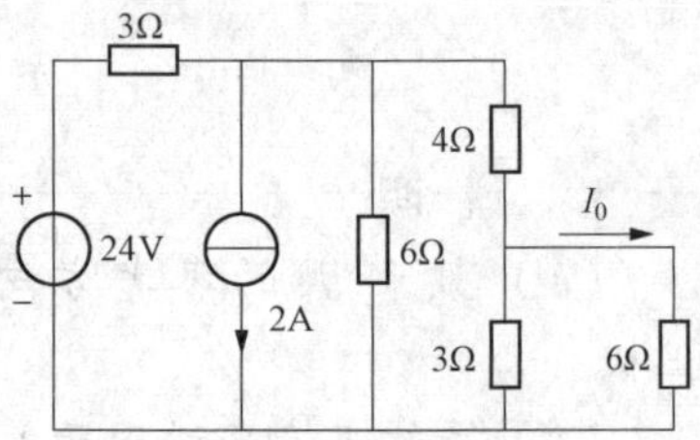

图 1-63 任务题电路

任务实施 电压源与电流源的测试

1. 测试理想电流源的伏安特性

图 1-64 中 I_S 由恒流源提供，调节电位器使输出电流为 8mA，按表 1-13 中的数值从小到大依次调节电阻 R 的值，用直流电压表测量 R 两端的电压，用直流电流表测量流过 R 的电流，将数据填入表 1-13 中。

表 1-13 理想电流源的伏安特性

R（Ω）	0	100	200	300	400	500	600	700	800	900	1000
I（mA）											
U（V）											

2. 测试实际电流源的伏安特性

按图 1-65 连接电路，R'_S 为 200Ω/8W 的电阻，R 为额定功率 2W 的十进制电阻箱，电阻范围为 0～1000Ω。改变 R 的阻值，将测量数据填入表 1-14 中。记录相对应的 I 值填入表中。

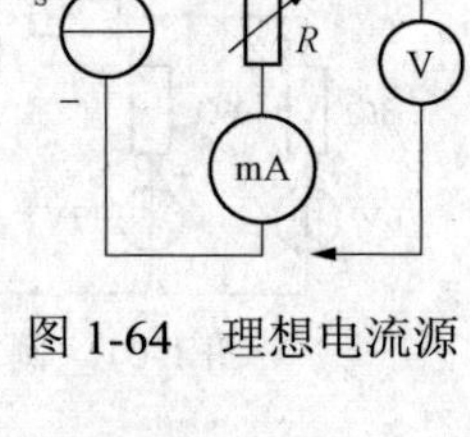

图 1-64 理想电流源

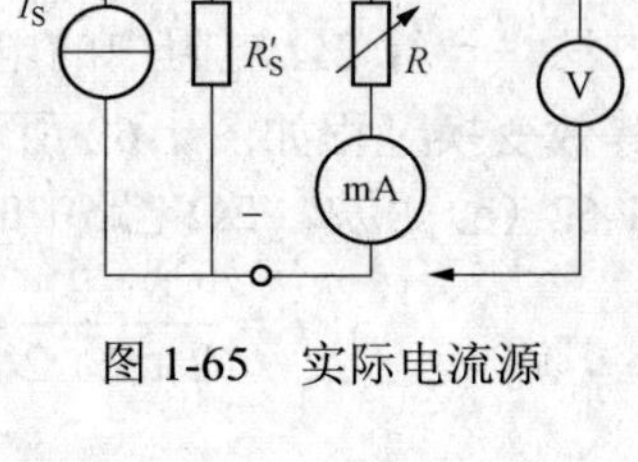

图 1-65 实际电流源

表 1-14　实际电流源的伏安特性

R（Ω）	0	100	200	300	400	500	600	700	800	900	1000
I（mA）											
U（V）											

3. 电流源与电压源的等效变换

根据电源等效变换的条件，如图 1-65 所示的电流源，可以变换成一个电压源，其参数为 $R_S = R'_S = 200\Omega$，$I_S = 8\text{mA}$，则 $U_S = I_S R_S = 1.60\text{V}$。

等效电路如图 1-66 所示。其中，U_S 由恒压源提供（要用实验用电压表测量）；R_S 为 200Ω/8W 的电阻；R 为额定功率 2W 的十进制电阻箱，电阻范围从 0Ω 到 1000Ω。调节 R 为表 1-15 中数值，记录相对应的电压和电流值，填入表 1-15 中。

表 1-15　电流源和电压源的等效变换

R（Ω）	0	100	200	300	400	500	600	700	800	900	1000
I（mA）											
U（V）											

4. 注意事项

（1）在测电压源外特性时，不要忘记测空载（$I=0$）时的电压值；测电流源外特性时，不要忘记测短路（$U=0$）时的电流值。注意恒流源负载电压不可超过 20V，负载更不可开路。

（2）换接线路时，必须关闭电源开关。

（3）直流仪表的接入应注意极性与量程。

5. 思考题

电压源和电流源等效变换条件是什么?

6. 练习题

如图 1-67 所示电路中，已知 U_S=12V，I_{S1}=0.75A，I_{S2}=5A，R_1=8Ω，R_2=6Ω，R=6Ω，R_L=9Ω。用电源等效变换法求电流 I。

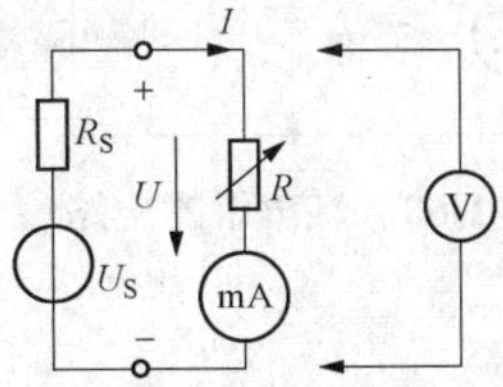

图 1-66　等效变换

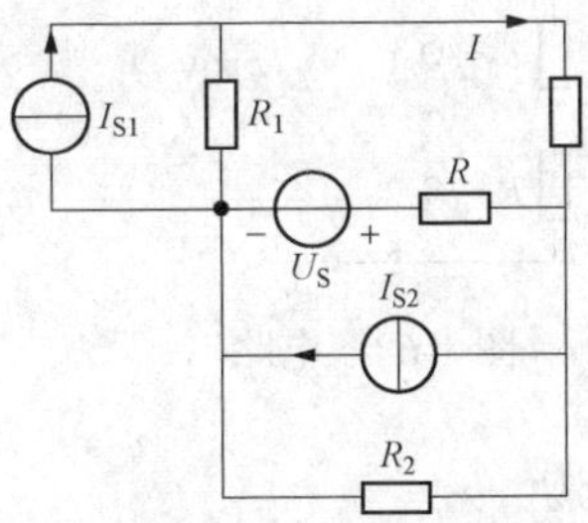

图 1-67　练习题图

任务四　复杂直流电路分析

学习目标

（1）掌握基尔霍夫定律等电路基本定律。

（2）掌握支路电流分析法。

（3）掌握戴维南定理及其等效变换。

（4）会分析复杂直流电路，并进行实验操作。

任务引入

能够转化成简单的串、并联的电路，称为简单电路；不能用电阻的串、并联化简的直流电路，称为复杂直流电路。简单电路可以用欧姆定律和电阻串、并联电路特点，就能进行分析和计算。那么复杂电路应该用什么方法进行分析呢？

任务分析

复杂直流电路的分析在直流电路的求解中很重要。分析复杂直流电路的方法很多，有支路电流法、叠加定理法等，我们要根据电路的特点来选择相应的方法分析电路。下面就通过学习复杂电路中的定理和定律来寻找复杂直流电路分析的方法。

子任务一　基尔霍夫定律

任务引入

求如图 1-68 所示电路的总电阻、总电流、各电阻上的电压降、总电压降。

欧姆定律可以求出图 1-68 要求的参数，但能解决如图 1-69 所示的汽车电路中电流的问题吗？图中 E_1、R_1 为发电机的电动势和内电阻，E_2、R_2 为蓄电池的电动势和内电阻，R_3 为车灯等用电器的电阻。如果电路中各个参数都已知，要计算电路中各个元件上流过的电流用欧姆定律是无法解决的。

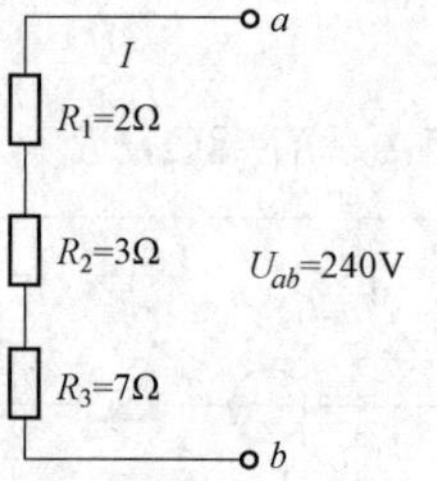

图 1-68　电路

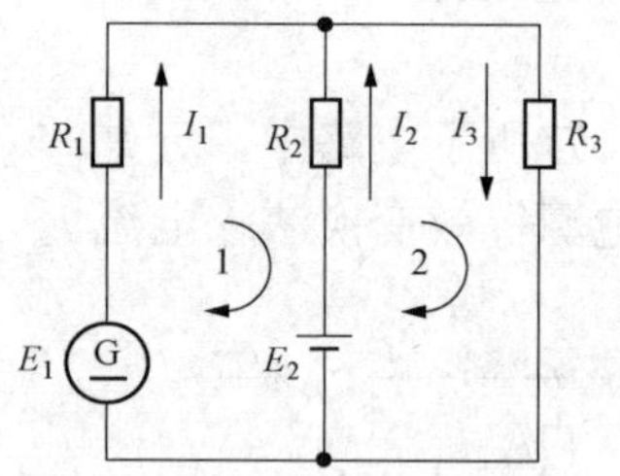

图 1-69　汽车中的电路

任务分析

对于电路中的某一个元件来说，元件上的端电压和电流关系服从欧姆定律；而对于整个电路来说，电路中的各个电流和电压要服从基尔霍夫定律。若要解决如图 1-69 所示的复杂电路，需要学习基尔霍夫定律。

知识准备

一、基尔霍夫定律基本概念

基尔霍夫定律包括电流定律（KCL）和电压定律（KVL）是电路理论中最基本的定律之一，不仅适用于求解复杂电路，也适用于求解简单电路。

（1）支路。电路中流过同一电流的一个分支称为一条支路。在图 1-70 所示电路中，*bafe*、*be* 和 *bcde* 都是支路，其中支路 *bafe*、*bcde* 各有两个电路元件。支路 *bafe*、*bcde* 中有电源，称为含源支路；支路 *be* 中没有电源，则称为无源支路。

（2）节点。一般，支路的连接点称为节点。三条和三条以上支路的连接点称为节点。图 1-70 的电路只有两个节点，即节点 *b* 和节点 *e*。

（3）回路。由若干支路组成的闭合路径，其中每个节点只经过一次， 这条闭合路径称为回路。如图 1-70 中 *abefa*、*bcdeb* 和 *abcdefa* 都是回路。

（4）网孔。网孔是回路的一种。在回路内部不另含有支路的回路称为网孔。如图 1-70 中 *abefa*、*bcdeb* 是网孔，*abcdefa* 回路内部含有支路 *eb* 不是网孔，所以这个电路共有两个网孔。

二、基尔霍夫电流定律（KCL）

实际案例引入：根据图 1-71 所示的电路图，在一场暴风雨后，小明家里就停电了，但小明拿试电笔测试插座里有一根线是有电的。请用 KCL 定律帮助小明探究原因。

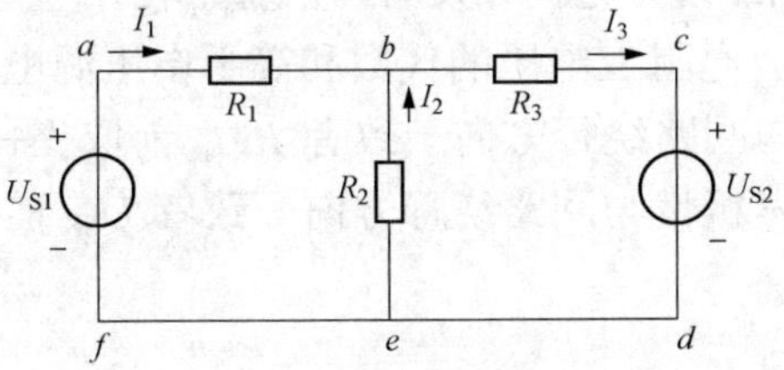

图 1-70　复杂电路图

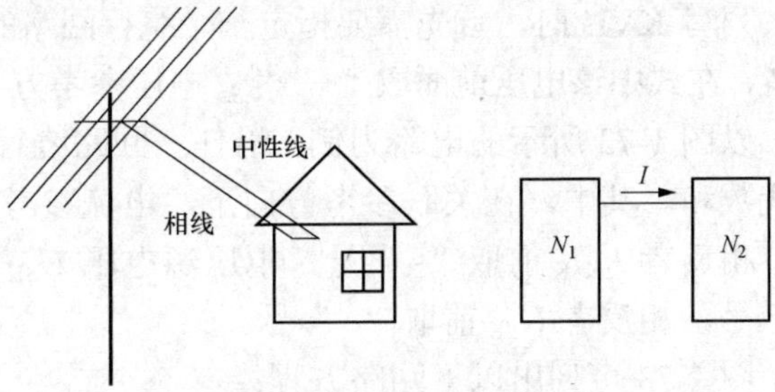

图 1-71　家庭供电电路图

基尔霍夫电流定律简称 KCL，基本内容是：任何时刻，对于电路中的任一节点，流进流出节点所有支路电流的代数和恒等于零。其数学表达式如下：

$$\sum I = 0 \tag{1-43}$$

式（1-43）中，一般规定流出节点的电流前面取“−”号，流入节点的电流前面取“+”号。基尔霍夫第一定律是以节点为研究对象的。

例如，对图 1-70 中节点 *b*，应用 KCL，得

$$I_1 + I_2 - I_3 = 0$$

即

$$\sum I = 0$$

上式可以改写成

$$I_1 + I_2 = I_3$$

即

$$\sum I_{\text{I}} = \sum I_{\text{O}} \tag{1-44}$$

式（1-44）表明：任何时刻，流入任一节点的支路电流之和必定等于流出该节点的支路电流之和。

KCL 通常用于节点，但对于包围几个节点的闭合面也是适用的，如图 1-72 所示的电路中，闭合面 *S* 内有三个节点 *A*、*B*、*C*。在这些节点处，分别有（电流的方向都是参考方向）

$$\begin{cases} I_1 = I_{AB} - I_{CA} \\ I_2 = I_{BC} - I_{AB} \\ I_3 = I_{CA} - I_{BC} \end{cases}$$

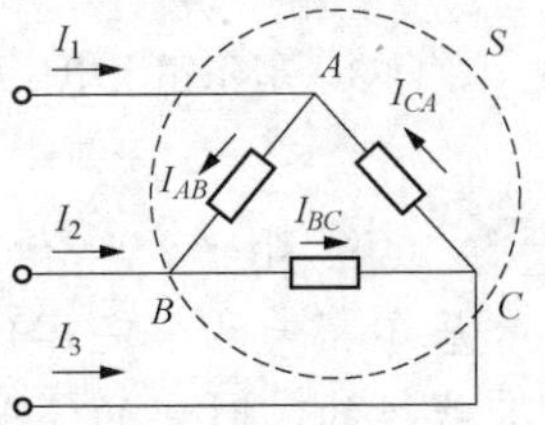

图 1-72　基尔霍夫电流定律的推广

将上面三个式子相加，便得

$$I_1+I_2+I_3=0$$

或

$$\sum I=0$$

可见，在任一瞬间，通过任一闭合面的电流的代数和也总是等于零，或者说，流出闭合面的电流等于流入该闭合面的电流，称为电流连续性。因此，基尔霍夫电流定律是电流连续性的体现。

根据电流连续性特点分析，图 1-71 电路图实例结论是进入小明家的中性线断开了。

三、基尔霍夫电压定律（KVL）

基尔霍夫电流定律是以节点为研究对象，而基尔霍夫电压定律是以回路为研究对象。基霍夫电压定律简称 KVL，基本内容是：任何时刻，沿任一回路内所有支路或元件电压的代数和恒等于零，即

$$\sum U=0 \tag{1-45}$$

列写 KVL 时，首先需要指定一个绕行回路的方向。凡电压的参考方向与回路绕行方向一致者，在式中该电压前面取“+”号；电压参考方向与回路绕行方向相反者，则前面取“−”号。

以图 1-73 所示的电路为例，沿任一回路绕行一圈，电阻上电压的代数和等于电压源电压的代数和。其中，在关联参考方向下，电流参考方向与回路绕行方向一致者 $R_K I_K$ 前取“+”号，相反者 $R_K I_K$ 前取“−”号；电压源电压 U_{SK} 的参考极性与回路绕行方向一致者 U_{SK} 前取“−”号，相反者 U_{SK} 前取“+”号。

图 1-73 可列出以下回路方程：

回路 1　　$I_1R_1+I_3R_3-U_{S1}=0$ 或 $I_1R_1+I_3R_3=U_{S1}$

回路 2　　$I_2R_2+I_3R_3-U_{S2}=0$ 或 $I_2R_2+I_3R_3=U_{S2}$

即 KVL 也可以写为

$$\sum R_K I_K=\sum U_{SK} \tag{1-46}$$

式（1-46）指出，KVL 通常用于闭合回路，也可以用于开口电路，处理时将电路处理成虚拟的闭合回路。图 1-74 所示虽然不是闭合回路，但当假设开口处的电压为 U_{ab} 时，可以将电路想象成一个虚拟的回路，用 KVL 列写方程为

$$U_{ab}+U_{S3}+I_3R_3-I_2R_2-U_{S2}-I_1R_1-U_{S1}=0$$

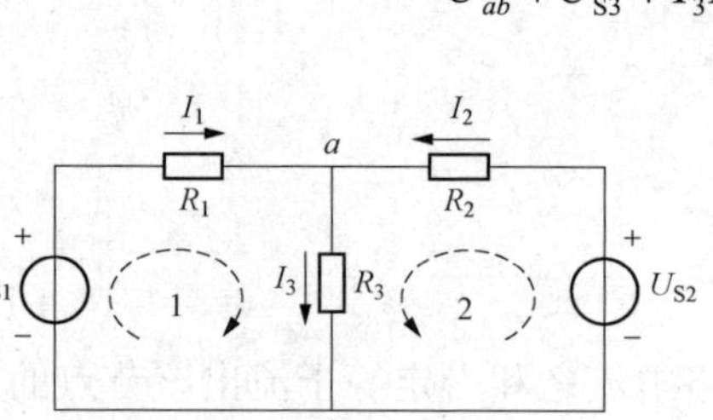

图 1-73　基尔霍夫电压定律示意

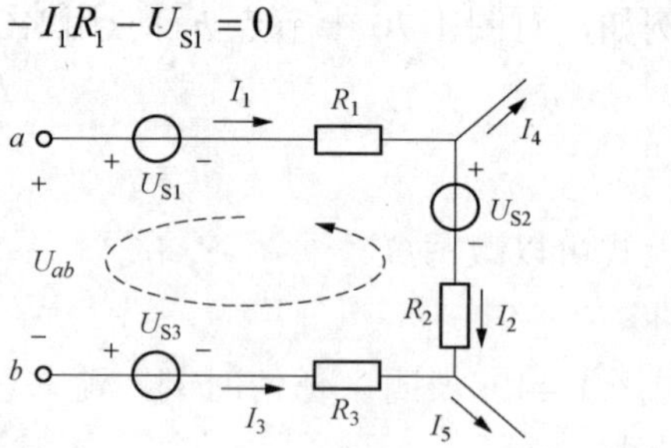

图 1-74　基尔霍夫电压定律的推广

说 明

基尔霍夫两个定律仅与元件的连接有关，而与元件本身无关。不论元件是线性的还是非线性的，时变的还是非时变的，KCL 和 KVL 总是成立。

［**例 1-12**］图 1-75 所示电路中，已知 E_1=90V，E_2=60V，R_1=6Ω，R_2=12Ω，R_3=36Ω，试

求各支路电流。

解：在电路图上标出各支路电流的参考方向，如图 1-76 所示，选取绕行方向。应用 KCL 和 KVL 列方程为

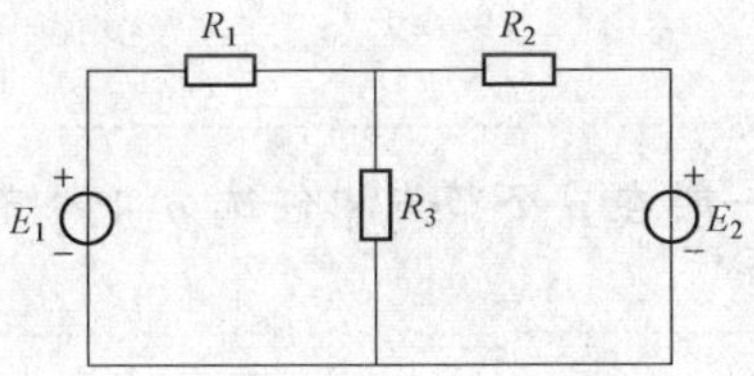

图 1-75　例 1-12 电路

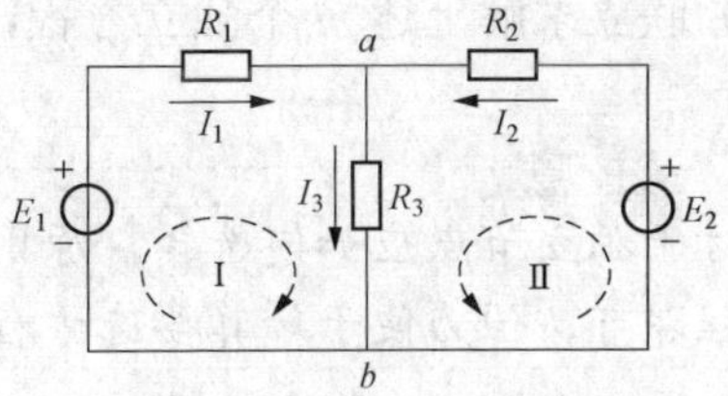

图 1-76　各支路电流的参考方向

$$\begin{cases} I_1 + I_2 - I_3 = 0 \\ I_1R_1 + I_3R_3 = E_1 \\ I_2R_2 + I_3R_3 = E_2 \end{cases}$$

代入已知数据得

$$\begin{cases} I_1 + I_2 - I_3 = 0 \\ 6I_1 + 36I_3 = 90 \\ 12I_2 + 36I_3 = 60 \end{cases}$$

解方程可得

$$\begin{cases} I_1 = 3\text{A} \\ I_2 = -1\text{A} \\ I_3 = 2\text{A} \end{cases}$$

I_2 是负值，说明电阻 R_2 上的电流的实际方向与所选参方向相反。

任 务

如图 1-77 所示电路，已知 U_{S1}=12V，U_{S2}=3V，R_1=3Ω，R_2=9Ω，R_3=10Ω，求 U_{ab}。

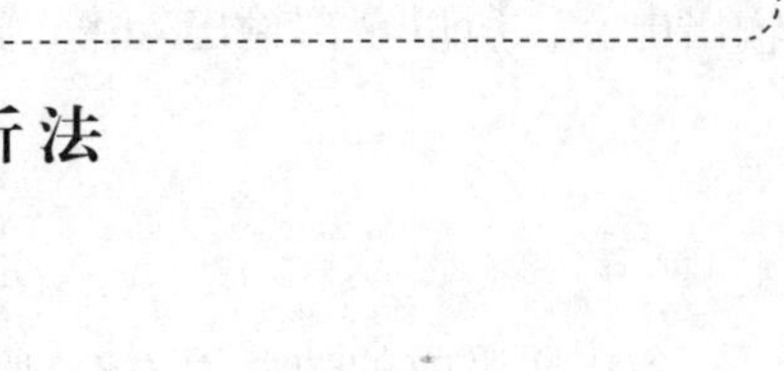

图 1-77　任务题电路

子任务二　支路电流分析法

知识准备

支路电流法即应用基尔霍夫定律对节点和回路列方程组，解出各支路电流的方法。

支路电流法分析计算电路的一般步骤如下：

（1）在电路图中选定各支路（m 个）电流的参考方向，设出各支路电流。

（2）对独立节点列出 $n-1$ 个 KCL 方程。

（3）取网孔列写 KVL 方程，设定各网孔绕行方向，列出 $m-(n-1)$ 个 KVL 方程。

（4）联立求解上述 m 个独立方程，便得出待求的各支路电流。

注 意

对于独立节点应如何选择，原则上是任意的，一般在 n 个节点中任选 $n-1$ 个节点来列方程即可，但为便于计算要选方程比较简单的节点。

优点：支路电流法是电路分析中最基本的方法之一。只要根据 KCL、KVL、欧姆定律列方程，就能得出结果。

缺点：电路中支路数多时，所需方程的个数较多，求解不方便。

［**例 1-13**］求图 1-78 所示电路中，各支路电流和各元件的功率。

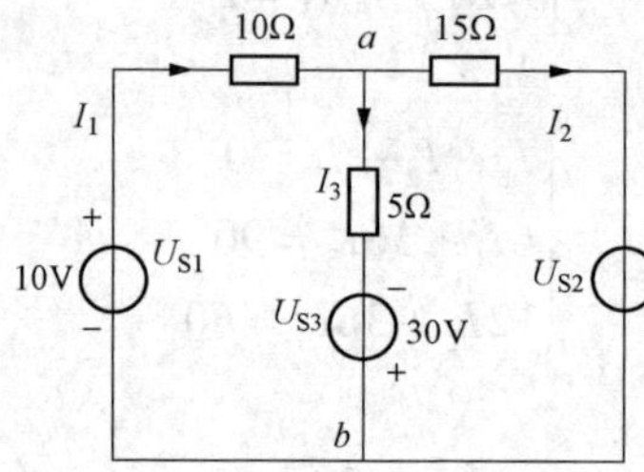

图 1-78　例 1-13 电路图

解：以支路电流 I_1、I_2、I_3 为变量，应用 KCL、KVL 列出等式。

（1）对于两节点 a、b，应用 KCL 可列出一个独立的节点电流方程。

对于节点 a 可列写 KCL 方程：　　$-I_1+I_2+I_3=0$

（2）列写网孔独立回路电压方程

$$\begin{cases}10I_1+5I_3=30+10\\15I_2-5I_3=35-30\end{cases}$$

（3）联立求解各支路电流得

$$\begin{cases}I_1=3\text{A}\\I_2=1\text{A}\\I_3=2\text{A}\end{cases}$$

I_1、I_2、I_3 均为正值，表明它的实际方向与所选参考方向相同，三个电压源全部是从正极输出电流，所以全部输出功率，则有

$$\begin{cases}P_{S1}=U_{S1}I_1=10\times3=30\text{（W）}\\P_{S2}=U_{S2}I_2=35\times1=35\text{（W）}\\P_{S3}=U_{S3}I_3=30\times2=60\text{（W）}\end{cases}$$

各电阻吸收的功率为 I^2R，则

$$P=10\times3^2+5\times2^2+15\times1^2=125\text{（W）}$$

功率平衡，表明计算正确。

任　务

如图 1-79 所示的电路中，设 $U_{S1}=140V$，$U_{S2}=90V$，$R_1=20\Omega$，$R_2=5\Omega$，$R_3=6\Omega$。试求各支路电流。

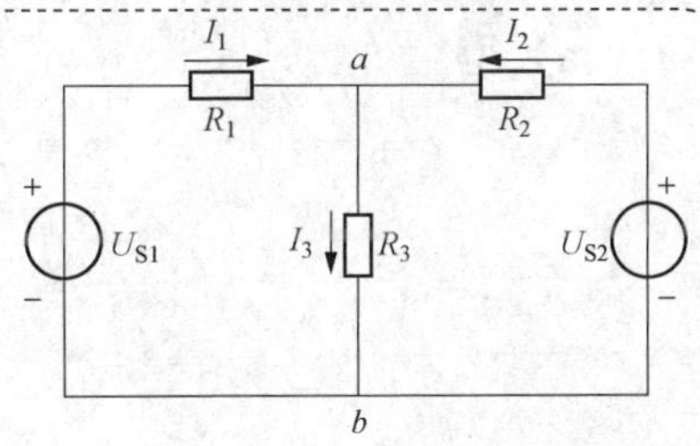

图 1-79　任务题电路

子任务三　叠　加　定　理

任务引入

叠加定理是线性电路的基本特性，应用叠加定理可以将一个具有多电源的复杂网络等效变换为若干个单电源或数个电源的简单网络。

知识准备

一、叠加定理

叠加定理，是指在线性电路中，任一支路的电流（或电压）都是电路中各个独立电源单独作用时，在该支路所产生的电流（或电压）的代数和。

说　明

应用叠加定理时，当某一激励单独作用时，其他激励都为 0。即理想电压源被短路，理想电流源开路。

二、运用叠加定理的步骤

（1）设定各支路电流、电压的参考方向，标示于电路图中。

（2）分别作出每一独立源单独作用时的电路，这时其余所有独立源置零，即电压源短路，电流源开路。

（3）分别求解每一独立源单独作用时，待求支路的电流与电压。注意，求解时每个量的参考方向均应不变。

（4）进行叠加。将每一独立源单独作用求得的结果叠加（求代数和），即得待求的各支路电流和电压。

三、运用叠加定理的注意事项

（1）叠加定理仅适用于线性电路，并且只限于求解电流和电压，不适用于求解功率和能量。

（2）叠加定理是反映电路中理想电源所产生的响应，当实际电源转化成内阻和理想电压源串联或内阻与理想电流源并联的形式后，运用叠加定理将独立源置零时，须保留内阻。

（3）受控源不能当独立源看待，应保留在各独立源单独作用的电路中。

［**例 1-14**］如图 1-80 所示电路，已知 $U_S=10V$，$I_S=1A$，$R_1=10\Omega$，$R_2=R_3=5\Omega$，试用叠加原理求流过 R_2 的电流 I_2 和理想电流源 I_S 两端的电压 U_S。

解：由叠加定理，分别画出 U_S 单独作用和 I_S 单独作用时的电路如图 1-81 所示。由图 1-81（a）得

$$\begin{cases} I'_2 = \dfrac{U_S}{R_2 + R_3} = \dfrac{10}{5+5} = 1(\text{A}) \\ U'_S = I'_2 R_3 = 1 \times 5 = 5(\text{V}) \end{cases}$$

由图 1-81（b）得

$$\begin{cases} I''_2 = \dfrac{I_S}{R_2 + R_3} R_3 = \dfrac{5}{5+5} = 0.5(\text{A}) \\ U''_S = (1 - I'_2) R_2 = 0.5 \times 5 = 2.5(\text{V}) \end{cases}$$

所以

$$\begin{cases} I_2 = I'_2 - I''_2 = 1 - 0.5 = 0.5(\text{A}) \\ U_S = U''_S + U''_S = 5 + 2.5 = 7.5(\text{V}) \end{cases}$$

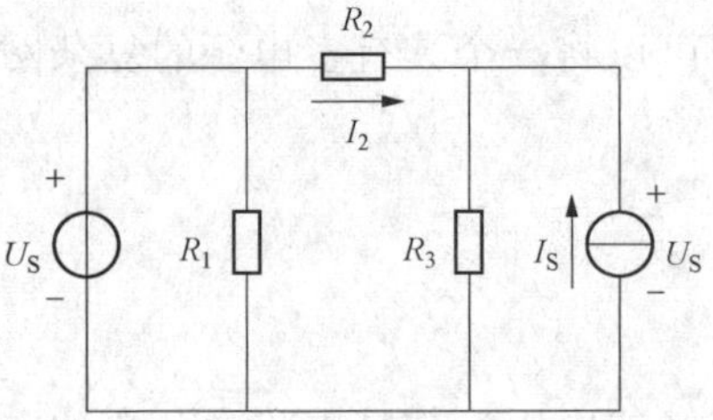

图 1-80 例 1-14 电路

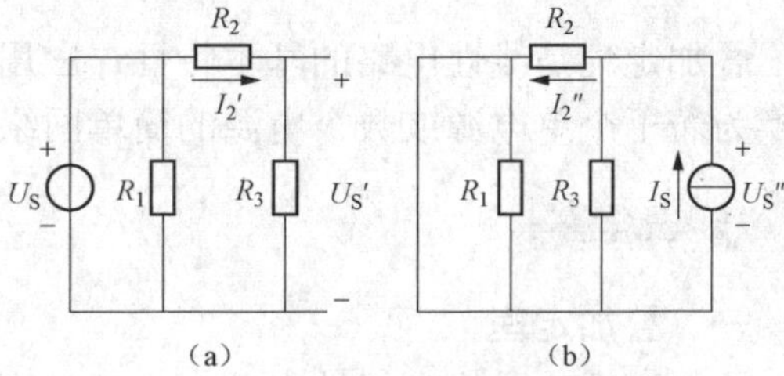

图 1-81 电路

任务

如图 1-82 所示电路，计算流过 4Ω 电阻的电流大小。

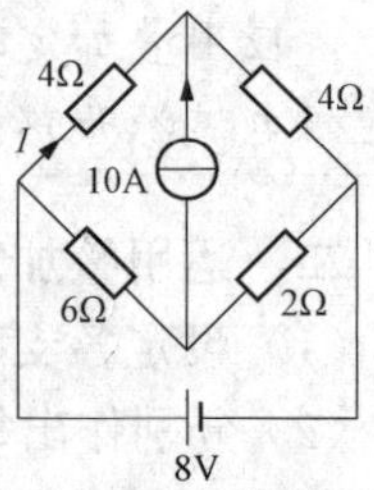

图 1-82 任务题电路

子任务四 戴维南定理及其等效变换

任务引入

求图 1-83 所示电路的支路电流 I。

如果用基尔霍夫定律、叠加定理与支路电流法都可以解决，但是用基尔霍夫和支路电流法列写的方程较多，计算量大。如何在保证计算简便的基础上高效解决此问题？

在实际电路中，遇到如图 1-83 所示要求解决一条支路中电流或电压的问题时，用支路电流法来计算就很复杂了，用戴维南定理求解就比较方便。

知识准备

一、二端网络

若一个电路只通过两个输出端与外电路相连，则该电路称为二端网络。

凡网络内含有独立电源的二端网络称为有源二端网络，如图 1-84（a）所示；否则为无源二端网络，如图 1-84（b）所示。若二端网络只含有线性元件与独立电源，则称为线性有源二端网络。

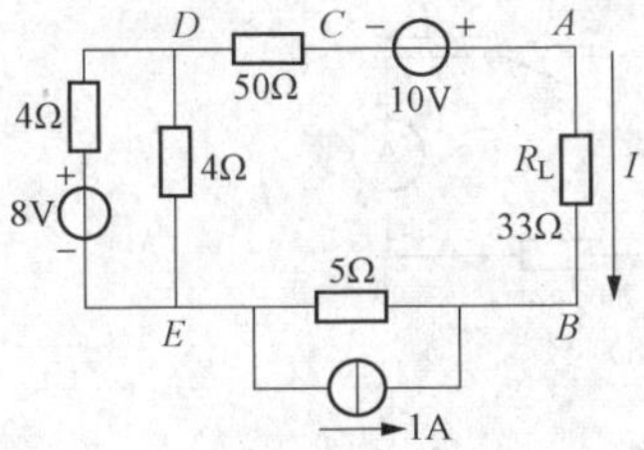

图 1-83　电路图

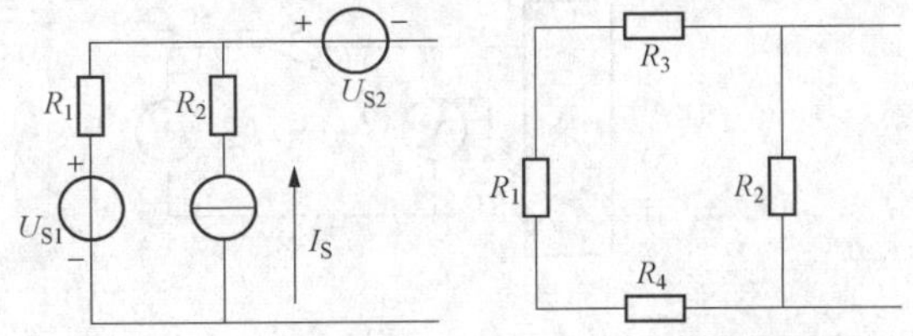

（a）有源二端网络　（b）无源二端网络

图 1-84　二端网络

二、戴维南定理

戴维南定理明确指出：任何一个线性有源二端网络，对任何外电路而言，都可以用一个等效的电压源和电阻串联来代替。电压源的电压为端口上的开路电压，电阻为将网络中的独立电源化零后端口处的等效电阻。

戴维南定理可以用图 1-85 所示电路表示。线性有源二端网络 N 供给负载的电压和电流分别为 U 和 I，则线性二端网络 N 可以用独立电源 U_{OC} 和电阻 R_0 串联代替，同样供给负载相同的电压 U 和电流 I，从而使电路简化的支路特性为

$$U = U_{OC} - IR_0$$

应用戴维南定理的关键在于正确理解和求出含源二端网络的开路电压和入端电阻。

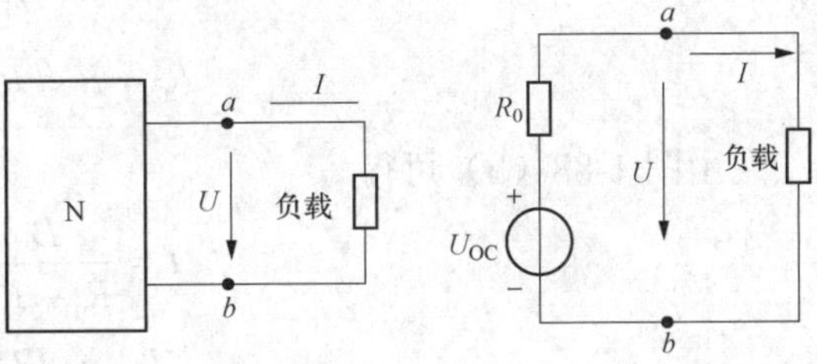

（a）　（b）

图 1-85　戴维南定理

三、应用戴维南定理解题的步骤

（1）将电路分为两部分，一部分是待求支路，看成外电路；另一部分是有源二端网络，看成内电路。将待求支路从电路中拿开而形成一个开口，即有源二端网络；在开口处求端口电压，即有源二端网络开路电压 U_{OC}。

（2）对有源二端网络除源（理想电压源短路处理，理想电流源开路处理，所有电阻不变），求除源后无源电阻网络的入端等效电阻 R_0。

（3）用 U_{OC}、R_0 代替原有源二端网络电路，再把待求支路从开口处连上，求未知量。注意戴维南定理与二端网络外接何种负载无关，应用戴维南定理对线性二端网络进行等效时，U_{OC} 和等效电阻 R_0 可以用下列方法求出。

1）线性有源二端网络的内部参数及结构已知时，可通过计算的方法求出开路电压 U_{OC} 和等效电阻 R_0。

2）线性有源二端网络的内部参数及结构未知时，可用实验的方法测量出有源二端网络的开路电压和短路电流 I_{SC}，如图 1-86（a）所示电路，则等效电压源的电压即为 U_{OC}，等效内阻 R_0 为

$$R_0 = \frac{U_{OC}}{I_{SC}}$$

如果有源二端网络的内阻很小不允许短路，可采用输出端外接已知电阻的方法，如图1-86（b）所示，先分别测出电流 I 和电阻接入时端口两端的电压 U，然后计算内阻 R_0，公式为

$$R_0 = \frac{U_{OC} - U}{I}$$

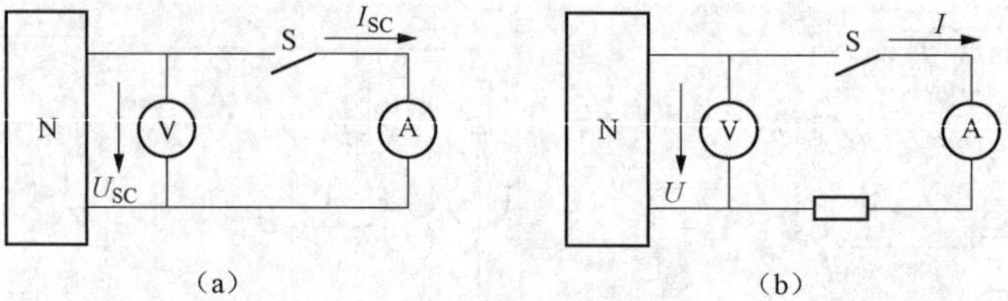

图 1-86　实验方法求开路电压与内阻

［**例 1-15**］利用戴维南定理试求图 1-87 所示电路中 I 和 U_{ab}，已知 E_1=10V，E_2=90V，R_1=4Ω，R_2=12Ω，R_L=7Ω。

解：应用戴维南定理将电路转换为图 1-88 所示网络。

其中

$$E = E_1 - \frac{E_1 - E_2}{R_1 + R_2} R_1 = 30\text{（V）}$$

$$R_0 = R_1 // R_2 = \frac{4 \times 12}{4 + 12} = 3\text{（Ω）}$$

由图 1-88（b）可得

$$I = \frac{E}{R_0 + R_L} = \frac{30}{3 + 7} = 3\text{（A）}$$

$$U_{ab} = IR = 3 \times 7 = 21\text{（V）}$$

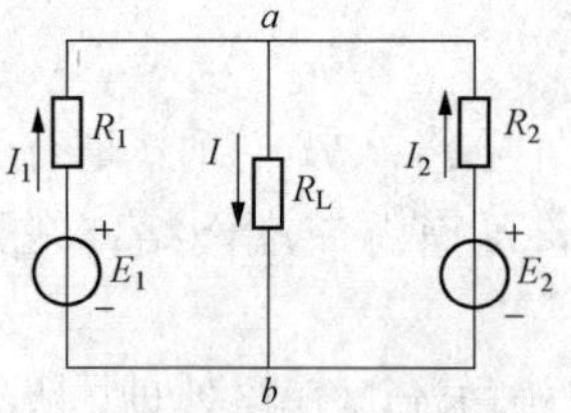

图 1-87　例 1-15 电路图

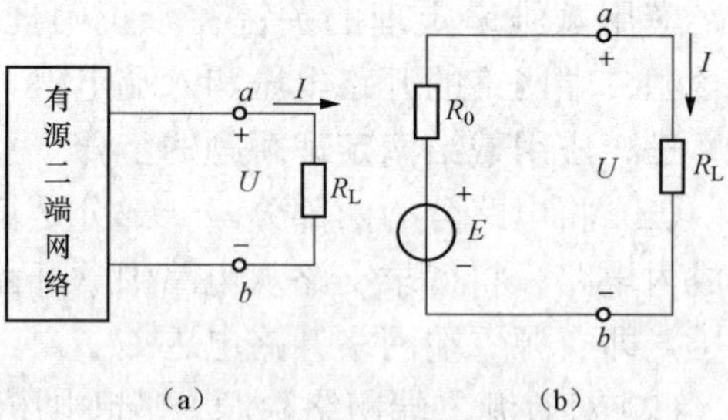

图 1-88　有源二端网络

［**例 1-16**］利用戴维南定理试求图 1-89 所示电路中 I 和 U_{ab}，已知 I_S=30A，R_1=2Ω，R_2=12Ω，R_3=6Ω，R_4=4Ω，R=5.5Ω。

解：用戴维南定理将图 1-89 电路等效为图 1-90。

$$U_O = U_{ab} = U_a - U_b = 30 \times \frac{10}{24} \times 12 - 30 \times \frac{14}{24} \times 4 = 150 - 70 = 80\text{（V）}$$

$$R_{ab} = R_0 = \frac{(R_1 + R_3)(R_2 + R_4)}{(R_1 + R_3) + (R_2 + R_4)} = \frac{8 \times 16}{8 + 16} = 5.3\text{（Ω）}$$

$$I=\frac{U_0}{R_0+R}=\frac{80}{5.3+5.5}=7.4\text{（A）}$$

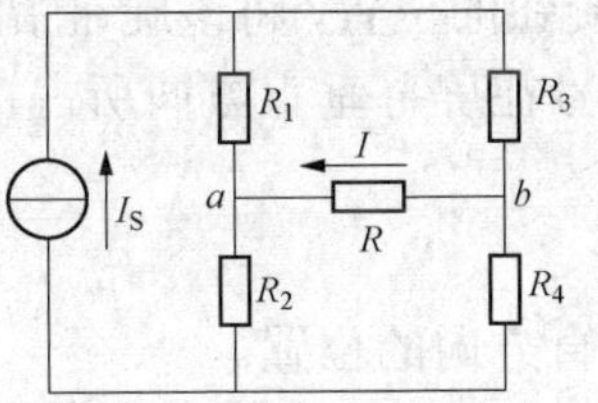

图 1-89　例 1-16 电路

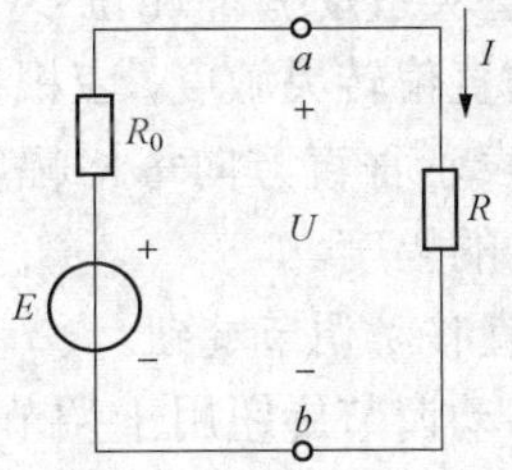

图 1-90　例 1-16 等效图

任务

如图 1-91 所示，已知 R_1=20Ω，R_2=30Ω，R_3=30Ω，R_4=20Ω，E=10V。求：当 R_5=16Ω 时，I_5=______。

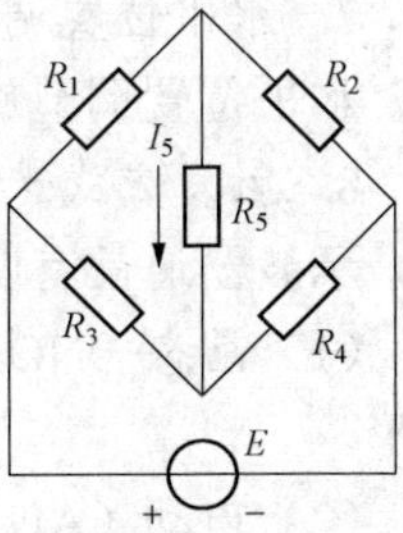

图 1-91　任务题图

戴维南定理常用来分析电路中某一支路的电压和电流，但如果看成外电路的待求支路是含源支路或是含源二端网络，戴维南定理仍然适用。

拓展与延伸　　**通用示波器的使用知识**

示波器可以直观地观察被测电路的波形，包括形状、幅度、频率（周期）、相位，还可以对两个波形进行比较，从而迅速、准确地找到电路故障的原因。

一、面板介绍

1. 亮度和聚焦旋钮

亮度调节旋钮用于调节光迹的亮度，使用时应使亮度适当，若过亮，容易损坏示波管。聚焦调节旋钮用于调节光迹的聚焦（粗细）程度，使用时以图形清晰为佳。

2. 信号输入通道

常用示波器多为双踪示波器，有两个输入通道，分别为通道 1（CH1）和通道 2（CH2），可分别接上示波器探头，再将示波器外壳接地，探针插至待测部位进行测量。

3. 通道选择键（垂直方式选择）

常用示波器有 5 个通道选择键：

（1）CH1：通道 1 单独显示。

（2）CH2：通道 2 单独显示。

（3）ALT：两通道交替显示。

（4）CHOP：两通道断续显示，用于扫描速度较慢时双踪显示。

（5）ADD：两通道的信号叠加。维修中以选择通道 1 或通道 2 为多。

4. 垂直灵敏度调节旋钮

调节垂直偏转灵敏度，应根据输入信号的幅度调节旋钮的位置，将该旋钮指示的数值（如 0.5V/div，表示垂直方向每格幅度为 0.5V）乘以被测信号在屏幕垂直方向所占格数，即得出该被测信号的幅度。

5. 垂直移动调节旋钮

垂直移动调节旋钮用于调节被测信号光迹在屏幕垂直方向的位置。

6. 水平扫描调节旋钮

调节水平速度时，应根据输入信号的频率调节水平扫描调节旋钮的位置，将该旋钮指示数值（如 0.5ms/div，表示水平方向每格时间为 0.5ms）乘以被测信号一个周期所占格数，即得出该信号的周期，也可以换算成频率。

7. 水平位置调节旋钮

水平位置调节旋钮用于调节被测信号光迹在屏幕水平方向的位置。

8. 触发方式选择

示波器通常有四种触发方式。

（1）常态（NORM）：无信号时，屏幕上无显示；有信号时，与电平控制配合显示稳定波形。

（2）自动（AUTO）：无信号时，屏幕上显示光迹；有信号时，与电平控制配合显示稳定波形。

（3）电视场（TV）：用于显示电视场信号。

（4）峰值自动（P-P AUTO）：无信号时，屏幕上显示光迹；有信号时，无需调节电平即能获得稳定波形显示。该方式只有部分示波器（例如 CALTEK 卡尔泰克 CA8000 系列示波器）中采用。

9. 触发源选择

示波器触发源有内触发源和外触发源两种。如果选择外触发源，那么触发信号应从外触发源输入端输入。如果选择内触发源，一般选择通道 1（CH1）或通道 2（CH2），应根据输入信号通道选择，即如果输入信号通道选择为通道 1，则内触发源也应选择通道 1。

二、测量方法

幅度和频率的测量方法如下：

（1）将示波器探头插入通道 1 插孔，并将探头上的衰减置于“1”挡。

（2）将通道选择置于 CH1，耦合方式置于 DC 挡。

（3）将探头探针插入校准信号源小孔内，此时示波器屏幕出现光迹。

（4）调节垂直旋钮和水平旋钮，使屏幕显示的波形图稳定，并将垂直微调和水平微调置于校准位置。

（5）读出波形图在垂直方向所占格数，乘以垂直衰减旋钮的指示数值，得到校准信号的幅度。

（6）读出波形每个周期在水平方向所占格数，乘以水平扫描旋钮的指示数值，得到校准信号的周期。

（7）一般校准信号的频率为 1kHz，幅度为 0.5V，用以校准示波器内部扫描振荡器频率，如果不正常，应调节示波器（内部）相应电位器，直到相符为止。

思考与练习

1．如图 1-92 所示电路中，U_S=10V，I_S=6A，R_1=5Ω，R_2=3Ω，R_3=5Ω，用支路电流法求 R_3 中电流 I。

2．如图 1-93 所示电路中，已知 U_{S1}=9V，U_{S2}=4V，电源内阻不计。电阻 R_1=1Ω，R_2=2Ω，R_3=3Ω。用支路电流法求各支路电流。

3．用叠加定理和戴维南定理求图 1-94 所示电路中的电流。

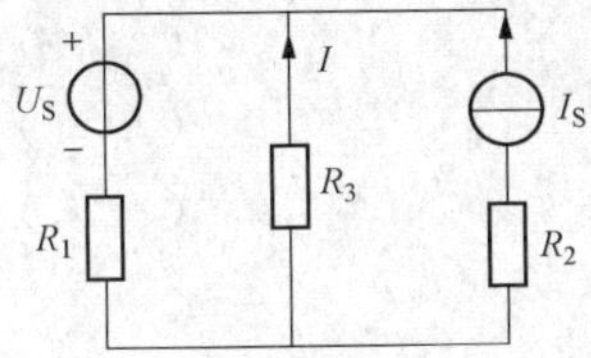

图 1-92　题 1 图

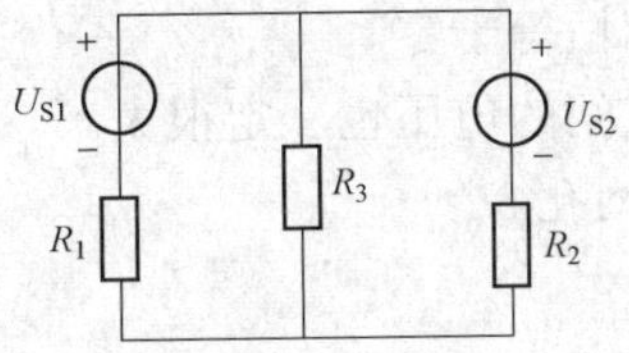

图 1-93　题 2 图

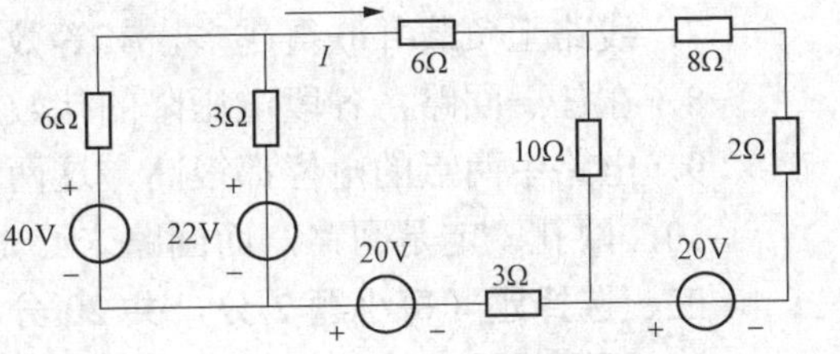

图 1-94　题 3 图

4．画出图 1-95 所示电路的戴维南等效电路。

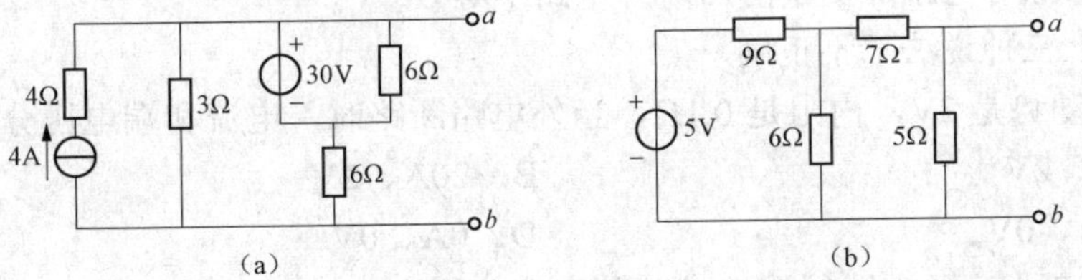

图 1-95　题 4 图

自　测　题

一、填空题（每空 1 分，共 25 分）

1．电源和负载的本质区别是：电源是把______能量转换成______能的设备，负载是把______能转换成______能的设备。

2．常见的无源电路元件有______、______和______；常见的有源电路元件有______和______。

3．元件上电压和电流关系成正比变化的电路称为______电路。此类电路中各支路上的______和______均具有叠加性，但电路中的______不具有叠加性。

4．电流沿电压降低的方向取向称为______方向，这种方向下计算的功率为正值时，说明元件______电能；电流沿电压升高的方向取向称为______方向，这种方向下计算的功率为正值时，说明元件______电能。

5．______是产生电流的根本原因。电路中任意两点之间电位的差值等于这两点间______。电路中某点到参考点间的______称为该点的电位，电位具有______性。

6．内阻为零的电压源称为______，内阻为无穷大的电流源称为______。

7．用戴维南定理求等效电路的电阻时，对原有源网络内部电压源做______处理，电流源做______处理。

二、判断正误（每小题 2 分，共 20 分）

1．电阻的并联具有分压作用。（　　）

2．电源内部的电流方向总是由电源负极流向电源正极。（　　）

3．电压与参考点的选择有关。（　　）

4．电压表和功率表都是串接在待测电路中。（　　）

5．实际电压源和电流源的内阻为零时，即为理想电压源和电流源。（　　）

6．几个不等值的电阻串联，每个电阻通过的电流也不相等。（　　）

7．线路上负载并联得越多，其等效电阻越小，因此取用的电流也越小。（　　）

8．在任一回路，各段电压降的代数和恒等于零。（　　）

9．电路中两点的电位都很高，这两点间的电压也一定很大。（　　）

10．网孔一定是回路，而回路未必是网孔。（　　）

三、选择题（每小题 2 分，共 20 分）

1．下面叙述正确的是______。

A．电压源与电流源不能等效变换

B．电压源与电流源变换前后对内电路不等效

C．电压源与电流源变换前后对外电路不等效

D．以上三种说法都不正确

2．电源电动势是 2V，内阻是 0.1Ω，当外电路断路时，电流和端电压分别为（　　）。

A．0A、2V　　B．20A、2V

C．20A、0V　　D．0A、0V

3．某节点 B 为三条支路得连接点，其电流分别为 I_1=2A，I_2=4A，则 I_3 为（　　）。（设电流参考方向都指向节点 A）

A．–2A　　B．–4A　　C．–6A

4．某电阻元件的额定数据为“1kΩ、2.5W”，正常使用时允许流过的最大电流为（　　）。

A．50mA　　B．2.5mA　　C．250mA

5．有“220V、100W”“220V、25W”白炽灯两盏，串联后接入 220V 交流电源，其亮度情况是（　　）。

A．100W 灯泡最亮　　B．25W 灯泡最亮

C．两只灯泡一样亮

6．已知电路中 A 点的对地电位是 65V，B 点的对地电位是 35V，则 U_{BA}=（　　）。

A．100V　　B．−30V　　C．30V

7．图 1-96 中安培表内阻极低，伏特表电压极高，电池内阻不计，如果伏特表被短接，则（　　）。

A．灯 D 将被烧毁　　B．灯 D 特别亮

C．安培表被烧

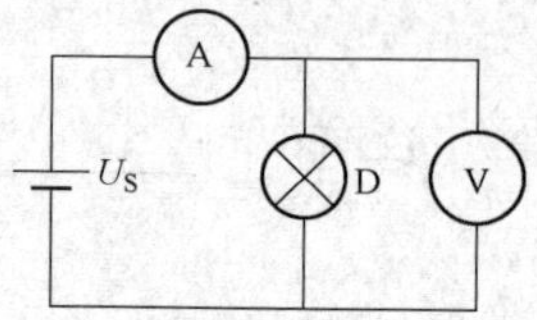

图 1-96　题 7～10 图

8．图 1-96 中如果安培表被短接，则（　　）。

A．电灯不亮　　B．电灯将被烧

C．不发生任何事故

9．如果图 1-96 电路中电灯灯丝被烧断，则（　　）。

A．安培表读数不变，伏特表读数为零

B．伏特表读数不变，安培表读数为零

C．安培表和伏特表的读数都不变

10．如果图 1-96 电路中伏特表内部线圈烧断，则（　　）。

A．安培表烧毁　　B．电灯不亮

C．电灯特别亮　　D．以上情况都不发生

四、计算题（共 35 分）

1．在图 1-97 所示电路中，已知电流 I=10mA，I_1=6mA，R_1=3kΩ，R_2=1kΩ，R_3=2kΩ。求电流表 A4 和 A5 的读数是多少？

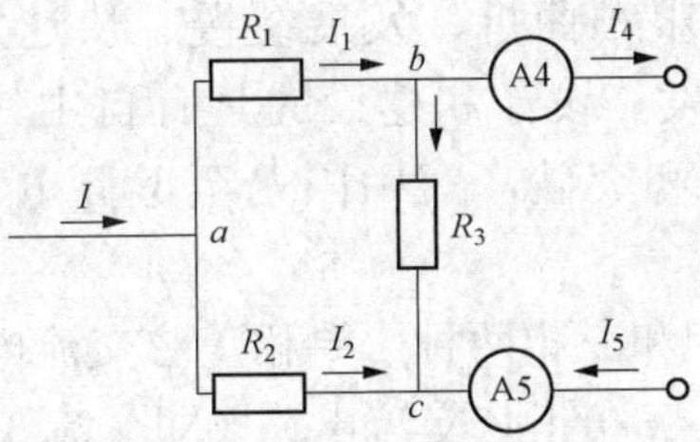

图 1-97　题 1 图

2．在图 1-98 所示电路中，有几条支路和节点？U_{ab} 和 I 各等于多少？

3．分别用叠加定理和戴维南定理求解图 1-99 电路中的电流 I_3。设 U_{S1}=30V，U_{S2}=40V，R_1=4Ω，R_2=5Ω，R_3=2Ω。

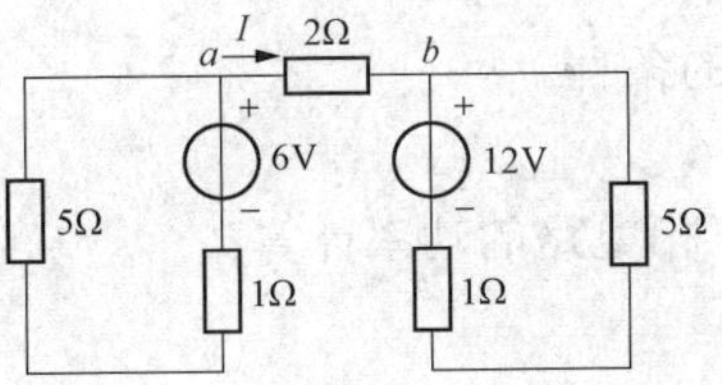

图 1-98　题 2 图

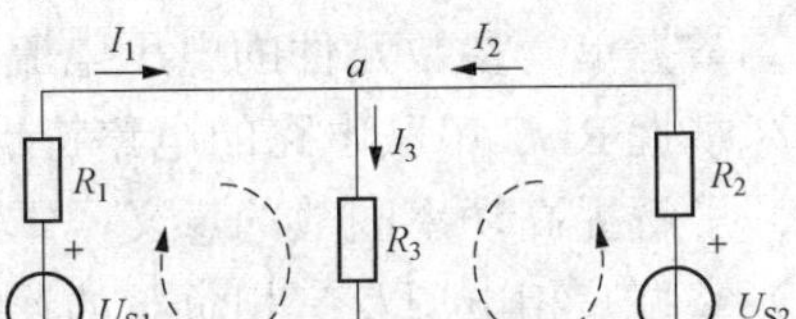

图 1-99　题 3 图

学习项目二　交流电路的测试与分析

项目描述

我们每天都离不开电，也知道电是从发电厂发出来的。在1820年丹麦物理学家奥斯特发现了电生磁现象。1831年，法拉第发现了磁生电现象，并发明了人类第一个发电机——圆盘发电机，从而得到产生交流电的方法。

我国电力工业发展经历了艰难曲折、发展缓慢、快速发展的不同阶段，如今已进入世界前列。其中，我国自主研发、设计和建设的具有自主知识产权特高压交流输电技术，在一些关键技术领域实现创新和突破，在中国乃至世界电力发展史上都具有重要的里程碑意义。

正弦交流电通常可分为单相和三相两种。单相正弦交流电路（即交流220V市电）主要应用于居民用电以及小型家电；三相正弦交流电路（即交流380V）大部分用在工业用电、企事业单位用电及大功率商用电和其他用电。

正弦交流电在生产、生活中能得到广泛的应用，主要是因为它在生产、输送和应用上与直流电相比具有很多优点：交流电可以用变压器改变电压，便于远距离输电；交流电机比相同功率的直流电机构造简单，造价低；交流电可以应用直流装置，将交流电变换成所需的直流电。

项目目标

知识目标

（1）掌握安全用电常识。

（2）掌握正弦量的三要素及相量表示法。

（3）掌握单一参数元件的电压电流关系与功率关系。

（4）掌握RLC串联电路的电路特点以及谐振发生的条件。

（5）了解提高功率因数的意义，掌握其方法。

（6）掌握三相电源及三相负载的连接特点，掌握三相电路的功率计算。

（7）掌握配电装置安装的基本知识。

（8）了解电工基本操作及导线连接工艺要求。

技能目标

（1）能够对遇到的触电事故进行及时有效的处理。

（2）会使用基本的电工工具。

（3）会使用绝缘电阻表、功率表和电能表。

（4）会分析家庭照明电路图，并进行安装与故障排除。

（5）会小型配电板的布线与简单安装。

任务框架

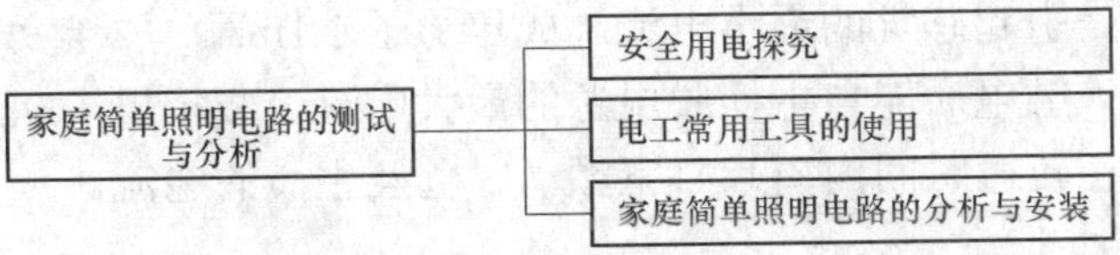

任务一　安全用电探究

学习目标

（1）了解触电的原因及分类。

（2）掌握安全用电常识。

（3）能够对遇到的触电事故进行及时有效的处理。

任务引入

电能在生产与生活中担当着重要的角色，但如果操作或使用不当，也会造成巨大的损失，甚至夺去人的生命。如果在生产生活中遇见触电事故，应该如何有效处理？又如何确保设备安全用电呢？

知识准备

一、人体触电的原因与种类

（一）触电原因

不同的场合引起人体触电的原因也不一样，根据日常用电情况，触电原因主要有以下几种：

（1）线路架设不合规格。例如采用一线一地制的违章线路架设，当接地线被拔出、线路发生短路或接地端接地不良；室内导线破旧、绝缘损坏或敷设不合规格；无线电设备的天线、广播线、通信线与电力线距离过近或同杆架设；电气修理工作台布线不合理，绝缘线被电烙铁烫坏等。

（2）用电设备不符合要求。例如家用电器绝缘损坏、漏电及外壳无保护接地或保护接地接触不良；开关、插座外壳破损或相线绝缘老化；照明电路或家用电器接线错误致使灯具或机壳带电等。

（3）电工操作制度不严格、不健全。例如带电操作、冒险修理或盲目修理且未采取确实的安全措施；停电检修电路时刀开关上未挂“警告牌”，其他人员误合刀开关；使用不合格的安全工具进行操作等。

（4）用电不谨慎。例如违反布线规程、在室内乱拉电线；未切断电源就去移动灯具或家用电器；用水冲刷电线和电器或用湿布擦拭，引起绝缘性能降低；随意加大熔丝规格或任意用铜丝代替，失去保护作用等。

（二）与触电有关的因素

电流对人体的危害程度与通过人体的电流强度、持续时间、电压频率、通过人体的途径及人体本身状况等因素有关。

通过人体的电流越大，持续时间越长，电压越高，对人体的危害也就越大。同时人体特征不同，影响也不同。对于工频交流电，按照人体对所通过电流大小不同所呈现的不同反应，可将电流划分为感知电流、摆脱电流和致命电流三级。

（1）感知电流：是引起感觉的最小电流。成年男子 1.1mA，成年女子 0.7mA。

（2）摆脱电流：人触电后能自主摆脱电源的最大电流。成年男子 9mA，成年女子 6mA。

（3）致命电流：在较短时间内引起心室颤动、危及生命的电流。

（三）触电的种类

1. 单相触电

人体某一部位触及一相带电体，电流通过人体流入大地（流回中性线），称为单相触电，如图 2-1 所示。单相触电时人体承受的最大电压为相电压。单相触电的危险程度与电网运行的方式有关。在电源中性点接地系统中，由于人体电阻远大于中性点接地电阻，电压几乎全部加在人体上；而在中性点不直接接地系统中，正常情况下电源设备对地绝缘电阻较大，通过人体的电流较小。因此，一般情况下，中性点直接接地电网的单相触电比中性点不直接接地的电网危险性大。

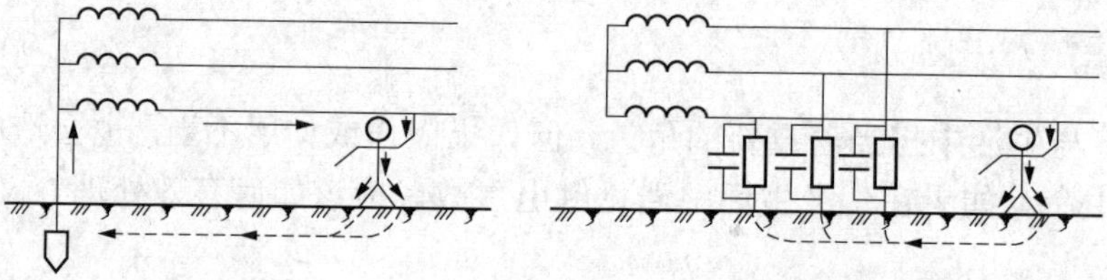

（a）中性点直接接地　　（b）中性点不直接接地

图 2-1　单相触电

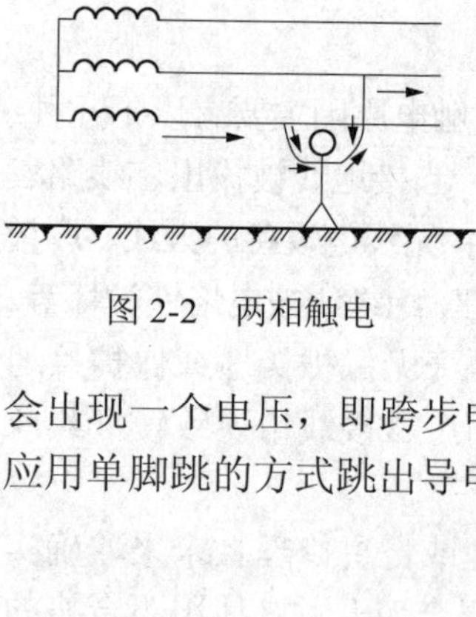

图 2-2　两相触电

2. 两相触电

人体有两处同时触及两相带电体称为两相触电，如图 2-2 所示。两相触电加在人体上的电压为线电压，其危险性最大。

3. 跨步电压触电

如图 2-3 所示，当带电体接地有电流流入地下时，电流在接地点的周围土壤中产生了电压降。人在接地点周围，两脚之间就会出现一个电压，即跨步电压触电。在高压线故障掉地处易发生。遇到这种情况，不要跑，应用单脚跳的方式跳出导电范围。

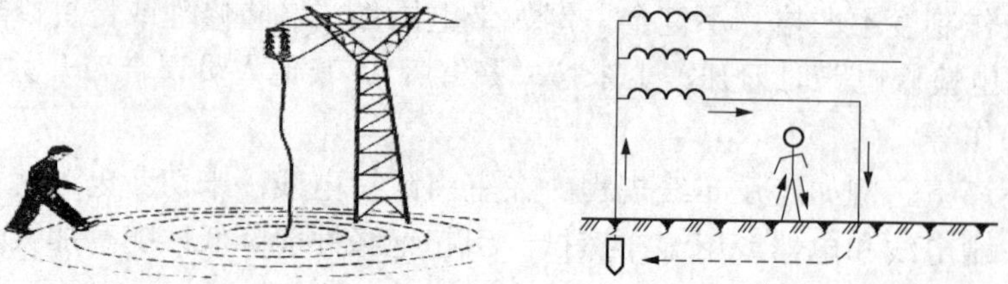

图 2-3　跨步电压触电

二、触电急救方法

（一）切断电源

首先应就近断开开关或切断电源，也可用干燥的绝缘物作为工具使触电者与电源分离。若触电者紧握电线，可将绝缘物（如干燥的木板等）垫入其身下，以隔断触电电流，也可用带绝缘柄的电工钳或有干燥木把的斧头切断电源线。同时要注意自身安全，避免发生新的触电事故。

（二）现场急救

将触电者脱离电源后，应视触电情况立即进行急救处理。

（1）触电者尚未失去知觉，感觉心慌、四肢麻木、全身无力或一度昏迷，但很快恢复知觉，则应让其静卧，注意观察，并请医生前来诊治。

（2）呼吸停止，但有心跳，应该用人工呼吸法抢救。

1）首先把触电者移到空气流通的地方，最好放在平直的木板上，使其仰卧，不可用枕头。然后把头侧向一边，掰开嘴，清除口腔中的杂物、假牙等。如果舌根下陷应将其拉出，使呼吸道畅通。同时解开衣领，松开上身的紧身衣服，使胸部可以自由扩张。

2）抢救者位于触电者一边，用一只手紧捏触电者的鼻孔，并用手掌的外缘部压住其外部，扶正头部位鼻孔朝天；另一只手托住触电者的颈后，将颈部略向上抬，以便接受吹气。

3）抢救者做深呼吸，然后紧贴触电者的口腔，对口吹气约2s。同时观察其胸部是否扩张，以判断吹气是否有效，是否合适。

4）吹气完毕后，立即离开触电者的口腔，并放松其鼻孔，使触电者胸部自然回复，时间约3s，以利其呼气。按上述步骤不断进行，每5s一次，如图2-4所示。如果触电者张口有困难，可用口对准其鼻孔吹气，效果与上述方法相近。

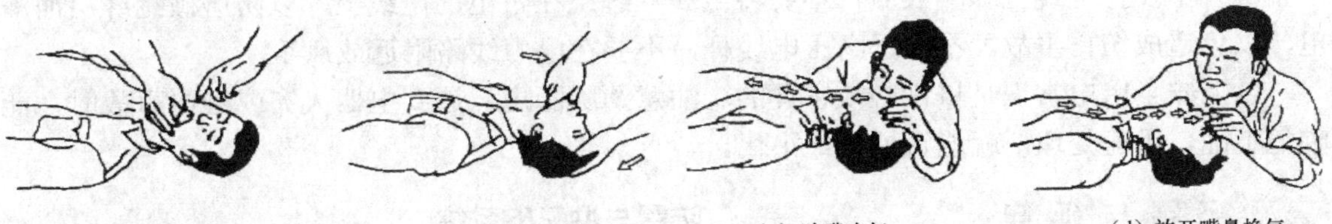

（a）清除口腔异物　（b）让头后仰　（c）贴嘴吹气　（d）放开嘴鼻换气

图2-4　口对口人工呼吸法

（3）若触电者心跳停止但有呼吸，应用人工胸外心脏按压法抢救。

1）使触电者仰卧，姿势与人工口对口呼吸法相同，但后背着地处应结实。

2）抢救者跪在触电者一侧或骑跪在其腰部两侧，两手相叠，用掌跟置于触电者胸骨下端部位，即中指指尖置于其颈部凹陷的边缘，掌跟所在的位置即为正确按压区。然后自上而下直线均衡地用力向脊柱方向按压，使其胸部下陷3～4cm，可以压迫心脏使其达到排血的作用。

3）使按压到位的手掌突然放松，但手掌不要离开胸壁，依靠胸部的弹性自动恢复原状，使心脏自然扩张，如图2-5所示。按压时定位要准确，压力要适中，不要用力过猛，避免造成肋骨骨折、气胸、血胸等危险。但也不能用力过小，达不到按压目的。

（a）手掌位置式　（b）左手掌压在右手掌上　（c）掌跟用力下压　（d）突然松开

图2-5　胸外心脏按压法

4）若触电者心跳、呼吸都已停止，需同时进行胸外心脏按压法与口对口人工呼吸。配合的方法是：做一次口对口人工呼吸后，再做四次胸外心脏按压。

在抢救过程中，要不停顿地进行，使触电者恢复心跳和呼吸。注意，切勿滥用药物或搬动、运送，应立即请医生前来指导抢救。

三、触电事故的预防

用电中注意以下问题，可以预防触电事故。

（1）损坏的开关应赶快修理或更换。

（2）请勿湿手触摸电器，请勿用湿布擦拭带电电器。避免在潮湿的环境中使用电器，更不能让电器淋湿、受潮或在水中浸泡，以免漏电，造成人身伤亡。

（3）禁止用手或导电物体去接触、试探电源插座内部；不触摸没有绝缘体的线头；发现有裸露的线头要及时与维修人员联系。

（4）插拔电源插头时要捏紧插头部位，不要用力拉拽电线，以防止电线的绝缘层受损造成触电；电线的绝缘皮剥落，要及时更换新线或者用绝缘胶布包好。

（5）遇到雷雨天气时，要停止使用电脑、电视机，并拔下室外天线插头，防止遭受雷击。电器长期搁置不用，容易受潮、受腐蚀而损坏，重新使用前需要认真检查。

（6）如果看到有电线断落，千万不要靠近，要及时报告有关专业部门维修。当发现电气设备断电时，要及时通知维修人员抢修。

（7）不要在电线上晾晒衣服，不要将金属丝缠绕在带电的电线上，以防磨破绝缘层而漏电，以免造成伤亡事故。不靠近高压电线杆，不要在电力线路附近放风筝。

以上安全用电常识是日常必须掌握的。注意消除隐患，遇到电器火灾或触电事故时，能临危不乱，迅速处理，就能将损失最小化。

拓展与延伸　防雷与供配电系统

一、安全防雷知识

（一）雷电的形成

雷电是一种常见的大气放电现象。在夏天的午后或傍晚，地面的热空气携带大量的水汽不断上升到高空，形成大范围的积雨云，积雨云的不同部位聚集着大量的正电荷或负电荷，形成雷雨云，而地面因受到近地面雷雨云的电荷感应，也会带上与云底相反符号的电荷。当云层里的电荷越积越多，达到一定强度时，就会把空气击穿，打开一条狭窄的通道强行放电。当云层放电时，由于云中的电流很强，通道上的空气瞬间被烧得灼热，温度高达 6000～20000℃，所以发出耀眼的强光，这就是闪电，而闪道上的高温会使空气急剧膨胀，同时也会使水滴汽化膨胀，从而产生冲击波，这种强烈的冲击波活动形成了雷声。一次雷击或者一次云闪所释放出的能量大约在 300kW 以上，如果把这些能量全部利用起来，可供一个普通家庭使用 2 个月以上。由于雷电释放的能量相当大，它所产生的强大电流、灼热的高温、猛烈的冲击波、剧变的静电场和强烈的电磁辐射等物理效应给人们带来了多种危害。雷电的破坏主要有直击雷破坏和感应雷破坏。

（二）雷鸣闪电时注意事项

（1）有强雷鸣闪电时，应尽量避免外出。不要使用设有外接天线的收音机和电视机，不要接打电话或手机。

（2）若在野外，应立即寻找庇护所。以装有避雷针、钢架或钢盘混凝土建筑物作为避雷场所，具有完整金属车厢的车辆也可以利用。

（3）没有掩蔽所时，应远离空旷地带或山顶上的孤树（最易受到雷击）。不要待在开阔的水域和小船上；尽量避开高树林子的边缘，电线、旗杆的周围和干草堆、帐篷等无避雷设备的高大物体附近，不要靠近铁轨、长金属栏杆和其他庞大的金属物体，山顶、制高点等场所也不能停留。

（4）雷电期间，最好不要骑马、骑自行车和摩托车；不要携带金属物体在露天环境中行走；不要靠近避雷设备的任何部分。

（5）若找不到合适的避雷场所时，应尽量降低重心，减小人体与地面的接触面积，可蹲下，双脚并拢，手放膝上，身向前屈，千万不要躺在地上、壕沟或土坑里，若能披上雨衣，防雷效果更好。在野外的人群（无论是运动的还是静止的）相互之间应保持较远的距离，切忌聚集在一起，也可躲在较大的山洞里。

（6）注意，当您头发竖起或皮肤发生颤动时，可能要发生雷击了，应立即趴在地上。受到雷击的人可能被烧伤或严重休克，但身上并不带电，可以安全救护。

（三）个人防雷的要诀

（1）应该留在室内，并关好门窗；在室外工作的人应躲入建筑物内。

（2）不宜使用无防雷措施或防雷措施不足的电视、音响等电器，不宜使用水龙头。

（3）切勿接触天线、水管、铁丝网、金属门窗、建筑物外墙，远离电线等带电设备或其他类似金属装置。

（4）减少使用电话和手机。

（5）切勿游泳或从事其他水上运动，不宜进行室外球类运动，离开水面及其他空旷场地，寻找地方躲避。

（6）切勿站立于山顶、楼顶或其他接近导电性高的物体。

（7）切勿处理开口容器盛载的易燃物品。

（8）在旷野无法躲入有防雷设施的建筑物内时，应远离树木和桅杆。

（9）在空旷场地不宜打伞，不宜把羽毛球拍、高尔夫球杆等扛在肩上。

（10）不宜骑摩托车、自行车。

（四）雷击后急救措施

（1）伤者就地平卧，松解衣扣、腰带等。

（2）立即口对口呼吸和胸外心脏按压，坚持到病人苏醒为止。

（3）用手导引或针刺人中、十宣、涌泉、命门等穴位。

（4）送医院急救。雷雨天不要在树下避雨。雷雨天不要进棚屋。电源线不要超负荷。不要用湿手湿布擦拭带电灯头。

雷雨季节空气潮湿，是触电事故的多发季节，市民应及时更换陈旧老化或破损电线，谨防挂落、漏电等意外，伤及人身安全；要防御雷害，防止意外触电，懂得安全用电、触电急救等知识。

二、供配电系统简介

（一）电力的产生、传输、分配过程

从发电厂（水力、火力、核能、风力、太阳能、垃圾发电等）先发电，发出的电压一般

为 10.5、13.8kV 或 13.75kV。为了能将电能输送远些，并减小输电损耗，需通过升压变压器将电压升高到 110、220kV 或 500kV。然后经过远距离高压输送，再经过降压变压器降压至负载所需电压，如 35、10kV，最后经配电线路分配到用电单位和住宅区基层用户，或者再降压至 380/220V 供电给普通用户。这个由发电、送电、变电、配电和用电组成的整体就是电力系统。

我国常用的输电电压等级有 35、110、220、330、500kV 等。

目前我们常用的电力传输线路有架空线路和电缆线路。

（二）电力系统

电力系统是由发电、送电、变电、配电和用电组成的整体。

（三）电力网

输送、变换和分配电能的网络称为电力网，由输电线路和变配电站组成，分为输电网和配电网。

（1）输电网。输电网由 35kV 以上的输电线路和与其连接的变电站组成，其作用是将电能输送到各个地区的配电网或直接送给大型企业用户。

（2）配电网。配电网由 10kV 及以下的配电线路和配电变压器组成，其作用是将电能送给各类用户。一般将 3、6、10kV 的电压称为配电电压。

（四）电力网的电压等级

电力网的电压等级如下：低压，1kV 以下；中压，1～10kV；高压，10～330kV；超高压，330～1000kV；特高压，1000kV 以上。

（五）用电负荷分类

根据供电的可靠性及终止供电在政治、经济等方面造成的影响及损失的程度来分级，用电负荷可以分为三个级别，且各级别的负荷分别采用相应的供电方式供电。

（1）一类负荷。一类负荷是指若中断供电将造成人身伤亡、重大政治影响、经济损失或公共场所秩序严重混乱的负荷。应有两个或两个以上独立电源供电，同时必须增设应急电源。

（2）二类负荷。二类负荷是指中断供电将造成较大的政治影响、较大的经济损失的负荷。要求尽可能有两个独立电源供电，若地区供电条件困难，可由一路 6kV 以上专用架空线供电。

（3）三类负荷。三类负荷是指不属于一类、二类的负荷，可非连续性供电。

（六）质量指标

电网所供电能为三相对称的正弦交流电，其质量指标主要有频率和电压。

思考与练习

1．什么是两相触电？为何其危害最大？

2．如何做到使触电者与电源脱离？

3．触电者与电源脱离后，如何进行现场急救？

4．人体接触 220V 裸导线触电，而小鸟儿两脚站在高压裸导线上却无事，这是为什么？

任务二　电工常用工具的使用

学习目标

（1）了解基本电工工具的结构与分类。

（2）掌握基本电工工具的使用要领。

（3）熟悉基本电工工具的使用注意事项。

任务引入

电工工具是电气操作人员必备的基本工具，电工工具的质量好坏，使用正确与否都将影响施工质量和工作效率，影响电工工具的使用寿命和操作人员的安全，因此电气操作人员必须要了解电工常用工具的结构、性能以及正确使用的方法。常用的电工工具有哪些？基本电工工具如何使用？使用过程中应注意什么？请带着这些问题进行本任务的学习。

知识准备

一、测电笔

测电笔是用于检测线路和设备是否带电的工具，有笔式和螺丝刀式两种，其结构如图 2-6 所示。

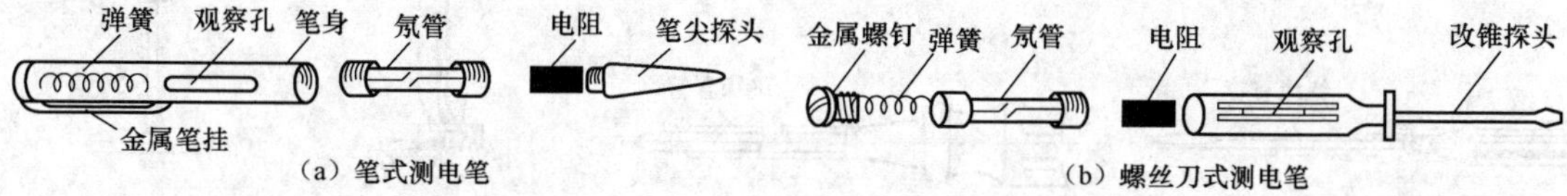

图 2-6　测电笔的结构

使用时手指必须触及笔尾的金属部分，并使氖管及观察孔背光且朝向自己，以便观测氖管的亮暗程度。使电流由被测带电体经测电笔和人体与大地构成回路。只要被测带电体与大地之间的电压超过 60V，测电笔内的氖管就会启辉发光。操作方式如图 2-7 所示。由于测

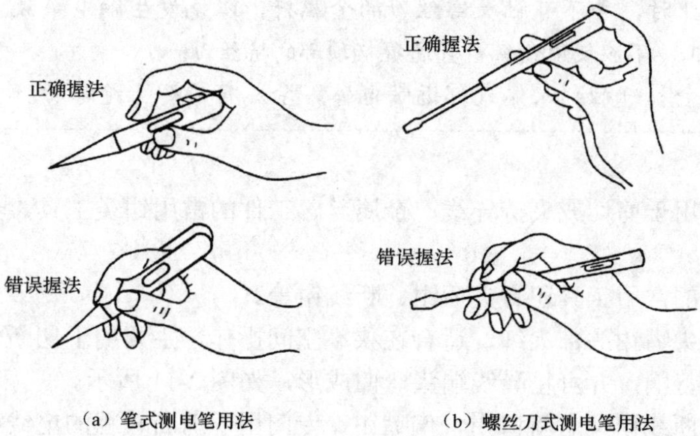

图 2-7　低压测电笔用法

电笔内氖管及所串联的电阻较大，形成的回路电流很小，不会对人体造成伤害。低压验电器检测的电压范围为 60～500V。

注 意

（1）使用前，必须在有电源处对验电器进行测试，以证明该验电器确实良好，方可使用。

（2）验电时，应使验电器逐渐靠近被测物体，直至氖管发亮，不可直接接触被测体。

（3）验电时，手指必须触及笔尾的金属体，否则带电体也会误判为非带电体。

（4）验电时，要防止手指触及笔尖的金属部分，以免造成触电事故。

二、螺丝刀

螺丝刀又名改锥、旋凿或起子。按照其功能不同，头部开关可分为一字形和十字形，如图 2-8 所示。其握柄材料又分为木柄和塑料柄两类。

螺丝刀使用时，应按螺钉的规格选用合适的刀口，以小代大或以大代小均会损坏螺钉或电气元件。螺丝刀的正确使用方法如图 2-9 所示。

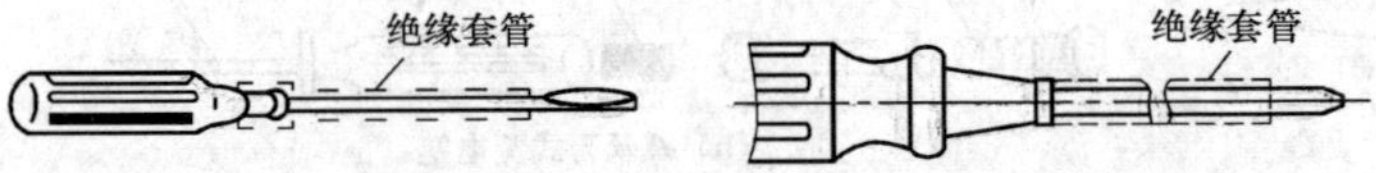

（a）一字形　（b）十字形

图 2-8　螺丝刀

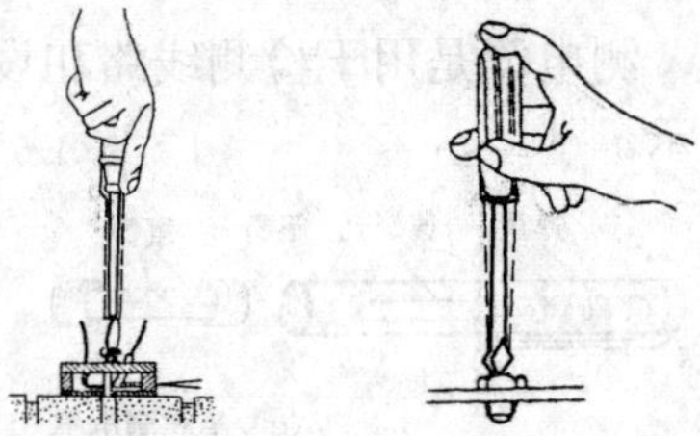

（a）大螺丝刀　（b）小螺丝刀

图 2-9　螺丝刀的正确使用方法

注 意

（1）带电作业时，手不可触及螺丝刀的金属杆，以免发生触电事故。

（2）作为电工，不应使用金属杆直通握柄顶部的螺丝刀。

（3）为防止金属杆触到人体或邻近带电体，金属杆应套上绝缘管。

三、钢丝钳

钢丝钳是电工用于剪切或夹持导线、金属丝、工件的常用钳类工具，其结构和用法如图 2-10 所示。

属于钢丝钳类的常用工具还有尖嘴钳、断线钳等。

（1）尖嘴钳。尖嘴钳头部尖细，适合在狭小空间操作，主要用于切断较小的导线、金属丝、夹持小螺钉、垫圈，并可将导线端头弯曲成形，如图 2-11 所示。

（2）断线钳。断线钳又名斜口钳、偏嘴钳，专门用于剪断较粗的电线或其他金属丝，其柄部带有绝缘管套，如图 2-12 所示。

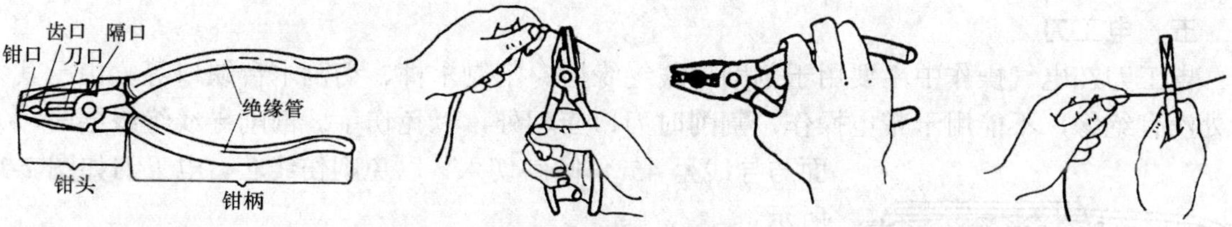

(a) 结构　(b) 弯绞或剪切导线　(c) 紧固螺母　(d) 侧切导线

图 2-10　钢丝钳的构造和使用

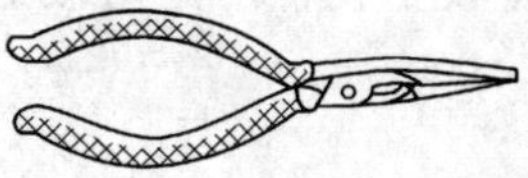

图 2-11　尖嘴钳

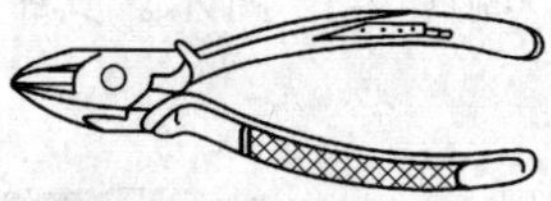

图 2-12　断线钳

注 意

(1) 使用前，应检查钢丝钳绝缘是否良好，以免带电作业时造成触电事故。

(2) 在带电剪切导线时，不得用刀口同时剪切不同电位的两根线（如相线与中性线、相线与相线等），以免发生短路事故。

四、活扳手

活扳手的钳口可在规格范围内任意调整大小，用于旋动螺杆螺母，其结构如图 2-13（a）所示。

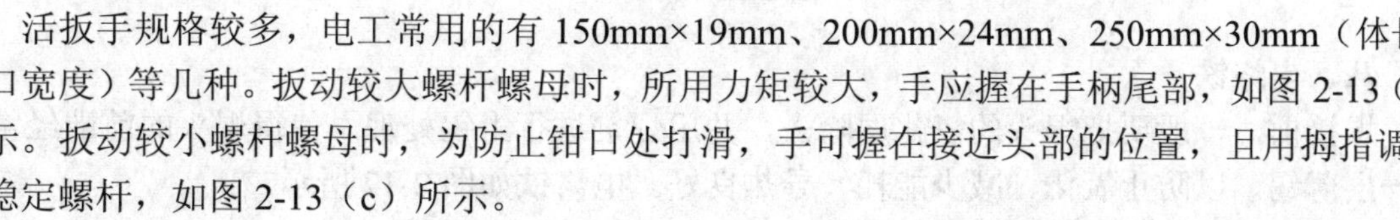

(a) 构造　(b) 扳大螺母握法　(c) 扳较小螺母握法

图 2-13　活扳手

活扳手规格较多，电工常用的有 150mm×19mm、200mm×24mm、250mm×30mm（体长×扳口宽度）等几种。扳动较大螺杆螺母时，所用力矩较大，手应握在手柄尾部，如图 2-13（b）所示。扳动较小螺杆螺母时，为防止钳口处打滑，手可握在接近头部的位置，且用拇指调节和稳定螺杆，如图 2-13（c）所示。

注 意

(1) 使用活扳手旋动螺杆螺母时，必须把工件的两侧平面夹牢，以免损坏螺杆螺母的棱角。

(2) 使用活扳手不能反方向用力，否则容易扳裂活扳唇。

(3) 不准用钢管套在手柄上作加力杆使用，不准用作撬棍撬重物，不准把扳手当手锤，否则将会对扳手造成损坏。

五、电工刀

电工刀在电气操作中主要用于剖削导线绝缘层、削制木榫、切割木台缺口等。由于其刀柄处没有绝缘，不能用于带电操作。割削时刀口应朝外，以免伤手。剖削导线绝缘层时，刀面与导线呈45°角倾斜切入，以免削伤线芯。电工刀如图2-14所示。

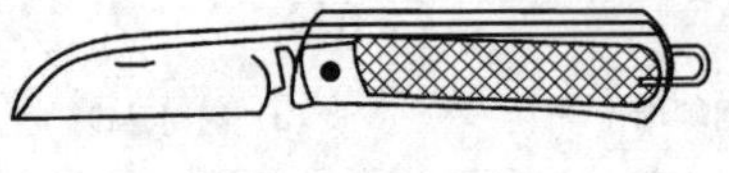

图2-14　电工刀

六、镊子

镊子主要用于夹持导线线头、元器件、螺钉等小型工件或物品，多用不锈钢材料制成，弹性较强。常用类型有尖头镊子和宽口镊子，如图2-15所示。其中，尖头镊子主要用于夹持较小物件，宽口镊子可夹持较大物件。

（a）尖头镊子　（b）宽口镊子

图2-15　镊子

七、剥线钳

剥线钳主要用于剥削直径在6mm以下的塑料或橡胶绝缘导线的绝缘层，由钳头和手柄两部分组成，它的钳口工作部分有从0.5～3mm的多个不同孔径的切口，以便剥削不同规格的芯线绝缘层。使用剥线钳剥削导线绝缘层时，先将要剥削的绝缘长度用标尺定好，然后将导线放入相应的刃口中（比导线直径稍大），再用手将钳柄一握，导线的绝缘层即被剥离。

剥线钳外形如图2-16所示。

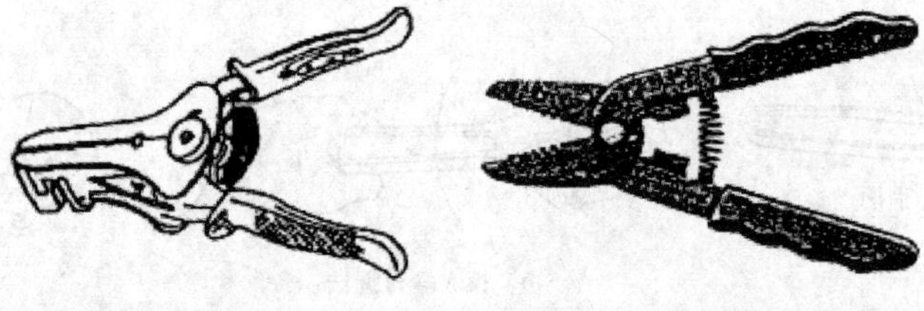

（a）自动剥线钳　（b）普通剥线钳

图2-16　剥线钳

八、电烙铁

焊接前，一般要把焊头的氧化层除去，并用焊剂进行上锡处理，使得焊头的前端经常保持一层薄锡，以防止氧化、减少能耗、导热良好。电烙铁如图2-17所示。

电烙铁的握法没有统一的要求，以不易疲劳、操作方便为原则，一般有笔握法和拳握法两种，如图2-18所示。

用电烙铁焊接导线时，必须使用焊料和焊剂。焊料一般为丝状焊锡或纯锡，常见的焊剂有松香、焊膏等。

对焊接的基本要求是：焊点必须牢固，锡液必须充分渗透，焊点表面光滑有泽，应防止出现虚焊、夹生焊。产生虚焊的原因是焊件表面未清除干净或焊剂太少，使得焊锡不能充分流动，造成焊件表面挂锡太少，焊件之间未能充分固定；产生夹生焊的原因是烙铁温度低或焊接时烙铁停留时间太短，焊锡未能充分熔化。

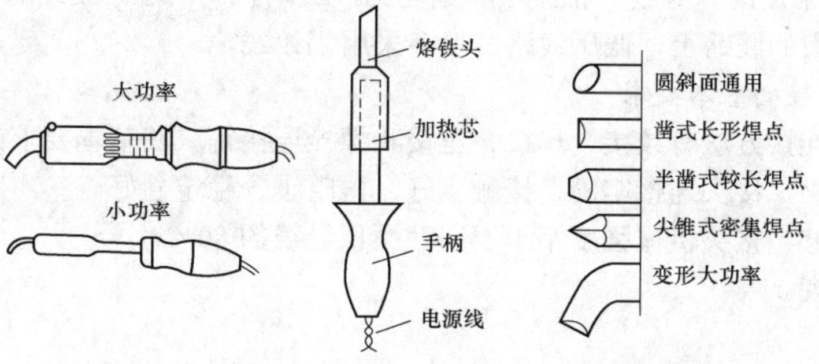

（a）分类　（b）结构　（c）焊点结构

图 2-17　电烙铁

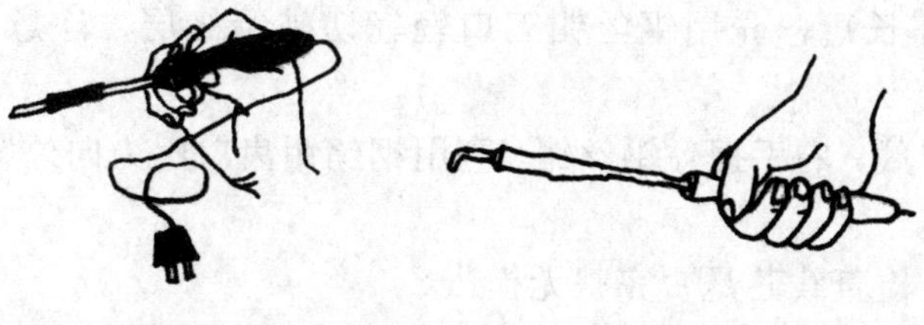

（a）笔握法　（b）拳握法

图 2-18　电烙铁的握法

注 意

（1）使用前应检查电源线是否良好，有无被烫伤。

（2）焊接电子类元件（特别是集成块）时，应采用防漏电等安全措施。

（3）当焊头因氧化而不“吃锡”时，不可硬烧。

（4）当焊头上锡较多不便焊接时，不可甩锡，不可敲击。

（5）焊接较小元件时，时间不宜过长，以免因过热损坏元件或绝缘。

（6）焊接完毕，应拔去电源插头，将电烙铁置于金属支架上，防止烫伤或火灾的发生。

拓展与延伸

导线的连接

导线连接是电工作业的一项基本而重要的工序。导线连接的质量直接影响整个电路的正常运行。

（一）导线的分类和应用

导线分为两大类，即电磁线和电力线。电磁线用来制作各种绕组，如制作变压器、电动机和电磁铁中的绕组；电力线则用来将各种电路连接成通路。

（1）电磁线。按绝缘材料分，有漆包线、丝包线、丝漆包线、纸包线、玻璃纤维包线和纱包线等；按截面的几何形状分，有圆形和矩形两种；按导线线芯的材料分，有铜芯和铝芯两种。

（2）电力线。电力线分为绝缘导线和裸导线两大类。

1）绝缘导线。常用的有塑料硬线、塑料软线、塑料护套线、橡皮线、棉线编织橡皮软线

（即花线）、橡套软线和铅包线，以及各种电缆等。

2）裸导线。常用的裸导线有铝绞线和钢芯铝绞线两种。钢芯铝绞线的强度较高，用于电压较高或档距较大的线路上，低压线路一般多采用铝绞线。

（二）导线连接的基本要求

常用的导线连接方法有绞接、焊接、压接和螺栓连接等。其基本要求如下：

（1）连接可靠，接头连接牢固、接触良好、电阻小、稳定性好。

（2）强度足够，接头机械强度不小于同截面积导线的 80%。

（3）接头美观。

（4）耐腐蚀。

（三）导线绝缘层的剥削

1. 塑料硬线绝缘层的剥削

（1）线芯截面积在 $4mm^2$ 及以下的塑料硬线用钢丝钳剥削，步骤如下：

1）根据线头所需长短，先用钢丝钳刀口轻轻切破绝缘层，注意用力适度，不可损伤芯线。

2）用左手拉紧导线，右手捏住钢丝钳，利用钢丝钳齿口用力向外勒去绝缘层，如图 2-19 所示。

3）剥削完成后，检查线芯是否完整无损。

（2）线芯截面积大于 $4mm^2$ 的塑料硬线可用电工刀剥削绝缘层，步骤如下：

1）根据所需长度用电工刀以 45°角倾斜切入塑料绝缘层，如图 2-20（b）所示。

2）刀面与导线呈 15°角左右向外削去上面一层，如图 2-20（c）所示；再将未削去的绝缘层向后扳翻并齐根切去，如图 2-20（d）所示。

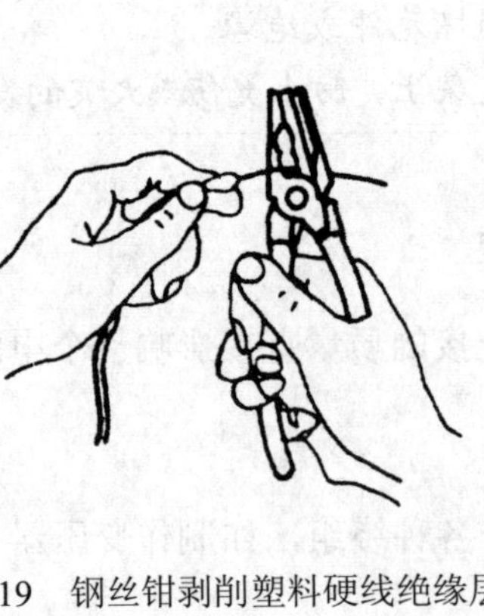

图 2-19 钢丝钳剥削塑料硬线绝缘层

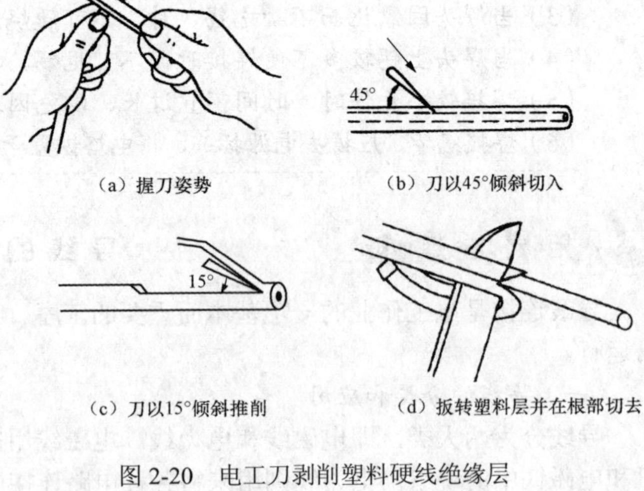

（a）握刀姿势 （b）刀以45°倾斜切入

（c）刀以15°倾斜推削 （d）扳转塑料层并在根部切去

图 2-20 电工刀剥削塑料硬线绝缘层

2. 塑料护套线的剥削

塑料护套线的护套层和绝缘层的剥削必须用电工刀来完成，步骤如下：

（1）根据所需长度，将刀尖对准两股芯线的中缝划开护套层，如图 2-21（a）所示。

（2）向后扳翻护套层，用电工刀齐根切去，如图 2-21（b）所示。

（3）在距离护套层 5～10mm 处，用电工刀以 45°角倾斜切入绝缘层，其他剥削方法与塑料硬线剥削方法相同。

3. 橡皮线的剥削

橡皮线绝缘层的剥削方法和步骤如下：

（1）先把橡皮线编织保护层用电工刀划开，其方法与剥削护套线的护套层方法雷同。

（2）用剥削塑料绝缘层相同的方法剥去橡皮层。

（3）最后剥离棉纱层至根部，并用电工刀切去，操作过程如图 2-22 所示。

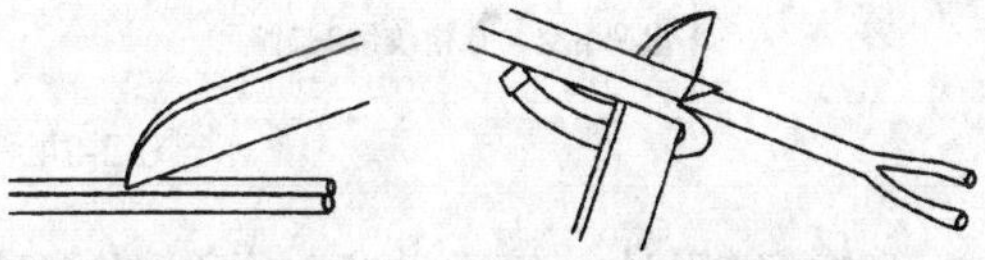

（a）中缝划开护套层　（b）扳转护套层并在根部切去

图 2-21　电工刀剥削塑料硬线绝缘层

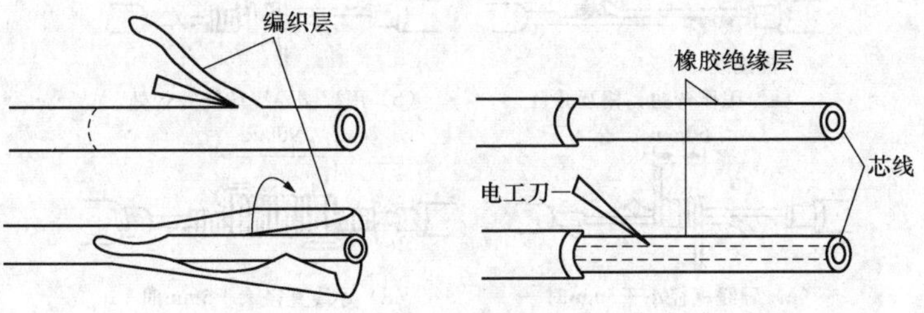

图 2-22　电工刀剥削橡皮线绝缘层

4. 花线绝缘层的剥削

花线的绝缘层分外层和内层，外层是一层柔韧的棉纱编织层。如图 2-23 所示，剥削时在线头所需长度处用电工刀把外层的棉纱编织层切割一圈拉去，距棉纱织物保护层 10mm 处，用钢丝钳刀口切割橡胶绝缘层，不能损伤芯线；然后右手握住钳头，左手把花线用力抽拉，钳口勒出橡胶绝缘层；最后露出棉纱层，把棉纱层松散开来，用电工刀割断。

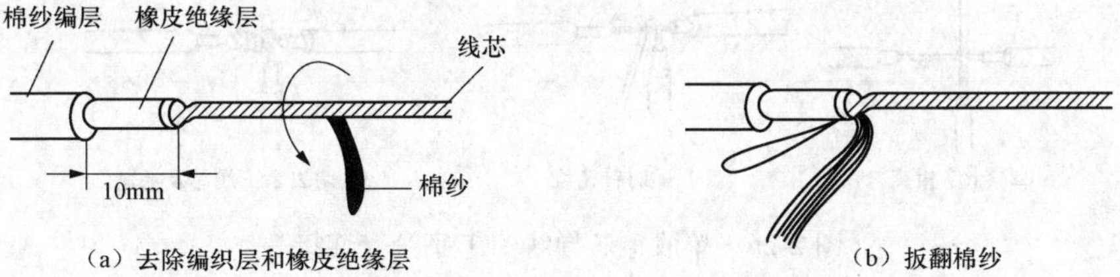

（a）去除编织层和橡皮绝缘层　（b）扳翻棉纱

图 2-23　花线绝缘层的剥削

（四）导线的连接

1. 单股铜芯导线的直线连接

单股铜芯导线的直线连接有绞接和缠卷两种方法。截面积较小（6mm^2）的导线，一般多用绞接法；截面积较大（10mm^2）的导线，因绞接困难，则多用缠卷法。

（1）绞接法。如图 2-24 所示，把去除绝缘层及氧化层的两根线头的芯线呈 X 相交，互相绞绕 2～3 圈，再扳直两线头，然后将每根线头在芯线上缠绕 6 圈，多余的线头用钢丝钳剪去，并钳平芯线的末端及切口的毛刺。

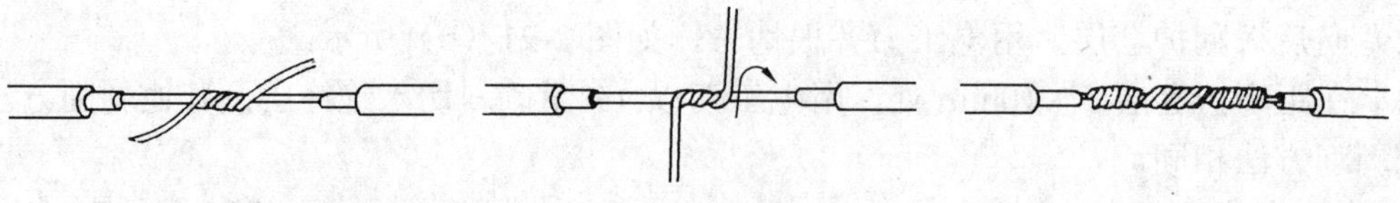

图 2-24 单股铜芯导线的绞接

（2）缠卷法。缠卷法也称绑线连接法。先将两线端用钢丝钳稍作弯曲，相互并合，如图 2-25（a）所示；然后用直径约为 1.6mm 的裸铜导线紧密地缠绕在两根导线的并合部分，如图 2-25（b）所示。缠绕长度视导线的粗细而定：导线直径在 5mm 以下时，缠卷约 60mm，如图 2-25（c）所示；导线直径在 5mm 以上时，缠卷约 90mm，如图 2-25（d）所示。

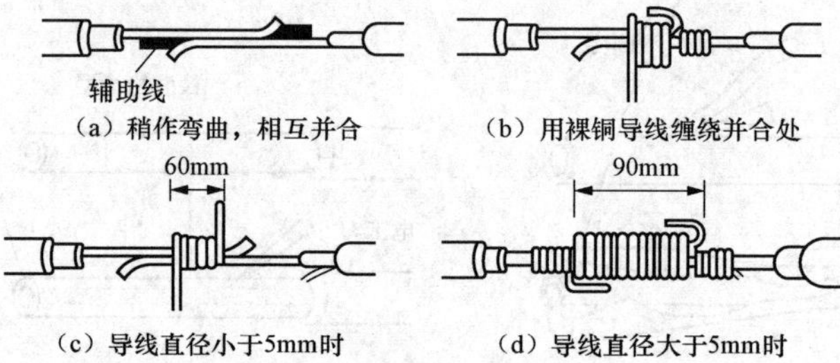

图 2-25 单股铜芯导线的缠卷连接

2. 单股铜芯导线的 T 字分支连接

（1）绞接法。把去除绝缘层及氧化层的支路线芯的线头与干线线芯十字相交，使支路线芯根部留出 3～5mm 裸线，如图 2-26（a）所示；接着将支路线芯按顺时针方向紧贴干线线芯密绕 6～8 圈，如图 2-26（b）所示；然后用钢丝钳切去余下线芯，并钳平线芯的末端及切口毛刺，如图 2-26（c）所示。

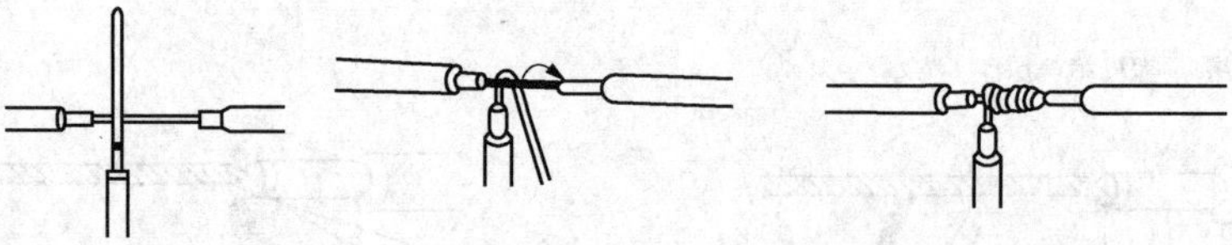

图 2-26 单股铜芯导线的 T 字分支连接

（2）缠卷法。先将分支做直角弯曲，并在其端部稍作弯曲，然后将两线合并，用裸铜导线紧密缠卷，缠卷 5 圈同直线连接，如图 2-27 所示。

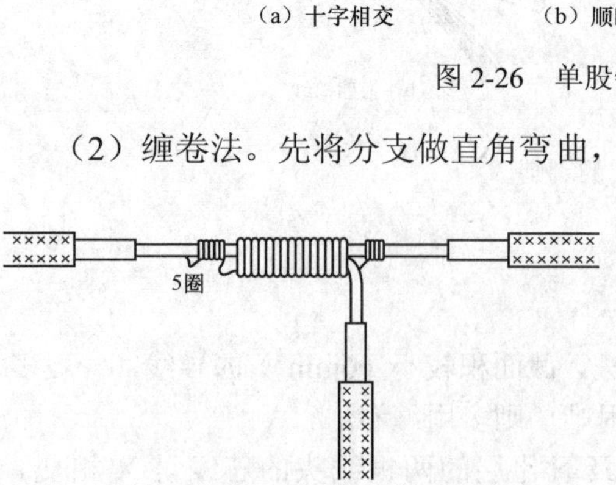

图 2-27 单股铜芯导线分支连接缠卷法

3. 多股铜芯导线的直线连接

（1）7 股导线。

1）7 股铜芯导线的直接连接。

a. 先将剥去绝缘层的芯线头拉直，接着把芯线头全长的 1/3 根部进一步绞紧，然后把余下的 2/3 根部的芯线头，按图 2-28（a）所示方法，分散成伞骨状，并将每股芯线拉直。

b. 把两导线的伞骨状线头隔股对叉，如图 2-28（b）所示，然后捏平两端每股芯线。

c. 先把一端的 7 股芯线按 2、2、3 股分成三组，接着把第一组股芯线扳起垂直于芯线，如图 2-28（c）所示；然后按顺时针方向紧贴并缠 2 圈，再扳成与芯线平行的直角，如图 2-28（d）所示。

d. 按照上一步骤相同方法继续紧缠第二和第三组芯线，但在后一组芯线扳起时，应把扳起的芯线紧贴前一组芯线已弯成直角的根部，如图 2-28（e）、（f）所示。第三组芯线应紧缠 3 圈，如图 2-28（g）所示。每组多余的芯线端应剪去，并钳平切口毛刺。导线的另一端连接方法相同。

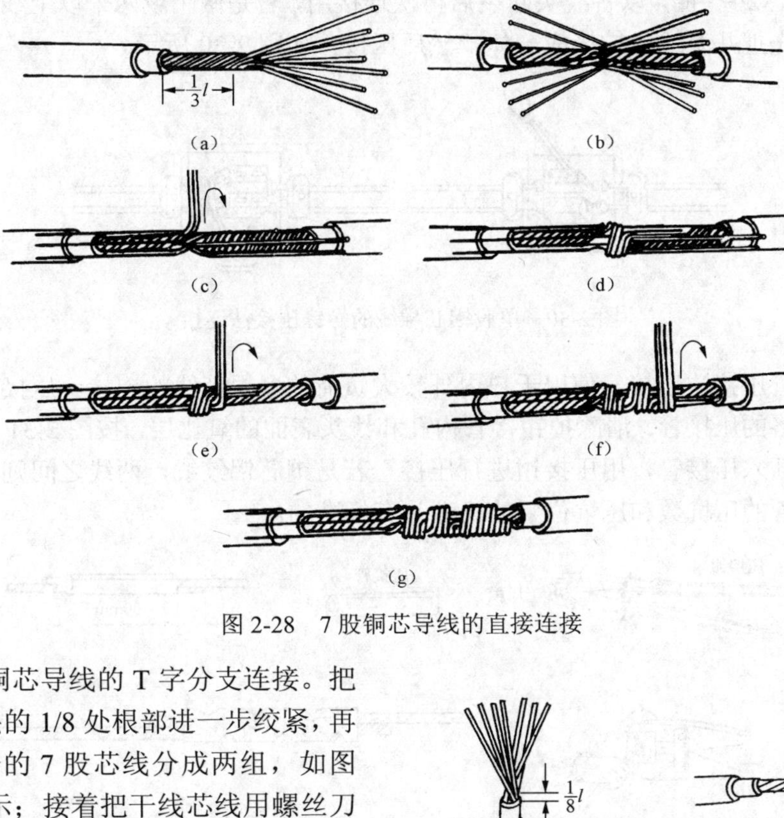

图 2-28　7 股铜芯导线的直接连接

2）7 股铜芯导线的 T 字分支连接。把分支芯线线头的 1/8 处根部进一步绞紧，再把 7/8 处部分的 7 股芯线分成两组，如图 2-29（a）所示；接着把干线芯线用螺丝刀撬分两组，把支线四股芯线的一组插入干线的两组芯线中间，如图 2-29（b）所示；然后把三股芯线的一组往干线一边按顺时针紧缠 3～4 圈，钳平切口，如图 2-29（c）所示；另一组四股芯线则按逆时针缠绕 4～5 圈，两端均剪去多余部分，如图 2-29（d）所示。

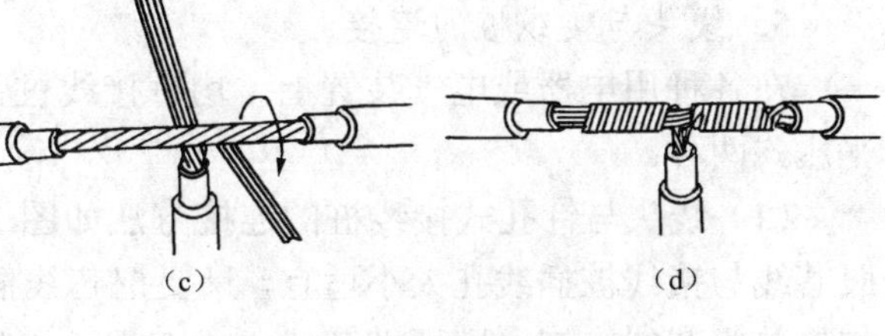

图 2-29　7 股铜芯导线的 T 字分支连接

（2）19 股导线。

1）19 股铜芯导线的直接连接。方法与 7 股芯线的基本相同，芯线太多，可剪去中间的几股芯线，缠接后，在连接处尚需进行钎焊，以增强其机械强度并改善导电性能。

2）19 股铜芯导线的 T 字分支连接。方法与 7 股芯线导线基本相同。只是将支路导线的芯线分成 9 根和 10 根，并将 10 根芯线插入干线芯线中，各分两次向左右缠绕。

4. 铝芯导线的连接

铝极易氧化，而氧化铝膜的电阻率又很高，因此铝芯导线不能采用铜芯线的方法进行连接，否则容易发生事故。铝芯导线的连接方法如下：

（1）螺钉压接法连接。适用于负荷较小的单股芯线连接。在线路上可通过开关、灯头和瓷接头上的接线桩螺钉进行连接。连接前必须用钢丝刷除去芯线表面的氧化铝膜，并立即涂上凡士林锌膏粉或中性凡士林，然后方可进行螺钉压接。作直线连接时，先把每根铝导线在接近线端处卷上 2～3 圈，以备线头断裂后再次连接用，若是两个或两个以上线头同接在一个接线桩时，则先把几个线头拧接成一体，然后压接，如图 2-30 所示。

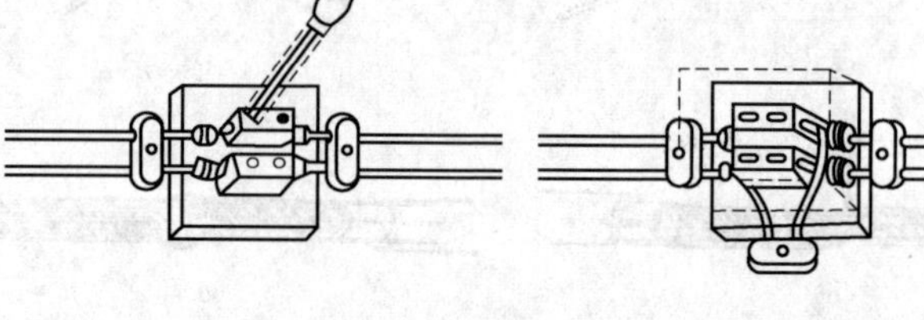

图 2-30　单股铝芯导线的螺钉压接法连接

（2）钳接管压接法连接。使用于户内外较大负荷的多根芯线的连接。压接方法如下：选用适应导线规格的压接管，清除掉钳接管内孔和线头表面的氧化层，按图 2-31 所示方法和要求，把两线头插入压接管，用压接钳进行压接。若是钢芯铝绞线，两线之间则应衬垫一条铝质垫片，压接管的压坑数和压坑位置的尺寸是有标准的。

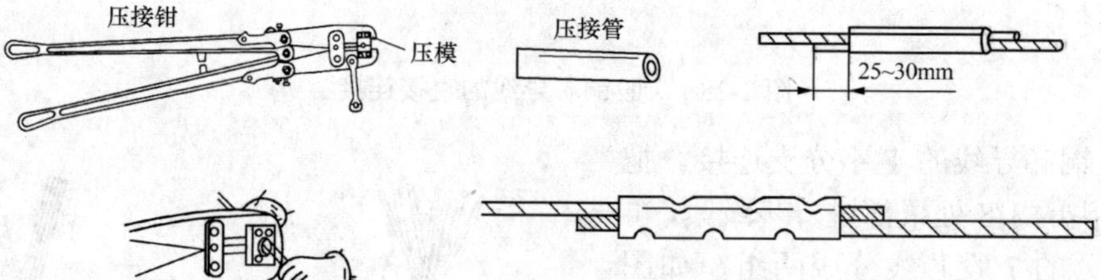

图 2-31　钳接管压接法连接

5. 线头与接线桩的连接

在各种用电器或电气装置上，均有接线桩供连接导线用，常用的接线桩有针孔式和螺钉平压式两种。

（1）线头与针孔式接线桩的连接方法如图 2-32 所示，在针孔式接线桩上接线时，如果单股芯线与接线桩插线孔大小适宜，只要把芯线插入针孔，旋紧螺钉即可，如图 2-32（a）所示。如果单股芯线较细，则要把芯线折成双根，再插入针孔；或选一根直径大小相宜的铝导线作绑扎线，在已绞紧的线头上紧密缠绕一层，线头和针孔合适后再进行压接，如图 2-32（b）所示。如果是多根软芯线，必须先绞紧线芯，再插入针孔，切不可有细丝露在外面，以免发生短路事故。若线头过大，插不进针孔，可将线头散开，适量减去中间几股，然后绞紧线头进行压接，如图 2-32（c）所示。

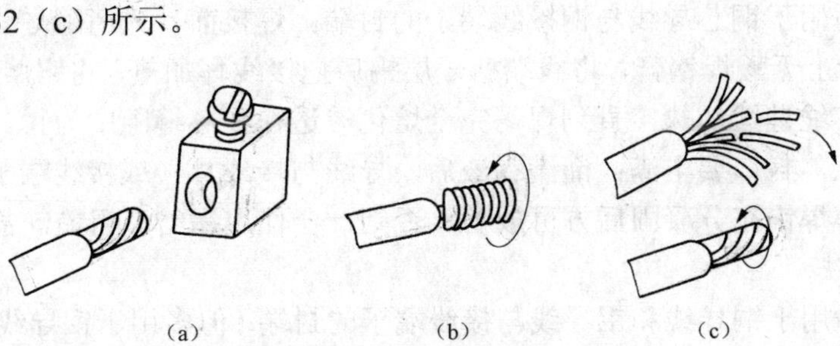

图 2-32　线头与针孔式接线桩的连接

（2）线头与螺钉平压式接线桩的连接。在螺钉平压式接线桩上接线时，如果是较小截面单股芯线，则必须把线头弯成羊眼圈，如图 2-33 所示，羊眼圈弯曲的方向应与螺钉拧紧的方向一致。多股芯线与螺钉平压式接线桩连接时，压接圈的弯法如图 2-34 所示。较大截面单股芯线与螺钉平压式接线桩连接时，线头须装上接线耳，由接线耳与接线桩连接。

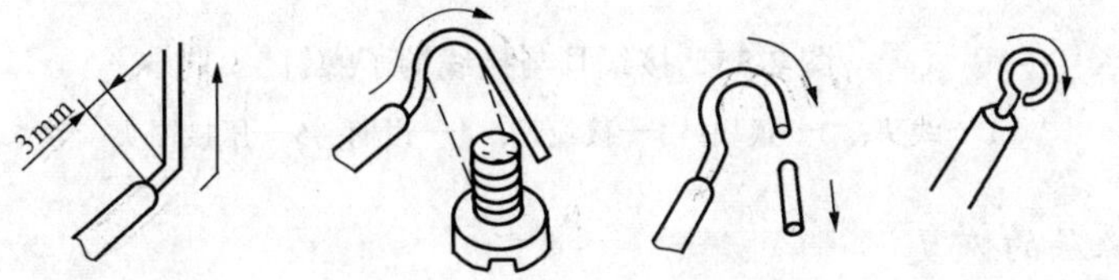

图 2-33　单股芯线羊眼圈弯法

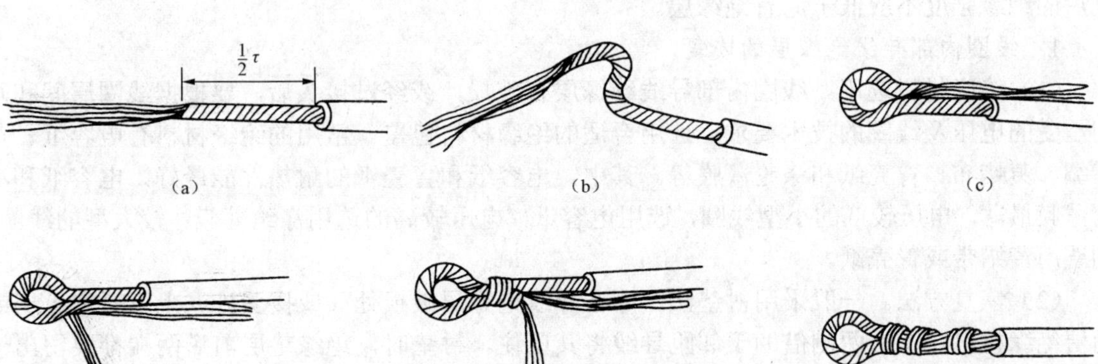

图 2-34　多股芯线压接圈弯法

（五）导线的封端

安装后的配线出线端，最终要与电器或设备相连。将导线端部装设接线耳，用接线耳（又称线鼻子）先与线端用压接钳压接，或进行钎焊（大截面采用乙炔气焊），然后由接线耳再与接线端子进行螺钉压接，与设备相连接即为封端连接，大截面导线的设备连接常采用此法。接线耳和接线端子螺钉的形状如图 2-35（a）～（c）所示。

1. 锡焊封端法

锡焊封端法适用于铜芯导线与铜接线端子的封端。焊接前，先清除导线端和接线耳内表面的氧化层，并涂上无酸焊锡膏，将线端搪一层锡后把接线耳加热，将锡熔化在接线耳孔内，再插入搪好锡的芯线继续加热，直到焊锡完全熔化渗透在线芯缝隙中为止。钎焊时，必须使锡液充分注入空隙，封口要丰满；灌满锡液后，导线与接线耳（或接线端子螺钉）之间的位置不可挪动，要等焊锡充分凝固后方可放手，否则，会使焊锡结晶粗糙，甚至脱焊。

2. 压接封端法

压接封端法适用于铜导线和铝导线与接线端子的封端（但多用于铝导线的封端）。先把线端表面清除干净，将导线插入接线端子孔内，再用导线压接钳进行钳压，如图 2-35（d）所示。

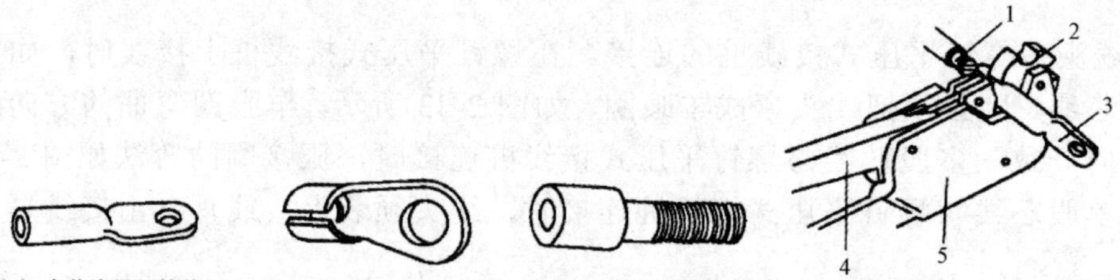

（a）大载流量用接线耳　（b）小载流量用接线耳　（c）接线端子螺钉　（d）导线线头与接线耳的压接方法

图 2-35　接线耳与接线端子螺钉

1—线头；2—模块；3—接线耳；4—钳柄；5—压接钳头

（六）导线绝缘层的恢复

为了保证用电安全，导线的绝缘层破损后，必须恢复，导线连接后，也需恢复绝缘。恢复后的绝缘强度不应低于原有绝缘层。

1. 线圈内部导线绝缘层的恢复

（1）绝缘材料选用。线圈内部导线绝缘层有破损，或经过接头后，要根据线圈层间和匝间承受的电压及线圈的技术要求，选用合适的绝缘材料包覆。常用的绝缘材料有电容纸、黄蜡绸、黄蜡布、青壳纸和涤纶薄膜等。其中，电容纸和青壳纸的耐热性能最好，电容纸和涤纶薄膜最薄。电压较低的小型线圈，选用电容纸，电压较高的选用涤纶薄膜；较大型的线圈，则选用黄蜡带或青壳纸。

（2）恢复方法。一般采用衬垫法，即在导线绝缘层破损处（或接头处）上下衬垫一层或两层绝缘材料，左右两侧借助于邻匝导线将其压住。衬垫时，绝缘垫层前后两端都要留出一倍于破损长度的余量。

2. 线圈线端连接处绝缘层的恢复

（1）绝缘材料选用。一般选用黄蜡带、涤纶薄膜带或玻璃纤维带等绝缘材料。

（2）恢复方法。恢复绝缘通常采用包缠法，即从完整绝缘层上开始包缠，包缠两根带宽后方可进入连接处的线芯部分。包至连接处的另一端时，也需同样包入完整绝缘层上两根带宽的距离，如图 2-36（a）所示。

包缠时，绝缘带与导线应保持约 45°的倾斜角，每圈包缠压叠带的一半，如图 2-36（b）所示。一般情况下需包缠两层绝缘带，必要时再用纱布带封一层。绝缘带与绝缘带的衔接，应采取续接的方法，如图 2-36（c）所示。绝缘带包缠完毕后的末端，应用纱线绑扎牢固，如

图 2-36（d）所示，或用绝缘带自身套结扎紧，方法如图 2-36（e）所示。

3. 电力线绝缘层的恢复

（1）绝缘材料选用。一般选用黑胶带、黄蜡带、塑料绝缘带和涤纶薄膜带（绝缘强度依次递增）等，为了包缠方便，绝缘带一般选用宽 20mm 较适中。

（2）绝缘带的包缠方法。将黄蜡带（或塑料绝缘带）从导线左边完整的绝缘层上开始包缠，包缠两带宽后方可进入无绝缘层的芯线部分，如图 2-36（a）所示。

包缠时，黄蜡带（或塑料绝缘带）与导线保持约 45º 的倾斜角，每圈压叠带宽的 1/2，如图 2-36（b）所示。包缠一层黄蜡带后，将黑胶布带接在黄蜡带的尾端，朝相反方向斜叠包缠一层黑胶布带，也要每圈压叠带宽的 1/2，如图 2-36（c）所示。采用塑料绝缘带进行包缠时，应按上述包缠方法来回包缠 3～4 层后，留出 10～15mm 长段，再切断塑料绝缘带；将留出段用火点燃，并趁势将燃烧软化段用拇指按压，使其粘贴在塑料绝缘带上。

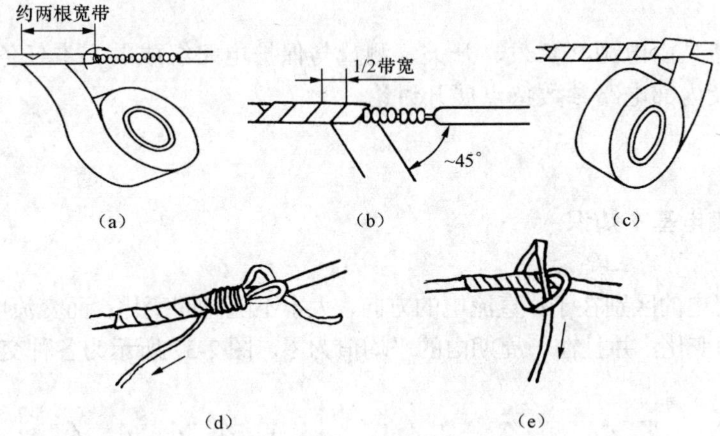

图 2-36　黄蜡带或塑料绝缘带的包缠

（3）包缠要求。在 380V 线路上的导线恢复绝缘时，必须先包缠 1～2 层黄蜡带，再包缠一层黑胶布带。在 220V 线路上的导线恢复绝缘时，先包缠一层黄蜡带，再包缠一层黑胶布带，也可只包缠两层黑胶布带。绝缘带包缠时，不能过疏，更不能露出芯线，以免造成触电或短路事故。绝缘带平时不可放在温度很高的地方，也不可浸染油类。

思考与练习

1. 常用的电工工具有哪些？
2. 电烙铁焊接要求有哪些？
3. 活扳手的使用注意事项有哪些？

任务三　家庭简单照明电路的分析与安装

学习目标

（1）掌握直流电与交流电的区别。

（2）掌握正弦交流电的三要素及其矢量表示法。

（3）掌握三种单一参数电路中的功率性质及计算。

（4）掌握正弦交流电的各种表示方法及相互间的关系。

（5）掌握 RLC 串联电路的分析与计算方法，会利用谐振特性分析收音机电路。

（6）理解提高功率因数的意义，掌握提高功率因数的方法。

（7）掌握家庭照明电路的分析与安装。

任务引入

照明电路是家庭生活的必需品。那么照明电路是由哪些元件构成的？各元件是如何连接的？照明电路又有什么特点呢？

任务分析

家庭照明电路是由电源、负载、开关、测量与保护电路组成的。本任务以家庭照明电路的外部电路组成及内部电路参数特点展开讨论。

知识准备

一、正弦交流电基本知识

（一）正弦交流电的三要素

交流电与直流电的区别在于：直流电的方向、大小不随时间变化；而交流电的方向、大小都随时间做周期性的变化，并且在一周期内的平均值为零。图 2-37 所示为各种交流电的电流波形。

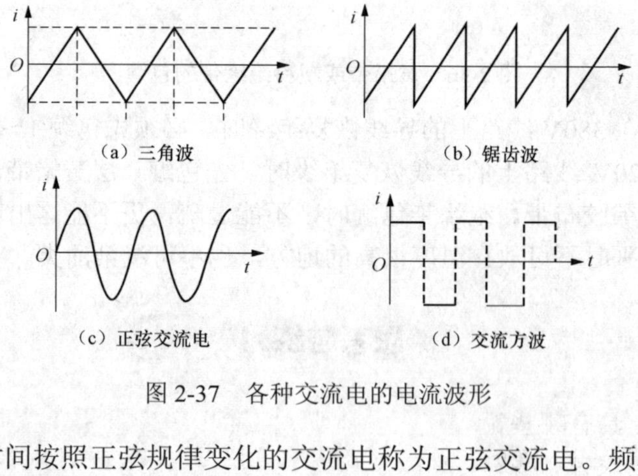

图 2-37　各种交流电的电流波形

大小和方向随时间按照正弦规律变化的交流电称为正弦交流电。频率、幅值和初相位就称为确定正弦量的三要素。

设正弦电流 i 的瞬时值表达式为

$$i = I_m \sin(\omega t + \psi_i) \tag{2-1}$$

1. 瞬时值、最大值和有效值

（1）瞬时值：任意时刻正弦交流电的数值用小写字母表示，如 i、u 及 e 表示电流、电压及电动势的瞬时值。

（2）最大值：最大的瞬时值，也称为幅值、峰值，用带下标的小写字母表示，如 I_m、U_m

及 E_m 分别表示电流、电压及电动势的最大值。

（3）有效值：把一个交流电 i 与直流电 I 分别通过两个相同的电阻，如果在相同的时间内产生的热量相等，则直流电 I 的数值为交流电的有效值。表示方法与直流电相同，即用大写字母 U、I 分别表示交流电的电压与电流的有效值，但其本质与直流电不同。

直流电 I 通过电阻 R 在一个周期 T 内所产生的热量为

$$Q=I^2RT$$

交流电 i 通过电阻 R 在一个周期 T 内所产生的热量为

$$Q=\int_0^T i^2R\mathrm{d}t$$

由于产生的热量相等，所以交流电流的有效值为

$$1=\sqrt{\frac{1}{T}\int_0^T i^2R\mathrm{d}t}$$

将 $i=I_m\sin(\omega t+\varphi_i)$ 代入上式并整理得

$$I=\frac{I_m}{\sqrt{2}}=0.707I_m \qquad (2\text{-}2)$$

同理可得

$$U=\frac{U_m}{\sqrt{2}}=0.707U_m \qquad (2\text{-}3)$$

式（2-2）和式（2-3）说明正弦量的有效值是最大值的 $\frac{1}{\sqrt{2}}$（≈0.707）倍。一般所讲的正弦电压或电流都指的是有效值。交流电气设备的铭牌上所标的电压、电流都是有效值。一般交流电压表、电流表的标尺也是按有效值刻度的。

［**例 2-1**］已知某交流电压 $u=220\sqrt{2}\sin(\omega t+\varphi_u)\text{ V}$，这个交流电压的最大值及有效值分别为多少？

解：最大值　$U_m=220\sqrt{2}=311\text{（V）}$

有效值　U=220V

2. 频率、周期与角频率

正弦量变化一次所需的时间（s）称为周期 T，如图 2-38 所示。每秒内变化的次数称为频率 f，它的单位是赫兹（Hz）。

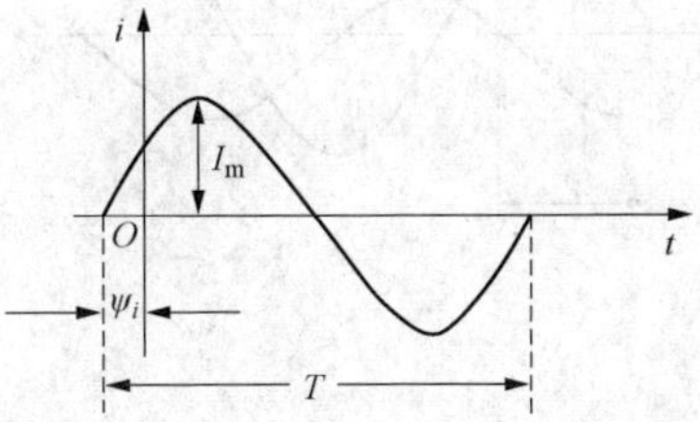

图 2-38　正弦波形周期图

频率是周期的倒数，即

$$f=\frac{1}{T} \qquad (2\text{-}4)$$

在我国和大多数国家都采用 50Hz 作为电力标准频率，习惯上称为工频。

角频率是指交流电在 1s 内变化的电角度。角频率与频率的关系式为

$$\omega=\frac{2\pi}{T}=2\pi f \qquad (2\text{-}5)$$

［**例 2-2**］已知某正弦交流电压为 $u=220\sqrt{2}\sin 314t\text{ V}$，求该电压的最大值、频率、角频率和周期各为多少？

解：

$$U_m = 311\text{V}，\ \omega = 314\text{rad/s}$$

$$f = \frac{\omega}{2\pi} = \frac{314}{2\times 3.14} = 50(\text{Hz})$$

$$T = \frac{1}{f} = \frac{1}{50} = 0.02(\text{s})$$

3．初相

$(\omega t+\varphi)$ 称为正弦量的相位角或相位，它反映出正弦量变化的进程或状态。t=0 时的相位角称为初相位角或初相位。习惯上取 $|\varphi| \leqslant 180°$。图 2-39（a）、（b）所示分别为初相位为正值和负值时正弦电流的波形。

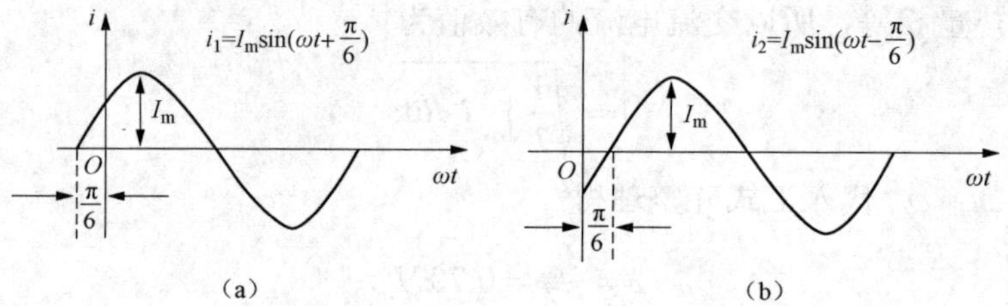

图 2-39　正弦电流的初相位

（二）相位差

任意两个同频率的正弦电流

$$i_1(t) = I_{m1}\sin(\omega t + \varphi_1)$$

$$i_2(t) = I_{m2}\sin(\omega t + \varphi_2)$$

则相位差为

$$\varphi_{12} = (\omega t + \varphi_1) - (\omega t + \varphi_2) = \varphi_1 - \varphi_2 \tag{2-6}$$

式（2-6）表明，对于同频率的正弦量而言，相位差=初相之差，且为定值。相位差和初相均在−π～π范围内取值，正弦电流的相位关系如图 2-40 所示。

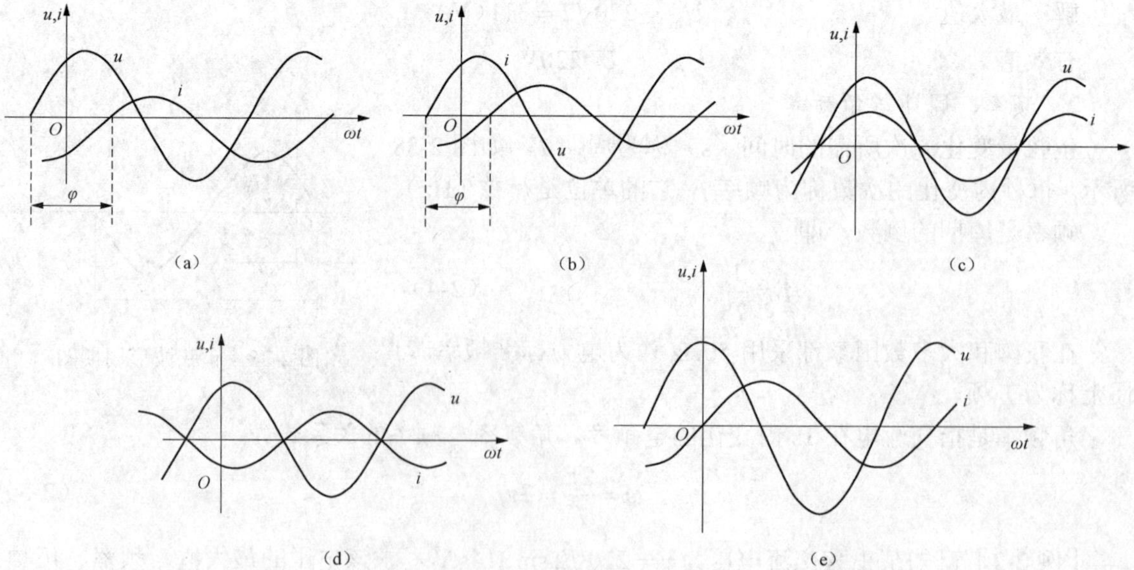

图 2-40　正弦电流的相位关系

同频率正弦量的几种相位关系：

（1）超前关系：$\varphi=\varphi_u-\varphi_i>0$ 且 $|\varphi|\leqslant\pi$，第一量超前第二量，即 u 比 i 先到达正最大值。

（2）滞后关系：$\varphi=\varphi_u-\varphi_i<0$ 且 $|\varphi|\leqslant\pi$，第一量滞后第二量，即 i 比 u 先到达正最大值。

（3）同相关系：$\varphi=\varphi_u-\varphi_i=0$，称电压与电流这两个正弦量同相。

（4）反相关系：$\varphi=\varphi_u-\varphi_i=\pi$，称电压与电流这两个正弦量反相。

说明

关于相位关系的讨论，只是对同频率正弦量而言的。

［**例 2-3**］判断图 2-41 所示正弦量的相位关系。

解：图 2-41（a），因为相位差为 0，所以 u 和 i 同相；

图 2-41（b），因为 $\varphi=\varphi_{u1}-\varphi_{u2}>0$，所以 u_1 超前 $u_2\varphi$ 角；

图 2-41（c），因为 $\varphi=\varphi_{i1}-\varphi_{i2}=\pi$，所以 i_1 和 i_2 反相；

图 2-41（d），因为 $\varphi=\varphi_u-\varphi_i=\dfrac{\pi}{2}$，则 u 与 i 正交。

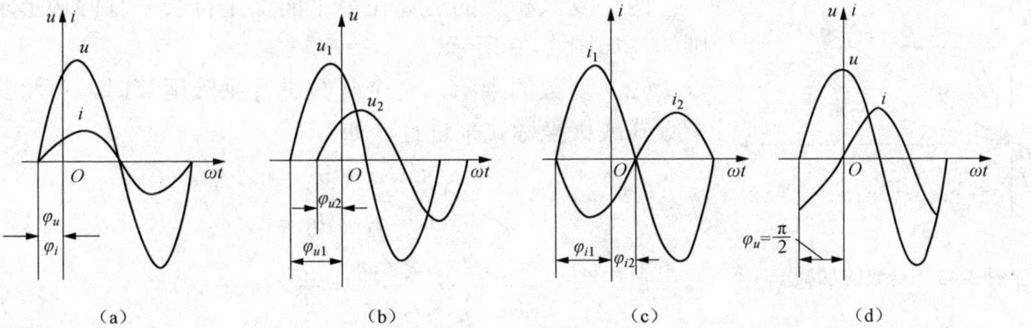

图 2-41　例 2-3 图

［**例 2-4**］设 $i_1=50\cos(\omega t+60°)\text{A}$，$i_2=10\sin(\omega t+30°)\text{A}$，问哪个电流滞后，滞后多少度？

解：正弦量之间求相位差必须满足两个条件：一是同频率，二是同名函数。故先将 i_1 变为正弦函数，再求相位差。

$$i_1=50\cos(\omega t+60°)=50\sin(90°+\omega t+60°)=50\sin(\omega t+150°)\text{A}$$

因此，i_1 与 i_2 的相位差为 $\varphi=\varphi_{i1}-\varphi_{i2}=150°-30°=120°>0$，所以 i_2 滞后 i_1 120°。

（三）正弦量的相量表示法

1. 复数和常用的表达式

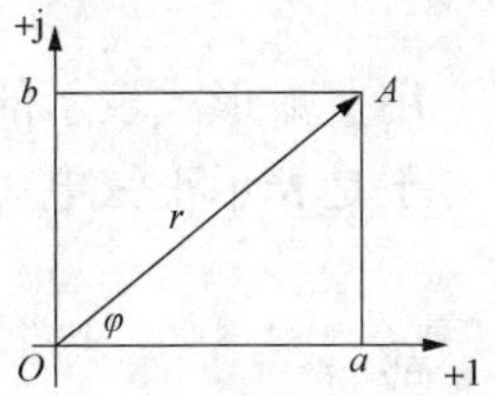

图 2-42　向线段的复数表示

如图 2-42 所示，向量 A 可用下面的复数表示为 $A=a+\text{j}b$。r 表示复数的大小，称为复数的模。矢量与实轴正方向间的夹角，称为复数的幅角，用 φ 表示，规定幅角的绝对值小于 180°。

$$r=\sqrt{a^2+b^2}\text{，}\quad \varphi=\arctan\left(\frac{b}{a}\right)$$

$$a=r\cos\varphi\text{，}\quad b=r\sin\varphi$$

得到三角形式为

$$A = r(\cos\varphi + \mathrm{j}\sin\varphi)$$

根据欧拉公式 $\mathrm{e}^{\mathrm{j}\varphi} = \cos\varphi + \sin\varphi$，将复数的三角形式转化为指数形式为

$$A = r\mathrm{e}^{\mathrm{j}\varphi}$$

极坐标形式为

$$A = r\angle\varphi$$

［例 2-5］写出下列复数的直角坐标形式。

（1）$4\angle-90°$；（2）$1\angle90°$。

解：（1）$4\angle-90° = 4\cos(-90°) + \mathrm{j}4\sin(-90°) = -\mathrm{j}4$。

（2）$1\angle90° = \cos90° + \mathrm{j}\sin90° = \mathrm{j}$。

2. 复数的运算

（1）复数的加减。设有两个复数

$$\begin{cases} A_1 = a_1 + \mathrm{j}b_1 \\ A_2 = a_2 + \mathrm{j}b_2 \end{cases}$$

得
$$A_1 \pm A_2 = (a_1 + \mathrm{j}b_1) \pm (a_2 + \mathrm{j}b_2) = (a_1 \pm a_2) + \mathrm{j}(b_1 \pm b_2) \tag{2-7}$$

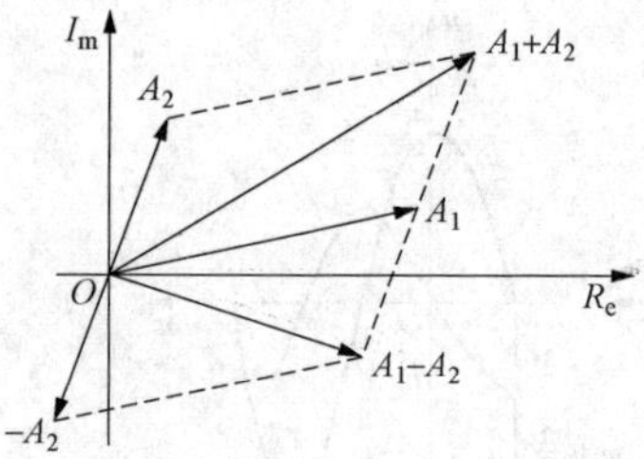

图 2-43 复数的加减

两个复数相加的运算在复平面上是符合平行四边形求和法则的，如图 2-43 所示。

（2）复数的乘除。两个复数进行乘除运算时，可将其化为指数式或极坐标式来进行，如

$$A_1 = a_1 + \mathrm{j}b_1 = r_1\angle\varphi_1$$

$$A_2 = a_2 + \mathrm{j}b_2 = r_2\angle\varphi_2$$

$$\frac{A_1}{A_2} = \frac{r_1\angle\varphi_1}{r_2\angle\varphi_2} = \frac{r_1}{r_2}\angle(\varphi_1 - \varphi_2) \tag{2-8}$$

如将复数用指数函数表示 $A_1 = r\mathrm{e}^{\mathrm{j}\varphi}$ 乘以另一个复数 $\mathrm{e}^{\mathrm{j}\alpha}$，则得

$$A_2 = r\mathrm{e}^{\mathrm{j}\varphi}\mathrm{e}^{\mathrm{j}\alpha} = \mathrm{e}^{\mathrm{j}(\varphi+\alpha)} \tag{2-9}$$

同理，如以 $\mathrm{e}^{-\mathrm{j}\alpha}$ 除复数 $A_1 = r\mathrm{e}^{\mathrm{j}\varphi}$，则得 $A_3 = r\mathrm{e}^{\mathrm{j}(\varphi-\alpha)}$。

3. 正弦量的相量表示法

正弦量的数学表达式

$$u = U_\mathrm{m}\sin(\omega t + \varphi)$$

用复数形式表示的正弦量称为正弦量的相量表示形式，并在大写字母上打“•”表示。于是表示正弦电压的相量形式为

$$\dot{U}_\mathrm{m} = U_\mathrm{m}(\cos\varphi + \mathrm{j}\sin\varphi) = U_\mathrm{m}\mathrm{e}^{\mathrm{j}\varphi} = U_\mathrm{m}\angle\varphi$$

或
$$\dot{U} = U(\cos\varphi + \mathrm{j}\sin\varphi) = U\mathrm{e}^{\mathrm{j}\varphi} = U\angle\varphi \tag{2-10}$$

式中 $\dot{U}_\mathrm{m}$ ——电压的幅值相量；

$\dot{U}$ ——电压的有效值相量。

按照正弦量的大小和相位关系用初始位置的有向线段画出的若干个相量的图形，称为相量图，如图 2-44 所示。

［例 2-6］试写出表示 $u_\mathrm{A} = 220\sqrt{2}\sin(314t)\mathrm{V}$，$u_\mathrm{B} = 220\sqrt{2}\sin(314t - 120°)\mathrm{V}$ 和 $u_\mathrm{C} = 220\sqrt{2}$

$\sin(314t+120°)$V 的相量，并画出相量图。

解：分别用有效值相量表示正弦电压$\dot{U}_A$、$\dot{U}_B$和$\dot{U}_C$，则

$$\dot{U}_A = 220\angle 0° = 220\text{V}$$

$$\dot{U}_B = 220\angle -120° = 220\left(-\frac{1}{2} - \text{j}\frac{\sqrt{3}}{2}\right)\text{V}$$

$$\dot{U}_C = 220\angle 120° = 220\left(-\frac{1}{2} + \text{j}\frac{\sqrt{3}}{2}\right)\text{V}$$

相量图如图 2-45 所示。

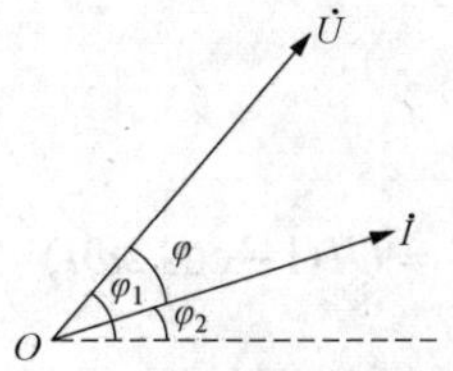

图 2-44　电压和电流的相量图

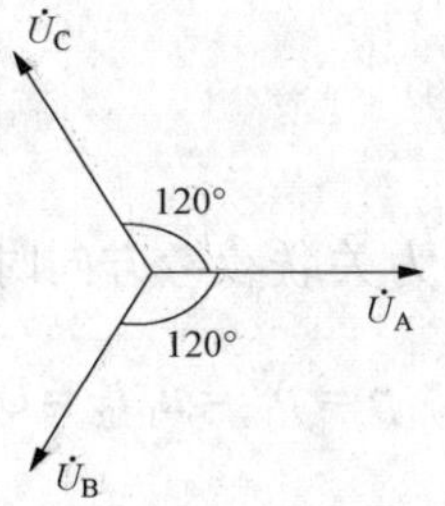

图 2-45　相量图

二、单一参数正弦交流电路

单相交流电路的负载可归结为电阻性、电感性或电容性负载。本部分从最简单的纯电阻、纯电感和纯电容电路开始，对单相交流电路进行讨论。

（一）纯电阻电路

1. 元件上电压和电流关系

纯电阻电路如图 2-46 所示。在生活中接触到的白炽灯、电炉、电烙铁等，都属于电阻性负载。设电阻两端电压为

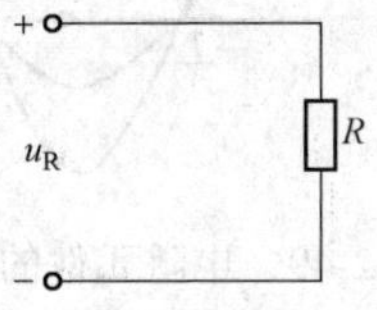

图 2-46　纯电阻元件交流电路

$$u_R(t) = U_m \sin \omega t$$

则

$$i(t) = \frac{u_R(t)}{R} = \frac{U_m}{R}\sin \omega t = I_m \sin \omega t$$

即

$$I_m = \frac{U_m}{R} \tag{2-11}$$

结 论

（1）电阻两端电压 u 和电流 i 的频率相同。

（2）电压与电流的有效值（或最大值）的关系符合欧姆定律 $I = \dfrac{U}{R}$。

（3）电压与电流同相（相位差φ=0）。

表示电阻电压、电流的波形如图 2-47 所示。用相量表示电压与电流的关系为

$$\dot{U} = R\dot{I} \tag{2-12}$$

电阻元件的电流、电压相量图如图 2-48 所示。

2. 电阻元件的功率

（1）瞬时功率。任意电路元件上的电压瞬时值与电流瞬时值的乘积称作该元件的瞬时功

率，用小写字母 p 表示。若电阻两端的电压、电流为（设初相角为 0°）

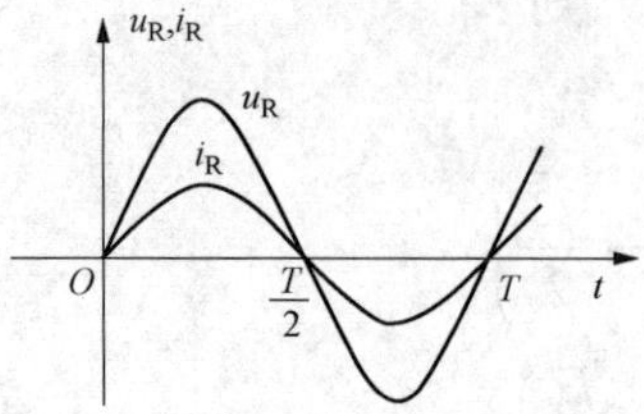

图 2-47　电阻元件的电压、电流波形

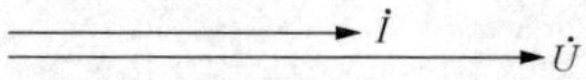

图 2-48　电阻元件的电压、电流相量

$$u_{\mathrm{R}} = U_{\mathrm{Rm}} \sin \omega t$$

$$i_{\mathrm{R}} = I_{\mathrm{Rm}} \sin \omega t$$

当 u_{R}、i_{R} 为关联参考方向时

$$p = p_{\mathrm{R}} = u_{\mathrm{R}} i_{\mathrm{R}} = U_{\mathrm{m}} I_{\mathrm{m}} \sin^2 \omega t = U_{\mathrm{m}} I_{\mathrm{m}} \frac{1-\cos 2\omega t}{2} = UI(1-\cos 2\omega t)$$

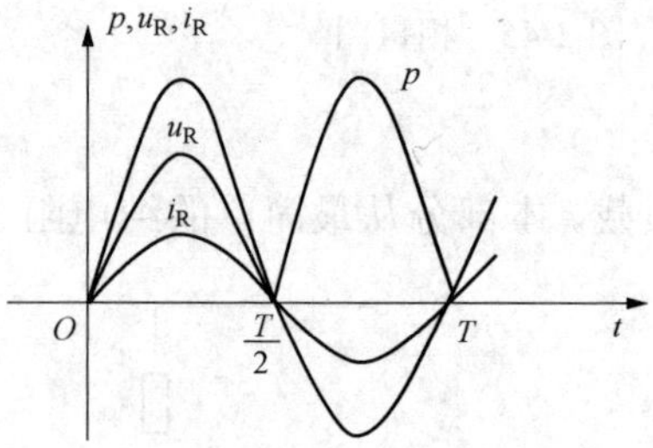

图 2-49　电阻元件的功率波形

其电压、电流、功率的波形图如图 2-49 所示。

在任何瞬时，恒有 $p \geqslant 0$，说明电阻只要有电流就消耗能量，它是一种耗能元件。

（2）平均功率。通常电路的功率是指瞬时功率在一个周期的平均值，称为平均功率（也称有功功率），用大写字母 P 表示

$$P = \frac{U_{\mathrm{m}} I_{\mathrm{m}}}{2} = UI = I^2 R = \frac{U^2}{R} \tag{2-13}$$

式中　U、I——正弦交流电电压和电流的有效值。

［**例 2-7**］在图 2-46 所示电路中 $R = 20\Omega$，$u_{\mathrm{R}} = 20\sqrt{2}\sin(\omega t + 45°)\mathrm{V}$，求电流 i 的瞬时值表达式、相量表达式和平均功率 P。

解：由 $u_{\mathrm{R}} = 20\sqrt{2}\sin(\omega t + 45°)\mathrm{V}$，得

$$\dot{U}_{\mathrm{R}} = 20\angle 45°\mathrm{V}$$

$$\dot{I} = \frac{\dot{U}_{\mathrm{R}}}{R} = \frac{20\angle 45°}{20} = 1\angle 45°\mathrm{A}$$

$$i = \sqrt{2}\sin(\omega t + 45°)\mathrm{A}$$

$$P = U_{\mathrm{R}} I = 20 \times 1 = 20\text{（W）}$$

（二）纯电感电路

1. 电感元件的电压和电流关系

纯电感电路如图 2-50 所示。设电感中通入正弦电流为

$$i = I_{\mathrm{m}} \sin \omega t$$

在电压、电流关联参考方向下，电感元件两端电压为

$$u = L\frac{\mathrm{d}i}{\mathrm{d}t} = \omega L I_{\mathrm{m}} \cos \omega t = \omega L I_{\mathrm{m}} \sin(\omega t + 90°) = U_{\mathrm{m}} \sin(\omega t + 90°)$$

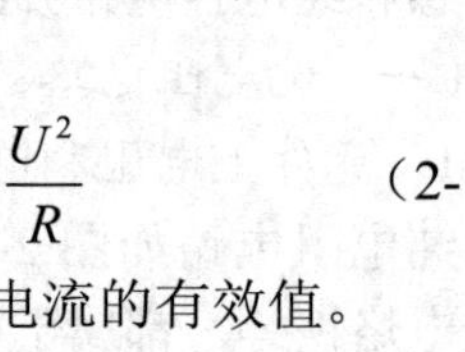

图 2-50　纯电感元件交流电路

其中 $$U_m = \omega L I_m$$

或 $$\frac{U_m}{I_m} = \frac{U}{I} = \omega L \tag{2-14}$$

结 论

（1）电感两端电压 u 和电流 i 也是同频率的正弦量。

（2）电压的相位超前电流 90°。

（3）电压与电流在数值上满足关系式 $\frac{U_m}{I_m} = \frac{U}{I} = \omega L$。

电感电压、电流的波形如图 2-51 所示。电感具有对交流电流起阻碍作用的物理性质，所以称为感抗，用 X_L 表示，即

$$X_L = \omega L = 2\pi f L \tag{2-15}$$

感抗表示线圈对交流电流阻碍作用的大小。在直流电路中，$f=0$ 时 $X_L=0$，表明线圈对直流电流相当于短路。这就是线圈本身所固有的“通直阻交”作用。

用相量表示电压与电流的关系为

$$\dot{U} = jX_L\dot{I} = j\omega L\dot{I} \tag{2-16}$$

电感元件的电压、电流相量图如图 2-52 所示。

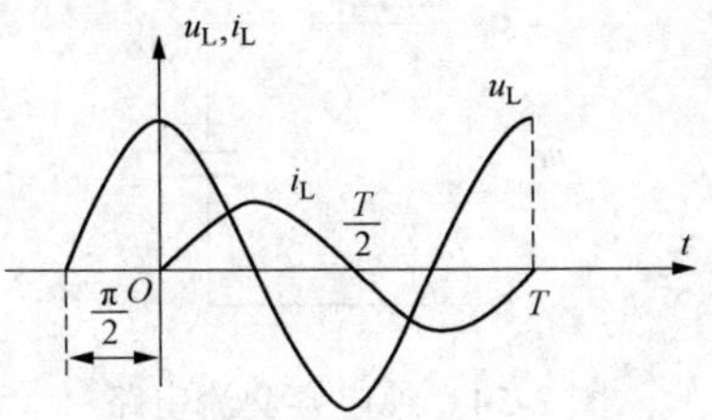

图 2-51　电感元件的电压、电流波形

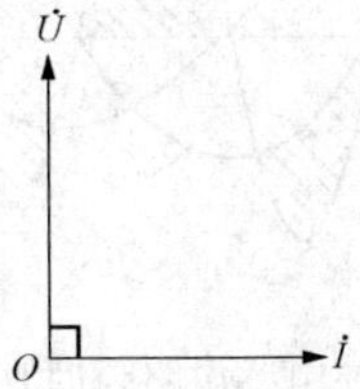

图 2-52　电感电路相量图

2. 电感元件的功率

（1）瞬时功率。在电压与电流参考方向一致的情况下电感元件的瞬时功率为

$$p = p_L = ui = U_m \sin(\omega t + 90°) I_m \sin\omega t = \frac{1}{2} U_m I_m \sin 2\omega t$$

瞬时功率波形如图 2-53 所示，功率是以两倍角频率做正弦变化的。

（2）平均功率。电感元件的平均功率为 $P_L = 0$，表明电感元件是不消耗能量的，它是储能元件。电感吸收的瞬时功率不为零，在第一和第三个 1/4 周期内，瞬时功率为正值，电感吸取电源的电能，并将其转换成磁场能量储存起来；在第二和第四个 1/4 周期内，瞬时功率为负值，将储存的磁场能量转换成电能返送给电源。

工程中为了衡量电源与电感元件间能量交换的大小，将电感瞬时功率的最大值定义为电感的无功功率，简称感性无功功率，用 Q_L［单位是乏（var）］表示，即

$$Q_L = UI = I^2 X_L = \frac{U^2}{X_L} \tag{2-17}$$

［**例 2-8**］把一个电感量为 0.35H 的线圈，接到 $u = 220\sqrt{2}\sin(100\pi t + 60°)\text{V}$ 的电源上，求线圈中电流瞬时值表达式。

解：由线圈两端电压的解析式

$$u = 220\sqrt{2}\sin(100\pi t + 60°)\text{V}$$

可以得到

$$U = 220\text{V}，\ \omega = 100\pi\ \text{rad/s}，\ \varphi = 60°$$

$$\dot{U} = 220\angle 60°\text{V}$$

则

$$X_L = \omega L = 100 \times 3.14 \times 0.35 \approx 110（\Omega）$$

$$\dot{I}_L = \frac{\dot{U}_L}{jX_L} = \frac{220\angle 60°}{1\angle 90° \times 110} = 2\angle -30°\text{A}$$

因此通过线圈的电流瞬时值表达式为

$$i = 2\sqrt{2}\sin\left(100\pi t - \frac{\pi}{6}\right)\text{A}$$

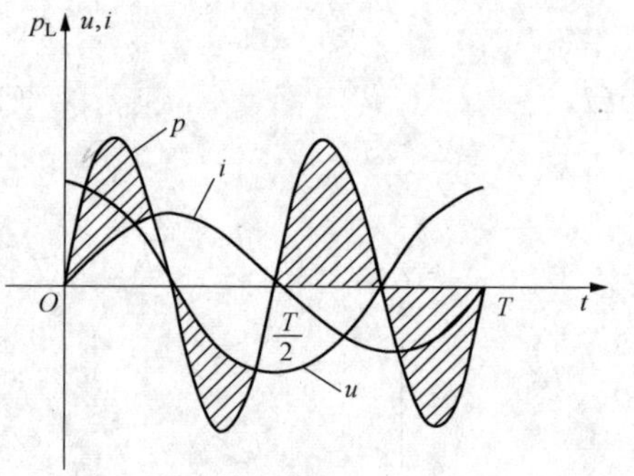

图 2-53 纯电感电路瞬时功率的波形

（三）纯电容电路

1. 元件的电压和电流关系

设电容 C 两端加一正弦电压 $u = U_m \sin\omega t$，参考方向如图 2-54 所示。则

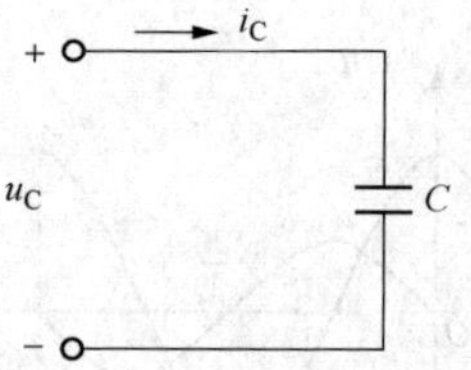

图 2-54 纯电容交流电路

$$\begin{aligned} i &= C\frac{du}{dt} = CU_m\frac{d}{dt}(\sin\omega t) \\ &= \omega CU_m\cos\omega t = \omega CU_m\sin(\omega t + 90°) \\ &= I_m\sin(\omega t + 90°) \end{aligned}$$

其中

$$I_m = \omega CU_m$$

或

$$\frac{U_m}{I_m} = \frac{U}{I} = \frac{1}{\omega C} \tag{2-18}$$

结 论

（1）电容两端电压 u 和电流 i 也是同频率的正弦量。

（2）电流的相位超前电压 90°，图 2-55 所示为电容电压电流波形。

（3）电压与电流在数值上满足关系式 $\frac{U_m}{I_m} = \frac{U}{I} = \frac{1}{\omega C}$。

电容具有对交流电流起阻碍作用的物理性质，所以称为容抗，用 X_C 表示，即

$$X_C=\frac{1}{\omega C}=\frac{1}{2\pi fC} \tag{2-19}$$

当电容通过直流电时，f=0，电容就相当于开路；电容元件对高频电流所呈现的容抗很小，相当于短路。这就是电容的“隔直通交”作用。

用相量表示电压与电流的关系为

$$\dot U=-\mathrm{j}X_C\dot I=\mathrm{j}\frac{\dot I}{\omega C}=\frac{\dot I}{\mathrm{j}\omega C} \tag{2-20}$$

电容元件的电压、电流相量图如图 2-56 所示。

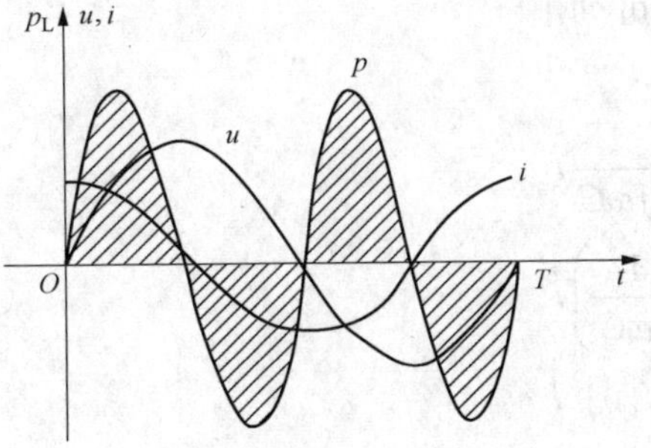

图 2-55　电容瞬时功率的波形

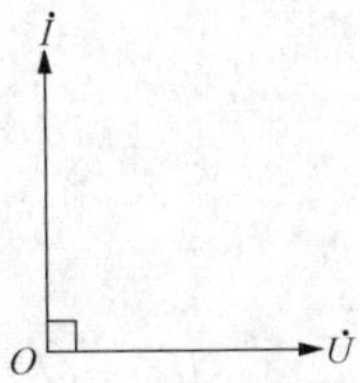

图 2-56　电容电路相量图

2. 电容元件的功率

（1）瞬时功率。电压与电流参考方向一致的情况下，设 $u_C=U_{Cm}\sin\omega t$，则电容元件的瞬时功率波形如图 2-55 所示，其表达式为

$$\begin{aligned}p=p_C=ui&=U_m\sin\omega t\bullet I_m\sin\left(\omega t+\frac{\pi}{2}\right)\\&=U_mI_m\sin\omega t\cos\omega t\end{aligned} \tag{2-21}$$

（2）平均功率。由图 2-55 可见，纯电容元件的平均功率为

$$P=0$$

与电感元件相同，电容元件不消耗能量，它也是储能元件。电容吸收的瞬时功率不为零，在第一和第三个 1/4 周期内，瞬时功率为正值，电容吸取电源的电能，并将其转换成电场能量储存起来；在第二和第四个 1/4 周期内，瞬时功率为负值，为了表示能量交换的规模大小，将电容瞬时功率的最大值定义为电容的无功功率，或称容性无功功率，用 Q_C 表示，即

$$Q_C=UI=I^2X_C=\frac{U^2}{X_C} \tag{2-22}$$

［**例 2-9**］设加在一电容器上的电压 $u(t)=6\sqrt{2}\sin(1000t-60°)\text{V}$，其电容 C=10μF。

（1）求流过电容的电流 i（t）并画出电压、电流的相量图。

（2）若接在直流 6V 的电源上，则电流为多少？

解：（1）

$$\dot U=6\angle-60°$$

$$X_C=\frac{1}{\omega C}=\frac{1}{1000\times10\times10^{-6}}=100(\Omega)$$

$$I_{\mathrm{C}}=\frac{\dot{U}_{\mathrm{C}}}{-\mathrm{j}X_{\mathrm{C}}}=\frac{6\angle-60^{\circ}}{-\mathrm{j}100}=0.06\angle-60^{\circ}+90^{\circ}$$

电容电流
$$i(t)=0.06\sqrt{2}\sin(1000t+30^{\circ})$$

电容电压、电流的相量图如图 2-57 所示。

（2）若接在直流 6V 电源上，$X_{\mathrm{C}}=\infty$，$I=0$。

（四）RLC 串联电路

在实际电路中，正弦电路元件不只是单一存在的形式，电路中不但存在电阻性元件，也存在感性及容性元件，本部分主要讨论电阻、电感与电容元件串联的交流电路。

1. RLC 串联电路的电压电流关系

RLC 串联电路如图 2-58 所示，根据 KVL 定律可列出

$$\begin{aligned}\dot{U}&=\dot{U}_{\mathrm{R}}+\dot{U}_{\mathrm{L}}+\dot{U}_{\mathrm{C}}\\&=R\dot{I}+\mathrm{j}\omega L\dot{I}+\frac{1}{\mathrm{j}\omega C}\dot{I}\\&=\left(R+\mathrm{j}\omega L+\frac{1}{\mathrm{j}\omega C}\right)\dot{I}\\&=[R+\mathrm{j}(X_{\mathrm{L}}-X_{\mathrm{C}})]\ \dot{I}\\&=Z\dot{I}\end{aligned}\tag{2-23}$$

由电压相量所组成的直角三角形，称为电压三角形如图 2-59 所示，利用这个电压三角形，可求得电源电压的有效值，即

$$U=\sqrt{U_{\mathrm{R}}^{2}+(U_{\mathrm{L}}-U_{\mathrm{C}})^{2}}=\sqrt{(RI)^{2}+(X_{\mathrm{L}}I-X_{\mathrm{C}}I)^{2}}=I\sqrt{R^{2}+(X_{\mathrm{L}}-X_{\mathrm{C}})^{2}}\tag{2-24}$$

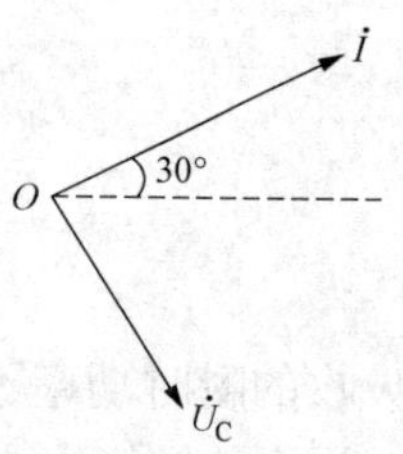

图 2-57 电压、电流的相量图

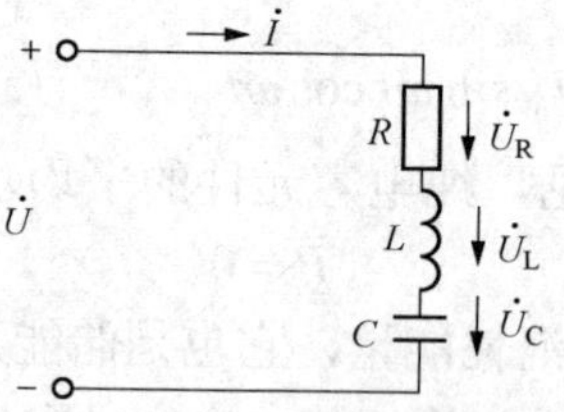

图 2-58 RLC 串联电路

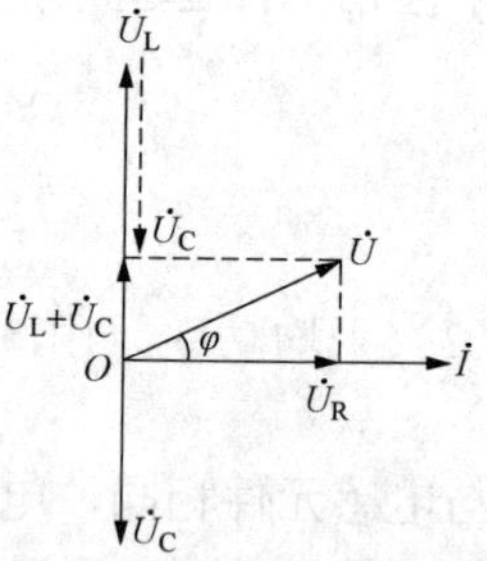

图 2-59 RLC 串联电路相量图

2. 电路中的阻抗及相量图

式（2-23）中
$$Z=R+\mathrm{j}(X_{\mathrm{L}}-X_{\mathrm{C}})$$
令
$$X=X_{\mathrm{L}}-X_{\mathrm{C}}$$
则有
$$Z=\frac{\dot{U}}{\dot{I}}=R+\mathrm{j}X$$

可见，在 RLC 串联电路中，电压相量 $\dot{U}$ 与电流相量 $\dot{I}$ 之比为一复数 Z，它的实部为电路的电阻 R，虚部为电路中的感抗 X_{L} 与电容 X_{C} 之差，X 称为电路的电抗，Z 称为电路的复阻抗。将复阻抗写成指数形式，则为

$$Z=\sqrt{R^{2}+X^{2}}\angle\arctan\frac{X}{R}=|Z|\angle\varphi$$

其中

$$|Z|=\sqrt{R^2+X^2}=\sqrt{R^2+(X_{\mathrm{L}}-X_{\mathrm{C}})^2} \tag{2-25}$$

$$\varphi=\arctan\frac{X}{R}=\arctan\frac{X_{\mathrm{L}}-X_{\mathrm{C}}}{R} \tag{2-26}$$

电路中电压与电流的有效值（或幅值）之比为$\sqrt{R^2+(X_{\mathrm{L}}-X_{\mathrm{C}})^2}$。它的单位也是欧姆，具有对电流起阻碍作用的性质，我们称它为电路的阻抗模，用$|Z|$代表。辐角φ又称为阻抗角。

$|Z|$、R、（$X_{\mathrm{L}}-X_{\mathrm{C}}$）三者之间的关系也可用一个直角三角形——阻抗三角形来表示，如图 2-60 所示。

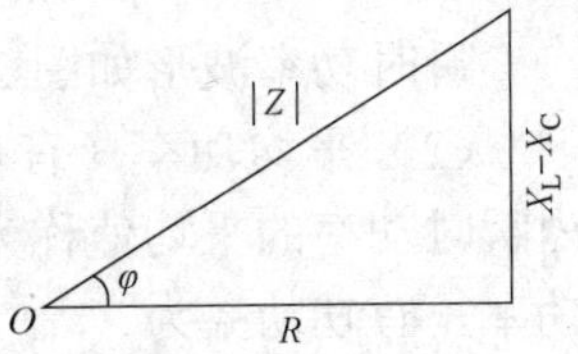

图 2-60　阻抗三角形

由式（2-26）来看，φ的大小决定于电路的参数。

（1）如果$X_{\mathrm{L}}=X_{\mathrm{C}}$，则$\varphi=0$，这时电流$i$与电压$u$同相，电路呈电阻性。

（2）如果$X_{\mathrm{L}}>X_{\mathrm{C}}$，则$\varphi>0$，这时电流$i$比电压$u$滞后$\varphi$角，电路呈电感性。

（3）如果$X_{\mathrm{L}}<X_{\mathrm{C}}$，则$\varphi<0$，这时电流$i$比电压$u$超前$\varphi$角，电路呈电容性。

三种情况的相量图如图 2-61 所示。

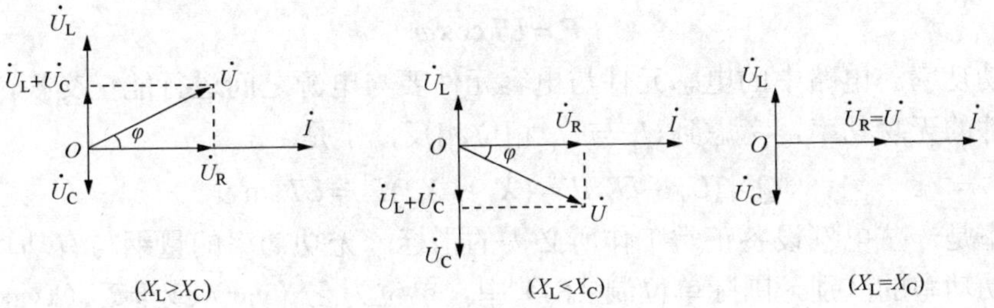

图 2-61　RLC 串联电路相量图

［**例 2-10**］某 RLC 串联电路中，$R=3\Omega$，$X_{\mathrm{L}}=3\Omega$，$X_{\mathrm{C}}=7\Omega$，正弦电压$U=100\mathrm{V}$，试求电路的复阻抗，电路中的电流和各元件上的电压，并作出相量图。

解：复阻抗

$$Z=R+\mathrm{j}(X_{\mathrm{L}}-X_{\mathrm{C}})=3+\mathrm{j}(3-7)=3-\mathrm{j}4=5\angle-53.1^{\circ}\ (\Omega)$$

设电压

$$\dot{U}=100\angle 0^{\circ}$$

则

$$\dot{I}=\frac{\dot{U}}{Z}=\frac{100\angle 0^{\circ}}{5\angle-53.1^{\circ}}=20\angle 53.1^{\circ}\ (\mathrm{A})$$

$$\dot{U}_{\mathrm{R}}=R\dot{I}=3\times 20\angle 53.1^{\circ}=60\angle 53.1^{\circ}\ (\mathrm{V})$$

$$\dot{U}_{\mathrm{L}}=\mathrm{j}X_{\mathrm{L}}\dot{I}=\mathrm{j}3\times 20\angle 53.1^{\circ}=60\angle 143.1^{\circ}\ (\mathrm{V})$$

$$\dot{U}_{\mathrm{C}}=\mathrm{j}X_{\mathrm{C}}\dot{I}=-\mathrm{j}7\times 20\angle 53.1^{\circ}=140\angle-36.9^{\circ}\ (\mathrm{V})$$

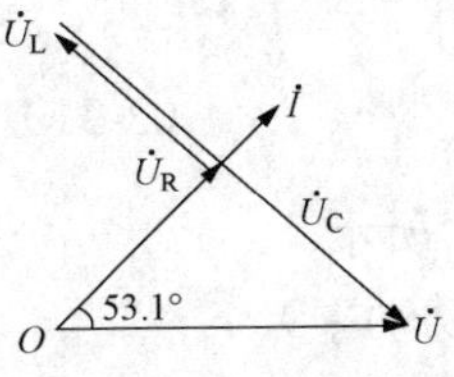

图 2-62　相量图

相量图如图 2-62 所示。

（五）正弦交流电路中的功率及功率因数的提高

正弦稳态电路由电阻、电感、电容等元件等组成，由于有储能元件的作用，所以存在能量消耗和能量交换的情况，本任务将从单口网络的瞬时功率出发，给出单口网络的有功功率、无功功率、视在功率（表观功率）、功率因数的概念，讨论它们的物理意义、相互关系及计算方法。

1．正弦交流电路中的功率

（1）瞬时功率。设有一个二端网络，取电压、电流参考方向如图 2-63 所示，设

$$\begin{cases} u(t)=\sqrt{2}U\sin(\omega t+\varphi) \\ i(t)=\sqrt{2}I\sin\omega t \end{cases}$$

则网络在任一瞬间吸收的功率（即瞬时功率）为

$$p=ui=U_{\mathrm{m}}\sin(\omega t+\varphi)I_{\mathrm{m}}\sin\omega t=UI\cos\varphi-UI\cos(2\omega t+\varphi) \tag{2-27}$$

瞬时功率波形如图 2-64 所示。

（2）平均功率（有功功率）。将一个周期内瞬时功率的平均值称为平均功率，也称有功功率。有功功率为

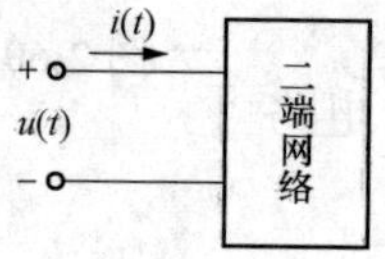

图 2-63　电压电路参考方向

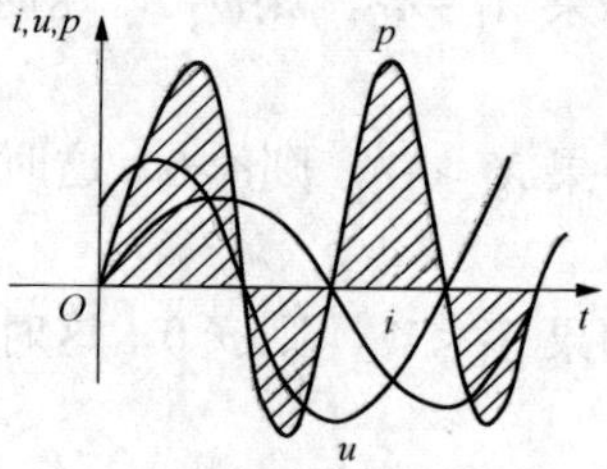

图 2-64　瞬时功率

$$P=UI\cos\varphi \tag{2-28}$$

（3）无功功率。电路中的电感元件与电容元件要与电源之间进行能量交换，根据电感元件、电容元件的无功功率，考虑到$\dot{U}_{\mathrm{L}}$与$\dot{U}_{\mathrm{C}}$相位相反，于是

$$Q=(U_{\mathrm{L}}-U_{\mathrm{C}})I=(X_{\mathrm{L}}-X_{\mathrm{C}})I^2=UI\sin\varphi \tag{2-29}$$

无功功率是一些电气设备正常工作所必需的指标。无功功率的量纲与有功功率相同，为了反映与有功功率的区别，国际单位制（SI）中，单位为乏（var）或千乏（kvar）（乏是无功伏安的意思）。

（4）视在功率。工程上引用视在功率来说明电力设备容量的大小，定义单端口电路的电流有效值与电压有效值的乘积为该端口的视在功率，用 S 表示，即

$$S=UI \tag{2-30}$$

在使用电气设备时，一般电压、电流都不能超过其额定值。视在功率的量纲与有功功率相同，为了反映与有功功率的区别，在国际单位制（SI）中，视在功率的单位用伏安（VA）或千伏安（kVA）表示。

（5）功率三角形。有功功率 P、无功功率 Q、视在功率 S 之间存在着下列关系：

$$\begin{cases} P=UI\cos\varphi=S\cos\varphi \\ Q=UI\sin\varphi=S\sin\varphi \\ S^2=P^2+Q^2 \end{cases}$$

故

$$\varphi=\arctan\frac{Q}{P} \tag{2-31}$$

可见 P、Q、S 可以构成一个直角三角形，称为功率三角形，如图 2-65 所示。

在正弦稳态电路中所说的功率，如不加特殊说明，均指平均功率（有功功率）。

［**例 2-11**］已知电阻 R=30Ω，电感 L=328mH，电容 C=40μF，串联后接到电压 $u=220\sqrt{2}\sin(314t+30°)$V 的电源上。求电路的 P、Q 和 S。

解：电路的阻抗

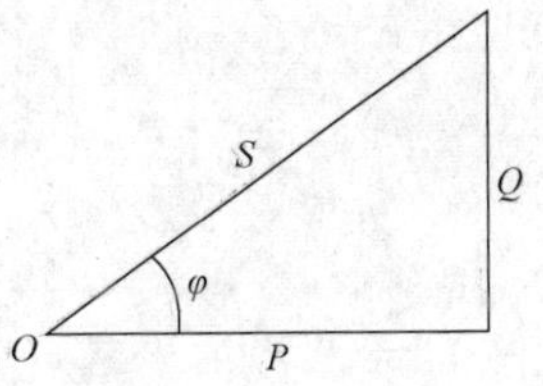

图 2-65　功率三角形

$$Z = R + \mathrm{j}(X_L - X_C) = 30 + \mathrm{j}\left(314\times 382\times 10^{-3} - \frac{1}{314\times 40\times 10^{-6}}\right)$$

$$= 30 + \mathrm{j}(120 - 80) = 30 + \mathrm{j}40 = 50\angle 53.1°(\Omega)$$

电压相量　$\dot{U} = 220\angle 30°\mathrm{V}$

因此电流相量　$\dot{I} = \frac{\dot{U}}{Z} = \frac{220\angle 30°}{50\angle 53.1°} = 4.4\angle -23.1°(\mathrm{A})$

电路的平均功率　$P = UI\cos\varphi = 220\times 4.4\angle 53.1° = 58(\mathrm{W})$

电路的无功功率　$Q = UI\sin\varphi = 220\times 4.4\sin 53.1° = 774(\mathrm{var})$

电路的视在功率　$S = UI = 220\times 4.4 = 968(\mathrm{VA})$

由上述可见，$\varphi>0$，电压超前电流，因此电路为感性。

2. 功率因数的提高

（1）提高功率因数的意义。功率因数 $\cos\varphi$，其大小等于有功功率与视在功率的比值，在电工技术中，一般用λ表示。从功率三角形中可以看出

$$\lambda = \cos\varphi = \frac{P}{S} \tag{2-32}$$

可见，正弦交流电路的功率因数等于有功功率与视在功率的比值。因此，电路的功率因数能够表示出电路实际消耗功率占电源功率容量的百分比。电气设备输出的有功功率，与负载的功率因数有关，$\cos\varphi$大，输出有功功率多，设备的利用率高；反之，设备的利用率低。

负载的功率因数低，使电源设备的容量不能充分利用。因为电源设备（发电机、变压器等）是依照其额定电压与额定电流设计的。例如一台容量为 S=100kVA 的变压器，当负载的功率因数 $\cos\varphi$=0.95 时，变压器提供的有功功率为 95kW；当 $\cos\varphi$=0.5 时，变压器提供的有功功率为 50kW，也就是说变压器的容量未能充分利用。

功率因数还影响输电线路电能损耗和电压损耗，根据 $I = \frac{P}{U\cos\varphi}$，功率因数 $\cos\varphi$小，I 大，线路功率损耗 $\Delta P = I^2 r$ 大大升高；而且输电线路上的压降 $\Delta U = Ir$ 增加，加到负载上的电压降低，影响负载的正常工作。

可见，功率因数提高可充分利用电气设备，减小线路损耗，提高供电质量。

常用的感应电动机在空载时的功率因数为 0.2～0.3，在轻载时只有 0.4～0.5，而在额定负载时为 0.83～0.85；不装电容器的日光灯，功率因数为 0.45～0.6。应设法提高这类感性负载的功率因数，以降低输电线路电压降和功率损耗。

（2）提高功率因数的方法。提高功率因数，常用的方法是在感性负载的两端并联电容器。其电路图和相量图如图 2-66 所示。

设有一感性负载的端电压为 U，功率为 P，功率因数 $\cos\varphi_1$，为了使功率因数提高到 $\cos\varphi$，可推导所需并联电容 C 的计算公式

$$I_1\cos\varphi_1 = I\cos\varphi\frac{P}{U}$$

流过电容的电流　$I_C = I_1\sin\varphi_1 - I\sin\varphi = \frac{P}{U}(\tan\varphi_1 - \tan\varphi)$

又因　$I_C = U\omega C$

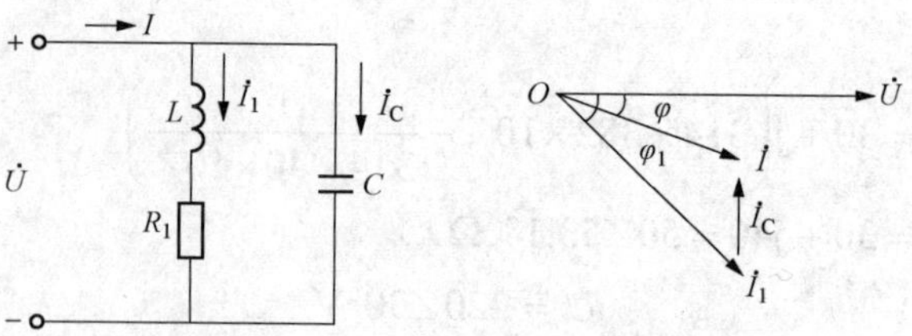

（a）电路图 （b）相量图

图 2-66 感性负载的两端并联电容器

所以
$$C = \frac{P}{\omega U^2}(\tan\varphi_1 - \tan\varphi) \tag{2-33}$$

由图可知，总电压 u 与总电流 i 的相位差 φ 减小了，总功率因数 $\cos\varphi$ 增大了。由图 2-64（b）相量图可见，并联电容器以后线路电流也减小了，因而减小了功率损耗。

［**例 2-12**］有一电感性负载，其功率 P=10kW，功率因数 $\cos\varphi_1$=0.6，接在电压 U=220V 的电源上，电源频率 f=50Hz。

（1）若要将功率因数提高到 $\cos\varphi_1$=0.95，试求与负载并联的电容器的电容值和电容器并联前后的线路电流。

（2）若要将功率因数从 0.95 再提高到 1，试问并联电容器的电容值还需增加多少?

解：计算并联电容器的电容值，可从图 2-66（b）导出公式：

$$\begin{aligned} I_C &= I_1\sin\varphi_1 - I\sin\varphi \\ &= \left(\frac{P}{U\cos\varphi_1}\right)\sin\varphi_1 - \left(\frac{P}{U\cos\varphi}\right)\sin\varphi \\ &= \frac{P}{U}(\tan\varphi_1 - \tan\varphi) \end{aligned}$$

又因
$$I_C = \frac{U}{X_C} = U\omega C$$

所以
$$U\omega C = \frac{P}{U}(\tan\varphi_1 - \tan\varphi)$$

（1）
$$\cos\varphi_1 = 0.6 \Rightarrow \varphi_1 = 53°$$
$$\cos\varphi = 0.95 \Rightarrow \varphi = 18°$$

因此，所需电容值为

$$C = \frac{P}{\omega U^2}(\tan\varphi_1 - \tan\varphi) = \frac{10\times10^3}{2\pi\times50\times220^2}\times(\tan53° - \tan18°) = 656(\mu F)$$

电容并联前的线路电流（负载电流）为

$$I_1 = \frac{P}{U\cos\varphi_1} = \frac{10\times10^3}{220\times0.6} = 75.6（A）$$

并联电容后的线路电流为

$$I = \frac{P}{U\cos\varphi} = \frac{10\times10^3}{220\times0.95} = 47.8（A）$$

（2）若要将功率因数由 0.95 再提高到 1，则需要增加的电容值为

$$C = \frac{P}{\omega U^2}(\tan\varphi_1 - \tan\varphi) = \frac{10\times10^3}{2\pi\times50\times220^2}\times(\tan18° - \tan0°) = 213.6（\mu F）$$

（六）家庭简单照明电路的组成、安装

1. 照明电路的组成

家庭中三种用电线路包括照明电路、空调电路、插座电路。照明电路用于家中的照明和装饰；空调电路适用于单独控制的大电路；插座线路用于家电供电。

通常来说照明线路由以下几部分组成：电度表、断路器（漏电保护开关）、连接导线、开关、插座、电器控制器、照明灯具。

为了避免在日常生活中三种线路互相影响，常将这三种线路分开安装布线，并根据需要来选择相应的断路器。

空气断路器的作用是接通和断开电源、线路或设备的过载保护、线路或设备的短路保护、线路或设备的漏电保护与人身触电保护。两极空气断路器的外形与电路符号如图 2-67 所示。单极空气断路器如图 2-68 所示。

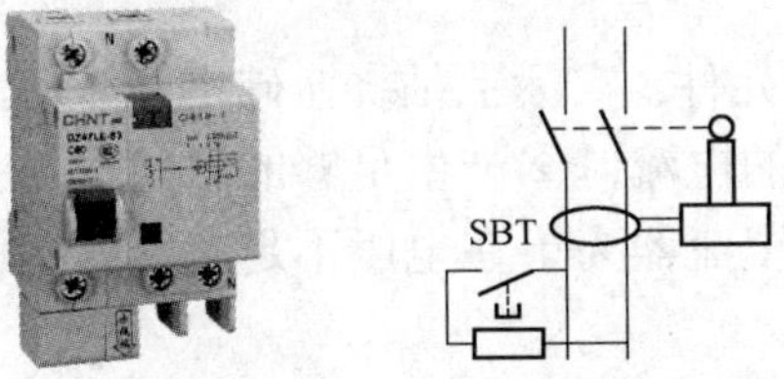

（a）外形　（b）电路符号

图 2-67　两极空气断路器

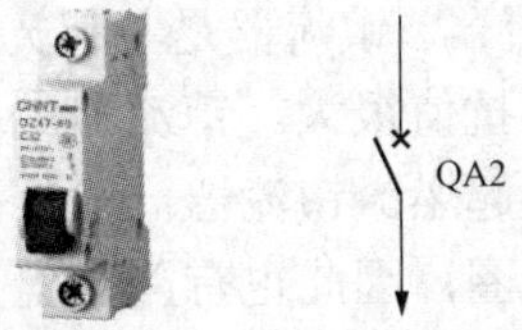

（a）外形　（b）电路符号

图 2-68　单极空气断路器

2. 电路中的开关

开关在电路中通常可分为单联开关与双联开关两种。单联开关也有一位、两位、三位等多位开关，集中在一个板面上，其内部结构如图 2-69 所示。双联开关内部结构如图 2-70 所示。

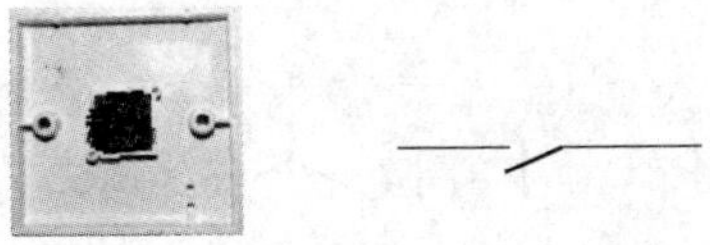

（a）外形　（b）电路符号

图 2-69　单联开关

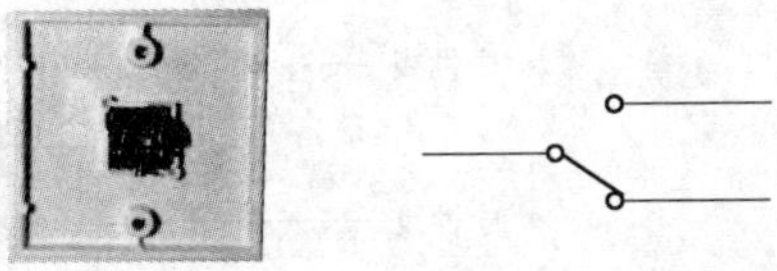

（a）外形　（b）电路符号

图 2-70　双联开关

3. 电路中的灯

（1）白炽灯（见图 2-71）。白炽灯接在电路中必须有相线，有中性线。在接线中要注意灯座上的标号，将相线接在 L 的接线端子上，将中性线接在 N 的接线端子上，如图 2-72 所示。

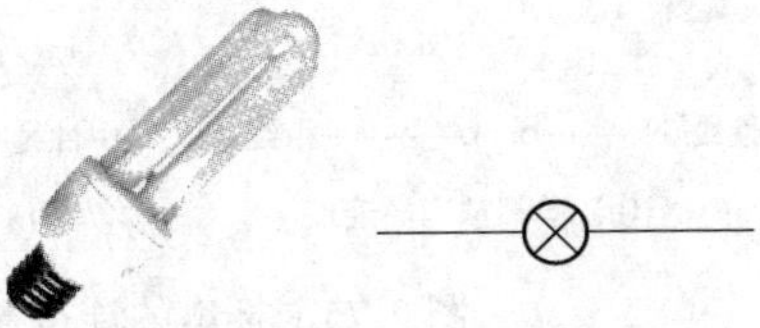

（a）外形　（b）电路符号

图 2-71　白炽灯

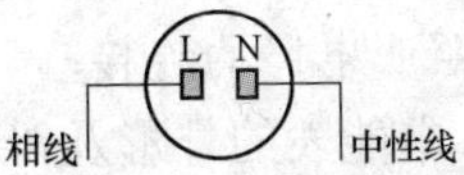

图 2-72　白炽灯的连接

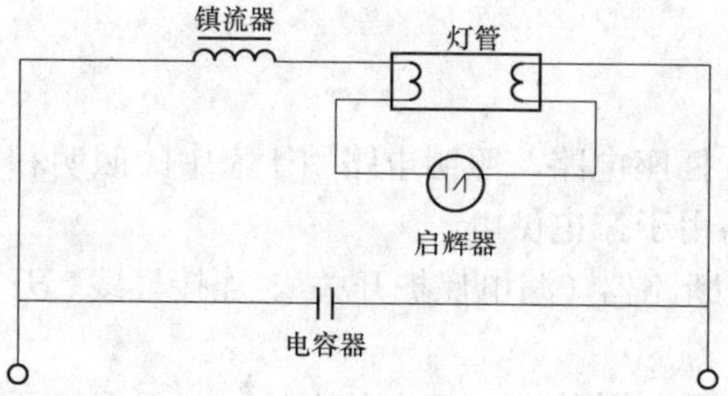

图 2-73 日光灯组成电路

（2）日光灯。日光灯电路由灯管、镇流器、启辉器、电容器等部件组成，如图 2-73 所示，各部件的结构和工作原理如下。

1）灯管。日光灯管是一根玻璃管，内壁涂有一层荧光粉（钨酸镁、钨酸钙、硅酸锌等），不同的荧光粉可发出不同颜色的光。灯管内充有稀薄的惰性气体（如氩气）和水银蒸气，灯管两端有由钨制成的灯丝，灯丝涂有受热后易于发射电子的氧化物。

当灯丝有电流通过时，使灯管内灯丝发射电子，还可使管内温度升高，水银蒸发。这时，若在灯管的两端加上足够的电压，就会使管内氩气电离，从而使灯管由氩气放电过渡到水银蒸气放电。放电时产生不可见的紫外光线照射在管壁内的荧光粉上面，使灯管发出各种颜色的可见光线。

2）镇流器。镇流器是与日光灯管相串联的一个元件，实际上是绕在硅钢片铁芯上的电感线圈，其感抗值很大。镇流器的作用：①限制灯管的电流；②产生足够的自感电动势，使灯管容易放电起燃。镇流器一般有两个出头，但有些镇流器为了在电压不足时容易起燃，就多绕了一个线圈，因此也有四个出头的镇流器。

3）启辉器。启辉器是一个小型的辉光管，在小玻璃管内充有氖气，并装有两个电极。其中一个电极是用线膨胀系数不同的两种金属（通常称双金属片）组成的，冷态时两电极分离，受热时双金属片会因受热而变弯曲，使两电极自动闭合。

4）电容器。日光灯电路由于镇流器的电感量大，功率因数很低（0.5～0.6）。为了改善线路的功率因数，故要求用户在电源处并联一个适当大小的电容器。

4. 电路中的插座

插座外形及其图形符号如图 2-74 所示。

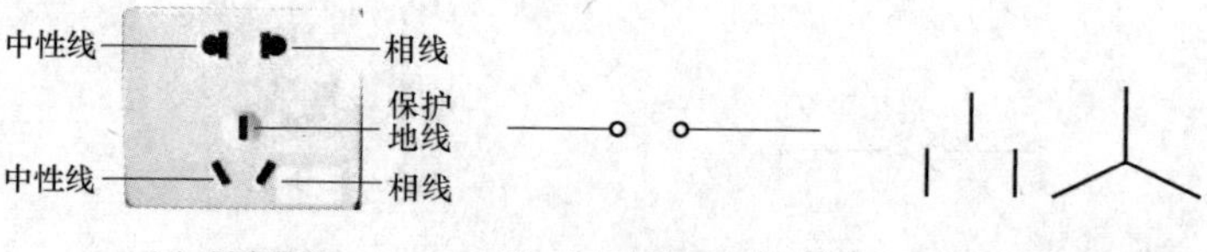

（a）插座外形 （b）单相插座图形符号 （c）三相插座图形符号

图 2-74 插座

对于单相两孔插座，面对插孔的右孔或上孔应与相线连接，左孔或下孔应与中性导体连接；对于单相三孔插座，面对插座的右孔应与相线连接，左孔应与中性导体连接。单相三孔、三相四孔及三相五孔插座的保护接地导体应接在上孔，如图 2-75 所示。

5. 电路中的开关连接

“相线进开关，中性线进灯头”。开关在使用中要将相线接入开关中，以达到控制负载通断的目的，如图 2-76 所示。

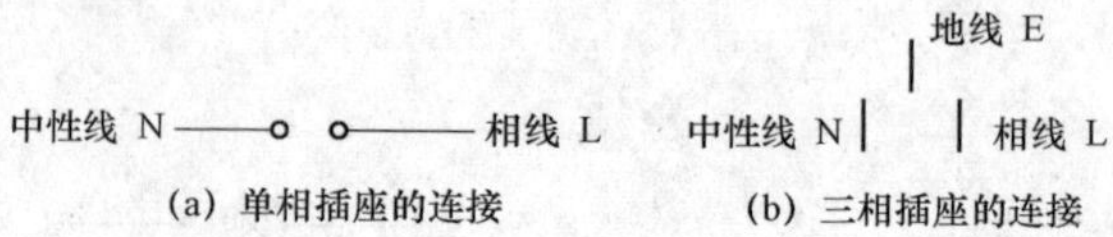

（a）单相插座的连接 （b）三相插座的连接

图 2-75 插座的连接

6. 照明电路的连接

（1）电能表的外形及符号见图 2-77。

（2）照明电路的基本连接方式见图 2-78。

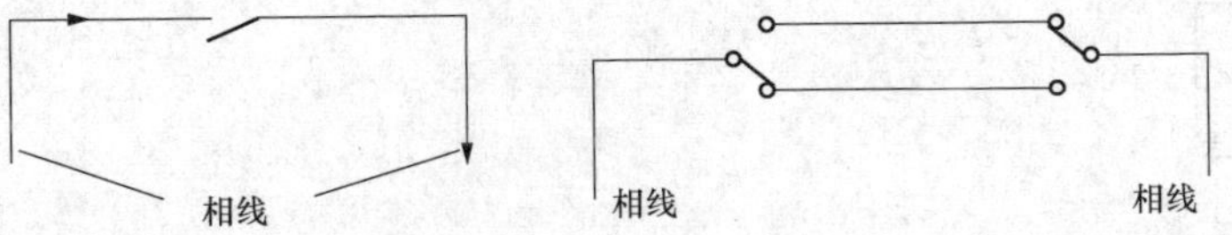

图 2-76　开关与相线的连接

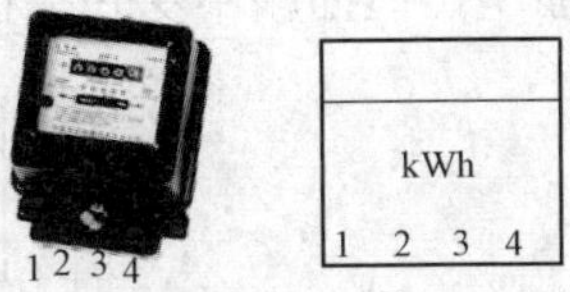

（a）外形　（b）符号

图 2-77　电能表外形及符号

（a）电能表与断路器的连接　（b）电能表与双极、单相断路器的连接

图 2-78　照明电路的基本连接方式

（3）单相电能表的结构与接线见图 2-79。电能表的 1、3 号端子为电源进线；2、4 号端子为电源出线，并且与开关、熔断器、负载连接。

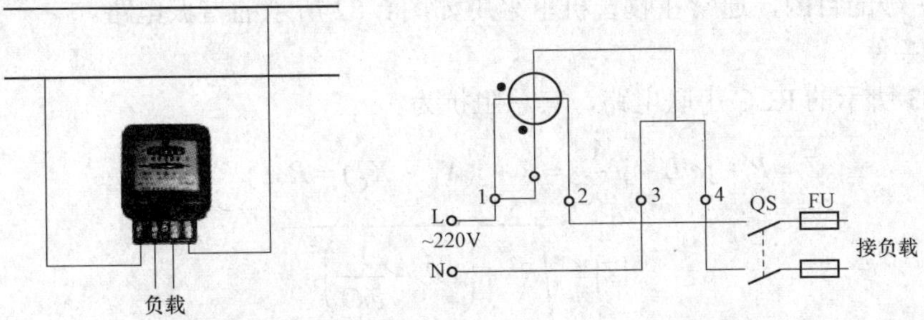

（a）结构　（b）接线

图 2-79　单相电能表的结构与接线

（4）三相电能表结构与接线见图 2-80。

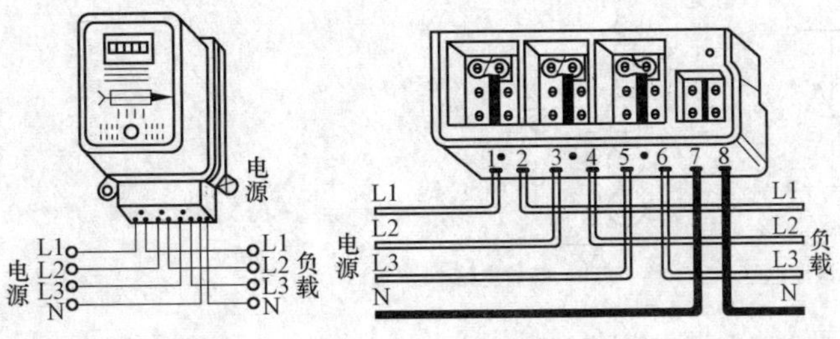

（a）结构　（b）接线

图 2-80　三相电能表的结构与接线

设计案例　设计一照明电路，控制要求如下：一个开关控制一盏白炽灯，电路中须安装

一插座，但插座不受开关控制，电路设计如图 2-81 所示。

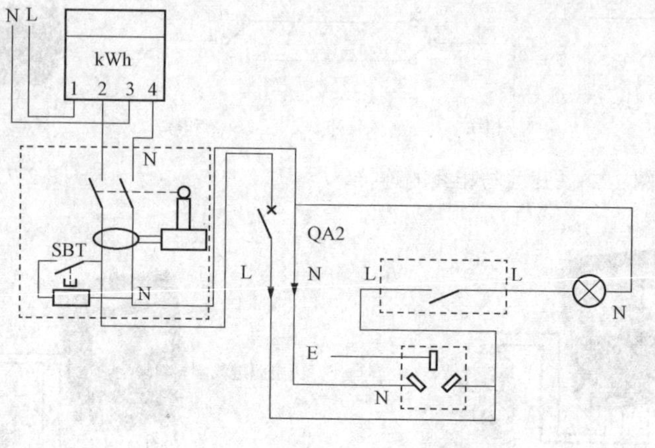

图 2-81 照明电路设计

拓展与延伸 **电路谐振及三相电知识**

一、电路谐振及其应用

在无线电技术中常应用串联谐振的选频特性来选择信号。收音机通过接收天线，接收到各种频率的电磁波，每一种频率的电磁波都要在天线回路中产生相应的微弱的感应电流。为了达到选择信号的目的，通常在收音机里采用如图 2-82 所示的谐振电路。

1. 谐振条件

如图 2-83 所示的 RLC 串联电路，其总阻抗为

$$Z = R + \mathrm{j}\omega L - \mathrm{j}\frac{1}{\omega C} = R + \mathrm{j}(X_{\mathrm{L}} - X_{\mathrm{C}}) = R + \mathrm{j}X = |Z|\angle\varphi$$

$$|Z| = \sqrt{R^2 + \left(\omega L - \frac{1}{\omega C}\right)^2}$$

$$X = X_{\mathrm{L}} - X_{\mathrm{C}} = \omega L - \frac{1}{\omega C}$$

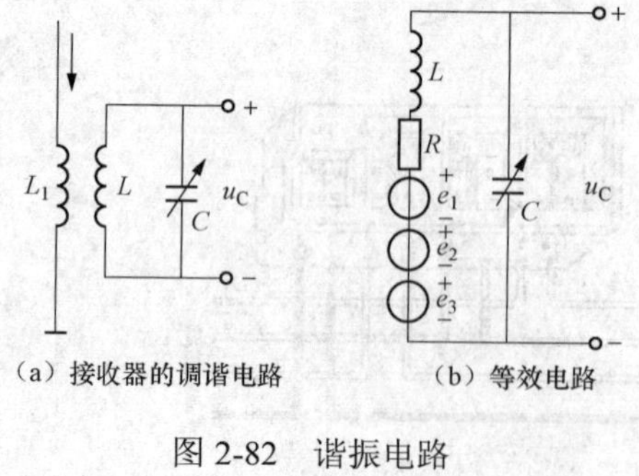

图 2-82 谐振电路

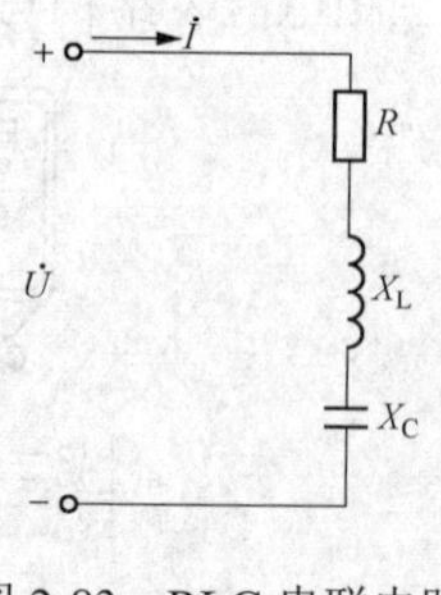

图 2-83 RLC 串联电路

当 ω 为某一值，恰好使感抗 X_{L} 和容抗 X_{C} 相等时，则 $X=0$，此时电路中的电流和电压同相位，电路的阻抗最小，且等于电阻（$Z=R$）。电路的这种状态称为谐振。由于是在 RLC 串

联电路中发生的谐振，故又称为串联谐振。

2. 谐振频率

由谐振条件 $X_L=X_C$ 得

$$\omega L=\frac{1}{\omega C}$$

ω是谐振角频率，用ω_0表示，即

$$2\pi f_0 L=\frac{1}{2\pi f_0 C}$$

由此可得谐振角频率

$$\omega_0=\frac{1}{\sqrt{LC}}$$

谐振频率

$$f_0=\frac{1}{2\pi\sqrt{LC}}$$

3. 谐振电路分析

电路发生谐振时，X=0，因此$|Z|=R$，电路的阻抗最小，因而在电源电压不变的情况下，电路中的电流将在谐振时达到最大，其数值为

$$I=I_0=\frac{U}{R}$$

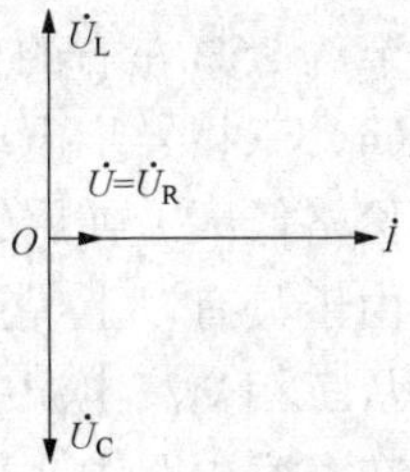

图 2-84　RLC 串联谐振相量图

发生谐振时，电路中的感抗和容抗相等，而电抗为零。电源电压$\dot{U}=\dot{U}_R$，如图 2-84 所示。

由于

$$U_L=X_L I=X_L\frac{U}{R}\quad U_C=X_C I=X_C\frac{U}{R}$$

故当 $X_L=X_C>R$ 时，U_L 和 U_C 都高于电源电压 U。因为串联谐振时 U_L 和 U_C 可能超过电源电压许多倍，所以串联谐振也称电压谐振。

U_L 或 U_C 与电源电压 U 的比值，通常用品质因数 Q 来表示

$$Q=\frac{U_L}{U}=\frac{U_C}{U}=\frac{X_L}{R}=\frac{X_C}{R}$$

［**例 2-13**］在电阻、电感、电容串联谐振电路中，L=0.05mH，C=200pF，品质因数 Q=100，交流电压的有效值 U=1mV。试求电路的谐振频率 f_0、谐振时电路中的电流 I、电容上的电压 U_C。

解：（1）电路的谐振频率

$$f_0=\frac{1}{2\pi\sqrt{LC}}=\frac{1}{2\times3.14\times\sqrt{5\times10^{-5}\times2\times10^{-10}}}=1.59\text{（MHz）}$$

（2）由于品质因数

$$Q=\frac{1}{R}\sqrt{\frac{L}{C}}$$

故 $$R=\frac{1}{Q}\sqrt{\frac{L}{C}}=\frac{1}{100}\times\sqrt{\frac{5\times10^{-5}}{2\times10^{-10}}}=5(\Omega)$$

故电流为

$$I_0=\frac{U}{R}=\frac{1\times10^{-3}}{5}=0.2(\text{mA})$$

（3）电容两端的电压是电源电压的 Q 倍，即

$$U_{\text{C}}=QU=100\times10^{-3}=0.1(\text{V})$$

二、三相电知识

（一）三相电源

工业企业广泛使用的交流电动机绝大多数是三相的。与单相交流电相比，三相交流电具有如下优点：

（1）三相发电机比尺寸相同的单相发电机输出的功率要大。

（2）三相发电机的结构和制造不比单相发电机复杂多少，且使用、维护都比较方便，运转时比单相发电机的振动要小。

（3）在同样条件输送同样大的功率时，特别是在远距离输电时，三相输电线比单相输电线可节约 25%左右的材料。

（4）三相异步电动机是应用最广的动力机械。使用三相交流电的三相异步电动机结构简单、价格低廉、使用维护方便，是工业生产的主要动力源。

由于具有以上优点，所以三相交流电比单相电应用更为广泛，通常的单相交流电源多数也是从三相交流电源中获得的。

在家庭电路中，采用两根线传送，一根中性线（黑色），一根相线（黄色或红色或绿色，大多数为红色），称为单相交流电。我们习惯上说的交流电指的就是单相正弦交流电，而在用电量大的工厂及大楼等动力用电处则采用三相交流电供电（黄、绿、红三种颜色线同时传输）。

1. 三相交流电的产生

三相交流电动势是由三相交流发电机产生的，图 2-85 所示为三相交流发电机的原理示意，它的主要组成部分是电枢和磁极。

电枢是固定的，又称定子。三相绕组彼此相隔 120°，A、B、C 称为始端，X、Y、Z 称为末端。

磁极是旋转的，又称转子。转子铁芯上绕有励磁绕组，用直流励磁。当转子以 ω 角速度匀速转动时，则每相绕组依次切割磁力线，其中产生频率相同、幅值相等的正弦电动势 e_{A}、e_{B}、e_{C}。电动势的参考方向选定为自绕组的末端指向始端。这三个正弦交流电动势频率相同，幅值相等。彼此相差 120°，这种电动势称为三相对称电动势。例如以 A 相为参考，可得出

$$\begin{cases}e_{\text{A}}=E_{\text{m}}\sin\omega t\\ e_{\text{B}}=E_{\text{m}}\sin(\omega t-120^\circ)\\ e_{\text{C}}=E_{\text{m}}\sin(\omega t+120^\circ)\end{cases} \tag{2-34}$$

若用相量图和正弦波形来表示，则如图 2-86 所示。

三相交流电在相位上的先后次序称为相序。A—B—C 为顺相序；A—C—B 为逆相序。

由上述可见，三相交流电的特点是三相电动势的幅值相等、频率相同，彼此间相位差也相等。由图 2-86 可知，它们的瞬时值或相量之和为零，即

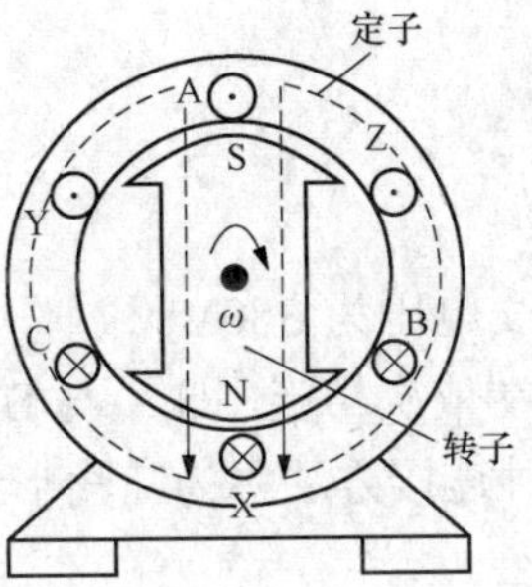

图 2-85　三相交流发电机的原理示意

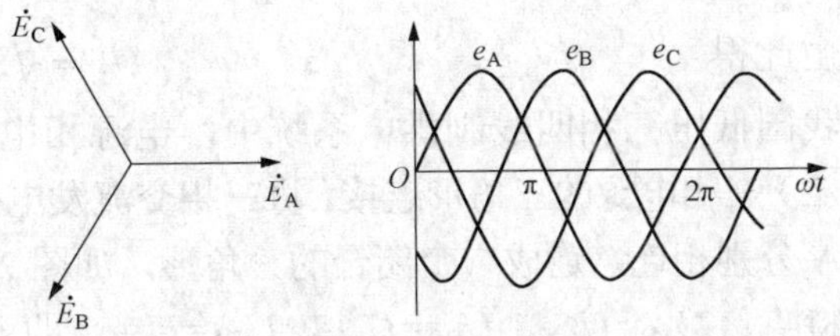

图 2-86　表示三相电动势的相量图和正弦波形

$$\dot{E}_A + \dot{E}_B + \dot{E}_C = 0 \tag{2-35}$$

2. 三相电源的连接方法

（1）三相电源的星形连接。将三相交流发电机绕组的三个末端 X、Y、Z 连接成一个公共端点，称为中性点，用 N 表示。从中性点引出的导线称为中性线。从始端 A、B、C 引出的三根导线称为相线或端线，俗称火线，分别用黄、绿、红三种颜色表示，这种供电系统称为三相四线制。如图 2-87 所示，在低压供电系统中常采用三相四线制供电，例如生活中的照明用电就是采用三相四线制供电。

在图 2-87 中，每相始端与末端间的电压，即相线与中性线间的电压称为相电压，其有效值用 U_A、U_B、U_C 或用 U_P 表示。任意两相线之间的电压，称为线电压，其有效值用 U_{AB}、U_{BC}、U_{CA} 或用 U_L 表示。

各相电动势的参考方向规定为从绕组的末端指向始端；相电压的参考方向，选定为自始端指向末端；线电压的参考方向，例如 U_{AB}，是指 A 端指向 B 端。

当三相发电机绕组连成星形时，可提供两种电压：一种是相电压；另一种是线电压。用相量和来表示

$$\begin{cases} \dot{U}_{AB} = \dot{U}_A - \dot{U}_B \\ \dot{U}_{BC} = \dot{U}_B - \dot{U}_C \\ \dot{U}_{CA} = \dot{U}_C - \dot{U}_A \end{cases} \tag{2-36}$$

相量图如图 2-88 所示，图中线电压是对称的，在相位上比相应的相电压超前 30°。线电压和相电压在大小上的关系，可从相量图上得出

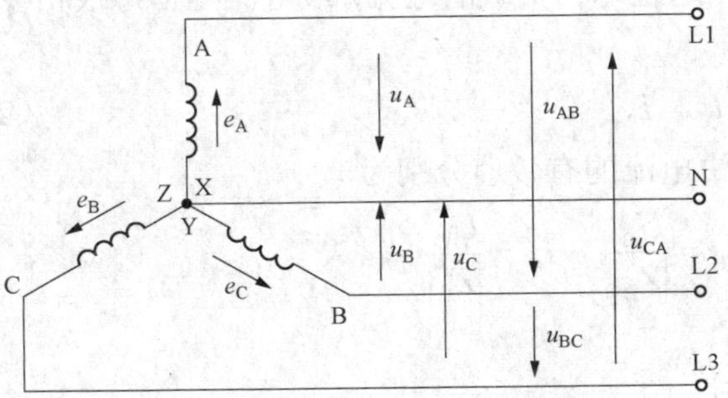

图 2-87　发电机的星形连接

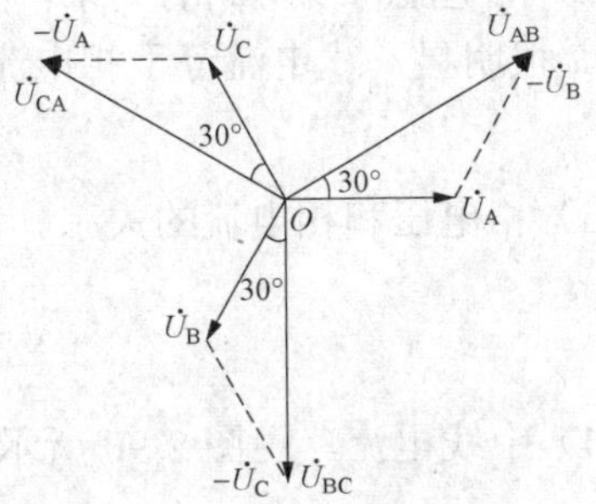

图 2-88　发电机绕组星形连接时相电压和线电压的相量

$$\frac{1}{2}U_L = U_P\cos 30° = \frac{\sqrt{3}}{2}U_P$$

由此得
$$U_L = \sqrt{3}U_P$$

我国低压三相四线制供电系统中，电源相电压为 220V，线电压为 380V。

（2）三相电源的三角形连接。将三相交流发电机绕组的始末端依次相连，即 X 与 B，Y 与 C，Z 与 A 分别相连，连成一个闭合的三角形，如图 2-89 所示，这种连接方法称为三角形连接。

特点：$U_{AB}=U_{AX}$，$U_{BC}=U_{BY}$，$U_{CA}=U_{CZ}$，即 $U_L=U_P$。

它常用于三相变压器，三相交流发电机通常不采用。

（二）三相负载的连接

由三相电源供电的负载称为三相负载（例如三相交流电动机）。三相电路中的三相负载，可分为对称三相负载和不对称三相负载。各相负载的大小和性质完全相同的称为对称三相负载，即 $R_A=R_B=R_C$，$X_A=X_B=X_C$，如三相电动机、三相变压器、三相电炉等；否则，为不对称负载，如家用电器和电灯。

1. 三相负载的星形连接

（1）星形连接。如果将每相负载的末端连成一点用 N′表示，而将始端分别接到三相相线上，若将电源中点和负载中点用导线连接起来，则称为三相四线制供电电路，如图 2-90 所示。

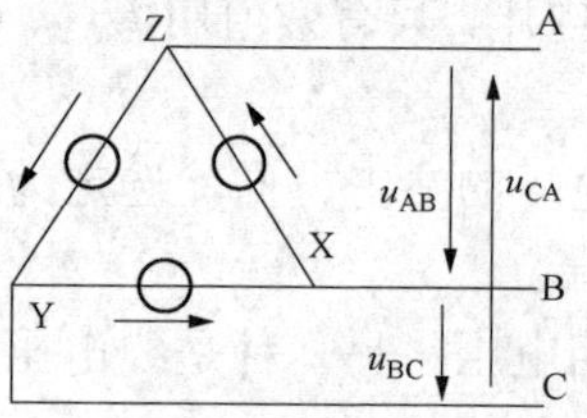

图 2-89 发电机的三角形连接

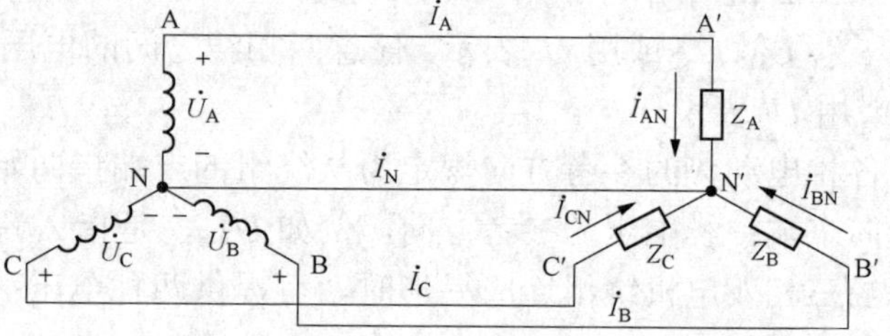

图 2-90 负载星形连接的三相四线制电路

（2）星形连接电路特点。

1）相电压和线电压的关系。由图 2-90 可见，忽略输电线上的阻抗，三相负载上的线电压就是电源的线电压；三相负载的相电压就是电源的相电压，即

$$U_L = \sqrt{3}U_P \tag{2-37}$$

2）相电流和线电流的关系。相电流是指通过每相负载的电流；线电流是指每根相线上的电流。很明显，线电流等于相电流，即

$$I_L = I_P \tag{2-38}$$

3）相电压和相电流的关系。每相负载中电流的有效值分别为

$$I_A = \frac{U_A}{|Z_A|},\ I_B = \frac{U_B}{|Z_B|},\ I_C = \frac{U_C}{|Z_C|}$$

4）中线电流。由图 2-90 所示电路可知

$$\dot{I}_N = \dot{I}_A + \dot{I}_B + \dot{I}_C \tag{2-39}$$

当三相电源对称，而三相负载不对称时，流过每相负载的相电流大小是不对称的，这时通过中线的电流不为零。

当三相负载不对称时，由于中线存在，则各相负载的相电压保持不变，从而使负载正常工作。一旦中线断开，则各相负载的相电压不再相等。其中阻抗小的，相电压小；而阻抗大的相电压增大，可能会使电压增大的这相照明负载烧毁。因此，低压照明设备都要采用三相四线制，规定中线不允许装熔断器和开关，连接三相电路时应力求使三相负载对称，特别如三相照明电路，要将负载平均地接在三根相线上。

如果三相负载对称，只需计算一相即可。

结论

负载作星形连接时：

（1）电源线电压是负载两端相电压的 $\sqrt{3}$ 倍，即 $U_L=\sqrt{3}U_P$，线电压超前相电压 30°。

（2）每一相相线的线电流等于流过负载的相电流，即 $I_L=I_P$。

（3）对于对称负载可去掉中性线变为三相三线制传输。

（4）对于不对称负载则必须加中性线，采用三相四线制传输。

［**例 2-14**］星形连接的三相三线制电路中，各相负载的复阻抗 $Z=(6+j8)\ \Omega$，外加线电压 380V，试求正常工作时负载的相电流和线电流。

解：因为负载对称，只需计算一相（如 A 相）即可，则 A 相电压

$$U_A=\frac{U_{AB}}{\sqrt{3}}=\frac{380}{\sqrt{3}}=220(\text{V})$$

A 相电流

$$I_A=\frac{U_A}{|Z_A|}=\frac{220}{\sqrt{6^2+8^2}}=22(\text{A})$$

所以

$$I_L=I_P=22\ (\text{A})$$

2. 三相负载的三角形连接

（1）三角形连接。方法是：依次把每相负载的末端和次一相负载的始端相连，即将 X 与 B 相连、Y 与 C 相连、Z 与 A 相连，构成一个封闭的三角形；再分别接到三相电源的三根相线上，如图 2-91 所示。

（2）三角形连接电路特点。

1）相电压与线电压关系。负载的相电压与电源的线电压相等。

$$U_{AB}=U_{BC}=U_{CA}=U_L=U_P \tag{2-40}$$

2）相电压与相电流的关系。图 2-91 电路中

$$I_{AB}=\frac{U_{AB}}{|Z_{AB}|},\quad I_{BC}=\frac{U_{BC}}{|Z_{BC}|},\quad I_{CA}=\frac{U_{CA}}{|Z_{CA}|} \tag{2-41}$$

3）相电流与线电流的关系。

$$\begin{cases}\dot{I}_A=\dot{I}_{AB}-\dot{I}_{CA}\\ \dot{I}_B=\dot{I}_{BC}-\dot{I}_{AB}\\ \dot{I}_C=\dot{I}_{CA}-\dot{I}_{BC}\end{cases} \tag{2-42}$$

三相负载作三角形连接时，不论三相负载对称与否，上述关系式都是成立的。作出相量图如图 2-92 所示。可得 $I_L=\sqrt{3}I_P$，相电流相位超前线电流 30°。

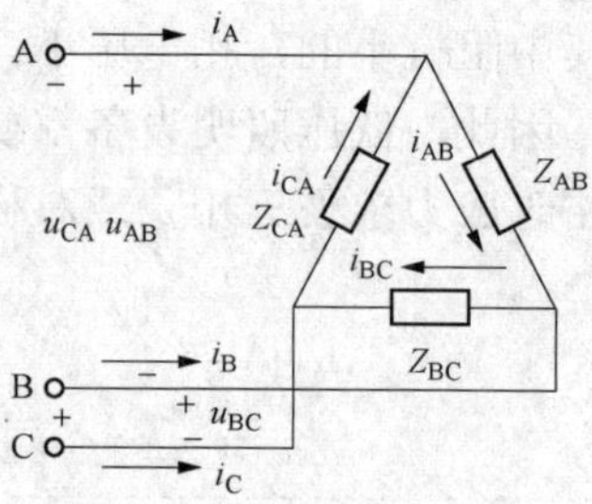

图 2-91 负载三角形连接

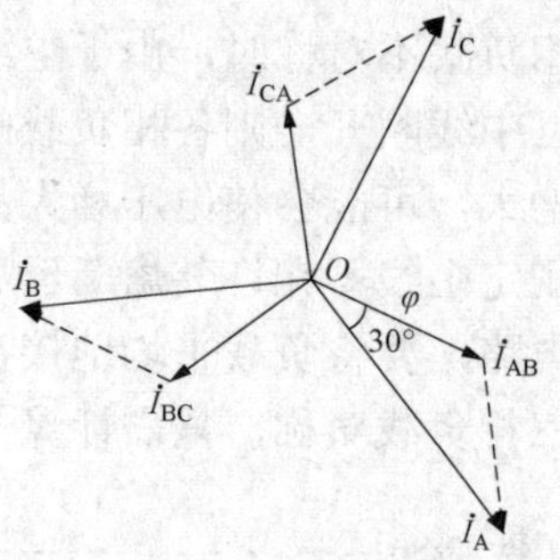

图 2-92 相电流与线电流

结 论

当三相负载作三角形连接时：

（1）相电压等于线电压，即 $U_{\Delta P}=U_{\Delta L}$。

（2）当对称三相负载作三角形连接时，线电流的大小为相电流的 $\sqrt{3}$ 倍，一般写成 $I_{\Delta L}=\sqrt{3}I_{\Delta P}$，相电流超前线电流 30°。

3. 三相负载的连接原则

当各相负载的额电压等于电源线电压的 $1/\sqrt{3}$ 时，三相负载应作星形连接，如果各相负载的额定电压等于电源的线电压，三相负载必须作三角形连接。

练 习

在同一电源电压作用下，三相负载由星形连接改为三角形连接时，其线电流的关系是（　　）。

A. $I_{\triangle}=I_{Y}$　　B. $I_{\triangle}=\sqrt{2}I_{Y}$　　C. $I_{\triangle}=\sqrt{3}I_{Y}$　　D. $I_{\triangle}=3I_{Y}$

（三）三相功率

在三相交流电路中，不论负载采取星形连接的方式，还是采取三角形连接的方式，三相负载消耗的总功率等于各相负载消耗的功率之和，即

$$P=P_A+P_B+P_C$$

如果三相负载是对称的，则三相电路的总有功功率等于每相负载上所消耗有功功率的 3 倍，即

$$P=3P_P=3U_PI_P\cos\varphi \tag{2-43}$$

式中　φ——相电压 U_P 与相电流 I_P 之间的相位差。

当三相对称负载是星形连接时，有

$$U_L=\sqrt{3}U_P, I_L=I_P$$

当三相对称负载是三角形连接时，有

$$U_L=U_P, I_L=\sqrt{3}I_P$$

不论对称负载是星形连接还是三角形连接，消耗的总有功功率为

$$P=\sqrt{3}U_LI_L\cos\varphi \tag{2-44}$$

式中　φ——相电压 U_P 与相电流 I_P 之间的相位差，即负载阻抗的阻抗角。

同理可得，三相电路的无功功率和视在功率为

$$\begin{aligned} Q &= 3U_P I_P \sin\varphi = \sqrt{3}U_L I_L \sin\varphi \\ S &= 3U_P I_P = \sqrt{3}U_L I_L \end{aligned} \tag{2-45}$$

［**例 2-15**］某三相对称负载，每相负载的电阻为 6Ω，感抗为 8Ω，电源线电压为 380V，试求负载星形连接和三角形连接时两种接法的三相电功率。

解：每相绕组的阻抗为

$$|Z| = \sqrt{R^2 + X_L^2} = \sqrt{6^2 + 8^2} = 10(\Omega)$$

（1）星形连接时，负载相电压

$$U_{YP} = \frac{U_L}{\sqrt{3}} = \frac{380}{\sqrt{3}} = 220（V）$$

因此，流过负载的相电流

$$I_{YP} = \frac{U_{YP}}{|Z|} = \frac{220}{10} = 22(A)$$

负载的功率因数

$$\cos\varphi = \frac{R}{|Z|} = \frac{6}{10} = 0.6$$

星形连接时三相总有功功率

$$P = 3U_P I_{YP} \cos\varphi = 3 \times 220 \times 22 \times 0.6 \approx 8.7(kW)$$

（2）三角形连接时，负载相电压等于电源线电压，即

$$U_{\triangle P} = U_L = 380(V)$$

负载的相电流

$$I_{\triangle P} = \frac{U_{\triangle P}}{|Z|} = \frac{380}{10} = 38(A)$$

三角形连接时，三相总有功功率

$$P = 3U_{\triangle P} I_{\triangle P} \cos\varphi = 3 \times 380 \times 66 \times 0.6 \approx 26(kW)$$

由例 2-15 可知，同样的负载三角形连接消耗的有功功率是星形连接时的 3 倍。即三相负载消耗的功率与负载连接方式有关，要使负载正常运行，必须正确连接电路。显然在同一电源作用下，错将星形连接接成三角形连接，负载会因 3 倍的过载而烧毁；反之，错将三角形连接接成星形连接，负载也无法正常工作，只能输出 1/3 的功率。

任务实施一　两地控制一盏灯的电路设计与安装

一、任务目标

（1）掌握常用单刀双掷开关的原理与安装方法。

（2）掌握 2 只单刀双掷开关控制 1 盏白炽灯照明电路的设计和安装方法。

二、实验器材

（1）单刀双掷开关 2 只/组。

（2）白炽灯 1 盏/组。

（3）电工工具 1 套/组。

（4）导线若干。

（5）三相电源、常用仪表。

三、实验内容与步骤

（1）设计电路图。电路和接线如图 2-93 所示。

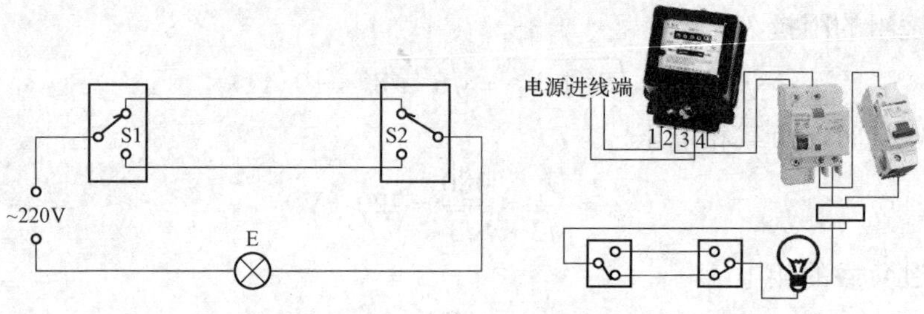

(a) 电路 (b) 接线

图 2-93 两地控制一盏灯

（2）根据安装要求，将元件进行正确摆放。

（3）布线。

（4）安装灯座

（5）安装插座。

（6）根据设计好的电路图正确连接电路。

（7）合上电源开关，观察白炽灯的状态。

任务实施二 家庭简单照明电路的安装、分析与测试

一、任务目标

（1）掌握简单照明电路的组成。

（2）掌握照明电路的施工工艺。

（3）掌握简单照明电路的设计和安装方法。

二、实验器材

（1）电能表 1 块。

（2）两极空气开关 1 个，单极空气开关 3 个。

（3）单刀双掷开关两个，普通开关一个。

（4）白炽灯 2 盏。

（5）日光灯 1 盏。

（6）插座 1 个。

（7）电工工具 1 套/组。

（8）导线若干。

三、实验内容与步骤

（1）设计电路图。接线如图 2-94 所示。

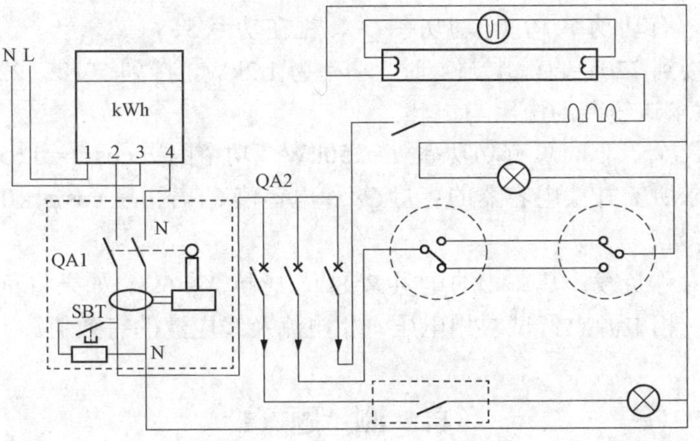

图 2-94　家庭照明电路接线

（2）根据安装要求，将元件进行正确摆放。

（3）布线。

（4）安装灯座。

（5）安装插座。

（6）根据设计好的电路图正确连接电路。

（7）合上电源开关，观察白炽灯与日光灯、电能表的状态。

思考与练习

1．已知$u_1 = 220\sqrt{2}\sin(314t + 30°)\text{V}$，$u_2 = 110\sqrt{2}\sin(314t + 30°)\text{V}$，指出各正弦量的幅值、有效值、初相位、角频率、周期、频率以及两个正弦量之间的相位差为多少？

2．把一线圈接在 24V 的直流电源上，电流为 4A，若将它接到 50Hz、60V 的交流电源上，电流为 6A，求该线圈的电阻 R 和电感 L。

3．已知$i_1 = 5\sqrt{2}\sin(\omega t + 30°)\text{A}$，$i_2 = 10\sqrt{2}\sin(\omega t + 60°)\text{A}$，求：

（1）$\dot{I}_1$、$\dot{I}_2$；

（2）$\dot{I}_1 + \dot{I}_2$；

（3）$i_1 + i_2$；

（4）作相量图。

4．已知$u_1 = 220\sin(\omega t)\text{V}$，$u_2 = 220\sin(\omega t + 120°)\text{V}$，$u_3 = 220\sin(\omega t - 120°)\text{V}$，求：

（1）$\dot{U}_1$、$\dot{U}_2$、$\dot{U}_3$；

（2）$\dot{U}_1 + \dot{U}_2 + \dot{U}_3$；

（3）$u_1 + u_2 + u_3$；

（4）作相量图。

5．在 RLC 串联电路中，已知 R=20Ω，L=0.1H，C=50μF。当信号频率 f=1000Hz 时，试写出其复数阻抗的表达式，并判断此时阻抗是感性的还是容性的。

6．电阻 R=3Ω、感抗 X_L=4Ω的线圈在 U=220V 的交流电路中，求出电流 I 和各元件电压

的有效值 U_R、U_L，有功功率 P，无功功率 Q_L，视在功率 S。

7．一个线圈接到 220V 直流电源上时，功率为 1.2kW，接到 50Hz、220V 的交流电源上，功率为 0.6kW。试求该线圈的电阻与电感。

8．已知某工厂金工车间总有功功率 P=250kW，功率因数 $\cos\varphi_1=0.65$，欲将功率因数提高到 $\cos\varphi_2=0.85$，求所需补偿电容器的容量 Q_C 和电容值 C，若再从 $\cos\varphi_2=0.85$ 提高到 $\cos\varphi_2=1$ 应增加多少补偿容量？

9．有一三相对称负载，其每相的电阻 R=8Ω，感抗 X_L=6Ω。如果将负载连成星形接于线电压 U_L=380V 的三相电源上，试求相电压、相电流及线电流的有效值。

自 测 题 1

一、填空题

1．正弦交流电的三要素是______、______和______。______值可用来确切反映交流电的做功能力，其值等于与交流电______相同的直流电的数值。

2．已知正弦交流电压 $u=380\sqrt{2}\sin(314t-60°)$V，则它的最大值是______V，有效值是______V，频率为______ Hz，相位为______，初相是______。

3．实际电气设备大多为______性设备，功率因数往往______。若要提高感性电路的功率因数，常采用人工补偿法进行调整，即在______。

4．只有电阻和电感元件相串联的电路，电路性质呈______性；只有电阻和电容元件相串联的电路，电路性质呈______性。

5．能量转换过程不可逆的电路功率常称为______功率；能量转换过程可逆的电路功率称为______功率；这两部分功率的总和称为______功率。

6．当 RLC 串联电路发生谐振时，电路中______最小，且等于______；电路中电压一定时______最大，且与电路总电压______。

二、判断题

1．正弦量的三要素是指其最大值、角频率和相位。（ ）

2．正弦量可以用相量表示，因此可以说，相量等于正弦量。（ ）

3．正弦交流电路的视在功率等于有功功率和无功功率之和。（ ）

4．电压三角形、阻抗三角形和功率三角形都是相量图。（ ）

5．功率表应串接在正弦交流电路中，用来测量电路的视在功率。（ ）

6．正弦交流电路的频率越高，阻抗就越大；频率越低，阻抗越小。（ ）

7．单一电感元件的正弦交流电路中，消耗的有功功率比较小。（ ）

8．阻抗由容性变为感性的过程中，必然经过谐振点。（ ）

9．在感性负载两端并电容就可提高电路的功率因数。（ ）

10．电抗和电阻由于概念相同，所以它们的单位也相同。（ ）

三、选择题

1．已知工频正弦电压有效值和初始值均为 380V，则该电压的瞬时值表达式为（ ）。

A．$u=380\sin(314t)$V　　B．$u=537\sin(314t+45°)$V

C．$u = 380\sin(314t + 90°)$V

2．一个电热器，接在 10V 的直流电源上，产生的功率为 P。把它改接在正弦交流电源上，使其产生的功率为 $P/2$，则正弦交流电源电压的最大值为（　　）。

A．7.07V　　B．5V

C．14V　　D．10V

3．提高供电线路的功率因数，下列说法正确的是（　　）。

A．减小了用电设备中无用的无功功率

B．可以节省电能

C．减小了用电设备的有功功率，提高了电源设备的容量

D．可提高电源设备的利用率并减小输电线路中的功率损耗

4．已知 $i_1 = 10\sin(314t + 90°)$ A，$i_2 = 10\sin(628t + 30°)$ A，则（　　）。

A．i_1 超前 i_2 60°　　B．i_1 滞后 i_2 60°

C．相位差无法判断

5．纯电容正弦交流电路中，电压有效值不变，当频率增大时，电路中电流将（　　）。

A．增大　　B．减小　　C．不变

6．在 RL 串联电路中，U_R=16V，U_L=12V，则总电压为（　　）。

A．28V　　B．20V　　C．2V

7．RLC 串联电路在 f_0 时发生谐振，当频率增加到 $2f_0$ 时，电路性质呈（　　）。

A．电阻性　　B．电感性　　C．电容性

8．串联正弦交流电路的视在功率表征了该电路的（　　）。

A．电路中总电压有效值与电流有效值的乘积

B．平均功率

C．瞬时功率最大值

9．实验室中的功率表是用来测量电路中的（　　）。

A．有功功率　　B．无功功率

C．视在功率　　D．瞬时功率

四、计算分析题

1．试求下列各正弦量的周期、频率和初相，二者的相位差如何？

（1）3sin314t;

（2）8sin(5t＋17°)。

2．某 8Ω 电阻元件，接在 $u = 220\sqrt{2}\sin(314t)$ V 的交流电源上。试求通过电阻元件上的电流 i，若用电流表测量该电路中的电流，其读数为多少？电路消耗的功率是多少瓦？若电源的频率增大一倍，电压有效值变化吗？为什么？

3．某线圈的电感量为 0.1H，电阻可忽略不计。接在 $u = 220\sqrt{2}\sin(314t)$ V 的交流电源上。试求电路中的电流及无功功率。若电源的频率增大一倍，电压有效值又如何变化？写出电流的瞬时值表达式。

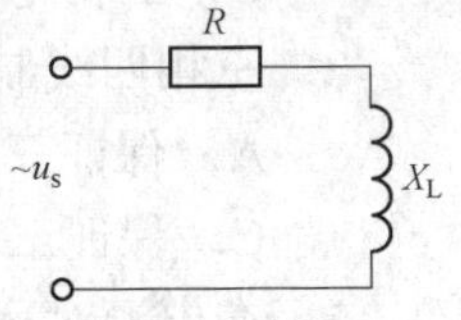

图 2-95　电路

4．如图 2-95 所示电路中，已知电阻 R=6Ω，感抗 X_L=8Ω，电源端电压的有效值 U_S=220V。求电路中电流的有效值 I。

自 测 题 2

一、填空题

1．对称三相交流电是指三个______相等、______相同、相位上互差120°的三个______的组合。

2．三相四线制供电系统中，负载可从电源获取______和______两种不同的电压值。其中______是______的$\sqrt{3}$倍，且相位上超前与其相对应的______30°。

3．三相负载的额定电压等于电源线电压时，应作______形连接；额定电压约等于电源线电压的0.577倍时，三相负载应作______形连接。

4．有一对称三相负载星形连接，每相阻抗均为22Ω，功率因数为0.8，测出负载中的电流是10A，那么三相电路的有功功率等于______；无功功率等于______；视在功率等于______。假如负载为感性设备，其等效电阻是______；等效电感量是______。

5．实际生产和生活中，工厂的一般动力电源电压标准为______；生活照明电源电压的标准一般为______；______以下的电压称为安全电压。

6．根据一次能源形式的不同，电能生产的主要方式有______、______、风力发电和______等。

二、判断题

1．三相四线制当负载对称时，可改为三相三线制而对负载无影响。（ ）

2．三相负载作星形连接时，总有$U_L = \sqrt{3}U_P$关系成立。（ ）

3．三相用电器正常工作时，加在各相上的端电压等于电源线电压。（ ）

4．三相负载作星形连接时，无论负载对称与否，线电流总等于相电流。（ ）

5．三相电源向电路提供的视在功率为$S = S_A + S_B + S_C$。（ ）

6．人无论在何种场合，只要所接触电压为36V以下，就是安全的。（ ）

7．中线的作用就是使不对称星形连接三相负载的端电压保持对称。（ ）

8．三相不对称负载越接近对称，中线上通过的电流就越小。（ ）

9．为保证中线可靠，不能安装熔丝和开关，且中线截面较粗。（ ）

10．电能是一次能源。（ ）

三、选择题

1．对称三相电路是指（ ）。

A．三相电源对称的电路

B．三相负载对称的电路

C．三相电源和三相负载都是对称的电路

2．三相四线制中，中线的作用是（ ）。

A．保证三相负载对称 B．保证三相功率对称

C．保证三相电压对称 D．保证三相电流对称

3．在电源对称的三相四线制电路中，若三相负载不对称，则该负载各相电压（ ）。

A．不对称 B．仍然对称

C．不一定对称

4．三相发电机绕组接成三相四线制，测得三个相电压 $U_A=U_B=U_C=220V$，三个线电压 $U_{AB}=380V$，$U_{BC}=U_{CA}=220V$，这说明（　　）。

A．A 相绕组接反了　　B．B 相绕组接反了

C．C 相绕组接反了

5．三相对称交流电路的瞬时功率为（　　）。

A．一个随时间变化的量　　B．一个常量，其值恰好等于有功功率

C．0

四、分析题

指出图 2-96 所示电路各表读数。已知 V1 表的读数为 380V。

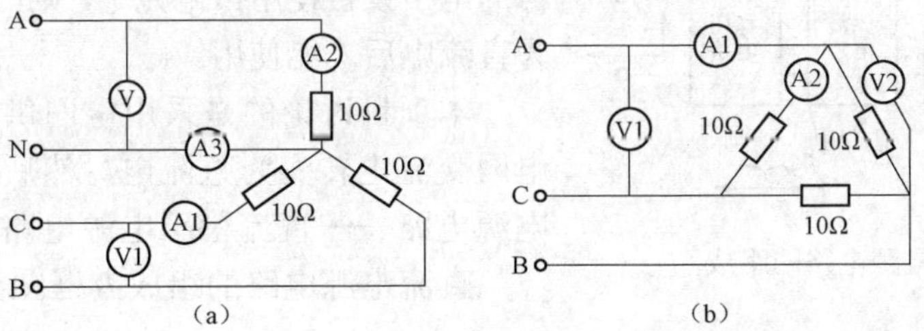

图 2-96　电路

五、计算题

1．三相对称负载，已知 $Z=(3+j4)\Omega$，接于线电压等于 380V 的三相四线制电源上，分别计算作星形连接和三角形连接时的相电流、线电流、有功功率、无功功率、视在功率。

2．已知 $u_{AB}=380\sqrt{2}\sin(314t+60°)V$，试写出 u_{BC}、u_{CA}、u_A、u_B、u_C 的解析式。

学习项目三　直流稳压电源的分析与设计

项目描述

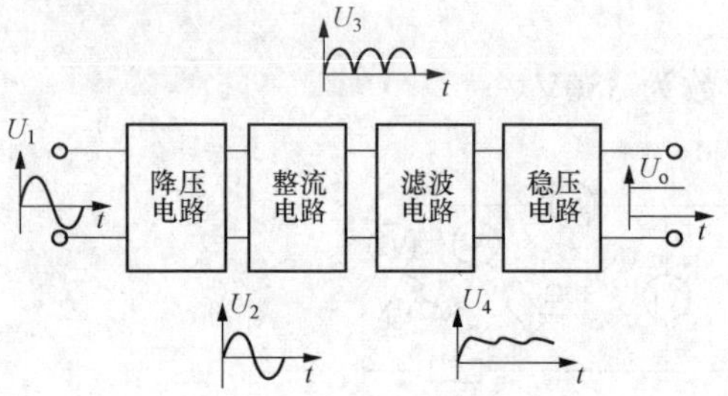

图 3-1　直流电源电路的组成

220V、50Hz 交流市电可以直接带动风扇、日光灯这些家用电器正常工作。但若要给手机或计算机这样的电子设备使用市电充电，则必须首先将市电转换为直流电后才能使用。

本项目讨论的是采用电网供电方式经过转换把电网交流电转变为直流电，然后提供给电路工作的电源电路——直流稳压电源电路。

直流电源电路的组成方框图如图 3-1 所示。

项目目标

知识目标

（1）了解二极管的分类、结构。

（2）掌握二极管的特性。

（3）掌握整流电路的作用，掌握桥式整流电路的组成。

（4）了解电容及电感滤波的原理。

（5）掌握硅稳压管稳压电路的组成与工作原理。

（6）了解串联型稳压电路的组成与原理。

技能目标

（1）会判断二极管的极性及管子的质量好坏。

（2）学会桥式整流电路的正确接线。

（3）会使用三端集成稳压器。

任务框架

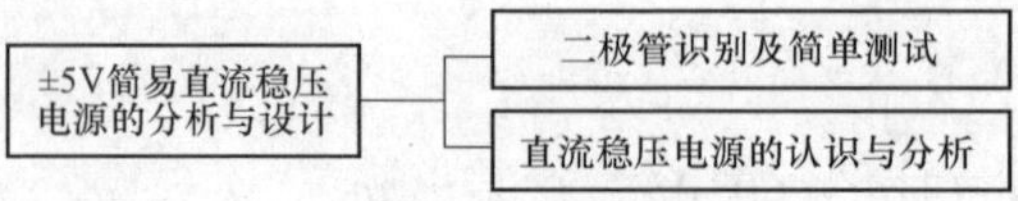

任务一　二极管识别及简单测试

学习目标

（1）熟悉二极管的型号、命名方法及其分类。

（2）借助资料，能完成对二极管的直观识别。

（3）能正确使用万用表对二极管进行检测。

任务引入

我们使用的手机充电器、电动车蓄电池充电器、电脑适配器等都要用到直流稳压电源。直流稳压电源主要由降压电路、整流电路、滤波电路、稳压电路四个模块组成。这个任务主要学习整流电路模块。那么什么是整流？整流由什么元件完成的？

任务分析

电子技术是研究电子器件、电子电路及其应用的科学。电子技术的发展，经历了二极管、三极管、晶体管、集成电路、大规模集成电路和超大规模集成电路等阶段。二极管是电子电路中最常用的半导体器件，利用其单向导电性及导通时压降很小的特点，可应用于整流、检波、钳位、限幅、开关及元件保护等各项工作。

知识准备

一、半导体的基础知识与 PN 结

1. 本征半导体

（1）本征半导体及共价键。导电能力介于导体和绝缘体之间的物质称为半导体。

不含杂质的、结构完整的单晶半导体称为本征半导体，如硅、锗单晶体。

在本征半导体中，硅和锗的原子按一定的间距排列成很规则的空间点阵，一个价电子不仅要围绕自身原子核运动，同时也常出现在相邻原子所属的轨道上。于是相邻的两个原子各有一个价电子在同一轨道上，形成共有的一对价电子。这样的特殊组合称为共价键结构，如图 3-2 所示。

（2）本征半导体中的两种载流子。在室温或光照下价电子获得足够能量摆脱共价键的束缚成为自由电子，并在共价键中留下一个空位（空穴）的过程称为本征激发。自由电子带负电，空穴带正电。

在本征半导体中，自由电子与空穴总是成对出现，故称为电子-空穴对。因此，自由电子与空穴的数目相等，如图 3-3 所示。而金属导体中只有一种载流子，即自由电子参与导电。

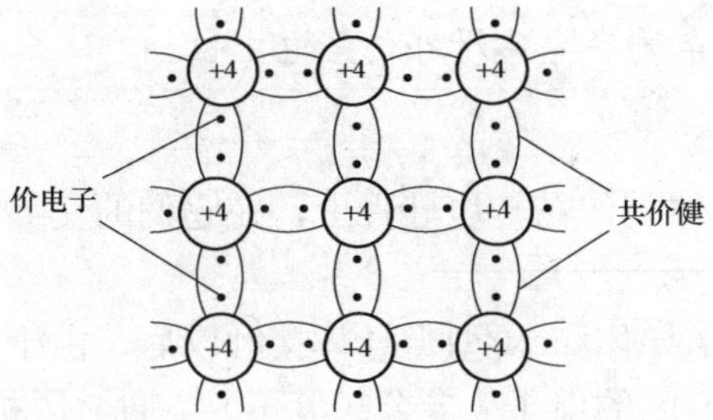

图 3-2　本征半导体结构示意

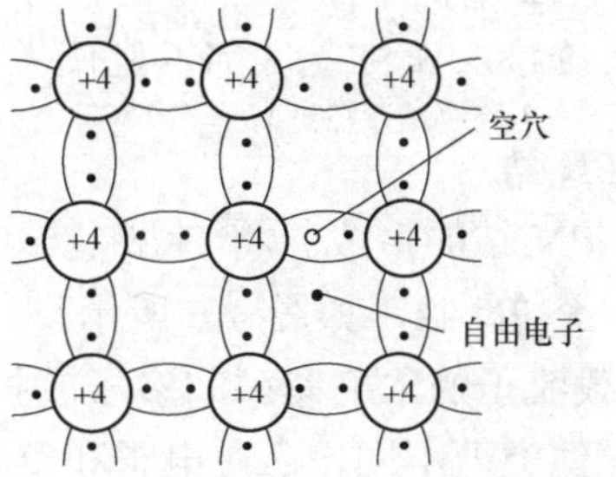

图 3-3　本征半导体中的自由电子与空穴

说明

（1）载流子数目的多少是衡量半导体导电能力的标志。

（2）自由电子和空穴总是成对出现，数目相等。

（3）电子空穴对的热运动是杂乱无章的，整体呈电中性。

2. 杂质半导体

因为本征半导体中载流子的浓度很低，总的导电能力很差，为了改善半导体的导电性能，在硅或锗晶体中掺入少量的杂质元素，从而形成杂质半导体。按照掺入杂质元素的性质不同，可以形成N型半导体和P型半导体。

（1）N型半导体。在纯净的4价硅或锗的晶体中掺入少量的5价杂质元素，如磷、锑、砷等，则原来晶格中的部分硅原子被杂质原子取代。由于杂质原子的最外层有五个价电子，而它与周围的四个硅原子组成共价键时，将多出一个电子，很容易受激发成为自由电子，如图3-4所示。在这种半导体中，以自由电子导电为主，称N型半导体。N型半导体中的电子被称为多数载流子（简称多子），而对应的空穴被称为少数载流子（简称少子）。自由电子的浓度与掺入的磷原子相同，掺入越多，导电能力越强。

（2）P型半导体。在纯净的硅或锗的晶体中，掺入少量的3价杂质元素，如硼、镓、铟等，杂质元素的最外层只有3个价电子，它与周围的硅原子形成共价键时，因缺少一个电子而在晶体中产生一个空穴，如图3-5所示。这种半导体以空穴导电为主，故称为P型半导体。P型半导体中的空穴称为多数载流子，而自由电子则称为少数载流子。

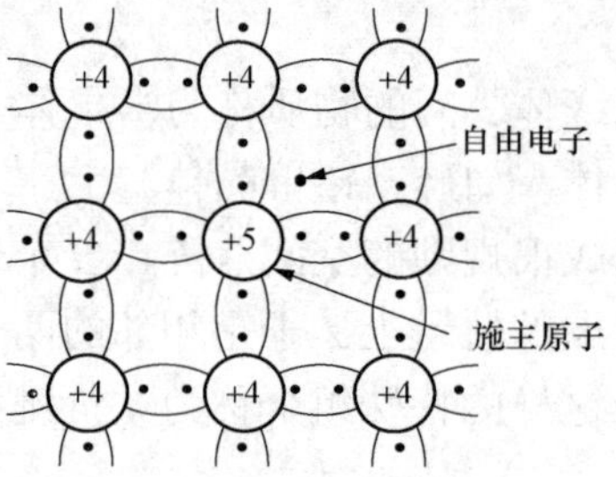

图3-4　N型半导体示意

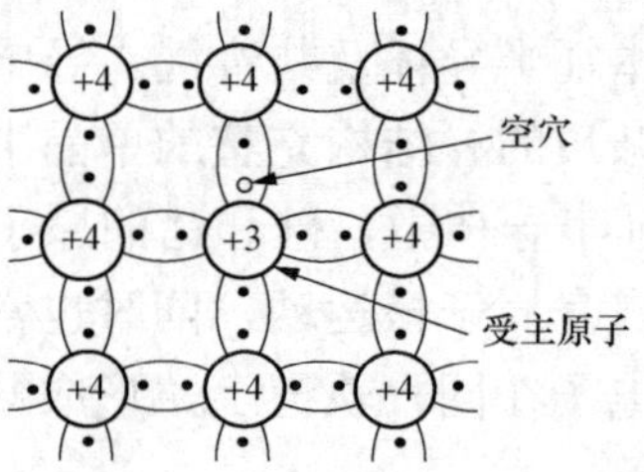

图3-5　P型半导体示意

从以上分析可知，在杂质半导体中，无论是N型还是P型半导体，多数载流子的浓度主要取决于掺入杂质的浓度，受温度的影响较小；而少数载流子主要取决于本征激发形成的，所以受温度的影响较大，这也是影响半导体器件温度稳定性的基本原因。

注 意

无论掺入任何杂质都不能使半导体带电，即杂质半导体对外仍呈电中性。

3. PN结

（1）PN结的形成。将P型半导体和N型半导体制作在一块硅片上，在它们的交界面上将形成一个PN结，如图3-6所示。

1）载流子的浓度差引起多子的扩散。当P型半导体和N型半导体接触以后，由于交界两侧半导体类型不同，存在电子和空穴的浓度差，N区的电子（多数载流子）要向P区扩散；同样，N区的电子也向P区扩散。

2）复合使交界面形成空间电荷区。P区扩散的空穴与N区电子复合，在P区一侧留下不能移动的负离子层；同样，N区扩散的电子与P区的空穴复合，在N区一侧留下不能移动的正离子层，如图3-6（a）所示。通常这个正、负离子层为PN结。PN结的P一侧带负电，N一侧带正电，这样形成了内电场。

3）扩散和漂移达到动态平衡。内电场的方向从N区指向P区。内电场对扩散运动起到阻碍作用，电子和空穴的扩散运动随着内电场的加强而逐步减弱，直至达到平衡，在接口处形成稳定的空间电荷区，如图 3-6（b）所示。但是在内电场力的作用下，N 区的空穴（少子）将向 P 区运动，P 区的电子（少子）将向 N 区运动。这种少子在电场作用下的定向运动称为漂移运动。在无外电场和温度一定的条件下，多数载流子的扩散运动与少数载流子的漂移运动在数量上相等，从而达到一个动态平衡，空间电荷区的宽度也处于稳定状态，PN 结中的总电流也为零。

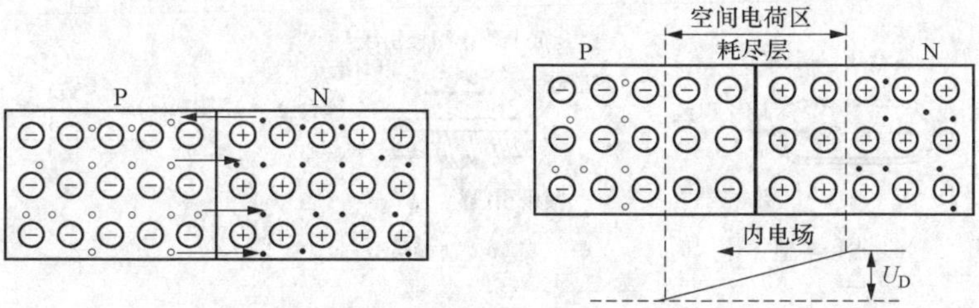

（a）扩散运动　　（b）平衡的PN

图 3-6　PN 结的形成

（2）PN 结的单向导电性。

1）PN 结接正向电压时导通。电源的正极接 P 区，电源的负极接 N 区，这种连接方式为正向接法或正向偏置，如图 3-7 所示。此时外电场与内电场方向相反，使空间电荷区变薄，多子的扩散大于少子的漂移，形成正向电流。多子的扩散形成的电流较大，因此 PN 结正向电阻很小。

2）PN 结接反向电压而截止。电源的正极接 N 区，而电源的负极接 P 区，称这种连接方法为反向接法或反向偏置，如图 3-8 所示。此时内电场与外电场方向相同，使 PN 结变厚，少子的漂移运动大于多子的扩散运动，少子的漂移形成漂移电流。漂移电流很小，接近于零，即 PN 结反向电阻很大。

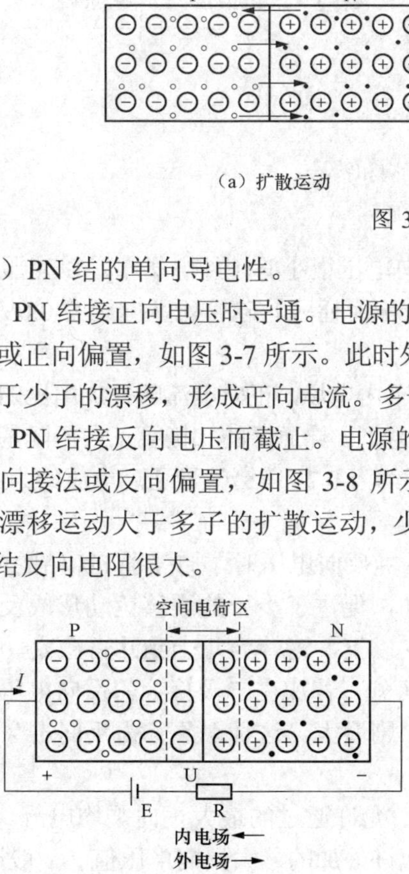

图 3-7　正向偏置的 PN 结

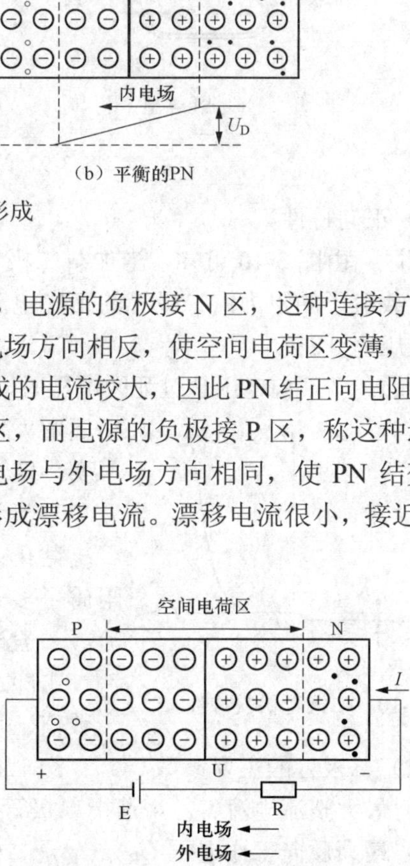

图 3-8　反向偏置的 PN 结

总 结

PN 结加正向电压时，具有较大的正向扩散电流，呈现低电阻，PN 结导通；PN 结加反向电压时，具有很小的反向漂移电流，呈现高电阻，PN 结截止。因此，PN 结具有单向导电特性。

二、半导体二极管

1. 二极管的结构

将 PN 结用外壳封装起来，并从 P 端和 N 端各引出一个电极，就构成了半导体二极管，如图 3-9 所示。其中，图 3-9（a）为常见的两种二极管结构，图 3-9（b）为通用二极管的符号。由 P 区引出的电极为阳极，由 N 区引出的电极为阴极。

二极管的种类很多，但根据制造的材料不同主要有硅二极管和锗二极管。按管子结构的不同则主要有点接触型、面接触型（简称面接型）、平面型等。

2. 二极管的伏安特性和等效电路

（1）二极管的伏安特性。半导体二极管的性能与 PN 结一样，具有单向导电性，电压与电流呈非线性关系，其伏安特性也与 PN 结相同。

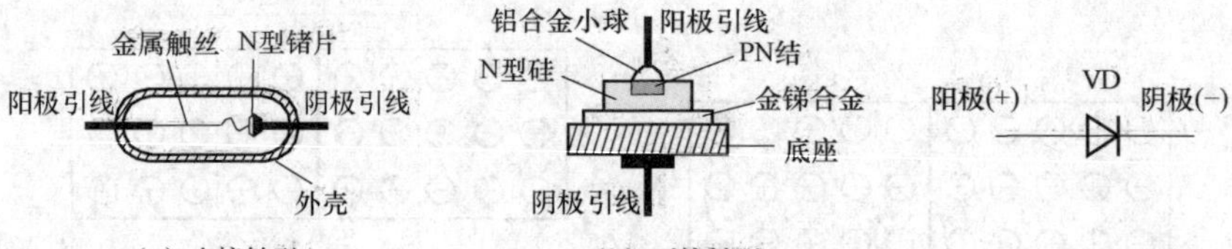

（a）点接触型　（b）面接触型　（c）符号

图 3-9　两种二极管的结构和符号

1）正向特性。

死区：由图 3-10 可知，当加载二极管两端的正向电压很小时，外电场不足以克服内电场对多数载流子的阻力，二极管的正向电流很小，该区称为死区。硅管死区电压为 0.6V，锗管死区电压为 0.2V。

导通：当正向电压超过死区电压时，外电场抵消了内电场，正向电流随外加电压的增加而明显增大，二极管正向导通。导通后的二极管正向压降基本维持不变，硅管导通后电压约为 0.7V，锗管导通后电压约为 0.3V。

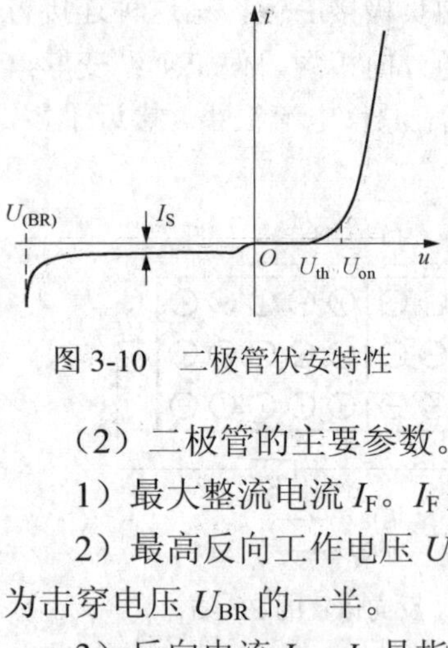

图 3-10　二极管伏安特性

2）反向特性。

截止：当二极管承受反向电压时，加强了 PN 结的内电场，阻碍了多子的扩散运动，促进了少子的漂移运动形成反向漏电流。一般硅管为几微安以下，锗管为几十到几百微安。

击穿：由图 3-10 可知，若加在二极管上的反向电压大于某一数值，反向电流会加剧增大，这种现象称为反向击穿。

（2）二极管的主要参数。

1）最大整流电流 I_F。I_F 是指二极管长期运行时，允许通过的最大正向平均电流。

2）最高反向工作电压 U_R。U_R 是二极管工作时允许外加的最大反向电压值。一般选择 U_R 为击穿电压 U_{BR} 的一半。

3）反向电流 I_R。I_R 是指在常温（25℃）下，二极管两端加上规定的反向电压（未击穿）时，流过管子的反向电流。I_R 越小表明二极管的单向导电性越好。

4）最高工期频率 f_M。f_M 是二极管工作的上限频率。

3. 二极管电路的分析

（1）整流。所谓整流就是将交流电变为单方向脉动的直流电。利用二极管的单向导电性可组成单相、三相等各种形式的整流电路。具体内容见任务二。

（2）钳位。利用二极管正向导通时压降很小的特性，可组成钳位电路，如图 3-11 所示。

[例 3-1] 求图 3-11 所示钳位电位的输出电压 u_0，VD 的导通电压为 0.7V。

解： 图中二极管 VD3 承受的电压降最大，故二极管 VD3 优先导通，使 u_0 的电位钳制在 1V，导致 VD1、VD2 截止。

（3）限幅。二极管正向导通后其两端电压很小且基本不变，利用这一特性可以构成限幅电路，使输出电压限幅在某一电压值以内。图 3-12 所示为正向限幅电路。

［**例 3-2**］电路如图 3-12 所示，设二极管为理想二极管，且直流电压 E=5V，交流电压 $u_i=10\sin\omega t$V，即 $U_{IM}>E$。试画出输出电压 u_o 的波形。

解：当 $u_i-E<0$ 即 $u_i<E$ 时，二极管截止，反向电流为零。因此，此时输出电压为 $u_o=E$。当 $u_i-E>0$ 即 $u_i>E$ 时，二极管导通，正向压降为零。因此，此时输出电压为 $u_o=u_i$。故输出电压 u_o 的波形如图 3-13 所示。

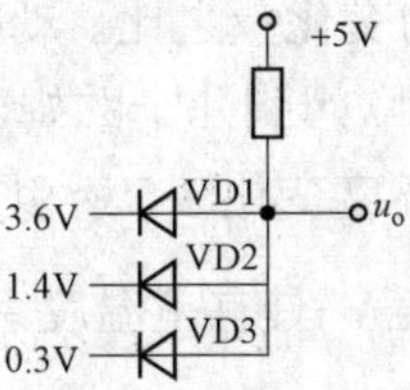

图 3-11　钳位电路

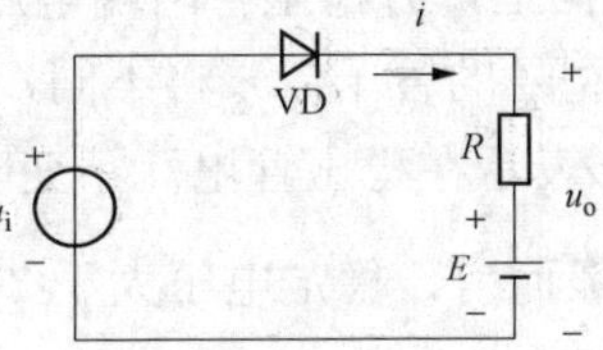

图 3-12　电路

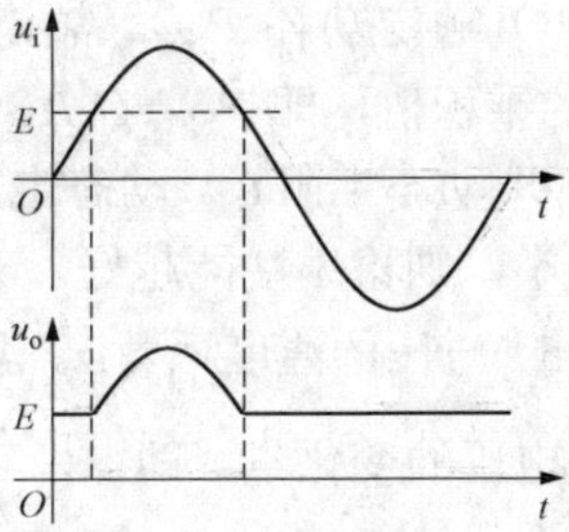

图 3-13　波形

任 务

二极管电路如图 3-14 所示，写出各电路的输出电压值。设 u_D=0.7V。

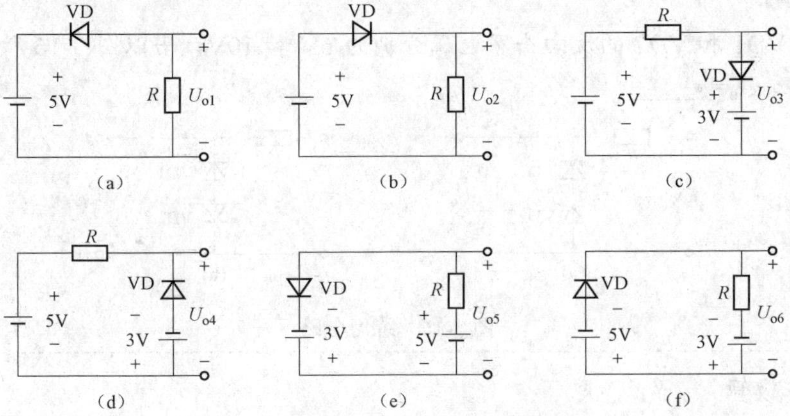

图 3-14　任务电路

4.　稳压二极管

稳压二极管是由硅材料制成的面接触型的二极管，简称稳压管，又称齐纳管。

（1）稳压管的伏安特性和符号。由图 3-15（a）所示，其正向特性与普通二极管相似，存在一定的死区电压和导通电压。反向特性不同的是，当反向击穿后，其击穿区的曲线比较陡峭，几乎与纵轴平行，即电流在一定的范围内变化时而电压几乎不改变，

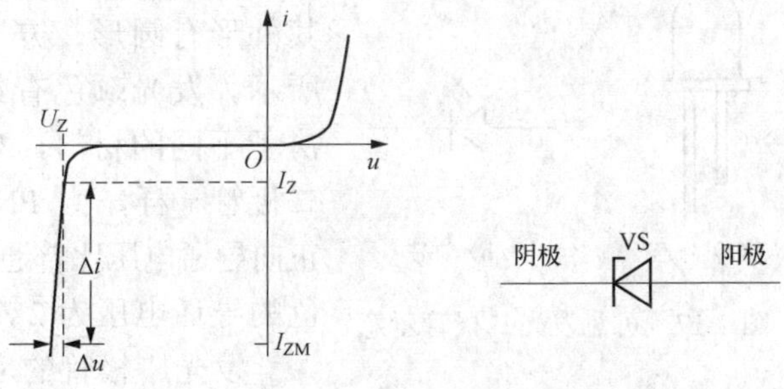

图 3-15　稳压管的伏安特性及其等效电路

具有稳压功能。图 3-15（b）所示为稳压管的电路符号。

（2）稳压管的主要参数。

1）稳压管的稳定电压 U_S。U_S 是指在一定电流范围内，稳压管在反向击穿区的稳定工作电压。对于某一个具体的稳压管，其稳压值是完全确定的。

2）稳定电流 I_S。I_S 是指稳压管能正常工作时的参考电流值。若工期电流低于 I_S，则稳压性能将变差一些，故有 $I_S>I_{Smin}$ 的要求；若工作电流高于 I_S，只要在规定的耗散功率内，是可以工作的，且 I_S 越大，稳压性能越好。

3）额定功耗 P_{SM}。额定功耗 P_{SM} 是指稳压二极管的稳定工作电压 U_S 与最大稳定电流 I_{SM} 的乘积值，即 $P_{SM}=U_SI_{SM}$。

4）动态电阻 r_s。动态电阻 r_s 是反向工作时稳压管两端电压与电流的变化量之比。动态电阻越小，则稳压性能越好。对于不同型号的管子，r_s 将不同，一般从几欧姆到几十欧姆。

5）电压的温度系数 α。温度系数 α 表示在稳压管电流不变时，环境温度变化 1℃所引起的稳定电压的变化量，即 $\alpha=\dfrac{\Delta U_S}{\Delta T}$。一般而言，稳定电压大于 7V 的稳压管，具有正温度系数，属于雪崩击穿型，即温度升高时，其稳定的电压 U_S 也上升；稳定电压小于 4V 时的稳压管具有负温度系数，属于齐纳击穿型，即温度升高时，其稳定电压 U_S 将下降。稳定电压为 4～7V 的稳压管，温度系数比较小，因此，这一类稳压管温度稳定性较好。

练 习

二极管 VD1 和 VD2 的反向击穿电压分别为 6V 和 10V，当以图 3-16 所示方式串接时，输出电压 U_o=______。

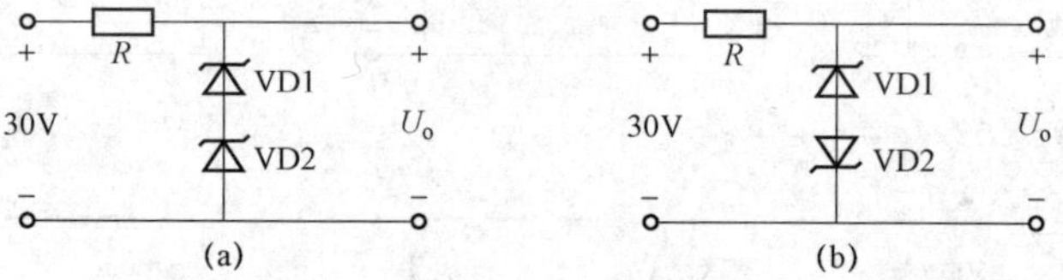

图 3-16　练习电路

5. 其他二极管

（1）发光二极管。发光二极管是一种将电能转换为光能的半导体器件，它包含了可见光、不可见光、激光等类型。可见光发光二极管也简称为 LED，其外形有圆形、方形等，如图 3-17 所示，符号如图 3-17（b）所示。发光颜色有红色、绿色、橙色、黄色等。不同的颜色取决于不同的材料，如磷、砷、镓等。发光二极管的结构与普通二极管一样，由 PN 结组成，它的电特性与一般二极管类似。但正向导通电压比普通二极管高，红色的导通电压为 1.6～1.8V，绿色的导通电压为 2V 左右。

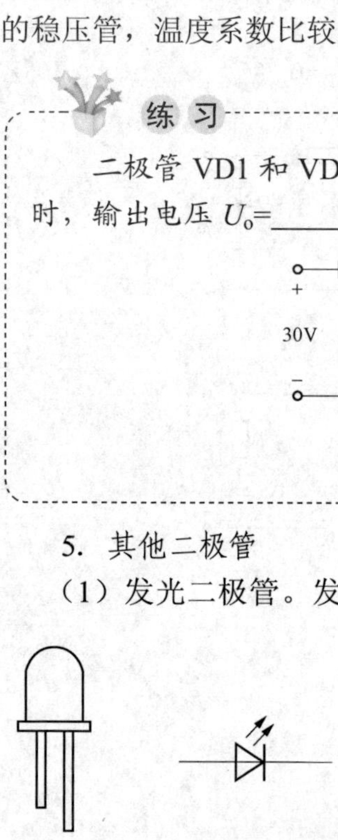

（a）外形　（b）符号

图 3-17　可见发光二极管示意

发光二极管的应用很广，常用于音响设备、数控仪表等的显示电路，具有驱动电压低，工作电流小、体积小、可靠性高、寿命长等优点。

（2）光电二极管。光电二极管是一种将光能转换为电能的半导体器件，也有可见光和不可见光（如远红外光）之分。其外形与发光管类似，只是其管壳上有一个用于接受入射光的穿口，使用时应注意方向。光电管广泛用于各种遥控、测量、报警及光电传感电路之中。

（3）其他二极管。特殊用途二极管，除了以上所述外，还有利用 PN 结的结电容制成的变容二极管，可用于电子调谐、频率自动控制、压控振荡、调频调相、锁相和滤波等电路之中。利用不同掺杂浓度的 PN 结制成的隧道二极管，可用于振荡、保护、脉冲触发等电路之中。基于势垒金属与硅接触形成肖特基二极管，其正向导通电压为 0.3～0.4V，结电容小，常用于超高频、混频、检测、高速数字集成电路等场合。

任务实施　二极管极性的判断

一、目测二极管极性

（1）二极管的正负极性一般都标注在其外壳上，有时会将二极管的图形直接画在其外壳上，如图 3-18（a）所示。

（2）对于二极管引线是轴向引出的，则会在其外壳上标出色环（色点），有色环（色点）的一端为二极管的负极端，若二极管是透明玻璃壳，则可直接看出极性，即二极管内部连触丝的一端为正极，如图 3-18（b）所示。

（3）对于二极管是纵向引出的，则长管脚为二极管的正极，短管脚为二极管的负极，如图 3-18（c）所示。

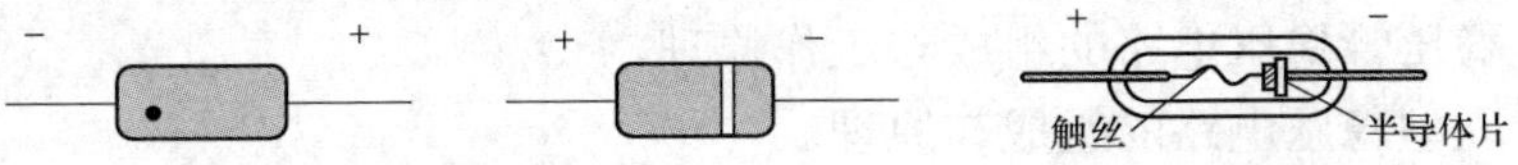

(a) 极性法　(b) 色环法　(c) 管脚法

图 3-18　二极管目测方法

二、用万用表检测二极管

1. 普通二极管

（1）用指针式万用表检测。指针式万用表正端（+）红表笔接表内电池的负极，而负端（–）黑表笔接表内电池的正极。根据 PN 结正向导通电阻值小、反向截止电阻值大的原理来简单确定二极管性能好坏和极性。

具体做法如下：万用表欧姆挡置“R×100”或“R×1k”处，将红、黑两表笔接触二极管两端。若两次指示的阻值相差很大，说明该二极管单向导电性好，并且阻值大（几百千欧以上）的那次红笔所接为二极管阳极；若两次指示的阻值相差很小，说明该二极管已短路；若两次指示的阻值均很大，说明该二极管已经开路。

（2）用数字式万用表检测。在▷|挡进行测量，当 PN 结完好且正偏时，显示值为 PN 结两端的正向压降（V）；反偏时，显示1。

2. 发光二极管

发光二极管在出厂时，一根引线做得比另一根引线长，通常较长引线为阳极（+），另一根为阴极（–）。发光二极管正向工作电压一般为 1.5～3V，允许通过的电流为 2～20mA，电流的大小决定发光的亮度。

3. 测量注意事项

（1）万用表的欧姆倍率挡不宜选得过低，也不能选择 R×10kΩ。

（2）在使用万用表的欧姆挡时，每次更换倍率挡后都要进行欧姆调零。

（3）测量时，手不要同时接触两个引脚，以免人体电阻的介入影响到测量的准确性。

练 习

（1）万用表欧姆挡置“R×100”或“R×1k”处，将红、黑两表笔接触二极管两端。若一次测得的阻值较小（约________），另一次测得的阻值较大（约________），则说明二极管质量良好。测得阻值小的那一次黑表笔所接为二极管的________，而红表笔所接为二极管的________（阳极/阴极）。

（2）若两次测量结果都很小（接近零），则说明二极管内部已经________（短路/断路）。

（3）若两次测量结果都很大，则说明二极管内部已经________（短路/断路）。

任务二　直流稳压电源的认识与分析

学习目标

（1）熟悉直流稳压电源的组成及各部分的作用。

（2）掌握整流电路的作用，掌握桥式整流电路的组成，学会桥式整流电路的正确接线。

（3）了解电容及电感滤波的原理。

（4）掌握硅稳压管稳压电路的组成与工作原理。

（5）了解串联型稳压电路的组成与原理。

（6）会使用三端集成稳压器。

任务引入

前面提到我们使用的手机充电器、电动车蓄电池充电器、电脑适配器等都要使用直流稳压电源才能正常工作。那么学习了直流稳压电源的组成模块后，如何将各部分组合构成一个有机整体，保证这些常用电器正常工作呢？

任务分析

要使手机利用220V交流电充电，充电器就要将220V交流电转换成5V直流电，这需要经过降压、整流、滤波、稳压四个环节。

知识准备

一、直流电源电路各组成部分的作用

直流稳压电源的原理即通过变压、整流、滤波、稳压四个环节将220V、50Hz的交流电转换成稳定直流电压，如图3-19所示。

（1）电源变压器。一般情况下，负载所需要的直流电压 u_0 的数值较低，需要通过变压器将电网提供的交流电的电压有效值 u_1 变换到适当的数值 u_2。

（2）整流电路。利用二极管的单向导电性把交流电 u_2 变换为极性固定的直流电 u_3，但是电压数值却在很大范围内变化，称为单向脉动直流电压。

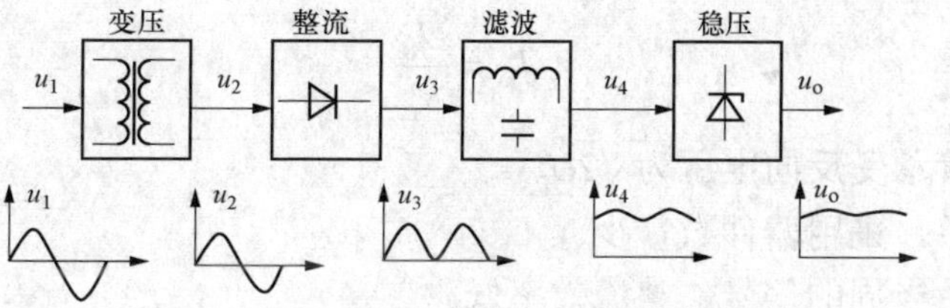

图 3-19　直流稳压电源变换过程

（3）滤波电路。整流电路输出的单向脉动直流电压 u_3 中，既包含直流分量，又包含较多的交流谐波成分、滤波电路的作用就是滤除其中的交流谐波，输出平滑的直流电压 u_4。

（4）稳压电路。由于各种因素，交流电的供电电压是不稳定的，因此会造成整流滤波电路输出的直流电压也不稳定。另外，由于整流滤波电路必然存在内阻，当负载电流发生变化时，输出电压也会受到影响而发生变化。为了稳定直流电压，设计中必须在整流滤波电路之后采用稳压电路。稳压电路的作用就是在输入电网电压波动或负载发生改变时仍能保持输出电压基本不变的电源电路。

二、整流电路

（一）单相半波整流电路

1. 工作原理

电路形式如图 3-20 所示，利用二极管的单向导电性实现将交流电变为单方向波动的直流电。

输入波形的正半周：二极管导通，输出波形跟随输入波形。

输入波形的负半周：二极管截止，电路无输出电压，因此在输出端得到只有正半周输出的信号。

2. 单相半波整流电路的性能指标

（1）整流输出电压 U_o。

$$U_o = \frac{1}{2\pi}\int_0^{\pi}\sqrt{2}U_2 \sin\omega t \mathrm{d}\omega t = \frac{\sqrt{2}}{\pi}U_2 = 0.45U_2 \qquad (3\text{-}1)$$

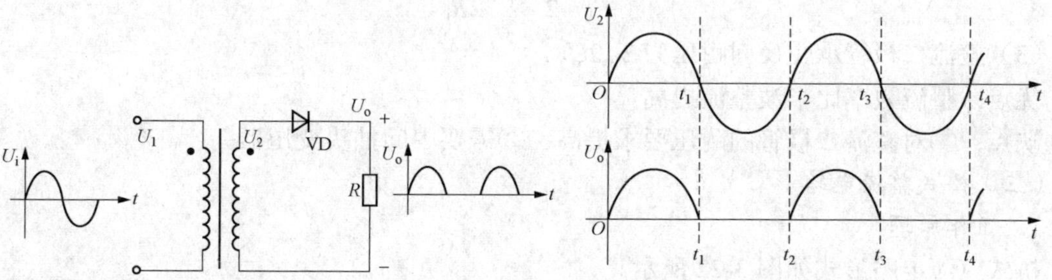

（a）整流电路　（b）整流输出波形

图 3-20　单相半波整流电路及波形

U_2 是变压器次级电压的有效值。式（3-1）说明：半波整流负载上得到的直流电压只有变压器次级电压有效值的 45%，若考虑二极管的正向电阻、变压器的次级内阻等实际情况，得到的输出电压值会更低。

（2）整流管的平均整流电流 I_D。

$$I_D = \frac{U_o}{R_L} \tag{3-2}$$

（3）整流二极管承受反向电压为 $\sqrt{2}U_2$。

优点：电路简单，采用器件数量少。

缺点：损失了负半周的信号，整流效率低。

（二）单相全波整流电路

1．工作原理

电路形式如图 3-21 所示。当输入波形在正半周时，变压器次级电压极性上正下负，二极管 VD1 导通、VD2 截止，负载 R 上得到由上至下的电流；当输入波形在负半周时，变压器次级电压极性上负下正，二极管 VD2 导通、VD1 截止，负载 R 上仍然得到由上至下的电流。

2．单相全波整流电路的性能指标

（1）整流输出电压 U_o。全波整流电路是半波整流 2 倍，因此有

$$U_o = \frac{2\sqrt{2}}{\pi}U_2 = 0.9U_2 \tag{3-3}$$

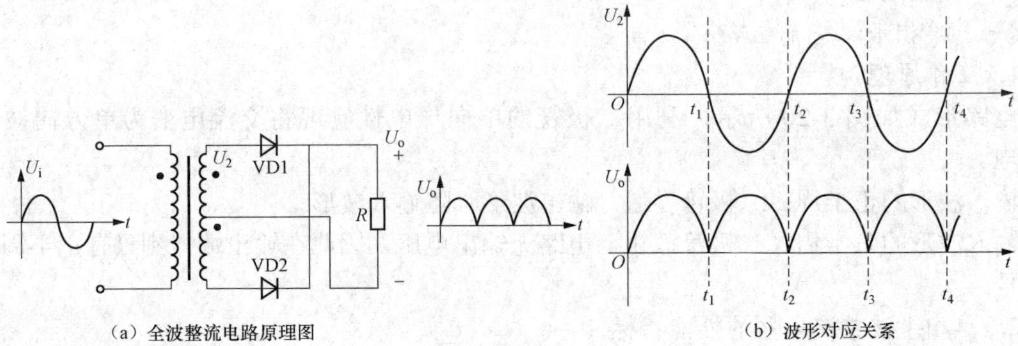

（a）全波整流电路原理图　　（b）波形对应关系

图 3-21　单相全波整流电路

（2）整流管的平均整流电流。

$$I_D = \frac{1}{2}I_o = \frac{U_o}{2R_L} \tag{3-4}$$

（3）整流二极管承受反向耐压为 $2\sqrt{2}U_2$。

优点：整流效率比半波整流提高。

缺点：①对整流二极管的耐压要求提高；②需要中间抽头变压器。

（三）桥式整流电路

1．工作原理

桥式整流电路形式如图 3-22 所示。

在输入信号的正半周：VD2、VD4 导通，VD1、VD4 截止，负载获得由上至下的正半周电流。

在输入信号的负半周：VD1、VD3 导通，VD2、VD4 截止，负载上仍获得由上至下的负半周电流，输出脉动的直流电压。

2．全波整流电路的性能指标

（1）整流输出电压 U_o。工作原理同全波整流电路，因此有

$$U_o = \frac{2\sqrt{2}}{\pi}U_2 = 0.9U_2 \tag{3-5}$$

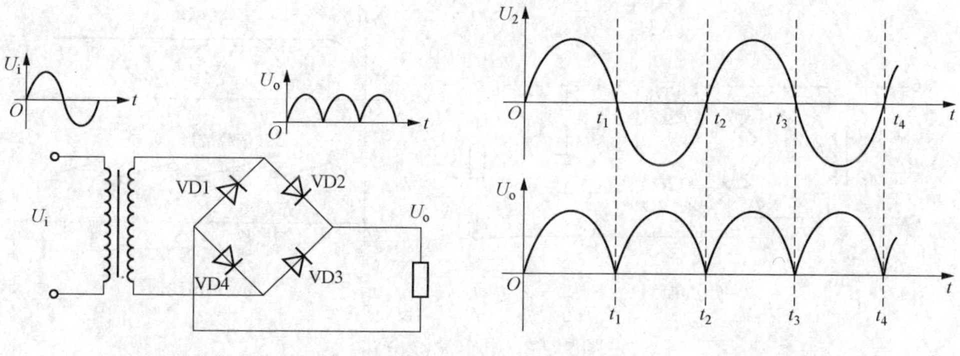

（a）桥式整流电路原理　（b）波形对应关系

图 3-22　桥式整流电路

（2）整流管的平均整流电流。

$$I_D=\frac{1}{2}I_o=\frac{U_o}{2R_L} \tag{3-6}$$

（3）整流二极管承受反向电压为 $\sqrt{2}U_2$。

优点：省略中间抽头变压器，降低二极管耐压。

缺点：需要整流二极管的数量增加，电路比较复杂。

［**例 3-3**］桥式整流电路中变压器的二次侧电压有效值 U_2=40V，负载电阻 R_L=300Ω。

（1）计算整流输出电压的平均值 $U_{o(AV)}$、流过负载 R_L 的电流平均值 I_o。

（2）选择合适的二极管。

解：（1）整流输出电压的平均值

$$U_{o(AV)}=0.9U_2=0.9\times40=36\text{（V）}$$

流过负载 R_L 的电流平均值

$$I_o=\frac{U_{o(AV)}}{R_L}=\frac{36}{300}=120(\text{mA})$$

（2）选择合适二极管的两个主要依据。

二极管的正向平均电流

$$I_{D(AV)}=\frac{I_o}{2}=\frac{120}{2}=60(\text{mA})$$

整流二极管所承受的最大反向电压

$$U_{RM}=\sqrt{2}U_2=\sqrt{2}\times40=56.57(\text{V})$$

查阅半导体器件手册，可选用四只 2CZ82C，其最大整流电流 I_F＝100mA，最高反向工作电压 U_R＝100V。

三、滤波电路原理及应用

（一）滤波电路

1. 滤波的目的

为了把整流电路输出的单向脉动电压变换成负载所要求的平滑的直流电压。

2. 电路分析

在图 3-23 所示整流电路中加入了电容滤波器。即在整流电路的输出端，与负载 R_L 并联接入一个电容器 C，该电容器容量很大，一般为几百微法至几千微法。

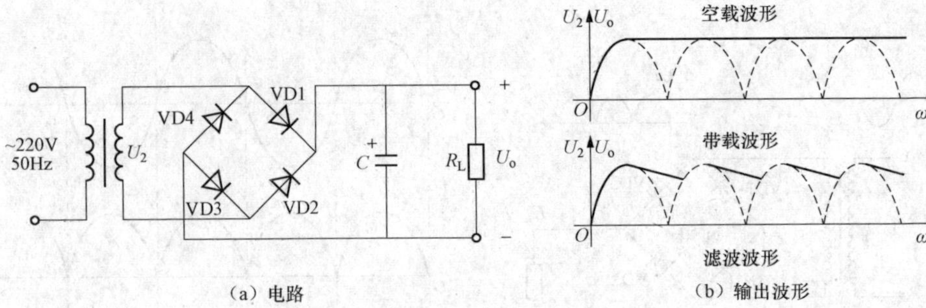

图 3-23　电容滤波电路

（二）滤波原理

电容滤波的物理过程实际上就是其充、放电过程。

1. 过程

由于电容器是一种储存电场能的储能元件，它的端电压 U_C 不能突变。当 U_2 数值高于电容的电压 $U_C=U_o$ 时，二极管导通，电源电压在为负载供电的同时也为电容充电。且可以近似认为 $U_C=U_2$。当 U_2 的数值低于电容的电压 $U_C=U_o$ 时，各二极管均处于反向偏置状态，电容器开始经过负载 R_L 放电。因为放电时间常数 $\tau=R_LC$ 很大，U_C 只能按照指数规律缓慢下降。此后，电源电压 U_2 的数值又升高到高于电容的电压 $U_C=U_o$，二极管又开始导通，电容重新充电。以下电容器依次重复上述充、放电过程。

2. 时间常数 τ

$\tau=R_LC$ 较大时，一般情况下要求（全波整流）

$$\tau=R_LC \geqslant (3\sim5)\frac{T}{2}$$

式中　T——交流电压的周期。

$U_{o(AV)}$ 可估算如下：

$$U_{o(AV)}=1.2U_2$$

结论

电容滤波电路适用于输出电压较高，负载电流较小且负载变动不大的场合。

（三）其他滤波电路

电感滤波电路如图 3-24 所示。在整流输出和负载之间串入一个电感元件，其原理是利用电感的特点，整流后的电压变化引起负载的电流改变，电感 L 上将感应出一个与整流输出电压变化相反的反电动势，两者的叠加使得负载上的电压比较平缓，输出电流基本保持不变。因此，这种形式的滤波通常用于低电压、大电流的场合。

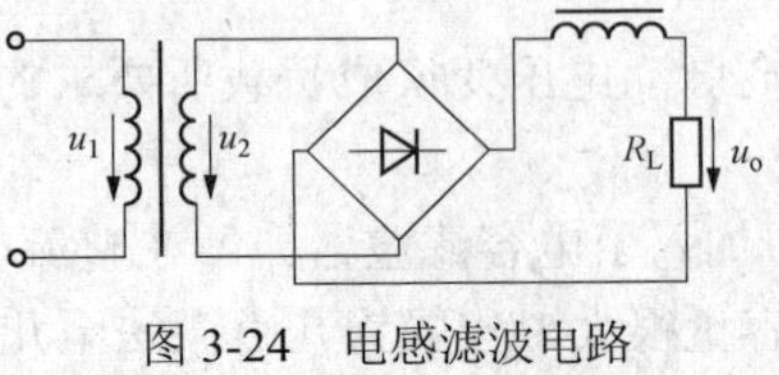

图 3-24　电感滤波电路

为进一步减小输出到负载的电压中的纹波，可以考虑再接一级电容滤波从而构成倒 L 型滤波或 RC-Ⅱ型滤波，如图 3-25 所示。

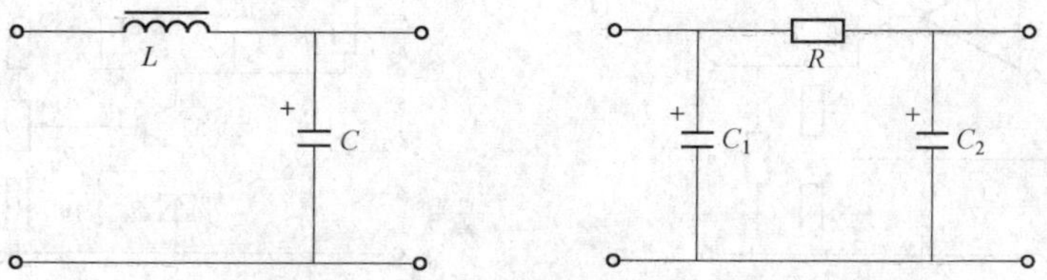

（a）倒L型滤波　　（b）RC-Ⅱ型滤波

图 3-25　改进后的电感滤波电路

［**例 3-4**］一个带电容滤波器的单相桥式整流电路，交流电源的频率 f=50Hz。输出电压的平均值 $U_{o(AV)}$=12V，流过负载 R_L 的电流 $I_{o(AV)}$=160mA。试估算滤波电容 C 的电容量。

解：根据已知的 $U_{o(AV)}$ 和 $I_{o(AV)}$ 值，可以计算出负载电阻为

$$R_L = \frac{U_{o(AV)}}{I_{o(AV)}} = \frac{12}{160 \times 10^{-3}} = 75(\Omega)$$

已知交流电源的频率 f =50Hz，其周期 T＝0.02s。据公式，取 $\tau = R_L C = 3\ (T/2) = \frac{3}{2}T$，则

$$C \geqslant \frac{3T}{2R_L} = \frac{3 \times 0.02}{2 \times 75} = 400(\mu F)$$

选择滤波电容器除了电容量 C 之外，还要注意它的耐压值。在工作过程中，电容器承受的电压最大值就是变压器二次侧电压 U_2 的幅值 U_{2m}。据公式可得

$$U_2 = \frac{U_{o(AV)}}{1.2} = \frac{12}{1.2} = 10(V)$$

$$U_{2m} = \sqrt{2}U_2 = \sqrt{2} \times 10 = 14.14(V)$$

选择电容器的耐压值应大于 14.14V，且应有一定的富裕量。

四、稳压电路原理及应用

（一）二极管稳压电路的组成及原理

稳压二极管是利用 PN 结的击穿区具有稳定电压的特性来工作的，稳压管在稳压设备和一些电子电路中获得广泛的应用。

（二）串联型稳压电路

1. 串联型稳压电路的组成

串联型稳压电路通常由调整元件、基准电压、取样网络、比较放大环节以及过载保护、辅助电源等环节构成。从稳压电路的主回路来看，起调整电压作用的半导体三极管与负载相互串联，故把这种电路称为串联型稳压电路。

串联型稳压电路的组成如图 3-26 所示，作为稳压电路的核心部件，调整元件一般选用低频大功率管，并以射极输出器的形式组成电路，把负载电阻作为射极电阻，以整流滤波后的输出电压为电源，工作点设定于放大区。取样网络由电阻 R_1、R_2 分压构成，其阻值选择以尽可能不影响负载流过的电流为准，同时使取样电压与比较放大电路尽量无关。电路的基准电压通常由稳压管提供，比较放大电路的形式是单管放大、差动放大或采用集成运放。由三极管作为比较环节的串联型稳压电路如图 3-27 所示。

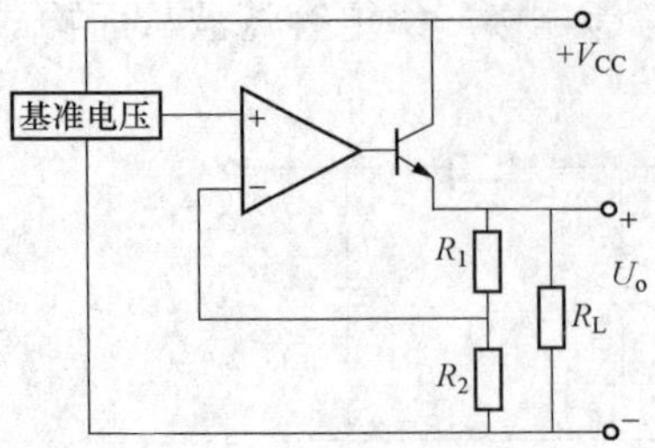

图 3-26 串联型稳压电路的组成

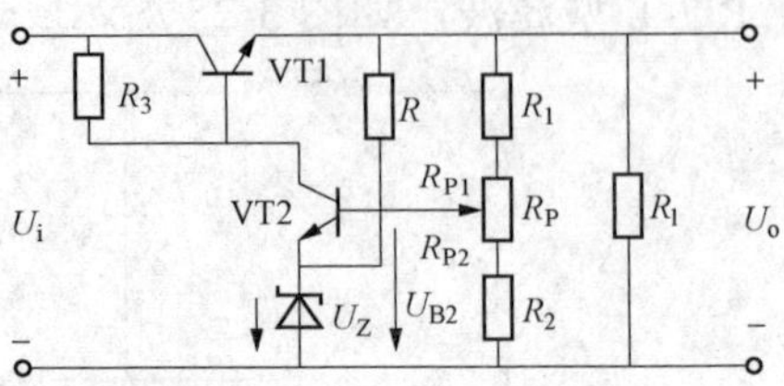

图 3-27 串联型稳压电路

2. 工作原理

由调整管 VT1 构成稳压电路的核心部分，实际上是射极输出器，同时是一个电压串联的负反馈电路，具备一定的稳压功能。

（1）采样环节。采样环节是由电阻 R_1、R_2、R_P 组成的电阻分压器，它将输出电压的一部分，取出送到放大环节，电位器 R_P 是调节输出电压。

（2）基准电压。从由稳压管 VS 和电阻 R 构成的电路中取得基准电压，即稳压管的电压，它是一个稳定性较高的直流电压，作为调整、比较的标准。R 是稳压管的限流电阻。

（3）放大环节。放大环节是由集成运算放大电路组成，它将采样电压 U_{B2} 与基准电压 U_Z 的差值放大，其输出送至调整管 VT2 的基极。

（4）调整环节。调整环节一般由工作于线性区的功率管 VT1 组成，它的基极电流受放大环节输出信号控制，只要控制基极电流 I_B，就可以改变集电极电流 I_C 和集电极-发射极电压 U_{CE}，从而调整输出电压。

$$U_o = U_i - U_{CE}$$

当 U_I 增加或输出电流减小使 U_o 升高时

$$U_o\uparrow \longrightarrow U_{B2}\uparrow \longrightarrow U_{BE2}=(U_{B2}-U_S)\uparrow$$

$$U_o\downarrow \longleftarrow U_{CE}\uparrow \longleftarrow U_{C2}\ (U_{B1})\downarrow$$

3. 串联型稳压电路的参数分析

如图 3-27 所示，串联型稳压电路输出电压 U_o 及其可调节范围分析。

当电位器调节至最下端时，输出电压是最大值，其大小为

$$U_{o\max} = \frac{R_1 + R_P + R_2}{R_2}(U_S + U_{BE2}) \tag{3-7}$$

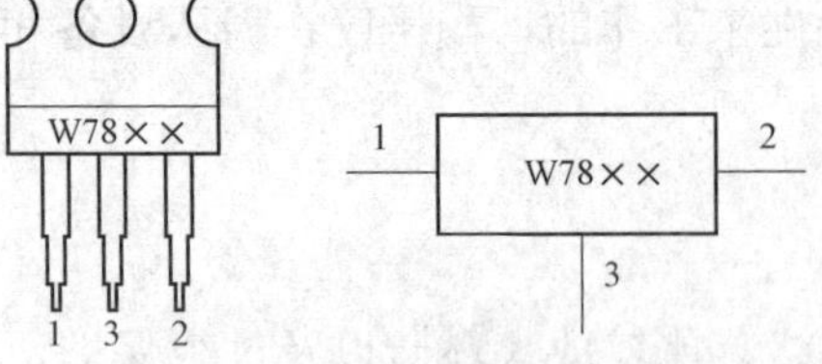

（a） （b）

图 3-28 固定输出三端集成稳压器

1—输入端；2—输出端；3—公共端

当电位器调节至最上端时，输出电压是最小值，其大小为

$$U_{o\min} = \frac{R_1 + R_P + R_2}{R_2 + R_P}(U_S + U_{BE2}) \tag{3-8}$$

因此，输出电压的可调节范围是 $U_{o\max} - U_{o\min}$。

（三）集成稳压器电路分析

集成稳压器又称为集成稳压电路，是将不稳定的直流电压转换成稳定的直流电压的集成

电路。集成稳压器体积小，重量轻，价格低，性能好，可靠性高，安装调试方便，得到越来越广泛的应用。集成稳压器有三个引脚，分别为输入端、输出端和公共端，故称为三端稳压器，三端稳压器由启动电路、基准电压电路、取样放大电路、调整电路和保护电路组成。

按照输出特点，三端集成稳压器可分为三端固定输出集成稳压器和三端可调输出集成稳压器两类。

（1）三端固定输出集成稳压器。常用的CW78××系列是正电压输出，CW79××系列是负电压输出。CW78××系列和CW79××系列外形一样，但管脚不同，功能也不同。CW78××系列外形图如图3-28所示。

W78××和W79××系列型号中的“××”是两个数字，表示输出的固定电压，“××”一般有05（5V）、06（6V）、08（8V）、12（12V）、15（15V）、18（18V）、24（24V）等几种，每一种系列稳压器的输出电流又有100mA（78L××）、0.5A（78M××）及1.5A（78××）内部含有限流保护、过热保护和过电压保护电路，采用了噪声低、温度漂移小的基准电压源，工作稳定可靠。常见78（79）系列的引脚功能和输出电压、输出电流等级见表3-1。

表3-1　常见78（79）系列的引脚功能和输出电压、输出电流等级

<table>
<tr><th>引脚或输出值
型号</th><th>输入端</th><th>输出端</th><th>公共端</th><th>输出电压</th><th>输出电流</th></tr>
<tr><td>7800系列</td><td>1脚（正电压输入）</td><td>2脚</td><td>3脚</td><td rowspan="2">5V
6V
8V
9V
10V
12V
15V
18V
24V</td><td rowspan="2">L（0.1A）
M（0.5A）
T（3A）
H（5A）
P（10A）
无字母（1.5A）</td></tr>
<tr><td>7900系列</td><td>3脚（负电压输入）</td><td>2脚</td><td>1脚</td></tr>
</table>

（2）三端可调输出集成稳压器。三端可调输出集成稳压器的输出电压在一定范围内连续可调，其外形及表示符号与固定式完全相同，只是型号不同。可调集成稳压器的国内型号有CW117/CW217/CW317、CW137/CW237/CW337，对应国外型号为LM117/LM217/LM317、LM137/LM237/LM337，其中，17系列为正稳压源，37系列为负稳压源。

任务实施　直流稳压电源的分析

在电子电路中，通常需要电压稳定的直流电源供电，小功率稳压电源一般是由电源变压器、整流、滤波和稳压四部分电路组成。

1．电源变压器

电源变压器的作用是将电网220V的交流电压变换成整流滤波电路所需的低电压。根据设计要求，输出最大电源为+10V/1A，因此，输出的最大功率为10W。另外，为了输出正、负电压，考虑到每个稳压集成块的压降为3V左右，因此可以选择220V/±16V/10W的变压器。为了使电路正常工作，要求输入电压应比输出电压至少高出2.5～3V，且

$$U_{o(AV)}=\frac{2\sqrt{2}}{\pi}U_2\approx 0.9U_2$$

所以变压器的输出电压的平均值至少应为 8V，因此选择双 8V/8W 的变压器。

2. 整流电路

整流电路一般由单向导电性的二极管构成，经常采用单相半波、单相全波和桥式整流电路。如图 3-29 所示的整流电路为应用广泛的桥式整流电路。电路中采用了 4 个二极管组成桥式整流电路。整流过程中，4 个整流管轮流导通，无论正半周还是负半周，流过图 3-29 负载的电流方向一致，形成全波整流，将变压器处的交流电压变成了脉动直流电压。

整流电路的参数如下：

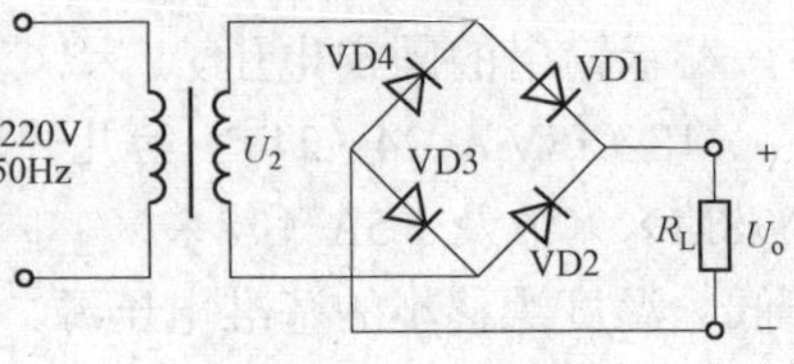

图 3-29 整流电路

输出电压平均值 $U_{o(AV)} = \frac{2\sqrt{2}}{\pi} U_2 \approx 0.9U_2$

输出电流平均值 $I_{o(AV)} = \frac{U_{o(AV)}}{R_L} \approx 0.9\frac{U_2}{R_L}$

平均整流电流 $I_{D(AV)} \approx 0.45\frac{U_2}{R_L}$

最大反向电压 $U_{RM} = \sqrt{2U_2}$

整流二极管的选择 $I_F > 0.45\frac{1.1U_2}{R_L}$，$U_R > 1.1\sqrt{2U_2}$

3. 滤波电路

交流电经整流电路后可变为脉动直流电，但其中含有较大的交流分量，为使设备上得到纯净的交流电，还必须用滤波电路滤除脉动电压中的交流成分。滤波电路如图 3-30 所示。常见的滤波电路有电容滤波电路、电感滤波电路、电感电容滤波电路以及 Π 型滤波电路。由于电容滤波电路较为简单且能得到较好的效果，故选用此电路。在加入电容滤波电路后，由于电容是储能元件，利用其充放电特性，使输出波形平滑，减少脉动成分，以达到滤波的目的。为了使滤波效果更好，可选用大容量的电容为滤波电容。这是因为电容放电的时间常数越大，放电过程越慢，脉动成分越少，同时使得电压更高。滤波电容一般选几十至几千微法的电解电容，一般选取 $R_L C = (3\sim5)\frac{T}{2}$，即 $R_L C$=0.03～0.05s，滤波电容一般选几十至几千微法的电解电容。又因为输出最大电流为 1A，故可估算出 R_L 范围，取 R_L 为 18Ω，求得 C≈2200μF。故电容 C 选择 2200μF/25V 的电解电容。

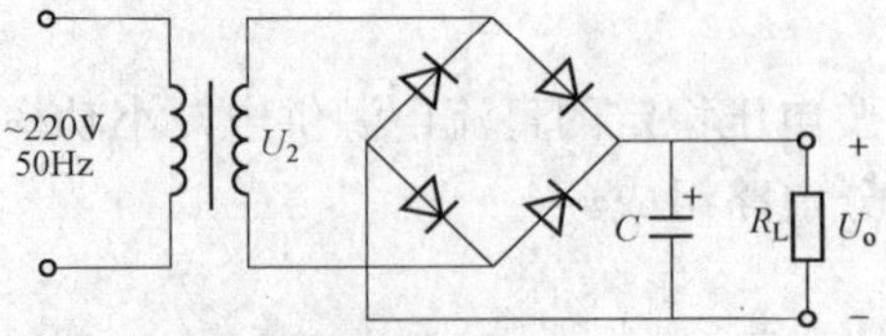

图 3-30 滤波电路

4. 稳压电路

经过整流和滤波后的直流电压，会由于电网电压的波动以及负载电阻的变动而发生变化。在绝大多数情况下，这种输出电压的变化波动太大，仍需进一步对其稳定，这就需要采用稳压电路。目前常用的稳压电路有并联式稳压电路、串联稳压电路和集成式稳压电路。由于集成式稳压芯片具有较完善的短路和限流保护、过热保护和晶体管安全工作区保护电路，因而工作是比较稳定的。

为了使电路正常工作，要求输入电压应比输出电压至少高出 2.5～3V。电路如图 3-31 和图 3-32 所示。电容 C_1 可防止自激振荡，还可抑制电源的高频脉冲干扰，一般取 0.1～1μF。输出端电容 C_2 可以改善负载的瞬态响应，消除电路的高频噪声，同时也具有消除自击振荡的作用。要求输出+5V、−5V 的直流电，选择 L7805、L7905。

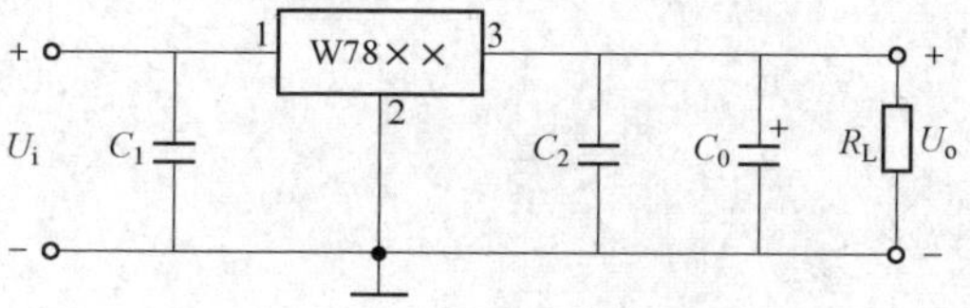

图 3-31　输出正电压电路

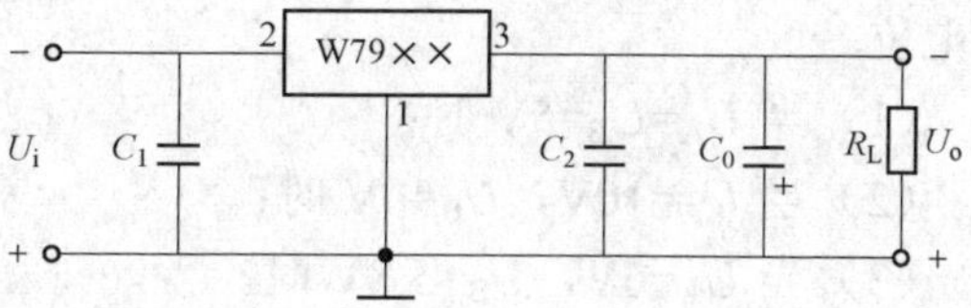

图 3-32　输出负电压电路

5. 直流稳压电路

直流稳压电路如图 3-33 所示。

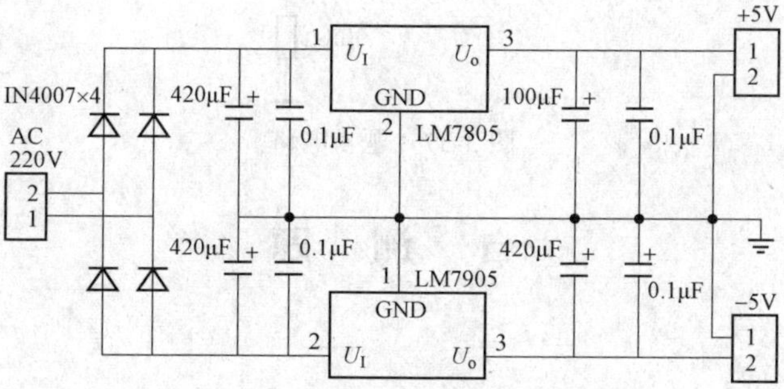

图 3-33　直流稳压电路

思考与练习

1. 如图 3-34 所示，设电路中的二极管为理想二极管，试求各电路中的输出电压 U_{AB}。

2. 如图 3-35 所示，设二极管正向导通电压为 0V，反向电阻为无穷大，输入电压为 u_i= $10\sin\omega t$ V，E=5V，试分别画出输出电压 u_o 的波形。

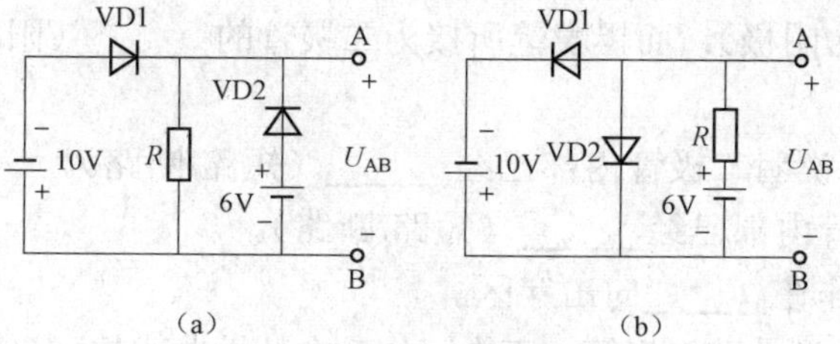

图 3-34　题 1 电路

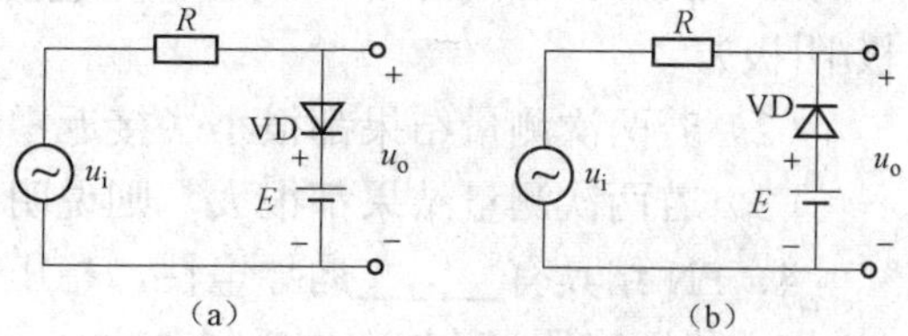

图 3-35　题 2 电路

3. 如图 3-36 所示，其中 R=2kΩ，硅稳压管 VS1、VS2 的 U_{S1}、U_{S2} 分别为 5V、10V，正向压降为 0.6V，不计稳压管的动态电阻和耗散功率，试求各电路输出电压。

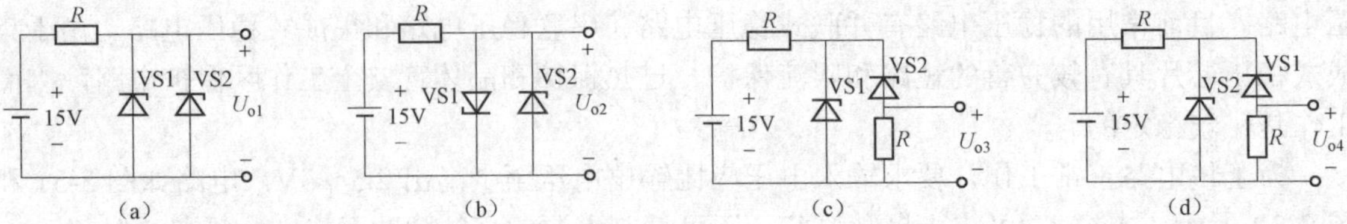

图 3-36　题 3 电路

4．电路如图 3-37 所示，设二极管为理想二极管。根据以下条件，求二极管中的电流和 Y 的电位。

（1）当 $U_A=U_B=5V$ 时；

（2）当 $U_A=10V$，$U_B=0V$ 时；

（3）当 $U_A=6V$，$U_B=5.8V$ 时。

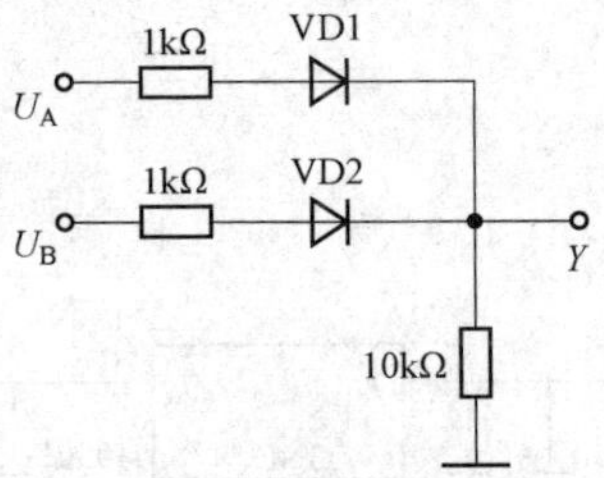

图 3-37　题 4 电路

自　测　题

一、填空题

1．N 型半导体是在本征半导体中掺入极微量的______价元素组成的。这种半导体内的多数载流子为______，少数载流子为______，不能移动的杂质离子带______电。P 型半导体是在本征半导体中掺入极微量的______价元素组成的。这种半导体内的多数载流子为______，少数载流子为______，不能移动的杂质离子带______电。

2．半导体是一种导电能力介于______与______之间的物质，常用的半导体材料有______和______。

3．用数字式万用表测量二极管的极性时：需用万用表欧姆挡的______挡位。

（1）若一次测得的阻值较小，另一次测得的阻值较大，则说明二极管质量良好。测得阻值小的那一次红表笔所接为二极管的______（阳极/阴极），而黑表笔所接为二极管的______（阳极/阴极）。

（2）若两次测量结果都很小（接近零），则说明二极管内部已经______（短路/断路）。

（3）若两次测量结果都很大，则说明二极管内部已经______（短路/断路）。

4．PN 结具有______向导电性，稳压管工作在______向击穿区。

5．稳压管是一种特殊物质制造的______接触型的硅二极管，正常工作应在特性曲线的区。

6．直流稳压电源一般由降压电路、______电路、______电路、______电路 4 部分组成。

7．常用的滤波电路有______、______和______等。

8．变压器降压输出 $U_2=10V$，若采用半波整流，输出电压的平均值为______ V；若采用桥式整流，输出电压平均值为______ V；若采用桥式整流电容滤波后，输出电压平均值为______ V。

9．三端稳压器 CW7812 的输出电压为______、CW7909 输出电压为______。

二、判断题

1．P 型半导体中不能移动的杂质离子带负电，说明 P 型半导体呈负电性。（　　）

2．直流电源是一种将正弦信号转换为直流信号的波形变换电路。（　　）

3．用万用表测试晶体管时，选择欧姆挡 R×10k 挡位。（　　）

4．PN 结正向偏置时，其内外电场方向一致。（　　）

5．在变压器二次侧电压和负载电阻相同的情况下，桥式整流电路的输出电流是半波整流电路输出电流的 2 倍。（　　）

6．在单相桥式整流电容滤波电路中，若有一只整流管断开，输出电压平均值变为原来的一半。（　　）

7．二极管只要工作在反向击穿区，一定会被击穿损坏。（　　）

8．整流电路可将正弦电压变为脉动的直流电压。（　　）

9．电容滤波电路适用于小负载电流，而电感滤波电路适用于大负载电流。（　　）

10．线性直流电源中的调整管工作在放大状态，开关型直流电源中的调整管工作在开关状态。（　　）

三、选择题

1．单向半波整流电路，变压器二次侧电压为 20V，则整流二极管实际承受的最高反向电压为（　　）。

A．20V　　B．$20\sqrt{2}$ V　　C．18V　　D．9V

2．单向半波整流电路，若负载平均电流为 10mA，则实际通过整流二极管的平均电流为（　　）。

A．5A　　B．0　　C．10mA　　D．20mA

3．在单相半波整流电路中，已知变压器二次侧电压有效值 U_2 为 10V，测得输出电压平均值 $U_{o(AV)}$ 可能的数值为（　　）。

A．14V　　B．12V　　C．9V　　D．4.5V

4．用万用表检测某二极管时，发现其正、反电阻均约等于 1kΩ，说明该二极管（　　）。

A．已经击穿　　B．完好状态　　C．内部老化不通　　D．无法判断

5．PN 结两端加正向电压时，其正向电流是（　　）而成。

A．多子扩散　　B．少子扩散　　C．少子漂移　　D．多子漂移

6．整流的目的是______。

A．将交流变为直流

B．将高频变为低频

C．将正弦波变为方波

7．在单相桥式整流电路中，若有一只整流管接反，则（　　）。

A．输出电压约为 $2U_D$

B．变为半波直流

C．整流管将因电流过大而烧坏

8．直流稳压电源中滤波电路的目的是（　　）。

A．将交流变为直流

B．将高频变为低频

C．将交、直流混合量中的交流成分滤掉

9．串联型稳压电路中的放大环节所放大的对象是（　　）。

A．基准电压　　B．采样电压　　C．基准电压与采样电压之差

10．开关型直流电源比线性直流电源效率高的原因是（　　）。

A．调整管工作在开关状态

B．输出端有 LC 滤波电路

C．可以不用电源变压器

四、分析画图题

1．两只硅稳压二极管的正向电压均为 0.7V，稳定电压分别为 U_{S1}=6V，U_{S2}=8V，若与一电阻串联后接入直流电源中，当考虑稳压管正负极性的不同组合时，可获得哪几种较稳定的电压值？画出电路图。

2．电路如图 3-38 所示。合理连线，构成 5V 的直流电源。

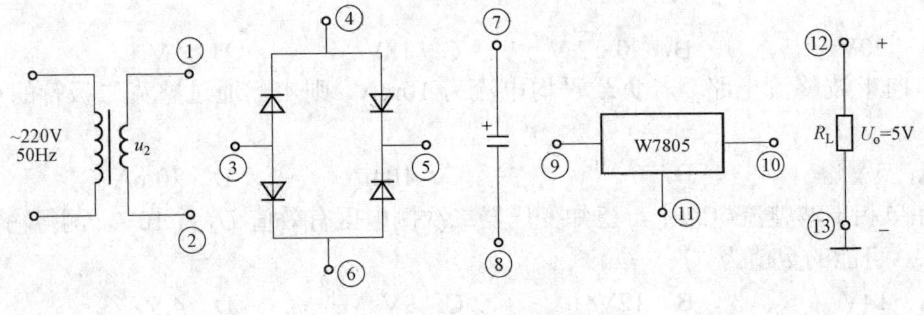

图 3-38　题 2 电路

3．如图 3-39 所示电路中，已知 E=5V，u_i=10sinωtV，二极管为理想元件（即认为正向导通时电阻 R=0，反向阻断时电阻 R=∞），试画出 u_o 的波形。

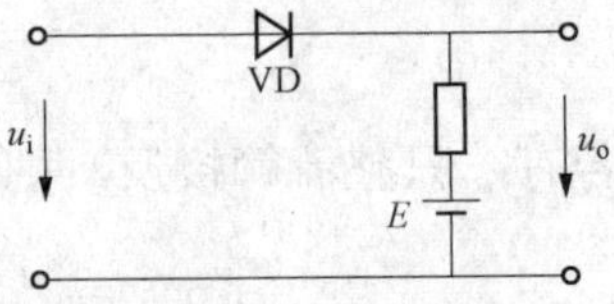

图 3-39　题 3 电路

学习项目四　简易扩音器的分析与设计

项目描述

扩音器适用于教学、旅游、企业流动现场培训等移动现场扩音，还广泛应用于现场促销、健身活动、文艺表演等场合。扩音设备的通常作用是把从话筒等音频设备输出的微弱信号放大成能推动扬声器发声的大功率信号。扩音器由前置放大器、音调控制器、功率放大器这几个部分组成。

扩音器系统组成方框图如图 4-1 所示。

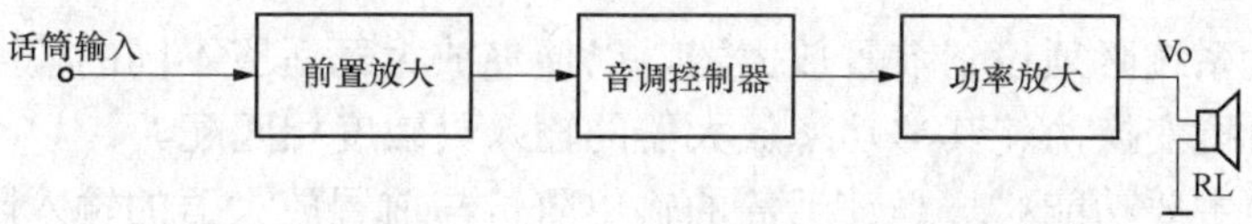

图 4-1　扩音器系统框图

前置放大器对输入信号进行适当的放大，放大后的信号送入音调控制器的音调网络，信号经过音调网络，其幅度有所减小。根据扩音节目的不同，可以用音调选择器选择不同的位置，最后送入功率放大级进行功率放大后的信号送入扬声器，在扬声器上得到了放大后的音调信号。

项目目标

知识目标

（1）了解半导体三极管的结构，熟悉三极管的型号、命名方法及其分类。

（2）理解半导体三极管的电流放大作用。

（3）熟悉放大电路的组成和基本原理。

（4）掌握基本放大电路的分析方法，掌握基本放大电路的图解分析法和微变等效电路分析法。

（5）熟练掌握分压式偏置共发射极放大电路的静态分析和动态分析及其特点。

（6）了解多级放大电路的组成和频率响应。

（7）理解常用功率放大电路的工作原理，掌握集成功放的应用。

技能目标

（1）会用判断三极管的类型与极性。

（2）学会判断三极管的工作状态。

（3）会使用集成运算放大器。

任务框架

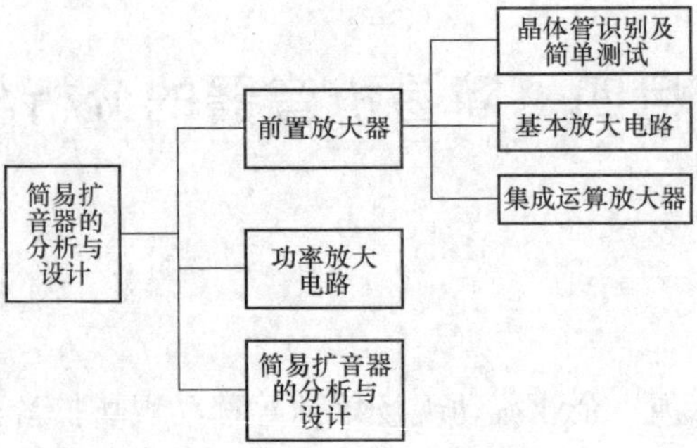

任务一　前置放大器

任务引入

音频功率放大系统必须设置前置放大器，以便使放大器适应不同的输入信号，或放大，或衰减，或进行阻抗变换，使其与功率放大器的输入灵敏度相匹配。

前置放大器的主要功能：一是使话筒的输出阻抗与前置放大器的输入阻抗相匹配；二是使前置放大器的输出电压幅度与功率放大器的输入灵敏度相匹配。

那么能够放大信号的核心器件是什么？它是如何实现放大信号的？

任务分析

要充分地理解前置放大器，就要先了解放大电路的核心器件——晶体管，以及由晶体管构成的基本放大电路和集成运算放大电路。

子任务一　晶体管识别及简单测试

学习目标

（1）了解晶体管的结构，熟悉晶体管的型号、命名方法及其分类。

（2）理解晶体管的电流放大作用。

（3）认识各种类型的晶体管，掌握晶体管基极、集电极、发射极的判别方法。

（4）能正确判断晶体管的工作状态。

任务引入

晶体管被誉为“20 世纪最伟大的发明”，它的出现为集成电路、微处理器及计算机内存的产生奠定了基础。识别晶体管的种类，掌握其特性及其测量识别方法，是学习集成放大电路的基础。那么如何识别晶体管，它又是如何实现信号的放大的呢？

知识准备

半导体三极管又称晶体三极管（简称三极管），或双极型晶体管，一般简称晶体管。它是通过一定的制作工艺，将两个 PN 结结合在一起的器件，两个 PN 结相互作用，使晶体管成为一个具有控制电流作用的半导体器件。

根据工作频率分为高频管、低频管和开关管；根据工作功率分为大功率管、中功率管和小功率管。常见的晶体管外形如图 4-2 所示。按制成的材料不同又分为硅管和锗管。

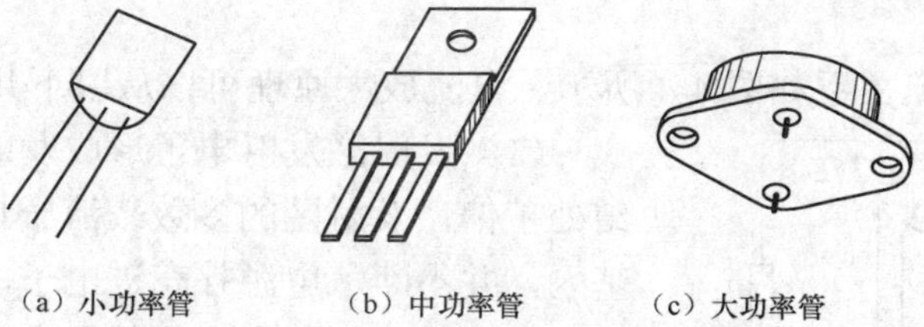

图 4-2　常见的晶体管的外形

一、晶体管的结构

晶体管根据 P 型和 N 型半导体材料的组合方式可分为 NPN 型和 PNP 型。图 4-3（a）、（b）所示分别为 NPN 型晶体管和 PNP 型晶体管的结构示意和电路符号。三极管有三个极、三个区、两个结。三个极分别为基极（B）、集电极（C）、发射极（E）；三个区分别是基区、集电区、发射区；两个结分别是发射结和集电结，发射区与基区间的 PN 结为发射结，集电极与基区间的 PN 结为集电结。

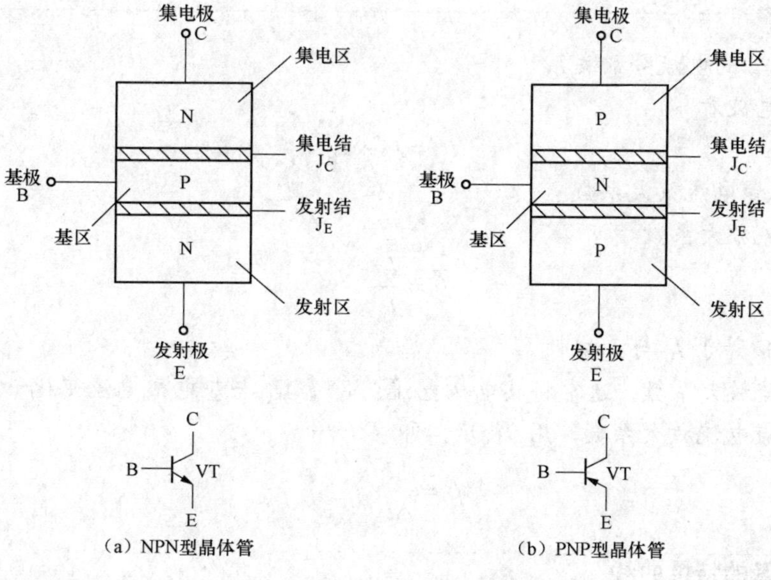

图 4-3　晶体管结构示意及电路符号

二、电流分配原则及放大作用

1. 放大条件

以 NPN 型晶体管为例讨论。晶体管若实现放大，必须从晶体管内部结构和外部所加电源的极性来保证。

（1）内部条件。

1）发射区高掺杂。

2）基区做得很薄。通常只有几微米到几十微米，而且掺杂较少。

3）集电结面积大。

（2）外部条件。

1）发射结必须加正向电压（正偏）。

2）集电结必须加反向电压（反偏）。

2. 电流放大原理

载流子运动和电流关系如图 4-4 所示，电流放大原理可以从以下几个方面讨论。

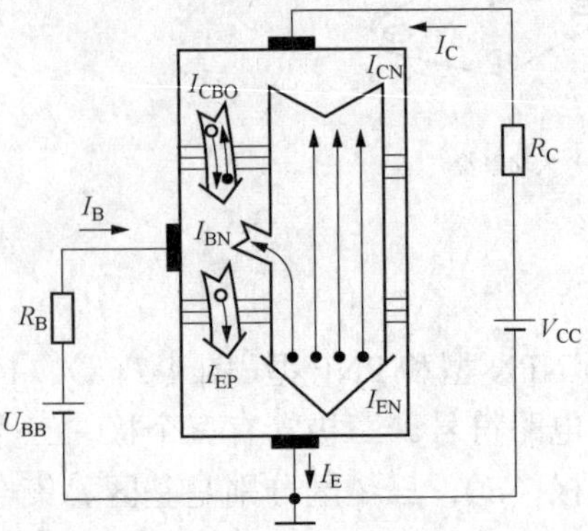

图 4-4 载流子运动和电流关系

（1）发射区发射电子形成发射极电流 I_E。由于发射结处正偏，发射区的多数载流子自由电子将不断扩散到基区，并不断从电源补充进电子，形成发射极电流 I_E。

（2）基区的复合形成基极电流 I_B。由于基区很薄，且多数载流子浓度又很低，所以从发射极扩散过来的电子只有很少一部分和基区的空穴相复合形成基极电流 I_B，剩下的绝大部分电子则都扩散到了集电结边缘。

（3）集电结收集电子漂移运动形成集电结电流 I_C。集电结由于反偏，可将从发射区扩散到基区并到达集电区边缘的电子拉入集电区，从而形成较大的集电极电流 I_C。

结 论

1. 晶体管的电流分配关系

从外部电极看

$$I_E = I_C + I_B \tag{4-1}$$

2. 晶体管电流放大系数

（1）直流放大系数

$$\bar{\beta} = \frac{I_C}{I_B} \tag{4-2}$$

即 $\bar{\beta}$ 近似等于 I_C 与 I_B 之比。

（2）交流放大系数。通常将集电极电流变化量 ΔI_C 与基电极电流变化量 ΔI_B 之比定义为共射极交流电流放大系数，用 β 表示，即

$$\beta = \frac{\Delta I_C}{\Delta I_B} \tag{4-3}$$

三、晶体管的特性曲线

晶体管的特性曲线分为输入特性曲线与输出特性曲线。

以 NPN 共发射极放大电路而言，输入特性曲线是描述基极电流 i_B 与基极-发射极电压 u_{BE} 之间的关系。输出特性曲线是描述集电极电流 i_C 与集电极-发射极电压 u_{CE} 之间的关系。

1. 共发射极输入特性

共发射输入特性是指当电压 U_{CE} 不变时，输入电流 I_B 与发射结电压 U_{BE} 之间的关系。

先分析 U_{CE}=0 时的情况。输入特性曲线与 PN 结的伏安特性相似，呈指数关系。如图 4-5 中 U_{CE}=0 的曲线所示。U_{CE}≥1V 时，这时集电结反偏，从发射区注入基区的电子绝大部分都漂移到集电极，只有小部分与空穴复合形成 I_B，U_{CE}>1V 以后，I_C 增加很少，因此 I_B 的变化

量也很少，可以忽略 U_{CE} 对 I_B 的影响，即输入特性曲线都重合。

2. 共发射极输出特性

共发射极输出特性是指当基极电流 i_B 不变时，输出的集电极电流 i_C 与电压降 u_{CE} 之间的关系。从输出特性曲线可知，晶体管有三个工作区域。

（1）截止区。一般将 $I_B \leqslant 0$ 所对应的区域称为截止区。如图 4-6 中 I_B=0 的一条曲线与横轴所包围的区域。在此区域内晶体管的内部特征为发射结电压小于死区电压，称为截止区。

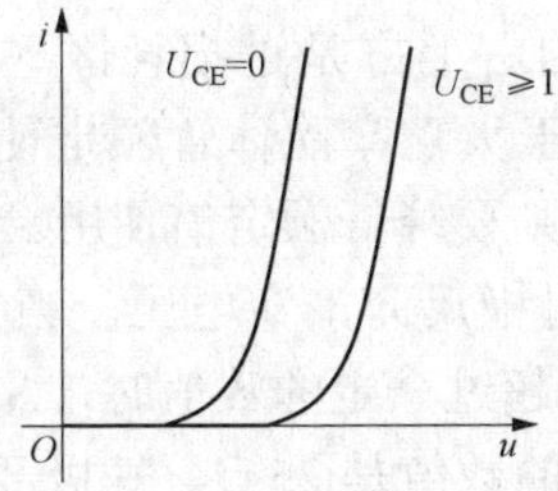

图 4-5　三极管输入特性曲线

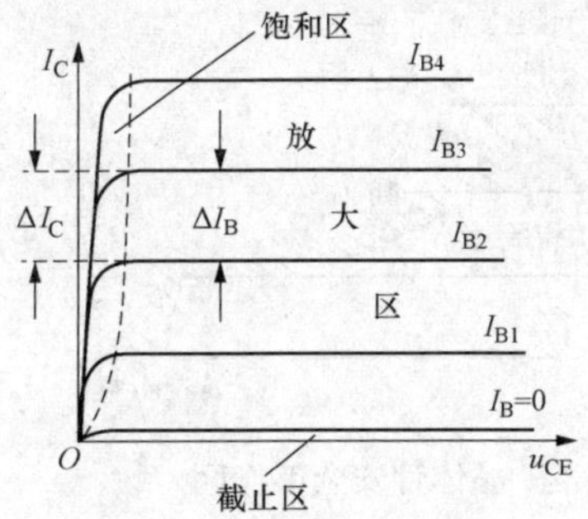

图 4-6　晶体管的输出特性曲线

（2）放大区。当 U_{CE} 大于一定的数值时，I_C 只与 I_B 有关，$I_C = \overline{\beta} I_B$，$\Delta i_C = \beta \Delta i_B$。此区域称为线性放大区。一般将 $i_B \geqslant 0$V 所对应的平行线区域称为放大区。晶体管内部特征为发射结正向偏置，且集电结反向偏置。对于 NPN 型的晶体管，有电位关系 $U_C>U_B>U_E$，有发射结电压 $U_{BE} \approx 0.7$V；对于 NPN 型锗晶体管，有 $U_{BE} \approx 0.3$V。

（3）饱和区。晶体管的内部特征为发射结与集电结都处于正向偏置，即 $U_{CE}<U_{BE}$，$\beta I_B>I_C$，U_{CE} 的值很小，称此时的电压 U_{CE} 为晶体管的饱和压降，用 U_{CES} 表示。一般硅晶体管的 $U_{CES} \approx 0.3$V，锗晶体管的 $U_{CES} \approx 0.1$V。

晶体管的集电极和发射极近似短接，三极管类似于一个开关导通。

四、晶体管的主要参数

1. 电流放大倍数 β 和 $\overline{\beta}$

共射直流电流放大倍数

$$\overline{\beta} = \frac{I_C}{I_B}$$

基极电流的变化量为 ΔI_B，相应的集电极电流变化为 ΔI_C，则交流电流放大倍数为

$$\beta = \frac{\Delta I_C}{\Delta I_B}$$

2. 集电极与基极间反向饱和电流 I_{CBO}

I_{CBO} 是集电结反偏由少数载流子的漂移形成的反向电流，受温度的变化影响。

3. 集电极与发射极间穿透电流 I_{CEO}

I_{CEO} 是指基极 B 开路时，集电极和发射极之间的电流，即

$$I_{CEO} = (1+\overline{\beta}) I_{CBO}$$

因此，$\overline{\beta}$ 值越大，I_{CEO} 也越大。I_{CEO} 越小，工作点越稳定，热稳定性就越好。

4. 极限参数

晶体管的极限参数是指保证晶体管安全工作，或电流电压不超过允许值的参数。

（1）集电极的最大允许电流 I_{CM}。I_{CM} 是正常工作时，i_C 的最大值。当 i_C 过大时，晶体管的 β 将下降，当 $i_C=I_{CM}$ 时，管子的 β 将下降到额定值的 2/3。

（2）集电极最大允许耗散功率 P_{CM}。集电极电流 I_C 流过晶体管所发出的功率为

$$P_C=u_{CE}i_C$$

由于集电极消耗的电能将转换为热能，使得管子的温度上升，若温度过高，将使管子的性能显著变差，甚至使 PN 结永久损坏。选取不同的电压、电流值在输出特性的坐标中可得到 P_{CM} 的一条双曲线。如图 4-7 所示，在曲线的左下方是安全区，$i_Cu_{CE}<P_{CM}$；在曲线的右上方是过损耗区（或非安全区），$i_Cu_{CE}>P_{CM}$。对于大功率晶体管额定使用时，应加规定的散热片，否则要降低额定值使用。

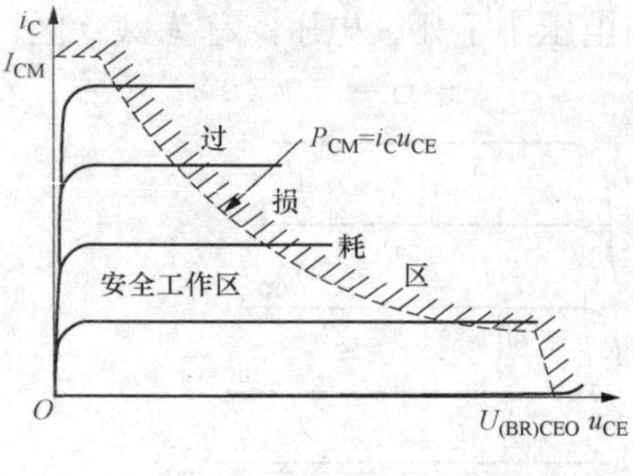

图 4-7 晶体管安全工作区

（3）集电极-发射极反向击穿电压。当集电极-发射极之间的电压 u_{CE} 超过一定的数值时，晶体管就会被击穿。手册上给出的数值是 25℃、基极开路时的击穿电压 $U_{(BR)CEO}$。

任务实施 晶体管识别及简单测试

一、认识各种类型的晶体管、学会晶体管三个电极的判别

1. 基极 B 和晶体管类型的判断

将万用表设置在 R×1kΩ挡或 R×100Ω挡，用黑表笔和任一管脚相接（假设它是基极 B），红表笔分别和另外两个管脚相接，如果测得两个阻值都很小，则黑表笔所连接的就是基极，而且是 NPN 型的管子，如图 4-8（a）所示。如果按上述方法测得的结果均为高阻值，则黑表笔所连接的是 PNP 管的基极，如图 4-8（b）所示。

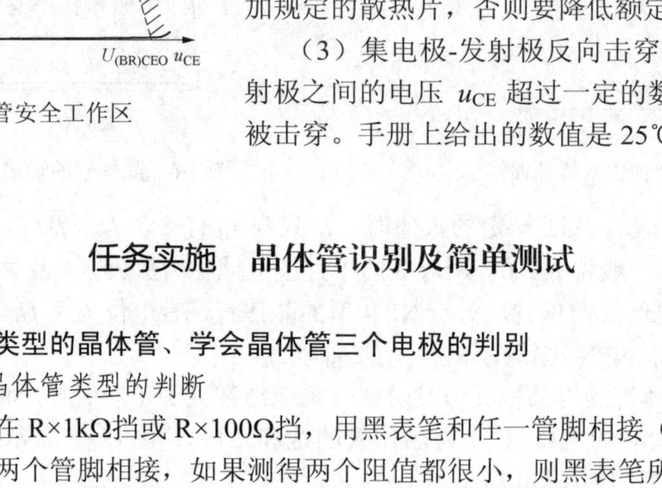

图 4-8 基极 B 的判断

2. 集电极 C 和发射极 E 的判断

首先确定晶体管的基极和管型，然后采用估测 β 值的方法判断 C、E 极。方法是先假定一个待定电极为集电极（另一个假定为发射极）接入电路，记录欧姆表的摆动幅度，然后把两个待定电极对调一下接入电路，并记录欧姆表的摆动幅度。摆动幅度大的一次，黑表笔所连接的管脚是集电极 C，红表笔所连接的管脚为发射极 E。测 PNP 管时，只要红、黑表笔对调位置，仍照上述方法测试。

根据每组拿到的晶体管观察其结构外形，并判断出基极和晶体管的型号，再判断出集电极和发射极，将测试结果填入表 4-1 中。

表 4-1　测试结果

型号	外形图及类型名称	①脚	②脚	③脚
NPN				
PNP				

二、识别晶体管的特性、判别三种状态

（1）根据在如图 4-9 所示电路中测出的晶体管各电极的电位大小，判断晶体管的工作状态。

（2）晶体管各极对公共端电位如图 4-10 所示，则处于放大状态的晶体管是______。

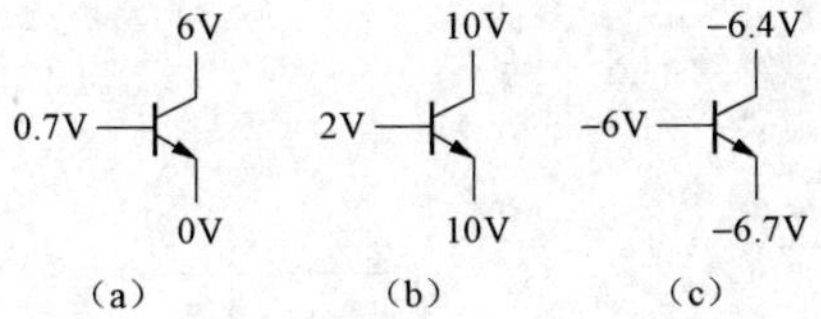

图 4-9　晶体管

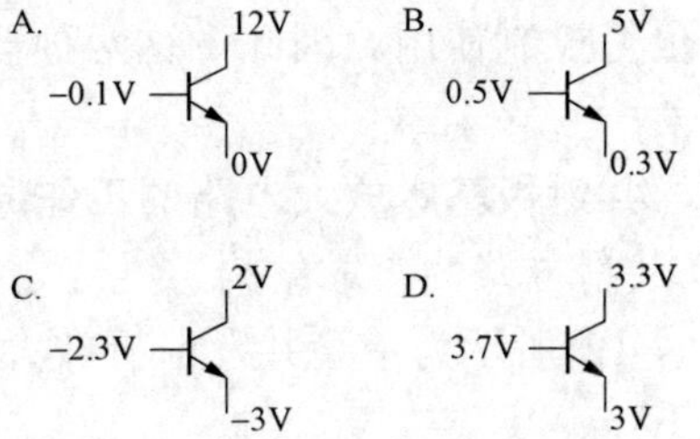

图 4-10　晶体管各极电位图

子任务二　基本放大电路

学习目标

（1）掌握基本放大电路的组成及工作原理，了解放大电路的基本概念。

（2）掌握基本放大电路的图解分析法和微变等效电路分析法。

（3）熟练掌握分压式偏置共发射极放大电路的静态分析和动态分析及其特点。

（4）掌握基本放大电路的静态工作点及动态参数的测定方法。

任务引入

放大电路的作用主要是信号放大，包括电压放大、电流放大和功率放大；对于差分放大电路除了放大作用之外，能够抑制共模干扰。集成运放的初级即输入级就是差分放大电路；它的输入电阻很大，对信号的索取能力很大，共模抑制比很大，应用非常广泛。其中，扩音设备的作用是把从话筒、录放卡座、CD机送出的微弱信号放大成推动扬声器发声的大功率信号，主要采用运算放大器和集成音频功率放大电路来构成扩音机电路。

在模拟电路中，晶体管通常都工作在放大区，那么如何保证晶体管始终工作在放大区，也就是让发射结正偏、集电结反偏。

知识准备

一、放大的概念

放大本质是实现能量的控制和转换。由于输入信号的能量过于微弱，需要另外提供一个

能源，由能量较小的输入信号控制这个能源，使放大电路输出较大的（受输入信号控制的）能量，然后推动负载。这种小能量对大能量的控制作用，就是放大作用，如图 4-11 所示。

图 4-11　放大作用示意

对放大电路的基本要求：①要有足够的放大倍数（电压、电流、功率）；②尽可能小的波形失真。另外，还有输入电阻、输出电阻、通频带等其他技术指标。

能够控制能量转换的器件称为有源器件，如晶体管、场效应管、集成放大器等。双极型晶体管（BJT）的基极电流对集电极电流有控制作用。同样，场效应管栅源之间的电压对漏极电流也有控制作用。因此，这两种器件都可以实现放大作用，它们是组成放大电路的核心器件。

二、共射极基本放大电路的工作原理

1. 共射电路的组成结构

图 4-12 所示为单管共发射极放大电路。各元件的作用如下：

放大元件 NPN 型三极管 VT，保证在发射结正偏，集电结反偏的工作状态下，它具备能量转换和电流控制的能力，集电极电流 $i_C=\beta i_B$。

V_{CC} 集电极电源，为电路提供能量，并保证集电结反偏。

R_C 集电极电阻，将变化的电流转变为变化的电压。

基极偏置电阻 R_B，使发射结正偏，并提供适当的静态工作点。

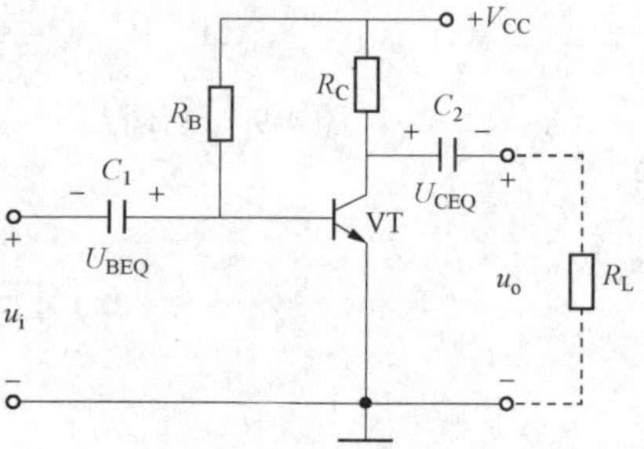

图 4-12　单管共射极放大电路

C_1、C_2 是耦合隔直流电容，隔离输入输出与电路直流的联系，同时能使信号顺利输入输出。C_1 和 C_2 通常为几微法至几十微法。

2. 共射电路的工作原理及波形

图 4-13 所示为放大器正常工作情况下的波形，由图可以总结出以下三点：

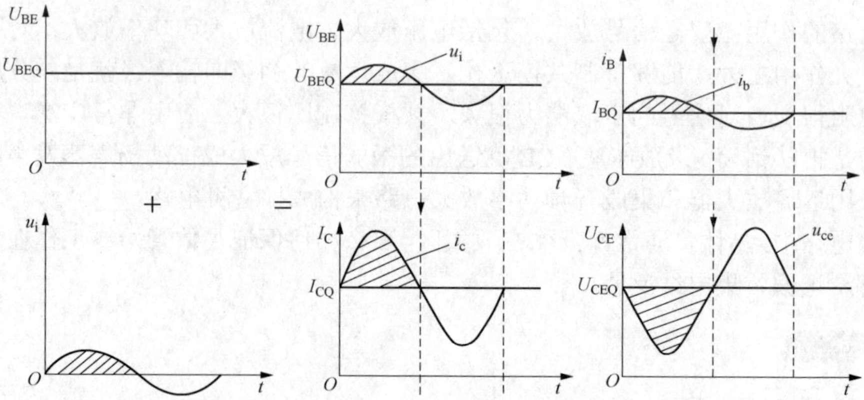

图 4-13　放大器正常工作情况下的波形

（1）放大电路中的信号是交、直流共存的，电压和电流的瞬时值（即混合量）是在原来静态直流量的基础上叠加交流量而形成，即 $i_B = I_B + i_b$， $i_C = I_C + i_c$， $u_{CE} = U_{CE} + u_{ce}$。

（2）放大后的输出电压 u_o 是与 u_i 同频率的正弦波，由于放大器工作在三极管的近似线性区，可以认为放大器不失真地放大了交流信号。

（3）输出电压 u_o 与输入电压 u_i 的相位差是180°，即 u_o 与 u_i 反相。

由上述分析可以看到，放大电路中交、直流共存，并且起着不同的作用。直流是基础，它保证 BJT 工作在放大状态，并同时为 BJT 提供合适的直流偏置（亦称为静态工作点）；交流信号是被放大的对象，输出到负载 R_L。要想输入信号被不失真地放大，必须给放大电路加合适的直流偏置，即提供合适的静态工作点。

任务

试分析图 4-14 所示各电路是否能够放大正弦交流信号，简述理由。设图中所有电容对交流信号均可视为短路。

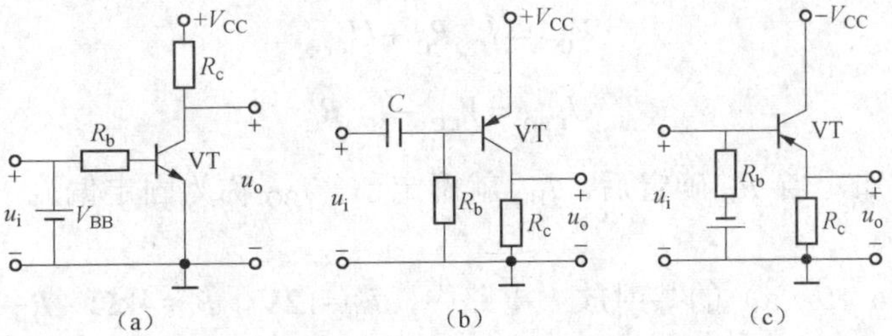

图 4-14　共射放大电路

三、放大电路的基本分析方法

一个放大电路电流与电压究竟被放大了多少倍关系到放大电路的性能。放大电路分析分为静态分析与动态分析，分析放大电路必须要正确地区分静态和动态，即正确区分直流通路和交流通路。分析电路的步骤是先静态后动态。静态分析方法有估算法与图解法，动态分析有微变等效电路法与图解法。

1. 静态分析

（1）直流通路。放大电路中各点的电压或电流都是在静态直流上附加了小的交流信号。因为电容对交、直流的作用不同，交、直流通路因此而不同。直流通路是在直流电源作用下，即放大电路中不加输入信号时直流电流流经的通路。此时电路处于直流工作状态，简称静态。在直流工作状态下，对直流量的分析计算称为静态分析。静态分析旨在求解放大电路静态工作点的值（I_{BQ}、I_{CQ}和 U_{CEQ}）。

画直流通路应根据三个要点：①电容视为开路；②电感视为短路；③信号源短路，但保留其内阻，如图 4-15 所示。

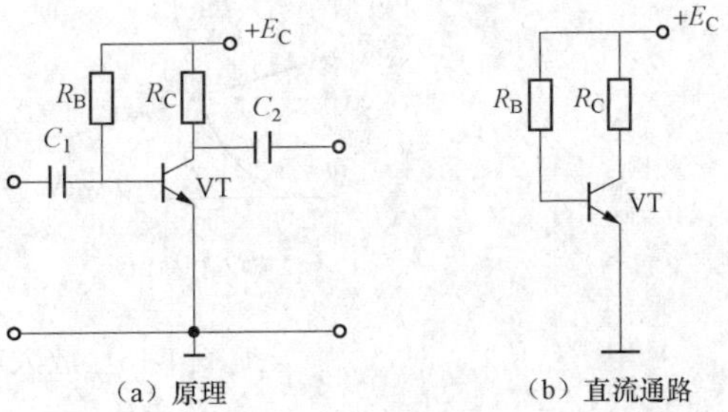

图 4-15　基本共发射极电路及其直流通路

（2）静态估算法。直流等效电路分析法是在放大电路的直流通路基础上，画出直流等效电路，根据线性电路的计算方法，计算放大电路的静态工作点 U_{BEQ}、I_{BQ}、I_{CQ} 和 U_{CEQ}。通常，硅晶体管 $|U_{BEQ}|=0.7V$，锗晶体管 $|U_{BEQ}|=0.3V$。

以基本共射放大电路为例，如图 4-15（a）所示。用等效电路分析法进行静态分析。

基本共射放大电路的直流等效电路如图 4-15（b）所示。根据 KVL 求 I_{BQ}（μA）：

由
$$E_C = I_{BQ}R_B + U_{BEQ}$$

可得
$$I_{BQ} = \frac{E_C - U_{BEQ}}{R_B} \tag{4-4}$$

若为硅材料
$$I_{BQ} = \frac{E_C - U_{BEQ}}{R_B} \approx \frac{E_C - 0.7}{R_B} = \frac{E_C}{R_B} \tag{4-5}$$

根据放大区电流方程得
$$I_{CQ} = \beta I_{BQ} \tag{4-6}$$

列输出回路 KVL 求 U_{CEQ}：

由
$$V_{CC} = I_{CQ}R_C + U_{CEQ}$$

可得
$$U_{CEQ} = V_{CC} - I_{CQ}R_C \tag{4-7}$$

由式（4-6）可知，当 R_B 确定后，I_{BQ} 就确定了，I_{BQ} 称为固定偏流，此放大电路也称为固定偏置电路。

［**例 4-1**］在图 4-15（a）的共射放大电路中，E_C=12V，R_C=4kΩ，R_B=300kΩ，NPN 型硅晶体管 β=37.5，试估算静态工作点。

解：
$$I_{BQ} = \frac{E_C - U_{BEQ}}{R_B} \approx \frac{E_C}{R_B} = \frac{12}{300}(\text{mA}) \approx 0.04\text{mA}=40(\mu\text{A})$$

$$I_{CQ} \approx \beta I_{BQ} = 37.5 \times 0.04 = 1.5(\text{mA})$$

$$U_{CEQ} = V_{CC} - I_{CQ}R_C = 12 - 1.5 \times 4 = 6(\text{V})$$

（3）图解法。图解法静态分析的任务是用作图的方法确定放大电路的静态工作点，即求出 I_{BQ}、I_{CQ} 和 U_{CEQ}。其静态图解分析过程如图 4-16 所示。

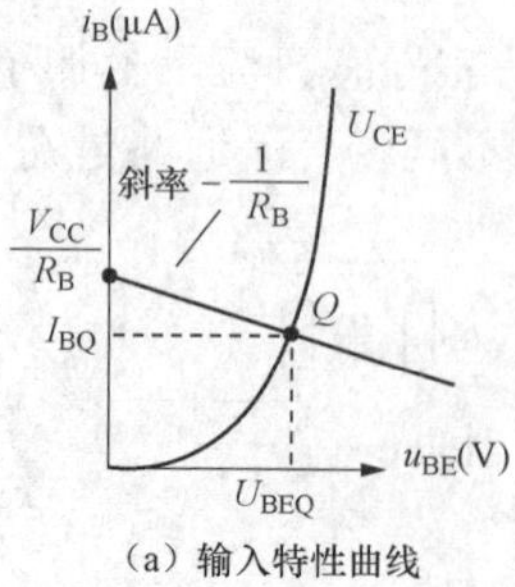

（a）输入特性曲线

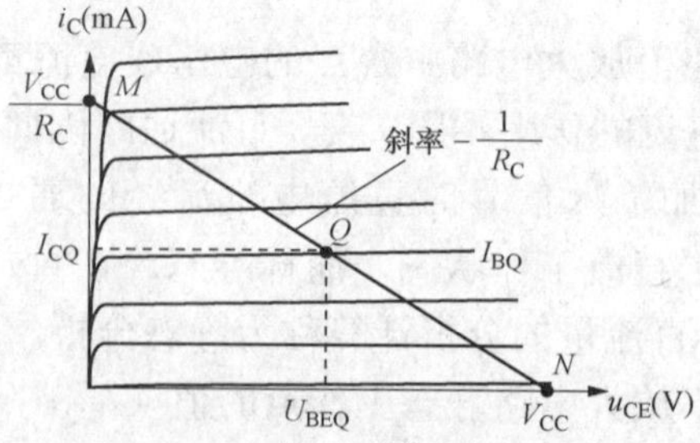

（b）输出特性曲线

图 4-16 放大电路静态工作状态的图解分析

静态工作点的确定方法如下：

（1）在输入回路列方程式 $U_{BE}=V_{CC}-I_BR_B$，在图 4-16（a）中，作出直流负载线，两线交点就是 Q 点，从图中读出 I_{BQ} 与 U_{BEQ} 的值。

（2）列输出回路方程 $U_{CE}=V_{CC}-I_CR_C$。

（3）在输出特性曲线上确定两个特殊点（V_{CC}，0）和（0，V_{CC}/R_C），即可画出输出直流负载线。

（4）输出直流负载线与 I_{BQ} 所确定的输出特性曲线的交点就是 Q 点，读图得到 I_{CQ} 和 V_{CEQ}。

2. 动态分析

只对电路的交流工作状态进行分析，称为动态分析。通过动态分析可计算放大电路的性能指标 R_i、R_o、A_u，应该通过交流通路进行。

（1）交流通路。交流通路是指 u_i 单独作用（V_{CC}=0）时，电路中交流分量流过的通路。

画交流通路时有两个要点：①大容量的电容（如耦合电容、射极或基极旁路电容等）视为短路；②无内阻的直流电源（如 V_{CC}、U_{EE} 等）视为短路，相当于接地。图 4-15（a）的交流通路如图 4-17 所示。

（2）微变等效电路分析法。微变等效电路分析法是在输入低频小信号的前提下，用 BJT 的 h 参数模型代替交流通路中的晶体管，得到放大电路的微变等效电路。晶体管是一个非线性元件，它的输入和输出特性曲线都不是直线，因此，只有在输入信号较小、相应的动态工作范围也较小的情况下，才能把晶体管工作点附近“微变”范围内的特性用一段直线来近似，也就是等效成线性的微变等效模型。

1）晶体管的微变等效模型。基极 B 和发射极 E 之间可以用一电阻进行等效，该电阻的大小将随着静态工作点的不同而变化，是个动态电阻。

$$r_{BE}=r_{BB'}+(1+\beta)\frac{26\,(\text{mV})}{I_{EQ}\,(\text{mA})}\approx 300+(1+\beta)\frac{26\,(\text{mV})}{I_{EQ}\,(\text{mA})} \tag{4-8}$$

晶体管的输出端可以等效成一个电流控制电流源 i_c，控制变量为 i_b，受控系数为β。

综上所述，得到放大区三极管的微变等效模型如图 4-18（b）所示。

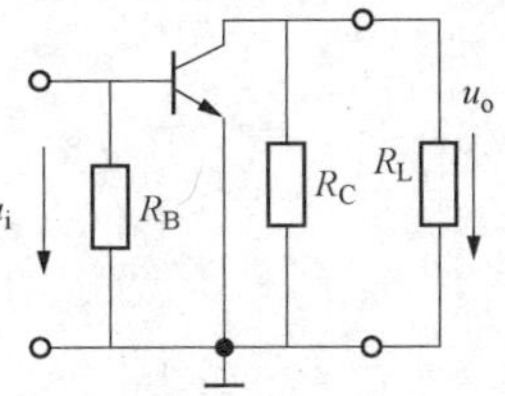

图 4-17　基本共发射极电路的交流通路

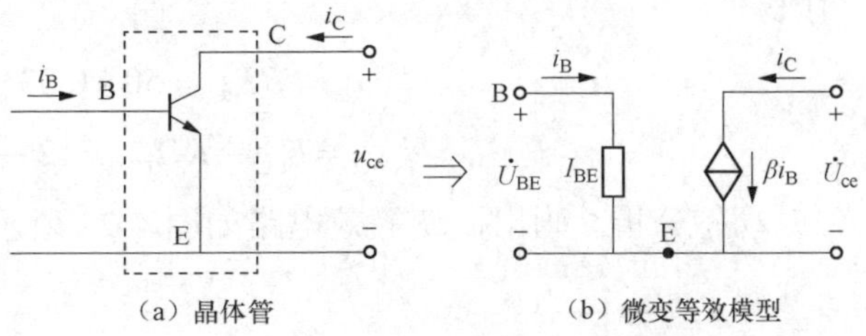

图 4-18　三极管及其微变等效模型

2）微变等效电路。如图 4-19 所示固定偏置共射放大电路，用微变等效电路法进行动态分析的方法和步骤如下：

a．电压放大倍数。

输入回路方程　　$\dot{U}_i=r_{be}\dot{I}_b$

输出回路方程　　$\dot{U}_o=-\dot{I}_cR'_L=-\beta\dot{I}_bR'_L$

其中　$R'_L = R_C // R_L$

由电压放大倍数计算公式，可得

$$\dot{A}_u = \dot{U}_o / \dot{U}_i = -\beta R'_L / r_{be} \quad (4\text{-}9)$$

式（4-9）中的负号表示输入电压与输出电压的极性相反，这是共射放大电路的基本特征之一。

b．输入电阻 r_i。根据输入电阻的定义

$$r_i = \dot{U}_i / \dot{I}_i = R_B // r_{be} \approx r_{be} \quad (4\text{-}10)$$

c．输出电阻 r_o。将负载开路，根据输出电阻计算公式可得

$$r_o = R_C \quad (4\text{-}11)$$

［**例 4-2**］已知单级共射放大电路如图 4-20 所示，U_{BE}=0.7V，β=50，R_B=377kΩ，R_C=6kΩ，R_L=3kΩ，R_S=100Ω，V_{CC}=12V。试计算电路的静态工作点，源电压放大倍数 A_u、$\dot{A}_{us} = \dfrac{\dot{U}_o}{\dot{U}_S}$，输入、输出电阻。

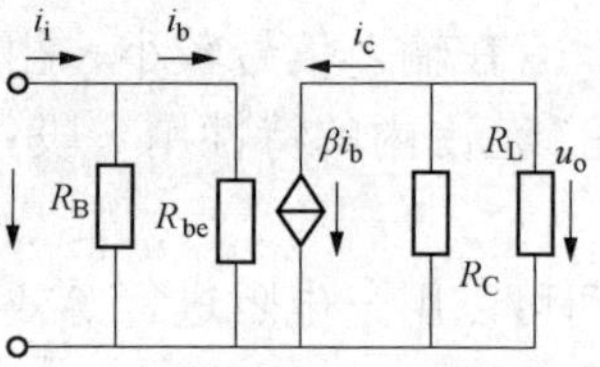

图 4-19　固定偏置共射放大电路的微变等效电路

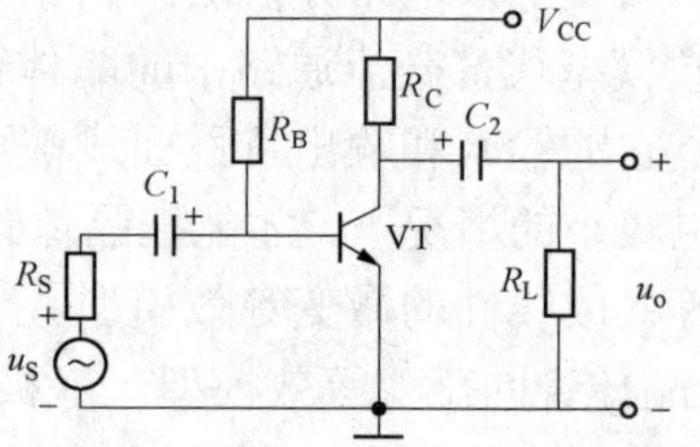

图 4-20　例 4-2 的电路

解： 1）静态分析。由图 4-21 直流通路得到输入回路的回路方程为

$$I_{BQ} \approx \frac{U_{CC} - U_{BE}}{R_B} = \frac{12 - 0.7}{377} \approx 30(\mu A)$$

所以

$$I_C = \beta I_{BQ} = 50 \times 0.03 = 1.5(mA)$$

$$U_{CEQ} = V_{CC} - R_C I_{CQ} = 12 - 1.5 \times 6 = 3(V)$$

2）动态分析。画出微变等效电路如图 4-22 所示。

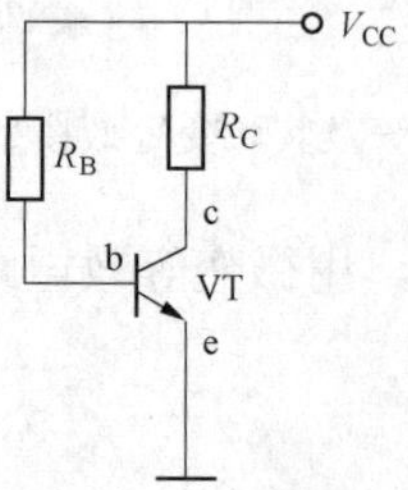

图 4-21　直流通路

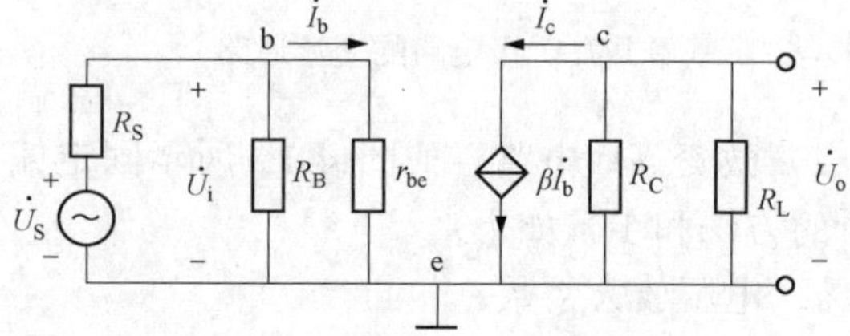

图 4-22　微变等效电路

$$r_{\mathrm{be}} = 300 + (1+\beta)\frac{26}{1.5} \approx 1\,(\mathrm{k\Omega})$$

电压放大倍数为

$$\dot{A}_{\mathrm{u}} = -\beta\frac{R_{\mathrm{C}}//R_{\mathrm{L}}}{r_{\mathrm{be}}} \approx -84.5$$

所以

$$\dot{A}_{\mathrm{us}} = \frac{U_{\mathrm{o}}}{U_{\mathrm{S}}} = \frac{U_{\mathrm{o}}}{U_{\mathrm{i}}}\frac{U_i}{U_{\mathrm{S}}} = \frac{U_i}{U_{\mathrm{S}}}A_{\mathrm{u}} = \frac{r_{\mathrm{i}}}{r_{\mathrm{i}}+R_{\mathrm{S}}}\dot{A}_{\mathrm{u}} == \frac{R_{\mathrm{B}}//r_{\mathrm{be}}}{R_{\mathrm{S}}+R_{\mathrm{B}}//r_{\mathrm{be}}}A_{\mathrm{u}} = -78$$

输入电阻

$$r_{\mathrm{i}} = R_{\mathrm{B}}//r_{\mathrm{be}} \approx r_{\mathrm{be}} = 1.184\,(\mathrm{k\Omega})$$

输出电阻

$$r_{\mathrm{o}} = R_{\mathrm{C}} = 6\,(\mathrm{k\Omega})$$

（3）图解法。用图解法对放大电路进行动态分析，可以确定最大不失真输出电压 U_{om}，分析非线性失真情况，也可测出电压放大倍数。对图 4-20 所示的共射放大电路进行动态分析时，画出其交流通路如图 4-22 所示，作出交流负载线。

1）交流负载线。交流通路的输出回路方程

$$\dot{U}_{\mathrm{o}} = -\dot{I}_{\mathrm{c}}(R_{\mathrm{C}}//R_{\mathrm{L}}) = -\dot{I}_{\mathrm{c}}R'_{\mathrm{L}}$$

式中　R_{L}——交流负载电阻，$R'_{\mathrm{L}} = R_{\mathrm{L}}//R_{\mathrm{C}}$。

由上式可知，交流负载线的斜率为 $-\dfrac{1}{R'_{\mathrm{L}}}$，通过输出特性曲线上的 Q 点，作一条与横轴夹角为 α 的直线 AB，即为交流负载线，如图 4-23 所示。

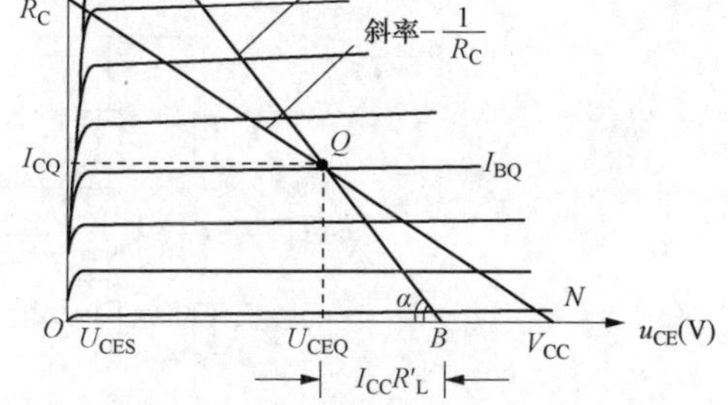

图 4-23　放大电路动态工作状态的图解分析

2）波形失真分析。在放大电路中，输出信号应该成比例地放大输入信号（即线性放大）；如果两者不成比例，则输出信号不能反映输入信号的情况，放大电路产生非线性失真。

为了得到尽量大的输出信号，要把 Q 设置在交流负载线的中间部分。如果 Q 设置不合适，信号进入截止区或饱和区，则造成非线性失真。

a．截止失真。当静态工作点偏低，即 Q 点接近截止区时，晶体管工作在截止区，交流信号不能被放大，输出电流波形的负半周被削顶，而输出电压波形正半周被削顶，产生截止失真。增大 U_{CC} 值或减小 R_{B} 值，可以使得输入直流负载线向上平行移动，使 Q 点上移，从而消除截止失真，如图 4-24 所示。

b．饱和失真。当静态工作点偏高即 Q 点接近饱和区时，晶体管工作在饱和区。输出电流波形的正半周被削顶。而输出电压波形负半周被削底，产生饱和失真。为了消除饱和失真，可以增大 R_{B} 值，使得输入直流负载线向下平行移动，Q 点下移；也可以减小 R_{C} 值，改变交流负载线的斜率，增大 U_{CEQ} 值，如图 4-25 所示。

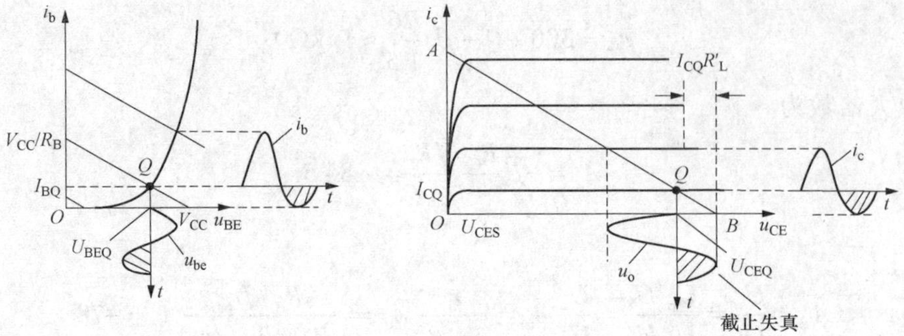

（a）输入波形分析　　（b）输出波形分析

图 4-24　放大电路发生截止失真的情况

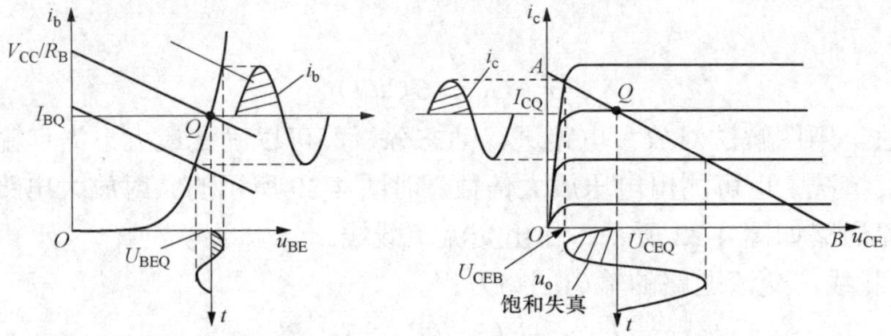

（a）输入波形分析　　（b）输出波形分析

图 4-25　放大电路发生饱和失真的情况

3. 分压式偏置电路

温度增加时，晶体管的 β、U_{BE}、I_{CEO} 等参数都将改变，将使 I_C 增加，Q 点上移，如果在 i_c 上升的同时使 i_b 下降，以达到自动稳定工作点的目的。这就是分压式偏置电路，如图 4-26 所示。

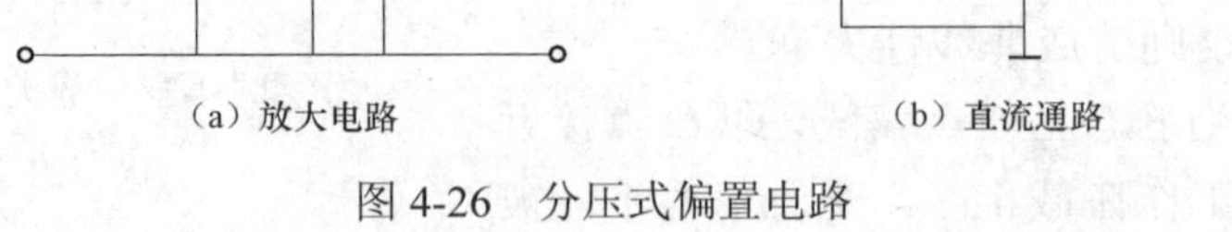

（a）放大电路　　（b）直流通路

图 4-26　分压式偏置电路

根据分压公式，得晶体管基极电位的静态值为

$$U_B = \frac{R_{B2}}{R_{B1} + R_{B2}} V_{CC} \tag{4-12}$$

$$I_C \approx I_E = \frac{U_B - U_{BE}}{R_E} \approx \frac{U_B}{R_E} \tag{4-13}$$

集电极与发射极之间电压的静态值为

$$U_{CE} = V_{CC} - I_C (R_C + R_E) \tag{4-14}$$

分压偏置式电路的微变等效电路如图 4-27 所示，与固定偏置放大电路的等效电路相同，其电压放大倍数、输入输出电阻与固定偏置电路相同。

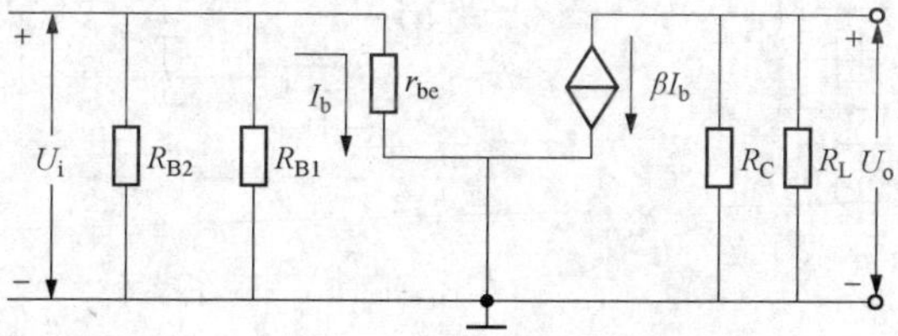

图 4-27　分压式偏置式电路的等效电路

思考与练习

1．在图 4-28 所示电路中，已知晶体管β=80，r_{be}=1kΩ，$\dot{U}_i$=20mV；静态时 U_{BEQ}=0.7V，U_{CEQ}=4V，I_{BQ}=20μA。判断下列结论是否正确，正确的在括号内打“√”，错误的打“×”。

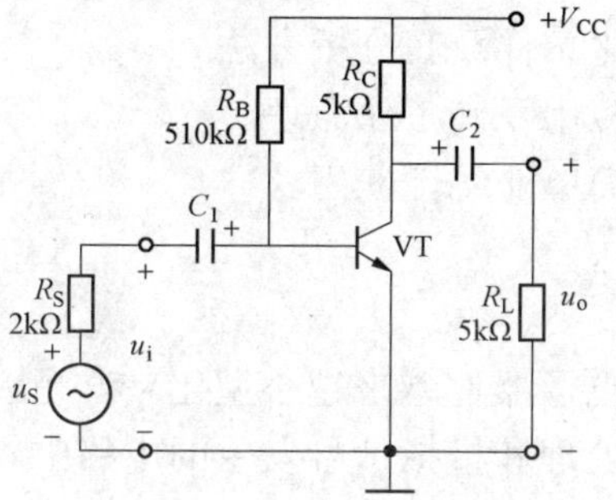

图 4-28　题 1 电路

（1）$\dot{A}_u=-\dfrac{4}{20\times10^{-3}}=-200$（　　）　（2）$\dot{A}_u=-\dfrac{4}{0.7}\approx-5.71$（　　）

（3）$\dot{A}_u=-\dfrac{80\times5}{1}=-400$（　　）　（4）$\dot{A}_u=-\dfrac{80\times2.5}{1}=-200$（　　）

（5）$R_i=\dfrac{20}{20}=1\text{k}\Omega$（　　）　（6）$R_i=\dfrac{0.7}{0.02}=35\text{k}\Omega$（　　）

（7）$R_i\approx3\text{k}\Omega$（　　）　（8）$R_i\approx1\text{k}\Omega$（　　）

（9）$R_o\approx5\text{k}\Omega$（　　）　（10）$R_o\approx2.5\text{k}\Omega$（　　）

（11）$\dot{U}_S\approx20\text{mV}$（　　）　（12）$\dot{U}_S\approx60\text{mV}$（　　）

2．画出图 4-29 所示各电路的直流通路和交流通路。设所有电容对交流信号均可视为短路。

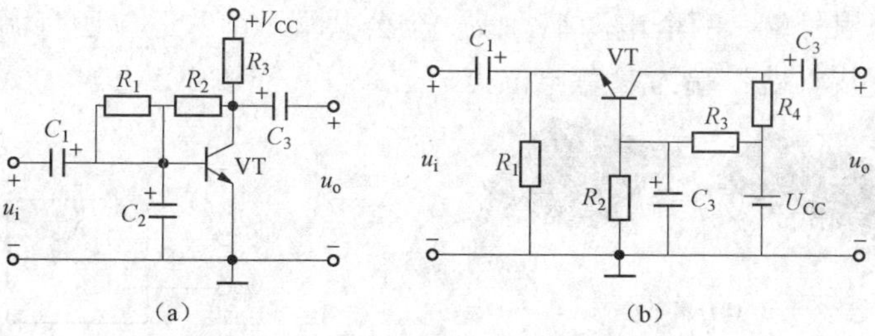

图 4-29　题 2 电路（一）

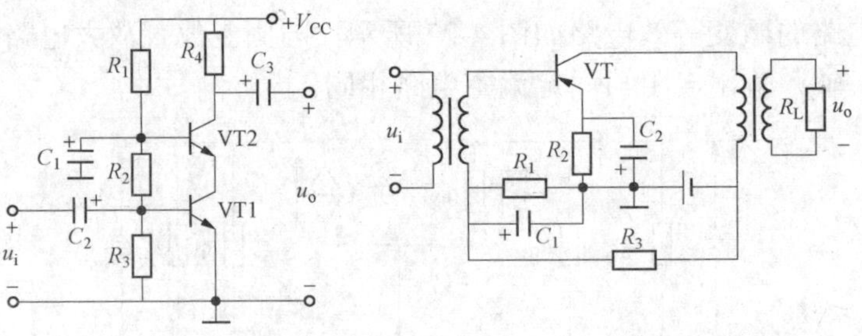

图 4-29　题 2 电路（二）

子任务三　集成运算放大器

学习目标

（1）了解和熟悉集成运算放大器的组成及其图符号。

（2）掌握集成运放的理想化条件及其分析方法。

（3）理解集成运放的线性应用及其工作原理。

（4）了解一般集成运放的简单非线性应用。

任务引入

在科技高速发展的今天，电子器件越来越小型化。这是因为元器件越来越集成化。集成运算放大器广泛用于模拟信号处理和模拟信号发生的电路中，因其高性能、低价格，在很多情况下，已经取代了分立元件的放大电路。

知识准备

一、集成运放的电路组成及结构特点

集成运放从本质上讲是一个具有高放大倍数的多级直接耦合放大电路，其外形通常有双列直插式、扁平式和圆壳式三种。前两种如图 4-30 所示，后一种现在已很少使用。集成运放的电路符号如图 4-31 所示。它有两个输入端和一个输出端。其中，一个为同相输入端，另一个为反相输入端，在符号图中用“+”“−”表示。同相输入端是指反相输入端接地，输入信号加到同相输入端，则输出信号和输入信号极性相同。反相输入端是指同相输入端接地，输入信号加到反相输入端，则输出信号和输入信号极性相反。集成运放的内部通常由四个主要单元电路组成，包括输入级、中间级、输出级和偏置电路。其组成框图如图 4-32 所示。外部接线端子主要有三个信号端，两个电源端，或一个公共端。特殊运放还有调零和相位补偿端。图中所标电压均以公共“地”端为参考电位点。

(a) 双列直插式　　(b) 扁平式

图 4-30　集成运放的外形

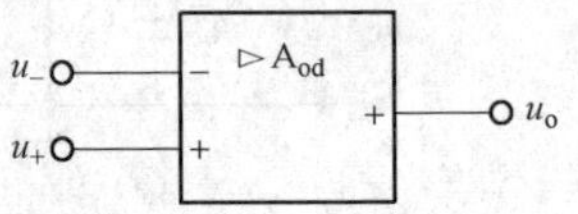

图 4-31　集成运放的电路符号

1. 理想集成运算放大电路参数

（1）开环电压放大倍数 $A_{od}=\infty$。

（2）输入电阻 $r_{id}=\infty$，$r_{ic}=\infty$。

（3）输入偏置电流 $I_{B1}=I_{B2}=\infty$。

（4）失调电压 U_{IO}、失调电流 I_{IO} 以及它们的温漂均为零。

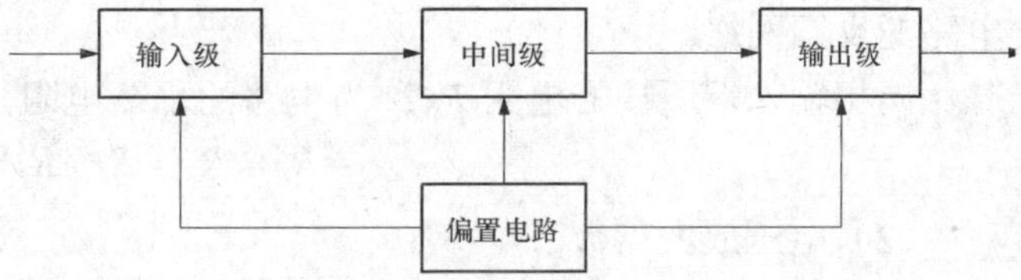

图 4-32　集成运放的组成框图

（5）共模抑制比 $K_{CMR}=\infty$。

（6）输出电阻 $r_{od}=0$。

（7）带宽 $f_h=\infty$。

（8）无干扰、噪声。

2. 集成运算放大器的特点

（1）集成运放线性应用的条件和特点。当集成运放引入深度负反馈时，其工作在线性放大的条件下，输出和输入的关系为

$$U_o=A_{od}(U_+-U_-)$$

集成运放线性应用的特点如下：

1）虚短。集成运放同向输入端和反向输入端的电位近似相等称为虚短，即

$$U_+\approx U_-$$

2）虚断。集成运放同向输入端和反向输入端的电流趋于零称为虚断，即

$$I_+\approx I_-\approx 0$$

（2）集成运放非线性应用的条件和特点。当集成运放引入正反馈或处在开环状态时，只要在输入端输入很小的电压变化量，输出端输出的电压即为正最大输出电压 $+U_{om}$ 或负最大输出电压 $-U_{OM}$。

集成运放非线性应用的特点如下：

1）输出电压只有两种可能的状态，正最大输出电压 $+U_{om}$ 或负最大输出电压 $-U_{om}$。当 $U_+>U_-$ 时，$U_o=+U_{om}$；当 $U_+<U_-$ 时，$U_o=-U_{om}$。

2）集成运放的输入电流等于零。

二、集成运放的线性应用

（一）比例运算电路

将输入信号按比例放大的电路，称为比例运算电路。比例运算电路是实现输出电压 U_o 与输入电压 U_i，成一定比例关系的运算电路。一般表达式为

$$U_o=KU_i \tag{4-15}$$

其中，K 为比例系数。比例运算电路是最基本的运算电路，是其他各种运算电路的基础。根据输入信号的不同接法，比例电路有三种基本形式：反相比例运算电路、同相比例运算电路和差分比例运算电路。本部分主要介绍反相比例运算电路与同相比例运算电路。

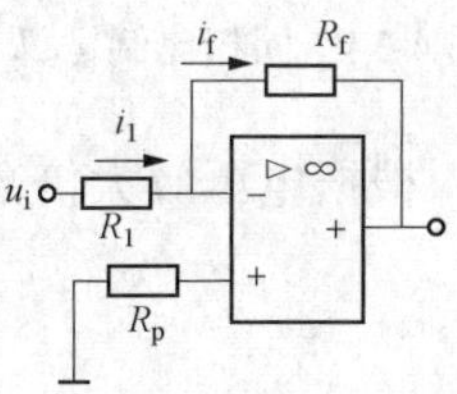

图 4-33　反相比例运算电路

1. 反相比例运算电路

（1）电路的组成。反相比例运算电路的组成如图 4-33 所示。

由图可见，输入电压 u_i 通过电阻 R_1 加在运放的反相输入端。R_f 是沟通输出和输入的通道，是电路的反馈网络。

同相输入端所接的电阻 R_p 称为电路的平衡电阻，在本电路中

$$R_p = R_- = R_1 // R_f = R_+ \tag{4-16}$$

（2）电压放大倍数。

由虚断得

$$I_+=I_-=0 \text{ 及 } I_f=I_1$$

$$U_+=I_+R_0=0\text{（V）}$$

由虚短可知，$U_-=U_+=0$（V），即虚地

$$I_1 = \frac{U_i - U_-}{R_1} = \frac{U_i - 0}{R_1} = \frac{U_i}{R_1}$$

$$I_f = \frac{U_- - U_o}{R_f} = \frac{0 - U_o}{R_f} = -\frac{U_o}{R_f}$$

由 $\frac{U_i}{R_1} = -\frac{U_o}{R_1}$，有

$$U_o = -\frac{R_f}{R_1}U_i$$

$$A_u = \frac{U_o}{U_i} = -\frac{R_f}{R_1} \tag{4-17}$$

式（4-17）说明输出电压和输入电压的大小成比例关系，且相位相反。

该电路的输出电阻 r_o=0 说明反相比例运算放大器带负载的能力很大，带负载和不带负载时的运算关系保持不变。

根据虚地的概念可得反相比例运算电路的输入电阻 r_i 为

$$r_i=R_1$$

（3）反相比例电路的特点。

1）运放两个输入端电压相等并等于 0，故没有共模输入信号，这样对运放的共模抑制比没有特殊要求。

2）$u_-=u_+$，而 $u_+=0$，反相端 u_-没有真正接地，故称虚地点。

3）电路在深度负反馈条件下，电路的输入电阻为 R_1，输出电阻近似为零。

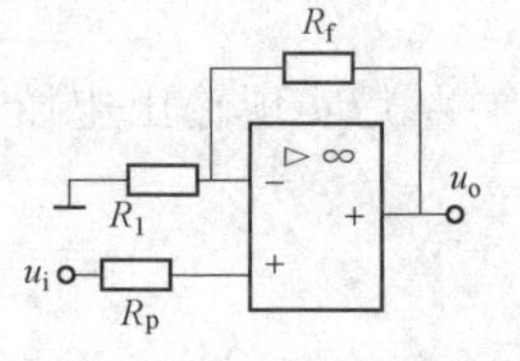

图 4-34 同相比例运算电路

2. 同相比例运算电路

（1）电路的组成。同相比例运算电路的组成如图 4-34 所示。

（2）电压放大倍数。由上面的分析可知，根据虚断可得

$$i_+ = i_- = 0$$

根据虚短可得

$$u_- = \frac{R_1}{R_1 + R_f}u_o = u_+ = u_i$$

根据电压放大倍数的表达式可得

$$A_u = \frac{u_o}{u_i} = 1 + \frac{R_f}{R_1} \tag{4-18}$$

式（4-18）说明输出电压和输入电压的大小成比例关系，且相位相同。

（3）同相比例电路的特点。

1）输入电阻高。

2）由于$u_- = u_+ = u_i$电路的共模输入信号高，因此集成运放的共模抑制比要求高。

3. 电压跟随器

电压跟随器是同相比例运算的特例。在图4-35所示电路中，若令R_f=0，则电路变成如图4-36所示的形式，图4-36所示为R_1=∞的特例，即电压跟随器。

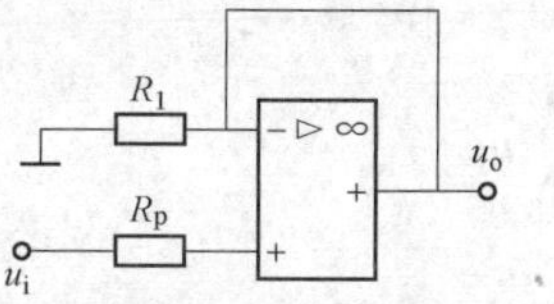

图4-35　同相比例运算电路（R_f=0）

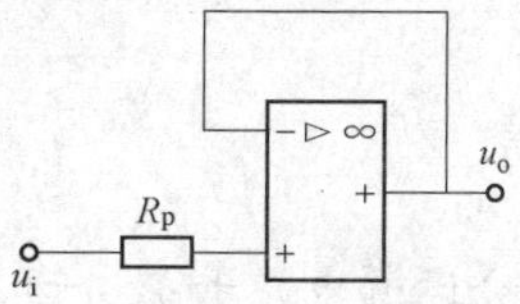

图4-36　电压跟随器

根据式（4-18）可知，当R_f=0或者R_1=∞时，有

$$A_u = 1 + \frac{R_f}{R_1} = 1 \tag{4-19}$$

因此

$$u_o = u_- = u_+ = u_i$$

式（4-19）说明如图4-36所示电路的电压放大倍数等于1，输出电压随着输入电压的变化而变化，具有这种特征的电路称为电压跟随器。

（二）加法运算电路和减法运算电路

1. 反相加法运算电路

（1）电路的组成。反相加法运算电路的组成如图4-37所示，则有

$$R_p = R_{11} // R_{12} // R_f$$

（2）输出电压与输入电压的关系。根据KCL和虚地可得

$$\frac{u_{i1}}{R_{11}} + \frac{u_{i2}}{R_{12}} = -\frac{u_o}{R_f}$$

移项整理可得

$$u_o = -R_f\left(\frac{u_{i1}}{R_1} + \frac{u_{i2}}{R_2}\right)$$

在R_1=R_2=R的情况下可得

$$u_o = -R_f(u_{i1} + u_{i2}) \tag{4-20}$$

由式（4-20）可见，图4-37所示电路的输出电压与输入电压的和成正比，且反相。

2. 减法运算电路

减法运算电路如图4-38所示。

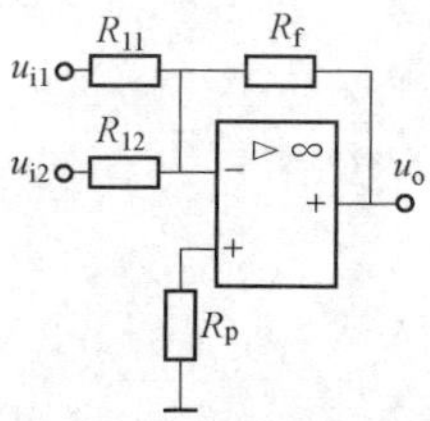

图4-37　反相加法运算电路

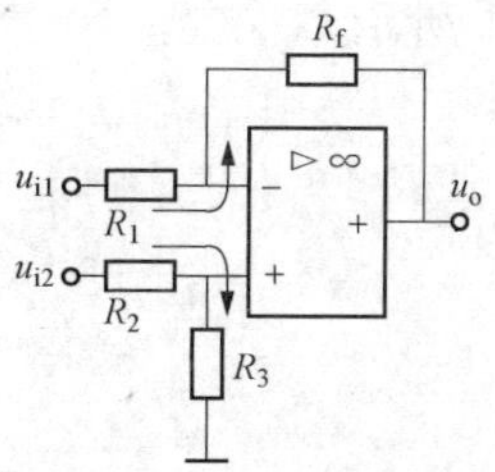

图4-38　减法运算电路

根据虚短可得 $u_+ = u_-$

根据流过 R_1 的电流与流过 R_f 的电流相等，可得

$$\frac{u_o - u_+}{R_f} = \frac{u_+ - u_{i1}}{R_1}$$

$$\frac{u_{i2} - u_+}{R_2} = \frac{u_+}{R_3}$$

整理可得

$$u_o = \left(1 + \frac{R_f}{R_1}\right)\frac{R_3}{R_2 + R_3}u_{i2} - \frac{R_f}{R_1}u_{i1} \tag{4-21}$$

（三）积分运算电路和微分运算电路

在自控系统中，常用积分电路和微分电路作为调节环节。它们广泛应用于波形的产生和变换以及仪器仪表之中。

1. 积分运算电路

积分运算电路可用于延时与定时电路中，还可以进行波形转换。

（1）电路的组成。积分运算电路如图 4-39 所示。由图可见，将反向比例运算电路中的反馈电阻 R_f 换成电容 C 即构成积分运算电路。

（2）输出电压与输入电压的关系。

根据虚断、虚短的概念 $i_1 = \frac{u_i}{R}$

电容电压的关系式可得 $i_f = -C\frac{du_o}{dt}$

$$u_o = -u_C = -\frac{1}{C}\int i_f dt = -\frac{1}{RC}\int u_i dt \tag{4-22}$$

由式（4-22）可见，图 4-39 所示电路的输出电压与输入电压的积分成正比的关系。

（3）应用举例。

1）积分运算电路的波形变换如图 4-40 所示。

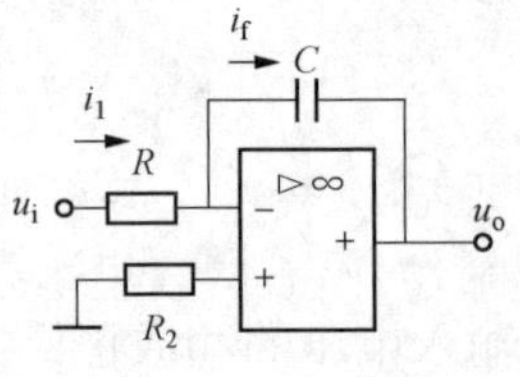

图 4-39 积分运算电路

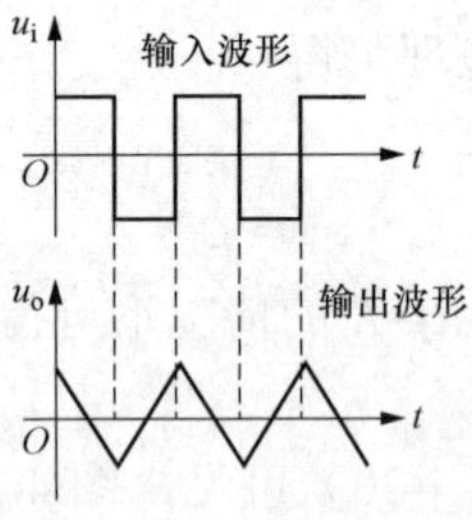

图 4-40 积分电路的波形变换

2）如果积分器从某一时刻输入一直流电压，输出将反向积分，经过一定的时间后输出饱和，如图 4-41 所示。

$$u_o = -\frac{1}{RC}\int_0^t U dt$$

$$-U_{om} = -\frac{1}{RC}UT_M$$

$$T_M = \frac{RCU_{om}}{U}$$

式中　T_M——积分时限。

积分电路的主要用途如下：①在电子开关中用于延迟；②波形变换，例如将方波变为三角波；③A/D 转换中，将电压量变为时间量；④移相。

2. 微分运算电路

微分是积分的逆运算，将基本积分电路中的电阻和电容元件位置互换，则它的输出电压与输入电压呈微分关系。

（1）电路的组成。将反相比例运算电路中的输入电阻 R_1 换成电容 C，即构成微分运算电路，如图 4-42 所示。

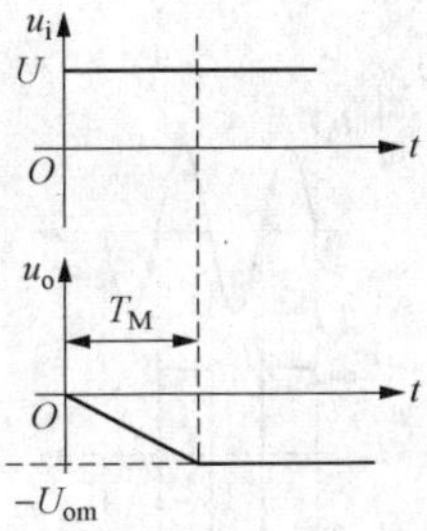

图 4-41　积分运算电路的积分时限

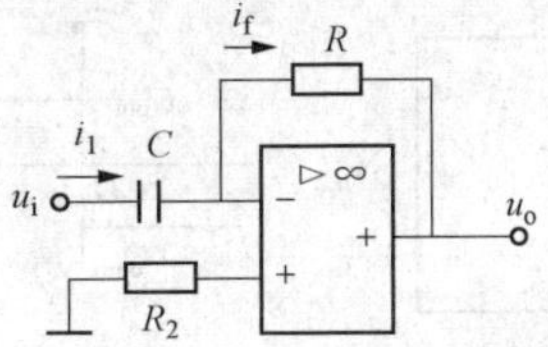

图 4-42　微分运算电路

（2）输出电压与输入电压的关系。根据虚断和虚短有　$i_f = -\dfrac{u_o}{R}$

电容器电流的关系式可得　$i_1 = C\dfrac{du_i}{dt}$

综合以上两式可得　$u_o = -u_R = -RC\dfrac{du_i}{dt}$　（4-23）

由式（4-23）可见，图 4-42 所示电路的输出电压与输入电压的微分成正比的关系。

（3）应用。若输入 $u_i = \sin\omega t$，则

$$u_o = -RC\cos\omega t = RC\sin(\omega t - 90°)$$

输出在输入的基础上移相–90°。

三、集成运算放大器的非线性应用

集成运算放大器都处于闭环状态，且引入的都是负反馈，集成运放均工作在线性区域；但当集成运放处于开环状态或引入正反馈时，则集成运放工作在非线性区域，电压比较器就是这样一种电路。

对于理想运放，因开环增益为无穷大，当输入端的净输入电压很小时，输出电压也将达到正或负的最大值（饱和电压值），即输出电压 u_o 与输入电压（$u_i=u_+-u_-$）不再是线性关系。这时称集成运放工作在非线性状态。具有这种结构的电路如图 4-43 所示。

（a）开环状态　（b）接有电阻的正反馈电路

图 4-43　集成运放非线性状态电路

工作原理：因理想情况下运放的开环电压放大倍数 $A_{od} = \infty$，输入偏置电流 $I_{IB} = 0$，输入失调电压 $u_{IO} = 0$，当反相端电位高于同相端电位，即 $U_- > U_+$ 时，输出 u_o 为低电平（$u_o = -U_{om}$）；当 $U_- < U_+$ 时，输出 u_o 为高电平（$u_o = +U_{om}$）。

传输特性：比较器的输出电压从一个电平跳变到另一个电平的临界条件是：运放两个输入端的电位相等，即 $U_{-}=U_{+}$。

1．过零比较器

零比较器是参考电压为 0V 的比较器。如图 4-44（a）所示，集成运放工作在开环状态，其输出电压为$+U_{om}$或$-U_{om}$。

当输入电压 $u_i>0$ 时，即 $U_{-}<U_{+}$，则$u_o=+U_{om}$；当输入电压 $u_i<0$ 时，即 $U_{-}>U_{+}$，则$u_o=-U_{om}$。因此，电压传输特性如图 4-44（b）所示。

利用电压比较器可将正弦波变为方波，如图 4-45 所示。

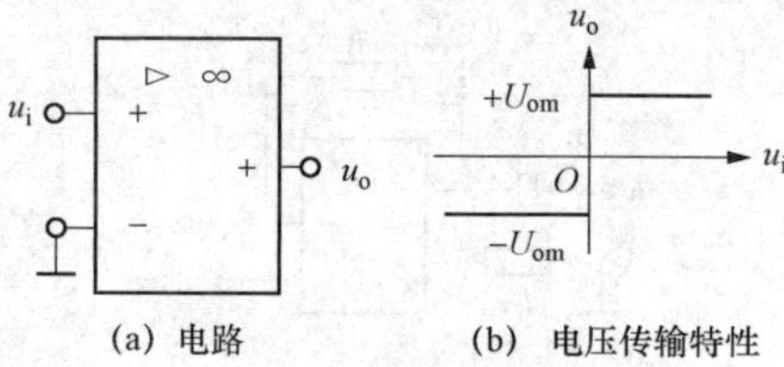

(a) 电路　(b) 电压传输特性

图 4-44　过零比较器

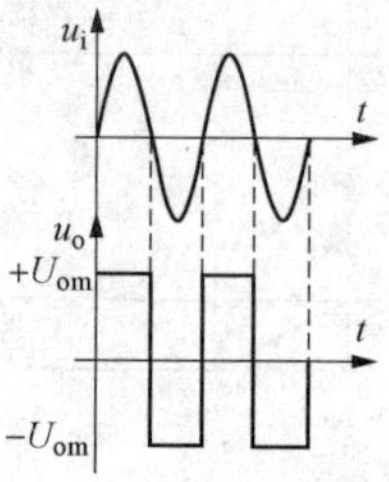

图 4-45　过零比较器波形变换

简单电压比较器结构简单，且灵敏度高，但抗干扰能力差。为解决这一问题，我们采用具有滞回特性的比较器。

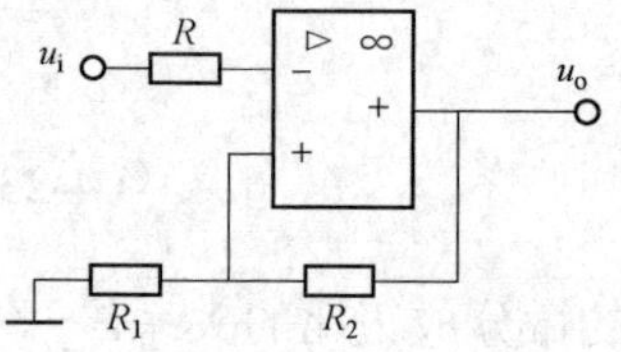

图 4-46　滞回电压比较器

2．滞回电压比较器

滞回电压比较器如图 4-46 所示。因为有正反馈，所以输出饱和。

当 u_o 正饱和（$u_o=+U_{om}$）时

$$U_{+}=\frac{R_1}{R_1+R_2}U_{om}=U_H$$

当 u_o 负饱和（$u_o=-U_{om}$）时

$$U_{+}=-\frac{R_1}{R_1+R_2}U_{om}=U_L$$

式中　U_H、U_L——上、下门限电压，（U_H-U_L）称为回差。

当 u_i 增加到 U_H 时，输出由 U_{om} 跳变到$-U_{om}$；当 u_i 减小到 U_L 时，输出由$-U_{om}$ 跳变到 U_{om}。

［**例 4-3**］如图 4-47 所示滞回电压比较器，已知$U_R=0V$，$R_2=1k\Omega$，$R_f=2k\Omega$，运放最大的输出电压$U_{om}=\pm 6V$。

（1）计算上、下限触发电平。

（2）画出传输特性曲线。

（3）画出输出电压 u_o 波形。

解：（1）上、下限触发电平

$$U_{TH1}=U_R\frac{R_f}{R_2+R_f}+U_{om}\frac{R_2}{R_2+R_f}=0\times\frac{2}{1+2}+6\times\frac{1}{1+2}=2（V）$$

$$U_{TH1}=U_R\frac{R_f}{R_2+R_f}-U_{om}\frac{R_2}{R_2+R_f}=0\times\frac{2}{1+2}-6\times\frac{1}{1+2}=-2（V）$$

（2）传输特性曲线如图 4-47（a）所示。

（3）输出电压 u_o 波形如图 4-47（b）所示。

3. 方波发生器

方波发生器是用来产生方波电压信号的振荡电路，它由一个过零滞回电压比较器和一个 RC 充放电回路组成。电路中 VS 是限幅稳压管，其作用是将输出电压限位在某一电压值。

上、下限：

$$V_{T+}=\frac{R_1}{R_1+R_2}U_Z$$

$$V_{T-}=-\frac{R_1}{R_1+R_2}U_Z$$

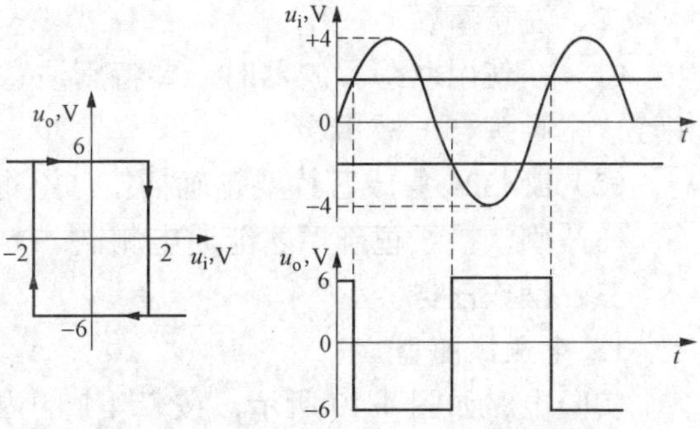

（a）传输特性　　（b）输入/输出波形

图 4-47　滞回电压比较器

工作原理：

（1）设 u_o=+U_S，此时，u_o 给 C 充电，u_C↑，设 u_C 初始值 $u_C(0_+)=0$。

在 $u_C<V_{T+}$时，$u_-<u_+$，u_o 保持+U_S 不变；一旦 $u_C>V_{T+}$，就有 $u_->u_+$，u_o 立即由+U_S 变成−U_S。

（2）当 u_o=−U_S 时，$u_+=V_{T-}$，此时，C 向 u_o 放电，再反向充电。u_C 达到 V_{T-}时，u_o 上跳。当 u_o 重新回到+U_S 后，电路又进入另一个周期性的变化。

完整的波形如图 4-48（b）所示。

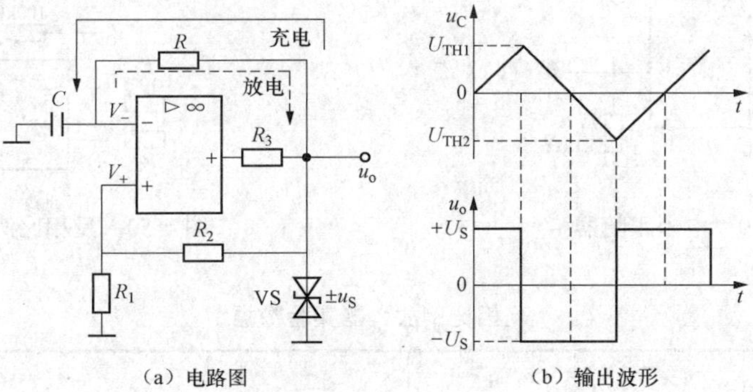

（a）电路图　　（b）输出波形

图 4-48　方波发生器

任务实施　集成运放组成的基本运算电路的测试

知识目标

（1）掌握集成运算放大器的正确使用方法。

（2）了解集成运算放大器在信号放大和模拟运算方面的应用。

技能目标

（1）认识 LM324 集成芯片的外形和管脚排列。

（2）集成运放组成的基本运算电路的测试。

一、仪器设备

模电实验箱、双踪示波器、函数信号发生器、直流电压表、万用表、运放时基电路实验板、LM324 集成芯片一片。

二、注意事项

（1）在使用双踪示波器时，要特别注意其外接触头的接线，应该将其外部的旁路线与地相连，主触头与正极相连。

（2）LM324 集成芯片要正确插接，不得接反。

（3）确认接线正确后才能通电测试。

三、操作任务

1. 电压跟随器

实验电路如图 4-49 所示，按表 4-2 的内容进行实验并记录测量数据。

表 4-2 电压跟随器实验数据

U_i（V）		−2	−0.5	0	0.5	1
U_o（V）	$R_L=\infty$					
	$R_L=5.1\text{k}\Omega$					

2. 反相比例放大器

实验电路如图 4-50 所示，按表 4-3 的内容进行实验并记录测量数据。

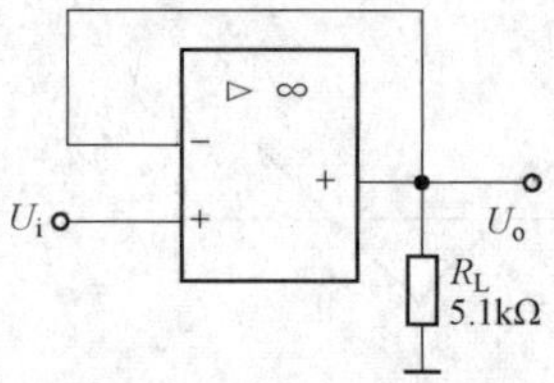

图 4-49 电压跟随器

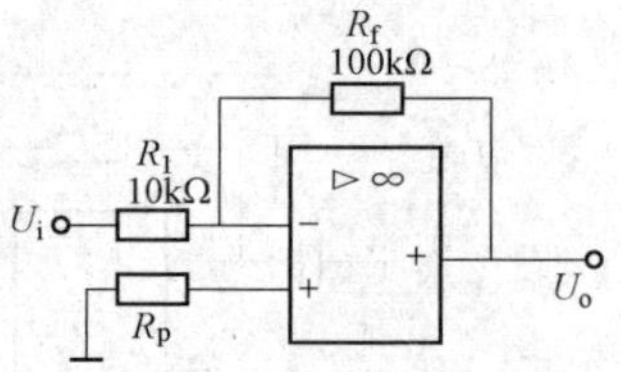

图 4-50 反相比例放大器

表 4-3 反相比例放大器实验数据

直流输入电压 U_i（V）		−0.5	−0.3	0	0.3	0.5
输出电压 U_o	理论估算（V）					
	实测值（V）					
	误差					

3. 反相求和放大电路

实验电路如图 4-51 所示，按表 4-4 的内容进行实验并记录测量数据。

表 4-4 反相求和放大电路实验数据

U_{i1}（V）	0.3	−0.3
U_{i2}（V）	0.2	−0.2
U_o（V）		

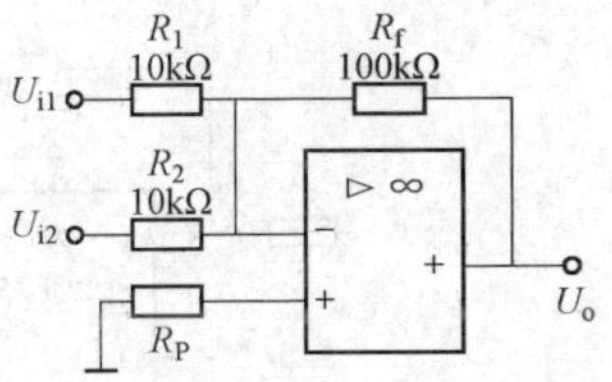

图 4-51　反相求和放大电路

四、结果分析

（1）虚短、虚断、虚地的概念是什么？

（2）集成电路线性与非线性应用特点分别是什么？

五、评分

（1）操作规范（40%）______

（2）试验结果（30%）______

（3）问题分析（30%）______

总分：______

拓展与延伸　集成运放的应用

1．LM324 的应用

LM324 是四运放集成电路，它采用 14 脚双列直插塑料封装，如图 4-52 所示。它的内部包含四组形式完全相同的运算放大器，除电源共用外，四组运放相互独立。LM324 的引脚排列如图 4-52 所示。其中，2、6、9、13 为反相输入端，3、5、10、12 为同相输入端，1、7、8、14 为输出端，4 为正电源端，11 为负电源端。

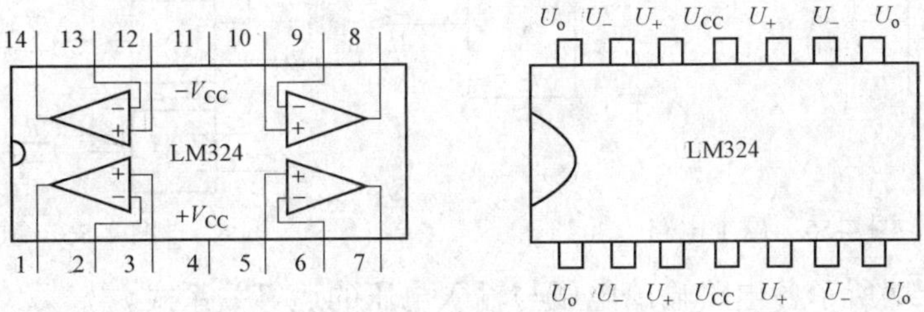

图 4-52　LM324 引脚

2．LF353 的应用

LF353 是四运算放大器。可在 3～32V 电源下工作。共模输入范围包括负电源，因而消除了在许多应用场合中采用外部偏置元件的必要性。每一组运算放大器可用图 4-53 所示的符号来表示。它有 5 个引出脚，其中，“+”“−”为两个信号输入端，“V_{CC}”“$-V_{EE}$”为正、负电源端，“V_o”为输出端。两个信号输入端中，“−”为反相输入端，表示运放输出端 V_o 的信号与该输入端的相位相反；“+”为同相输入端，表示运放输出端 V_o 的信号与该输入端的相位相同。

LF353 是一种双路运算放大器，引脚图如图 4-54 所示。LF353 属于高输入阻抗低噪声的集成器件，其输入阻抗达到 104MΩ，输入偏置电流极为 50X10-12A，单位增益频率为 4MHz，转换速率为 13V/μs。

由于话筒提供的信号非常弱，所以需要加一级前置放大器，这级电路放大倍数不需要很高，主要是要求高阻抗，保证低噪声输入和尽可能大的声音信号输入；输出阻抗要低，使得电路具有很强的带负载能力，能够驱动后级的电路。根据这些要求，选择集成运算放大器 LF353。

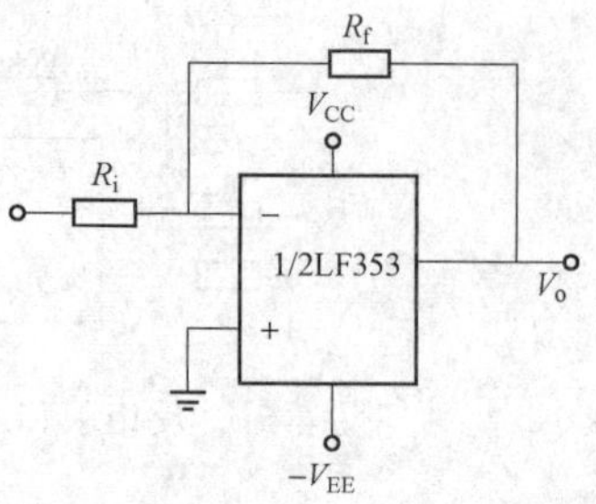

图 4-53　LF353 内部运算放大器引脚

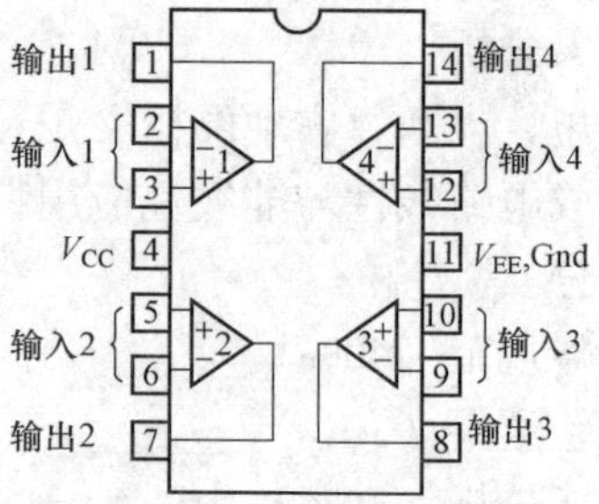

图 4-54　LF353 引脚

思考与练习

1．求出图 4-55 所示电路的输出电压值。

2．设图 4-56 所示电路中的运放是理想的，求输出电压的表达式。

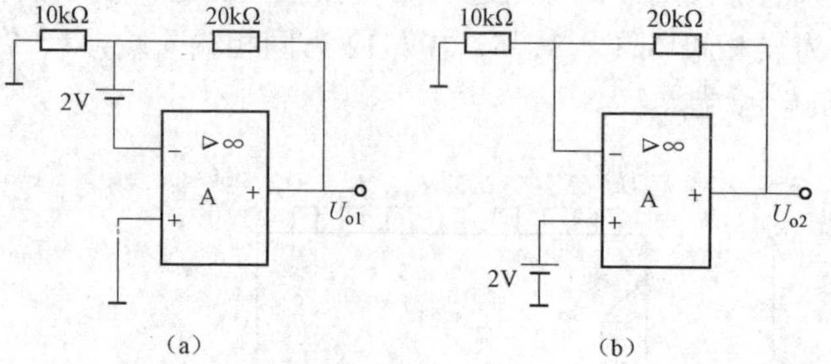

图 4-55　题 1 电路

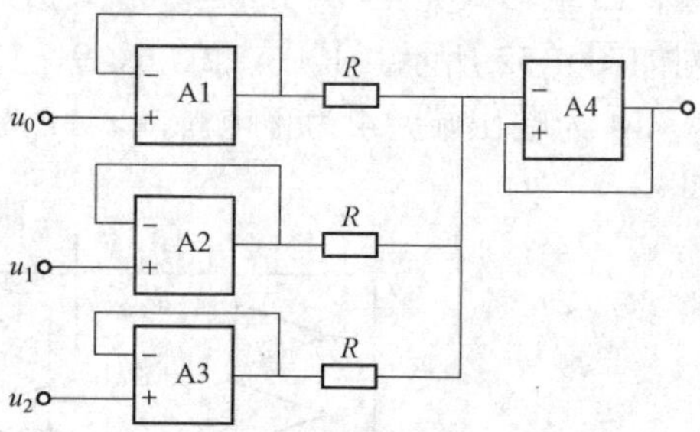

图 4-56　题 2 电路

3．试求图 4-57 所示各电路输出电压与输入电压的运算关系式。

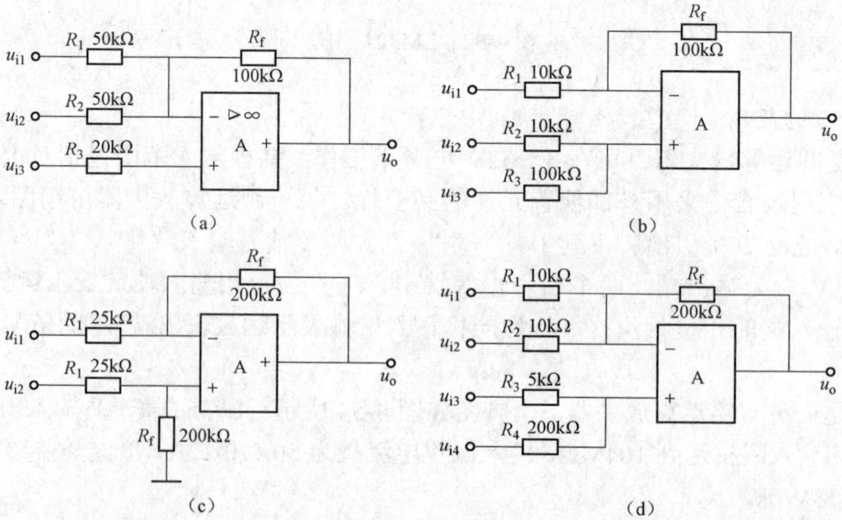

图 4-57　题 3 电路

4．分别求解图 4-58 所示各电路的运算关系。

5．电路如图 4-59 所示 R=100kΩ，求输出电压 u_o 与输入电压 u_i 之间关系的表达式。

6．求图 4-60 所示电路的 u_i 与 u_o 的运算关系式。

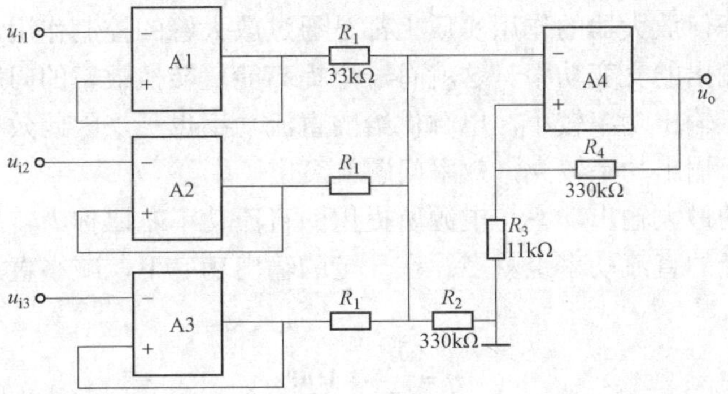

图 4-58　题 4 电路

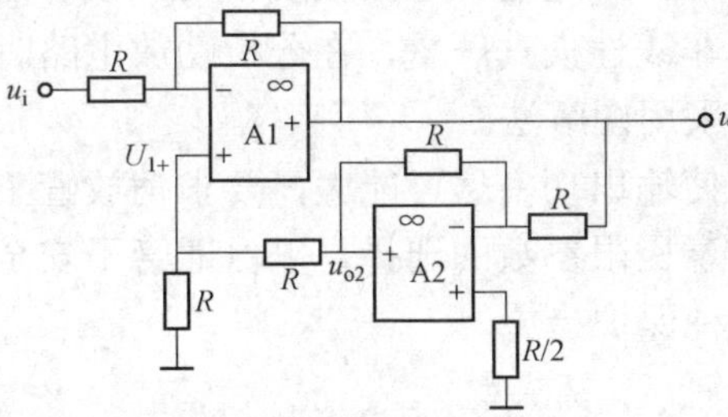

图 4-59　题 5 电路

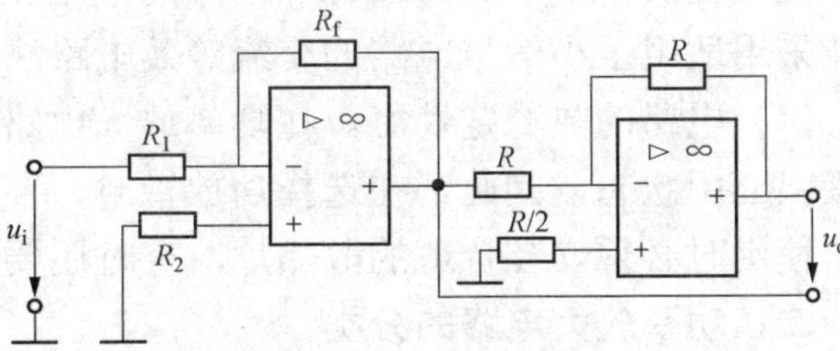

图 4-60　题 6 电路

任务二　功 率 放 大 电 路

学习目标

（1）了解功率放大器分类和结构。

（2）掌握功率放大器的功能。

（3）熟练掌握 OTL 的功率放大应用。

任务引入

前置放大器把音频信号放大至功率放大器所能接受的输入范围后，需要功率放大器在给定失真率条件下，产生最大功率输出以驱动负载。前置放大器是作为输入音频功率放大器之前的音频处理器件，音频功率放大器是控制声音的功率。

那功率放大器有哪些特点？又有哪些分类呢？

知识准备

一、功率放大电路的特点

（1）输出功率足够大。功率放大电路提供给负载的信号功率称为输出功率。在输入为正弦波且输出基本不失真条件下，输出功率是交流功率，功率大小为 $P_o=U_oI_o$，其中 U_o 与 I_o 均为交流有效值。最大输出功率 P_{om} 是在电路参数确定的情况下负载上可能获得的最大交流功率。

$$P_{om}=\frac{U_{cem}}{\sqrt{2}}\bullet\frac{I_{cm}}{\sqrt{2}}=\frac{1}{2}U_{cem}I_{cm}$$

（2）效率高。任何放大器的作用实质上都是通过放大管的控制作用，把电源供给的直流功率转换为向负载输出的交变功率。这就有一个提高能量转换效率的问题。对于小信号的电压放大器而言，由于输出功率较小，电源供给的直流功率也小，因此效率问题还不突出。但对于功放而言，由于输出功率较大，效率问题就突出了。

功率放大电路的最大输出功率与电源所提供的直流功率之比称为转换效率。通常功放输出功率大，电源消耗的直流功率也就多。在一定的输出功率下，减小直流电源的功耗，就可以提高电路的效率

$$\eta = \frac{P_{om}}{P_V} \times 100\%$$

（3）非线性失真小。功率放大器是大信号状态下工作，电压、电流幅度较大，很容易产生非线性失真。功率放大器比小信号的电压放大器的非线性失真严重，在分析功放电路时，不能采用适用于小信号电路的交流等效电路法，而应采用图解法。

（4）电路的热稳定性好。在功率放大电路中，为使输出功率尽可能大，要求功放管工作在极限应用状态。因此，在选择功放管时，要特别注意极限参数的选择，以保证管子安全工作。使用时必须安装合适的散热片，有时还要采取各种保护措施。

二、功率放大电路的分类

功率放大电路的分类方式很多，常见的分类方式有以下几种：

（1）按照与负载之间耦合方式的不同分类，可分为变压器耦合功放电路和无输出变压器的互补对称功放电路。

（2）按处理信号的频率分类，可分为低频功放和高频功放。低频功放音频范围为几十赫兹～几十千赫兹；高频功放射频范围为几百千赫兹～几十兆赫兹。

（3）按功放电路中晶体管的导通时间分类。

甲类功放：输入信号的整个周期内，晶体管均导通，有电流流过，见图 4-61（a）。

乙类功放：输入信号的整个周期内，晶体管仅在半个周期内导通，见图 4-61（b）。

甲乙类功放：输入信号的整个周期内，晶体管导通时间大于半个周期而小于一个周期，见图 4-61（c）。

丙类功放：输入信号的整个周期内，晶体管导通时间小于半个周期。

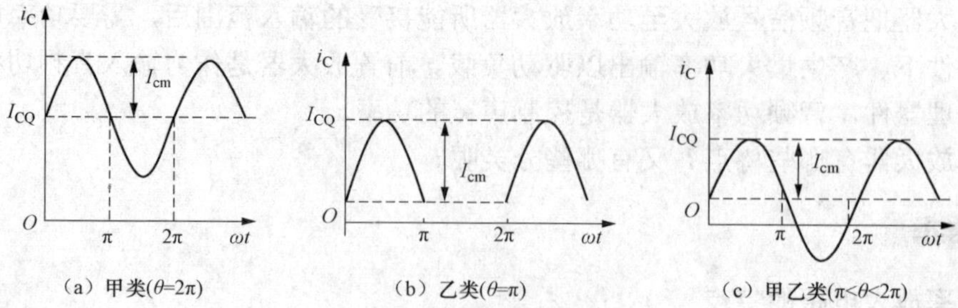

图 4-61　功率放大器的分类

三、互补功率放大电路

互补功率放大电路有两种形式，一种是采用双电源的不需要耦合电容的直接耦合互补对称电路，称为 OCL 电路（output capacitor less），即无输出电容的互补对称电路。另一种采用单电源和大容量的电容器与负载和前级耦合，而不需要变压器耦合的互补对称电路，称为

OTL 电路（output transformer less），即无输出变压器的互补对称电路。

（一）OCL 电路的组成及工作原理

1. OCL 电路组成

根据乙类功放导通角只有π，将两个特性和参数完全相同的PNP 管和 NPN 管组成射极输出电路构成 OCL 电路，如图 4-62所示。由于输出没有接电容而把这种形式的电路称为无输出电容的功率放大电路（OCL）。

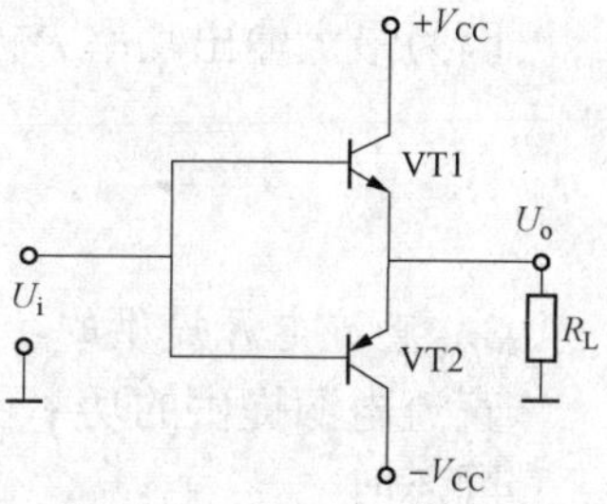

图 4-62　OCL 电路组成

2. 工作原理

当输入信号为正半周时，晶体管 VT2 截止，晶体管 VT1 导通，负载电阻上得到放大后的正半周输出信号。当输入信号为负半周时，晶体管 VT1 截止，晶体管 VT2 导通，负载电阻上得到放大后的负半周输出信号。工作原理图如图 4-63 所示。输出的正、负半周信号将在负载电阻 R_L 上合成一个完整的输出信号，如图 4-64 所示。

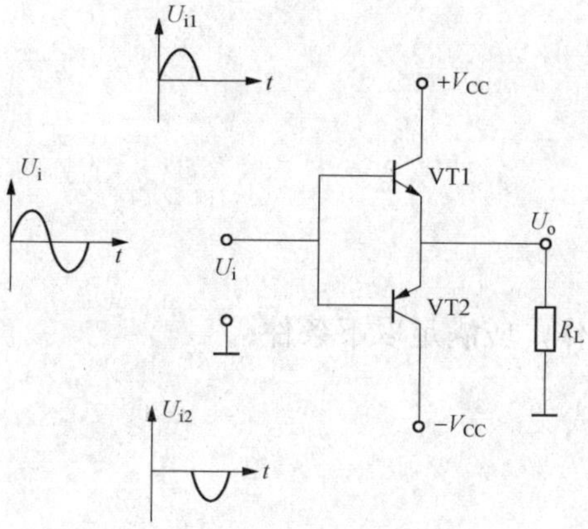

图 4-63　OCL 电路的工作原理

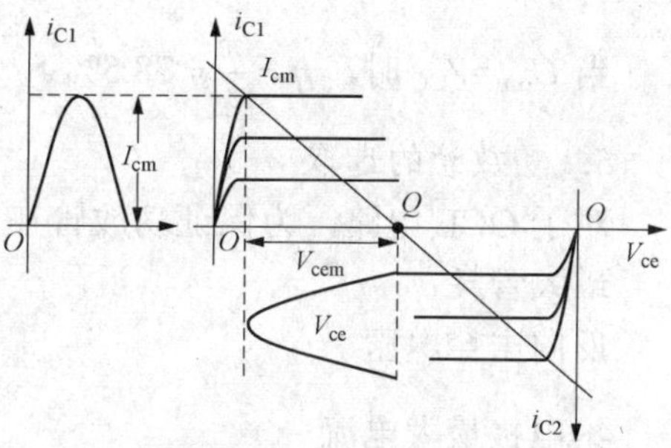

图 4-64　OCL 电路的输出波形

（二）OCL 电路参数

1. 输出功率

负载 R_L 取得的功率就是功放电路的输出功率，用 P_o 表示，则

$$P_o = U_o I_o = \frac{U_{om}}{\sqrt{2}} \frac{U_{om}}{\sqrt{2} R_L} = \frac{1}{2} \cdot \frac{{U_{om}}^2}{R_L}$$

当 $U_{om} = U_{CC} - U_{CES}$，即忽略 U_{CES} 时，可获得最大功率

$$P_{o\max} = \frac{1}{2} \cdot \frac{U_{cem}^2}{R_L} \approx \frac{{V_{CC}}^2}{2R_L}$$

2. 功率管管耗

在不计其他耗能元件所耗的功率时，管耗就是直流电源提供的功率与输出功率的差。每管管耗

$$P_{T1} = P_{T2} = \frac{1}{R_L}\left(\frac{V_{CC} U_{om}}{\pi} - \frac{U_{om}^2}{4}\right)$$

最大管耗

$$P_{T1max}=\frac{1}{R_L}\left[\frac{\frac{2}{\pi}V_{CC}^2}{\pi}-\frac{\left(\frac{2V_{CC}}{\pi}\right)^2}{4}\right]=\frac{1}{R_L}\left(\frac{2V_{CC}^2}{\pi^2}-\frac{V_{CC}^2}{\pi^2}\right)=\frac{1}{\pi^2}\cdot\frac{V_{CC}^2}{R_L}$$

因为最大输出功率 $P_{o\max}=\frac{V_{CC}{}^2}{2R_L}$，则每管最大管耗和电路最大输出功率的关系如下：

$$P_{T\max}=\frac{V_{CC}{}^2}{\pi^2 R_L}\approx 0.2P_o$$

3. 直流电源提供的功率

直流电源提供的功率包括负载得到的功率、功率管消耗的功率。

静态时 $P_V=0$

有信号输入时 $P_V=\frac{2V_{CC}U_{om}}{\pi R_L}$

最大功率 $P_V=\frac{2V_{CC}{}^2}{\pi R_L}$

4. 电路的效率

$$\eta=\frac{P_o}{P_V}=\frac{\pi\dot{U}_{om}}{4V_{CC}}$$

当 $U_{om}=V_{CC}$ 时，$\eta=\frac{\pi}{4}=78.5\%$。

5. 功放管的选取

对于 OCL 电路，为保证功放管在电路中能正常工作，应满足以下条件：

最大管耗 $P_{CM}\geqslant 0.2P_{om}$

反向击穿电压 $U_{CEO}>2V_{CC}$

集电极最大电流 $I_{CM}\geqslant\frac{V_{CC}}{R_L}$

6. 交越失真及消除的方法

交越失真是因为二极管存在死区电压，在两管交替工作时，因为死区电压一管截止而另一管尚未导通，产生信号交接的失真，如图 4-65 所示。

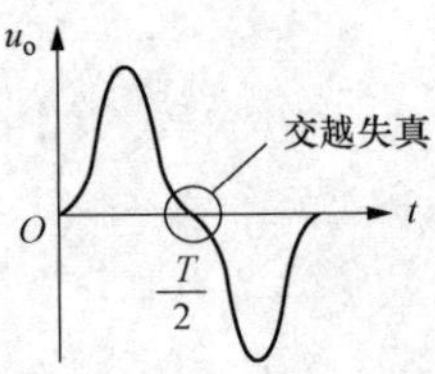

图 4-65 电路输出波形的交越失真

为解决交越失真，可提高电路的静态工作点，使得电路中的功率管工作在微导通的状态。此时电路工作在甲乙类方式下。

利用 VT3 的静态 I_{CQ3} 在 R_1 上的压降，$U_{BE1}+U_{BE2}=I_{CQ3}R_1$，提供 VT1、VT2 所需的偏压，如图 4-66（a）所示。

利用二极管的正向压降，使 $U_{BE1}+U_{BE2}=I_{D1}+I_{D2}$，提供 VT1、VT2 所需的偏压，如图 4-66（b）所示。

利用 U_{BE} 倍增电路向 VT1、VT2 提供偏置电压，调节 R_1、R_2 之值可得合适的偏压，如图 4-66（c）所示。其分析如下：

$$U_{BE3}=\frac{R_2}{R_2+R_1}U_{BB'}=\frac{R_2}{R_1+R_2}(U_{BE1}+U_{BE2})$$

$$U_{BE1}+U_{BE2}=\left(1+\frac{R_1}{R_2}\right)U_{BE3}$$

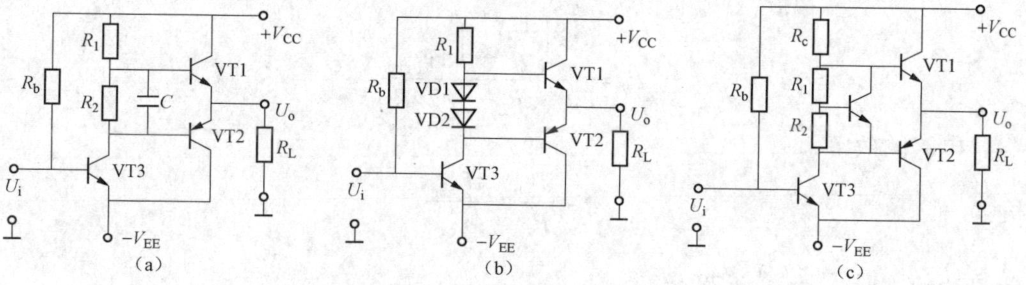

图 4-66　消除交越失真的电路

（三）OTL 功放电路的工作原理

OCL 功放电路需要双电源供电，在只有单电源供电的电子设备中并不适用。因此，在单电源供电的电子设备中，功放电路采用 OTL 电路。

OTL 单电源互补对称功率放大电路又称无输出变压器电路。OTL 功放电路原理图如图 4-67 所示。VT1、VT3 和 VT2、VT4 组成准互补对称放大电路，VT1 和 VT3、VT2 和 VT4 组成复合管结构，分别相当于一个 NPN 和一个 PNP 的晶体管，二极管 VD1、VD2 和电阻 R 向两个复合功率提供临界偏压，使两个复合功率管保持在临界导通的状态，两管射极通过电容连接负载；VD1、VD2 用于消除交越失真向复合管提供偏置电压；静态时，调节电路使得 $V_A=\frac{1}{2}V_{CC}$。

1. 工作原理

当正半周信号输入时，VT1、VT3 导通，VT2、VT4 截止，电流通过电源 V_{CC}、VT1、VT3 管的集电极、发射极、电容流到负载上。与此同时，对输出电容进行充电。

当负半周信号输入时，VT2、VT4 导通，VT1、VT3 截止，电容通过 VT2、VT4 和负载放电，由于电容容量大，放电时间常数远大于输入信号周期，电容器 C 通过 VT2 放电的同时输出负半周放大信号。

由上述的讨论可见，电路中大容量的电容器 C 除了是交流信号的耦合电容外，还是功放管 VT2 的供电电源。

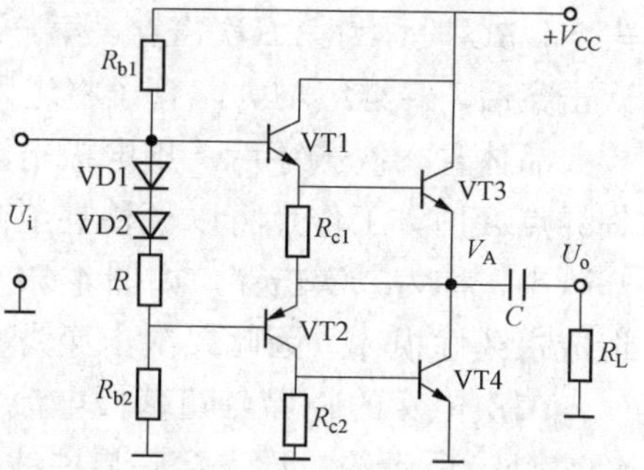

图 4-67　OTL 功放电路

2. OTL 电路参数

电路参数的估算均和双电源相同，在公式中用 $\frac{1}{2}V_{CC}$ 代替 V_{CC} 即可。

（1）输出功率。

$$P_{o\max}=\frac{1}{2}\cdot\frac{U_{cem}^2}{R_L}\approx\frac{\left(\frac{1}{2}V_{CC}\right)^2}{2R_L}=\frac{{V_{CC}}^2}{8R_L}$$

（2）功率管管耗。

$$P_{T\max}=\frac{\left(\frac{1}{2}V_{CC}\right)^2}{\pi^2R_L}\approx0.2P_o$$

（3）直流电源提供的功率。

$$P_V = \frac{2\times\left(\frac{1}{2}V_{CC}\right)^2}{\pi R_L} \frac{{V_{CC}}^2}{2\pi R_L}$$

（4）电路的效率。

$$\eta = \frac{P_o}{P_V} = \frac{\pi U_{om}}{4V_{CC}}$$

当 U_{om}=V_{CC} 时，$\eta = \frac{\pi}{4} = 78.5\%$。

（5）功放管的选取。

最大管耗 $P_{CM} \geqslant 0.2P_{om}$

反向击穿电压 $U_{CEO} > V_{CC}$

集电极最大电流 $I_{CM} \geqslant \frac{V_{CC}}{2R_L}$

（四）功放电路的安全运行

为了防止功放管过电压、过电流和过功耗，常加保护措施。

1. 功放管的二次击穿

对于某一条输出特性曲线，当 C、E 之间电压增大到一定数值时，晶体管将产生击穿。这个击穿称为一次击穿，击穿特性如图 4-68（a）所示。其中，图 4-68（a）的 AB 段称为第一次击穿，BC 段称为第二次击穿。第一次击穿是由 U_{CE} 过大引起的雪崩击穿，是可逆的。若在一次击穿后，I_C 继续增大，管子将进入二次击穿。

晶体管一次击穿后，集电极电流会骤然增大，若不加以限制，则晶体管的工作点变化到临界点 A 时，工作点将以毫秒甚至微秒级的高速度从 A 点到 B 点，此时电流猛增，而管压降却减小，称为二次击穿，如图 4-68（a）所示。晶体管经二次击穿后，性能将明显下降，甚至造成永久性损坏，因此二次击穿为不可逆击穿。

二次击穿的临界点随基极电流 I_B 的不同而变化，把进入二次击穿的点连起来就成为图 4-68（b）所示的二次击穿临界曲线，简称 S/B 曲线。为避免二次击穿，必须把晶体管的工作状态控制在二次击穿临界曲线之内。

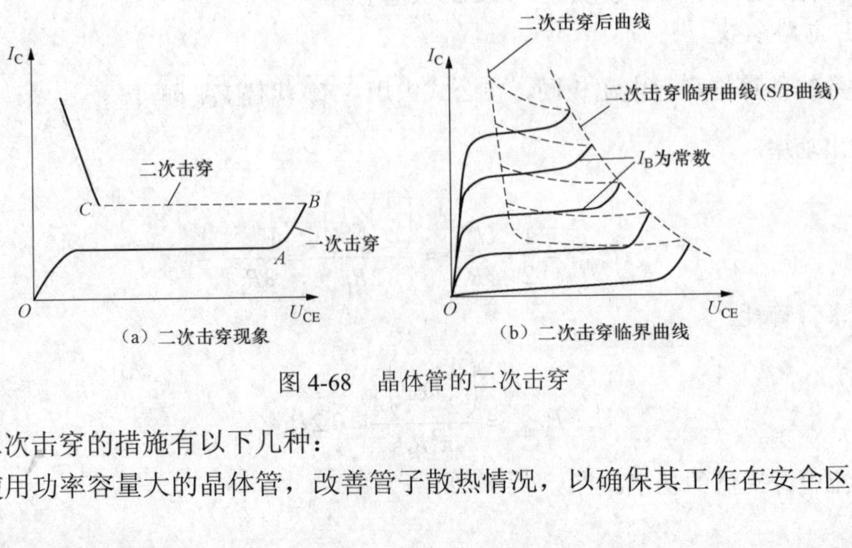

（a）二次击穿现象 （b）二次击穿临界曲线

图 4-68 晶体管的二次击穿

防止二次击穿的措施有以下几种：

（1）使用功率容量大的晶体管，改善管子散热情况，以确保其工作在安全区之内。

（2）使用时应避免电源剧烈波动、输入信号突然大幅度增加、负载开路或短路等，以免出现过电压、过电流。

（3）在负载两端并联二极管（或二极管和电容），以防止负载的感性引起功放管过电压或过电流，在功放管的C、E端并联稳压管以吸收瞬间过电压。

2. 功放管散热问题

采取功放管散热措施改善散热条件，例如功放管加装由铜、铝等导热性能良好的金属材料制成的散热片（板），加装了散热片的功放管可充分发挥管子的潜力，增加输出功率而不损坏管子；还可用电风扇强制风冷，获得更大的耗散功率。

四、集成功率放大电路

1. TDA2030A 集成功放

目前常用的集成功放型号非常多，以型号 TDA2030/2030A 的集成功放为例，与其他功放相比，它的引脚和外部元件都较少。该器件输出功率大，谐波失真小，内部设有过热保护和热切断保护电路，能适应长时间连续工作，外围电路简单，可以作 OTL 使用，也可作 OCL 使用。TDA2030 的外引线，即管脚图如图 4-69 所示。其中，1 脚为同相输入端，2 脚为反相输入端，4 脚为输出端；3 脚接负电源，5 脚接正电源。

TDA2030A 使用于收录机和有源音箱中，作音频功率放大器，也可作其他电子设备中的功率放大。因其内部采用的是直接耦合，也可以作直流放大。TDA2030A 主要性能参数见表 4-5。

表 4-5　　TDA2030A 主要性能参数

参　数	数　据
电源电压	U_{CC}±3～±18V
输出峰值电流	3.5A
输入电阻	>0.5MΩ
静态电流	<60mA（测试条件：U_{CC}=±18V）
电压增益	30dB
频响 BW	0～140kHz

在电源为±15V、R_L=4Ω 时，输出功率为 14W。

TDA2030A 集成功放的典型应用可作为 OCL 用，也可以作为 OTL 用。

（1）双电源（OCL）应用电路。图 4-70 所示电路为双电源时 TDA2030A 的典型应用电路。输入信号 U_i 由同相端输入，R_1、R_2、C_2 构成交流电压串联负反馈，因此，闭环电压放大倍数为

$$A_{uf}=1+\frac{R_1}{R_2}=33$$

为了保持两输入端直流电阻平衡，使输入级偏置电流相等，选择 R_3=R_1。U_1、U_2 起保护作用，用来泄放 R_L 产生的感生电压，将输出端的最大电压钳位在（V_{CC}+0.7V）和（$-V_{CC}$−0.7V）上。C_3、C_4 为去耦电容，用于减小电源内阻对交流信号的影响；C_1、C_2 为耦合电容。

（2）单电源（OTL）应用电路。对仅有一组电源的中、小型录音机的音响系统，可采用单电源连接方式，如图 4-71 所示。由于采用单电源供电，故同相输入端用阻值相同的 R_1、R_2 组成分压电路，使 K 点电位为 V_{CC}/2，经 R_3 加至同相输入端。在静态时，同相输入端、反向输入端和输出端皆为 V_{CC}/2。其他元件作用与双电源电路相同。

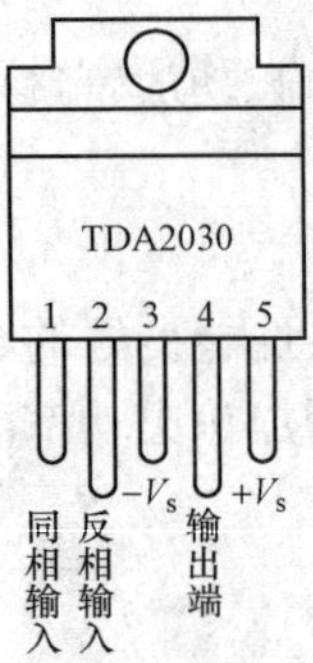

图 4-69　TDA2030 管脚图

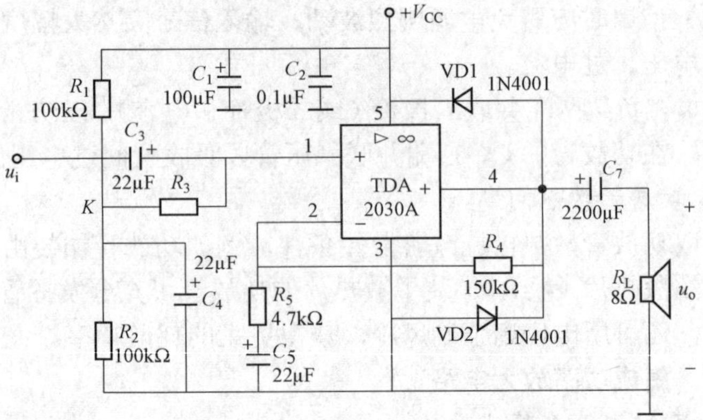

图 4-70　由 TDA2030A 构成的 OCL 电路

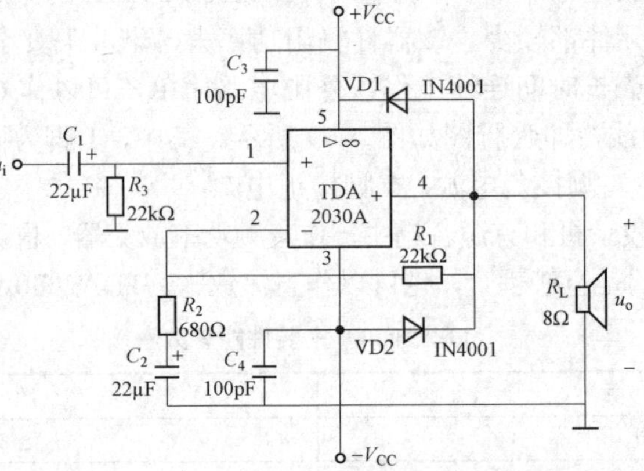

图 4-71　由 TDA2030A 构成的单电源功放电路

2. LM386 集成功放

LM386 是一种音频集成功放，具有自身功耗低、增益可调整、电源电压范围大、外接元件少、总谐波失真小等优点的功率放大器，广泛应用于录音机和收音机之中。

LM386 的电源电压范围为 5～18V，其增益调节范围为 20～200，可以通过引脚 1 和引脚 8 之间外接不同的电阻和电容元件进行调节。LM386 主要性能参数见表 4-6。LM386 系列功放引脚示意如图 4-72 所示。

表 4-6　LM386 主要性能参数

管脚	含义	管脚	含义
1	增益设定	5	输出
2	反相输入	6	电源
3	同相输入	7	旁路电容
4	接地端	8	增益设定

图 4-73 所示为 LM386 外接元件最少的用法。音频信号由正向输入端 3 号引脚输入，4 号和 7 号引脚均接地，1 号和 8 号引脚均悬空，输出端从 5 号引脚端经耦合电容驱动扬声器。其中，10Ω 电阻和 0.1μF 电容组成阻抗校正网络，抵消负载中的感抗分量，防止电路自激，有时也可以省去不用。RW 是音量电位器，用来调节扬声器的音量。

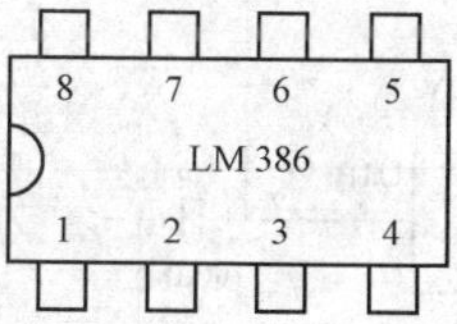

图 4-72　LM386 系列功放引脚示意

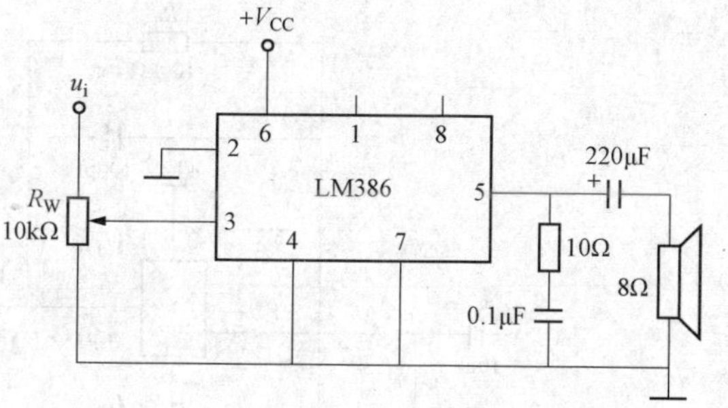

图 4-73　LM386 外接元件最少的用法

外部元件的作用如下：

R_F、C_F——与内部电阻组成交流负反馈支路；

C_B——相位补偿；

C_C——输出端电容，两端充电电压等于 $1/2V_{CC}$；

C_D——反馈电容，消除自激振荡；

C_3、C_4——滤除波纹；

C_H——自举电容，使复合管的导通电流不随输出电压的升高而减小；

C_2——电源退耦滤波，可消除低频自激。

任务三　简易扩音器的分析与设计

学习目标

（1）熟悉扩音器的组成。

（2）学会扩音器组成部分元件的选择。

（3）会分析简易扩音器的工作原理。

任务引入

学习了扩音器的放大电路后，它的整体电路是如何工作的呢？下面我们就以电路的工作过程展开学习。

知识准备

音频功率放大器电路可以分为三级。

第一级：前置放大，主要是完成对小信号无失真的放大，一般要求输入阻抗高，输出阻抗低，频带宽，噪声小。

第二级：音调控制，电路的功能不仅仅在于扩音，还有对高、低音的抑制或提升。

第三级：功率放大，决定了最终电路的输出效果，要求效率高、失真尽可能小、输出功率大。

一、前置放大

由于话筒提供的信号非常弱，一般在音调控制器前面加一个前置放大器。考虑到设计电路对频率响应及零输入时的噪声、电流、电压的要求，前置放大器选用集成运算放大器 LF353，参考电路如图 4-74 所示。

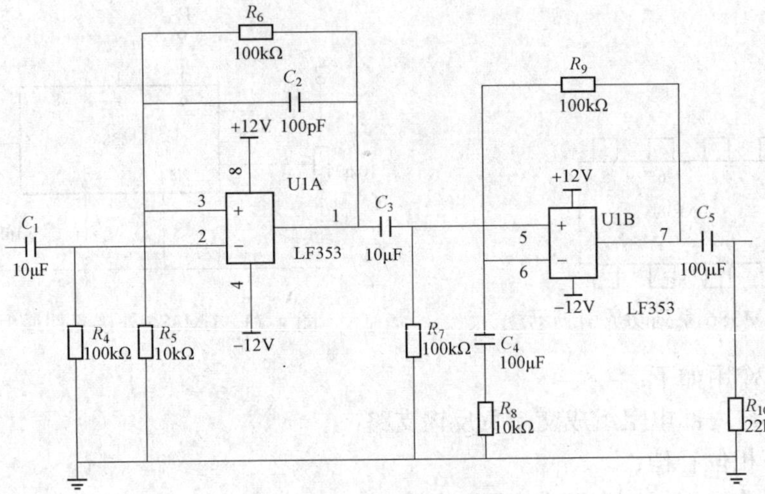

图 4-74 前置放大器电路

前置放大电路由 LF353 组成的两级放大电路。为满足将设计要求需在第一级将信号放大 100 倍左右，即

$$A_{u1}=1+R_6/R_5=10$$
$$A_{u2}=1+R_9/R_8=10$$
$$A_u=10\times10=100$$

为满足放大要求，可取 $R_6=R_9=100\text{k}\Omega$，$R_5=R_8=10\text{k}\Omega$。为了将高频的噪声滤除掉，防止噪声进入放大电路的第一级被放大，对输出结果产生影响，利用 RC 并联电路特性的阻抗，在 R_6 的基础上再并上一个 100pF 的小电容 C_2。耦合电容 C_1 与 C_3 取 10μF，可以较好地滤除两级放大之间所产生的噪声，C_4 与 C_5 取 100μF，以保证扩音电路的低频响应。

二、音调控制电路

音调控制电路的主要功能是通过对放音频带内放大器的频率响应曲线的形状进行控制，从而达到控制放音音色的目的，以适应不同听众对音色的不同爱好。此外还能补偿信号中所欠缺的频率分量，使音质得到改善，从而提高放音系统的放音效果。在高保真放音电路中，一般采用的是高、低音分别可调的音调控制电路。一个良好的音调控制电路，要求有足够的高、低音调节范围，同时要求在高、低音从最强调到最弱的整个过程中，中音信号（一般指 1kHz）不发生明显的幅值变化，以保证音量在音调控制过程中不至于有太大的变化。音调控制电路大多由 RC 元件组成，利用 RC 电路的传输特性，提升或衰减某一频段的音频信号，达到控制音调的目的。音调控制电路一般可分为衰减式和负反馈式两大类，衰减式音调控制电路的调节范围可以做得较宽，但由于中音电平也要做很大的衰减，并且在调节过程中整个电路的阻抗也在变化，所以噪声和失真较大。负反馈式音调控制电路的噪声和失真较小，并且在调节音调时，其转折频率保持固定不变，而特性曲线的斜率却随之改变。下面分析负反馈型音调控制电路的工作原理。

负反馈式音调控制器的工作原理：由于集成运算放大器具有电压增益高、输入阻抗高等优点，用它制作的音调控制电路具有电路结构简单、工作稳定等优点，典型的电路结构如图 4-75 所示。其中，电位器 R_{P1} 为高音调节电位器；R_{P2} 为低音调节电位器；电容 C 为音频信号输入耦合电容；电容 C_1、C_2 为低音提升和衰减电容，一般选择 $C_1=C_2$；电容 C_3 为高音提升和衰减电容，要求 C_3 的值远远小于 C_1。电路中各元件一般要满足的关系为 $R_{P1}=R_{P2}$，$R_1=R_2=R_3$，$C_1=C_2$，$R_{P1}=9R_1$。

（1）音调控制器工作在低音频时，由于电容 $C_3 \leqslant C_1=C_2$，故在低频时 C_3 可看成开路，此时

高音调节电位器 R_{P1} 在任何位置对低音都不会影响。当低音调节器 R_{P2} 抽头处在最左端，C_1 被短路。此时电路图 4-75 可简化为如图 4-76（a）所示的低音提升等效电路,该电路图的电压放大倍数表达式如下：

$$A_{VF}=-\frac{Z_2}{Z_1}=-\left(\frac{R_{P2}/\mathrm{j}\omega C_2}{R_{P2}+1/\mathrm{j}\omega C_2}+R_2\right)/R_1$$

由于 C_2 对于低音信号容抗大，所以相对提高了低音信号的放大倍数，起到低频提升最大的作用。

同时当 R_{P2} 滑动到最右端时，电容 C_2 被短路，此时电路图 4-75 可简化为如图 4-76（b）所示的低音衰减等效电路，该电路图的电压放大倍数表达式如下：

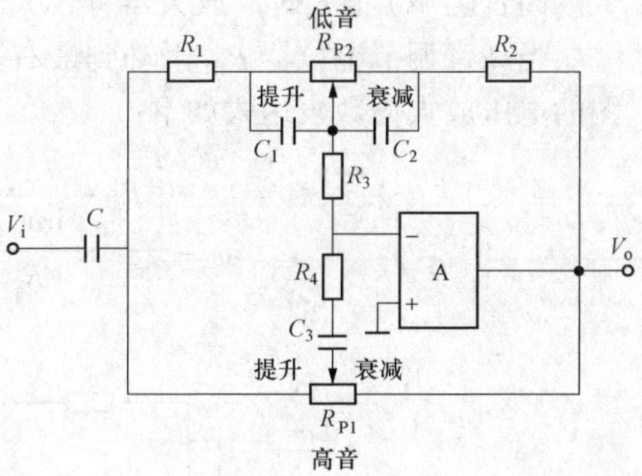

图 4-75　音调控制电路

$$A_{VT}=\frac{R_2}{R_1+(1/\mathrm{j}\omega C_1)//R_{P2}}=-\frac{R_2}{R_1+R_{P2}}\times\frac{1+\mathrm{j}\omega R_{P2}C_1}{1+\mathrm{j}\omega(R_{P2}//R_1)C_1}$$

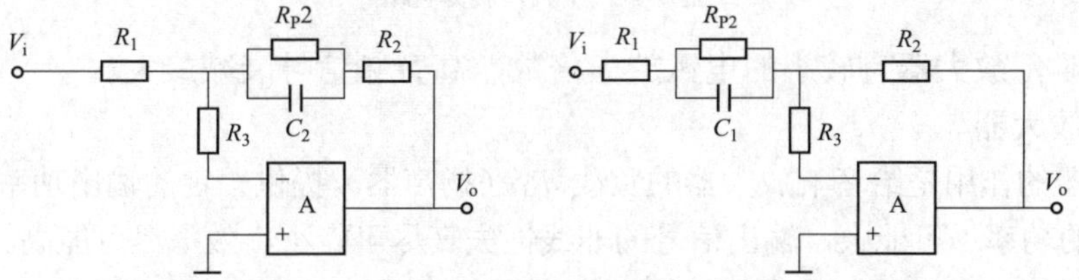

（a）低音提升等效电路　　（b）低音衰减等效电路

图 4-76　低音等效电路

由于电容 C_1 对于输入音频信号的低音信号具有较小的电压放大倍数，所以该电路可实现低音衰减。

（2）音调控制器工作在高频端工作时，电容 C_1、C_2 近似短路，调节高音调节电位器 R_{P1}，可实现对高音信号的提升和衰减。图 4-77（a）所示为工作在高音信号下的简化电路。为便于分析，将图中星形连接的电阻 R_1、R_2、R_3 转换成三角形连接，如图 4-77（b）所示，为高音信号电路图等效变换电路。在假设 $R_1=R_2=R_3$ 的条件下，$R_a=R_b=R_c=3R_1$。

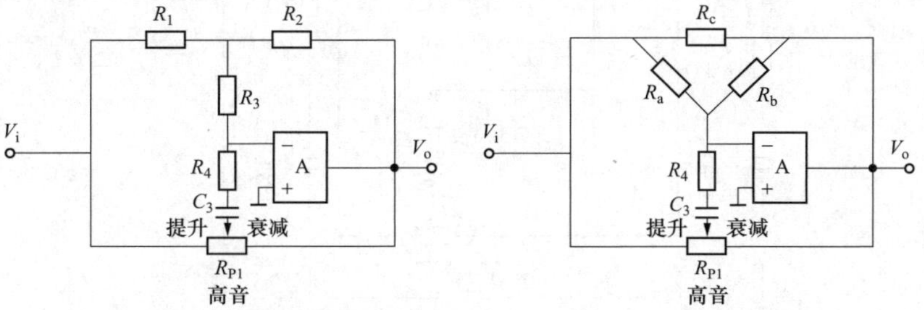

（a）高音信号下的简化电路　　（b）高音信号电路图等效变换电路

图 4-77　高音简化电路

当高音调节电位器 R_{P1} 滑动到最左端时，高音提升等效电路如图 4-78（a）所示。该电路图的电压放大倍数表达式如下：

$$A_{Vf}=\frac{R_b}{(1/\mathrm{j}\omega C_3+R_4)//R_a}=\frac{R_b[1+\mathrm{j}\omega C_3(R_4+R_a)]}{R_a(1+\mathrm{j}\omega C_3R_4)}$$

高音区域f很大时，放大器有较大的电压放大倍数，高音频信号提升最大。

当高音调节电位器R_{P1}滑动到最右端时，高音衰减等效电路如图 4-78（b）所示。该电路图的电压放大倍数表达式如下：

$$A_{Vf}=\frac{\left(R_4+\frac{1}{j\omega C_3}\right)//R_b}{R_a}=\frac{R_c}{R_a}\times\frac{1+j\omega C_3R_4}{1+j\omega C_3(R_4+R_b)}$$

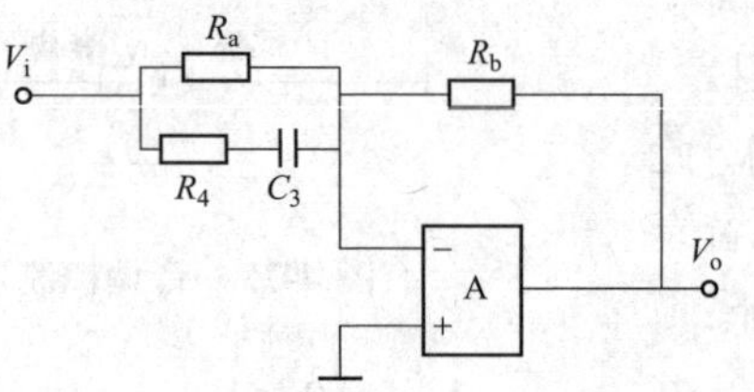

（a）高音提升等效电路

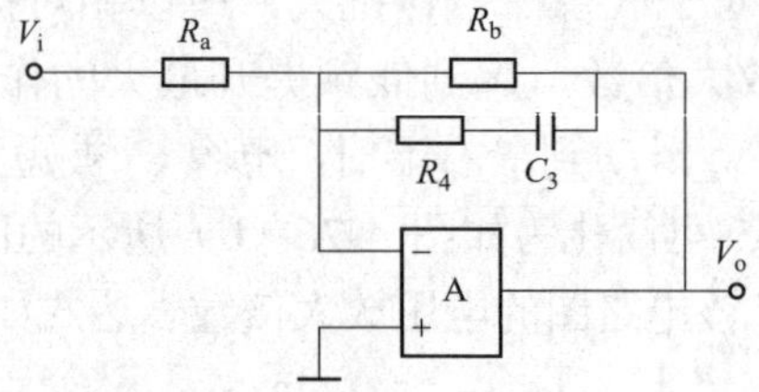

（b）高音衰减等效电路

图 4-78　高音等效电路

高音区域时，放大器有较小的电压放大倍数，高音频信号衰减最大。

三、功率放大器

功率放大器的作用是给音响放大器的负载 R_L（扬声器）提供一定的输出功率，当负载一定时，希望输出的功率尽可能大，输出信号的非线性失真尽可能小，效率尽可能高。

（1）利用 TDA2330A 型集成功率放大电路，根据该芯片给出的外部常规接法，如图 4-79 所示。

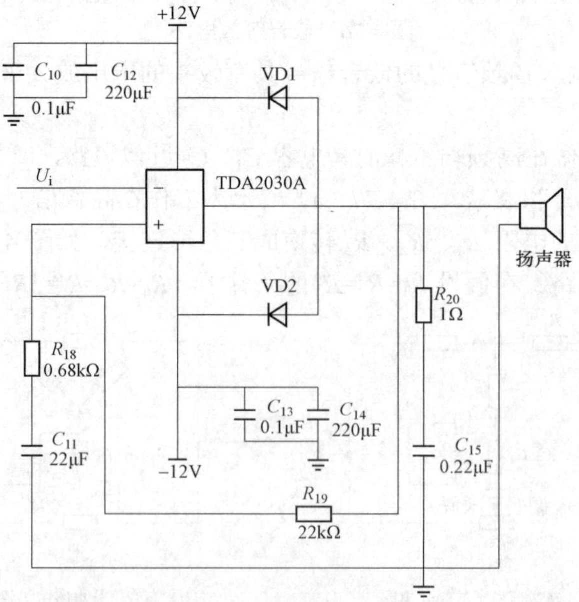

图 4-79　功率放大电路

（2）芯片内含各种保护电路，因此工作安全可靠。主要保护电路有短路保护、热保护、地线偶然开路、电源极性反接（V_{smax}= 12V）、负载泄放电压反冲等。

（3）输出功率大，P_o=18W（R_L=4Ω）。

扩音器总原理图如图 4-80 所示。

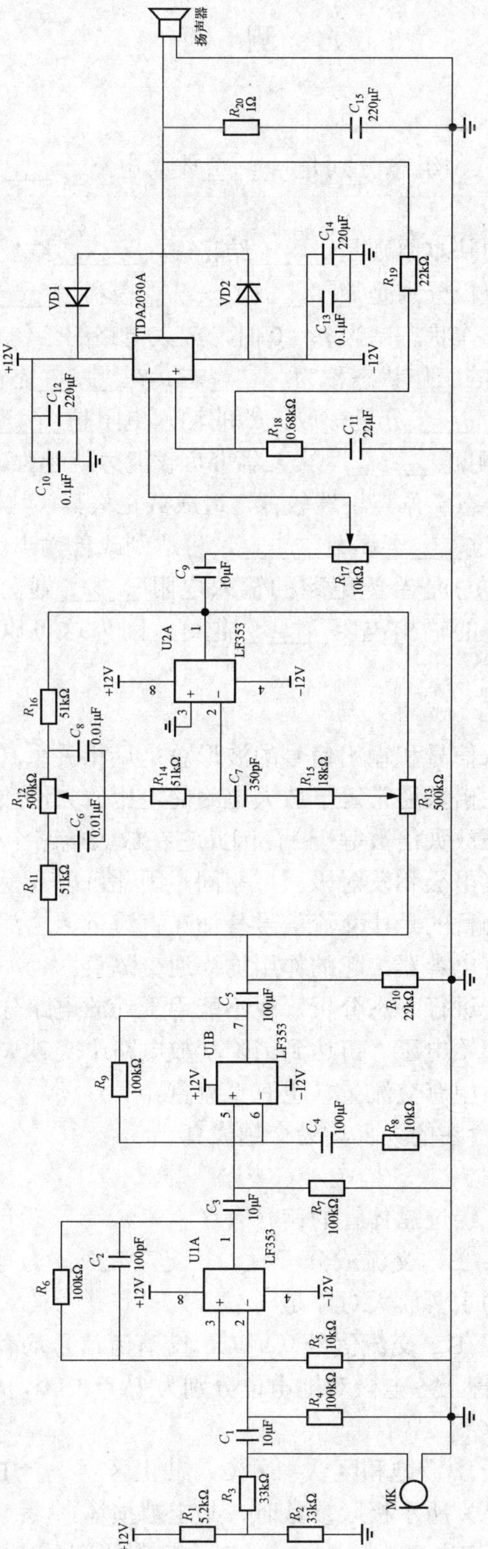

图 4-80　扩音器总原理图

自 测 题 1

一、填空题

1．基本放大电路的三种组态分别是______放大电路、______放大电路和______放大电路。

2．放大电路应遵循的基本原则是______结正偏，______结反偏。

3．三极管对外引出电极分别是______极、______极和______极三种。

4．放大电路有两种工作状态：当 $u_i=0$ 时，放大电路的工作状态称为______态；有交流信号 u_i 输入时，放大电路的工作状态称为______态。在______态情况下，晶体管各极电压、电流均包含______分量和______分量。放大器的输入电阻越______，就越能从前级信号源获得较大的电信号；输出电阻越______，放大器带负载能力就越强。

5．共射放大电路的静态工作点设置较低，造成截止失真，其输出波形为______削顶。若采用分压式偏置电路，通过______调节______，可达到改善输出波形的目的。

6．对放大电路来说，总是希望电路的输入电阻______越好，因为这可以减轻信号源的负荷；又希望放大电路的输出电阻______越好，因为这可以增强放大电路的整个负载能力。

二、判断题

1．放大电路中的输入信号和输出信号的波形总是反相关系。（　　）

2．晶体管的电流放大倍数通常等于放大电路的电压放大倍数。（　　）

3．射极输出器的电压放大倍数等于 1，因此它在放大电路中作用不大。（　　）

4．双极型三极管的集电极和发射极类型相同，因此可以互换使用。（　　）

5．设置静态工作点的目的是让交流信号叠加在直流量上全部通过放大器。（　　）

6．放大电路中的所有电容器，起的作用均为通交隔直。（　　）

7．微变等效电路不能进行静态分析，也不能用于功放电路分析。（　　）

8．采用适当的静态起始电压，可达到消除功放电路中交越失真的目的。（　　）

9．微变等效电路中不但有交流量，也有直流量。（　　）

10．普通放大电路中存在的失真均为交越失真。（　　）

三、选择题

1．基本放大电路中，经过晶体管的信号有（　　）。

A．直流成分　　B．交流成分　　C．交直流成分均有

2．基本放大电路中的主要放大对象是（　　）。

A．直流信号　　B．交流信号　　C．交直流信号均有

3．测得 NPN 型三极管上各电极对地电位分别为 $V_E=2.1V$，$V_B=2.8V$，$V_C=4.4V$，说明此三极管处在（　　）。

A．放大区　　B．饱和区　　C．截止区　　D．反向击穿区

4．三极管超过（　　）所示极限参数时，必定被损坏。

A．集电极最大允许电流 I_{CM}　　B．集-射极间反向击穿电压 $U_{(BR)CEO}$

C．集电极最大允许耗散功率 P_{CM}　　D．管子的电流放大倍数 β

5．功放首先考虑的问题是（　　）。

A．管子的工作效率　　B．不失真问题　　C．管子的极限参数

6．电压放大电路首先需要考虑的技术指标是（　　）。

A．放大电路的电压增益　　B．不失真问题　　C．管子的工作效率

7．作在放大区域的某三极管，当 I_B 从 20μA 增大到 40μA 时，I_C 从 1mA 变为 2mA，则它的 β 值约为（　　）。

A．10　　B．50　　C．80　　D．100

8．基极电流 i_B 的数值较大时，易引起静态工作点 Q 接近（　　）。

A．截止区　　B．饱和区　　C．死区

9．下列数据中，对 NPN 型三极管属于放大状态的是（　　）。

A．$V_{BE}>0$，$V_{BE}<V_{CE}$ 时　　B．$V_{BE}<0$，$V_{BE}<V_{CE}$ 时

C．$V_{BE}>0$，$V_{BE}>V_{CE}$ 时　　D．$V_{BE}<0$，$V_{BE}>V_{CE}$ 时

四、简答题

1．共发射极放大器中集电极电阻 R_C 的作用是什么？

2．放大电路中为何设立静态工作点？静态工作点的高、低对电路有何影响？

五、计算题

1．如图 4-81 所示分压式偏置放大电路中，已知 $R_C=3.3\text{k}\Omega$，$R_{B1}=40\text{k}\Omega$，$R_{B2}=10\text{k}\Omega$，$R_E=1.5\text{k}\Omega$，β=70。求静态工作点 I_{BQ}、I_{CQ} 和 U_{CEQ}。（图中晶体管为硅管）

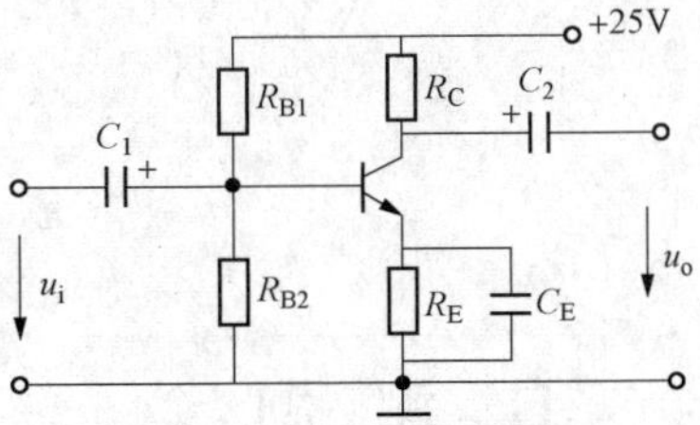

图 4-81　计算题 1 电路

2．画出图 4-81 所示电路的微变等效电路，并对电路进行动态分析。要求解出电路的电压放大倍数 A_u、电路的输入电阻 r_i 及输出电阻 r_o。

3．已知处于放大状态的晶体管的三个电极对公共参考点的电压为 U_1、U_2、U_3，如图 4-82 所示。试判断它们是 NPN 型或 PNP 型，是硅管还是锗管，并标出三个电极的符号。

（1）VT1：U_1=3.6V，U_2=2.9V，U_3=12V。

（2）VT2：U_1=3.1V，U_2=2.9V，U_3=8V。

（3）VT3：U_1=6.5V，U_2=11.3V，U_3=12V。

（4）VT4：U_1=4.5V，U_2=9.8V，U_3=10V。

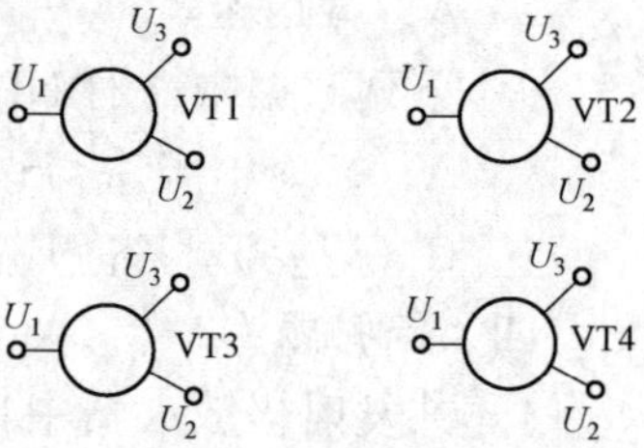

图 4-82　放大状态的晶体管

4．已测得晶体管的各极电位如图 4-83 所示，试判断它们各处于放大、饱和与截止中的哪种工作状态。

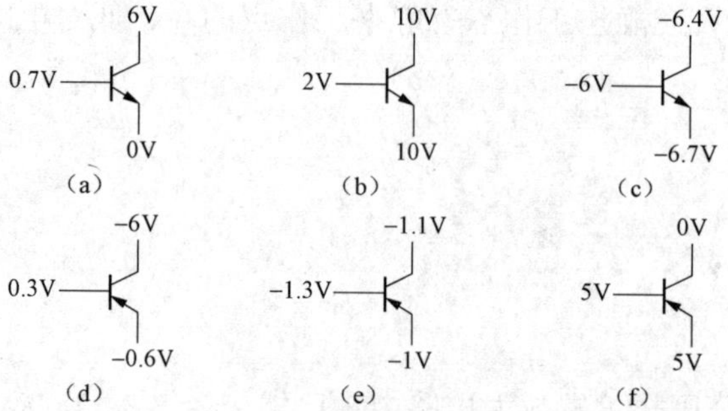

图 4-83　晶体管

自　测　题　2

一、填空题

1．对于理想集成运放，A_{u0}=______，r_i=______，r_o=______，K_{CMR}=______。

2．稳定二极管稳压时是处于______偏置状态，而二极管导通时是处于______偏置状态。（正向或反向）

3．所谓理想二极管，就是当其正偏时，结电阻为______，等效成一条直线；当其反偏时，结电阻为______，等效成断开。

4．______运算电路可实现 $A_u>1$ 的放大器，______运算电路可实现 $A_u<0$ 的放大器，______运算电路可将三角波电压转换成方波电压。

5．三极管具有放大作用外部电压条件是发射结______，集电结______。

6．理想运算放大器工作在线性区时有两个重要特点：一是差模输入电压______，称为______；二是输入电流______，称为______。

二、判断题

1．电压比较器的输出电压只有两种数值。（　　）

2．放大电路中的所有电容器，起的作用均为通交隔直。（　　）

3．“虚短”就是两点并不真正短接，但具有相等的电位。（　　）

4．“虚地”是指该点与“地”点相接后，具有“地”点的电位。（　　）

5．集成运放不但能处理交流信号，也能处理直流信号。（　　）

6．集成运放在开环状态下，输入与输出之间存在线性关系。（　　）

7．同相输入和反相输入的运放电路都存在“虚地”现象。（　　）

8．理想运放构成的线性应用电路，电压增益与运放本身的参数无关。（　　）

9．各种比较器的输出只有两种状态。（　　）

10．微分运算电路中的电容器接在电路的反相输入端。（　　）

三、选择题

1．稳压二极管是一个可逆击穿二极管，稳压时工作在（　　）状态，但其两端电压必须（　　），它的稳压值 U_S 才有导通电流，否则处于（　　）状态。

A．正偏　B．反偏　C．大于　D．小于

E．导通　F．截止

2．用直流电压表测得放大电路中某三极管各极电位分别是 2、6、2.7V，则三个电极分别是（　　），该管是（　　）型。

A．B、C、E　B．C、B、E

C．E、C、B　D．NPN

E．PNP

3．KMCR 是差分放大电路的一个主要技术指标，它反映放大电路（　　）的能力。

A．放大差模抑制共模　B．输入电阻高

C．输出电阻低

4．功放电路容易出现的失真现象是（　　）。

A．饱和失真　B．截止失真　C．交越失真

5．对功率放大器的主要要求有（　　）。

A．U_o 高　B．P_o 大　C．效率高　D．R_i 大

E．波形不失真

6．集成运放的线性应用存在（　　）现象，非线性应用存在（　　）现象。

A．虚地　B．虚断　C．虚断和虚短

7．当集成运放线性工作时，两条分析依据（　　）和（　　）。

A．$U_- = U_+$　　B．$I_- = I_+ = 0$　　C．$U_o = U_i$　　D．$A_u = 1$

四、分析计算题

1．已知：电路如图4-84所示VD1、VD2为理想二极管。求：

（1）哪只二极管导通？

（2）U_{AO}的值是多少？

2．图4-85所示电路中，已知电阻$R_f = 5R_1$，输入电压$U_i = 5mV$，求输出电压U_o。

3．已知：电路如图4-86所示，$U_1 = 10mV$，求U_{o1}、U_{o2}、U_o。

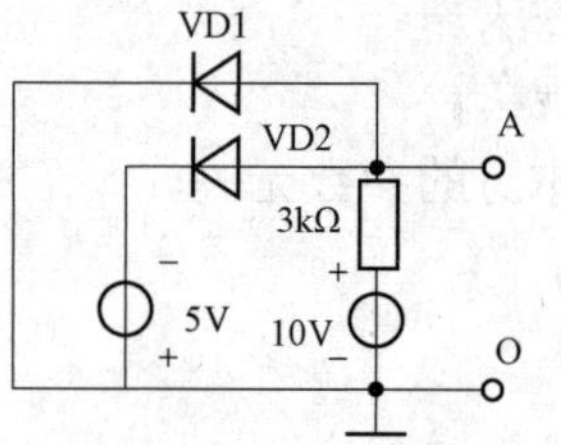

图4-84　题1图

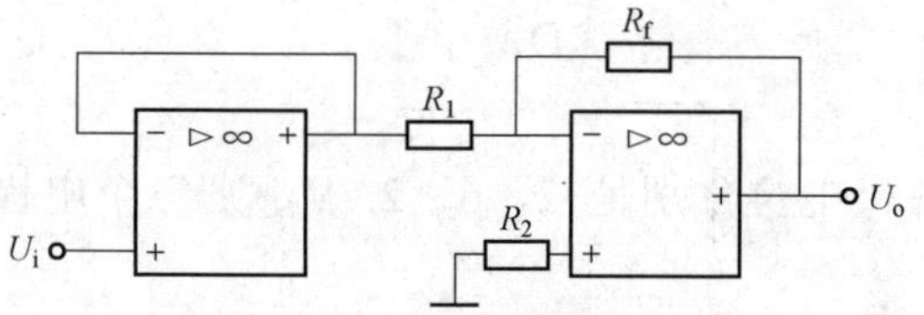

图4-85　题2图

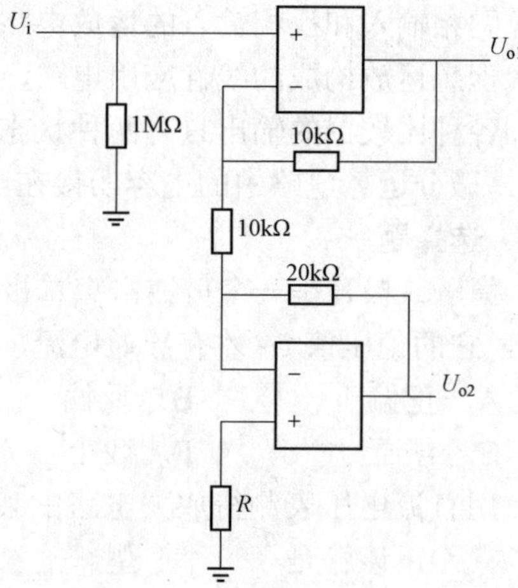

图4-86　题3图

学习项目五　交通信号灯故障检查电路的分析与设计

项目描述

本项目设计一个监视交通信号灯工作状态的逻辑电路。每组信号灯由红、黄、绿三盏灯组成。正常状态下，任何时刻必有一盏灯点亮，而且只允许一盏灯点亮。如果灯全不亮、全亮或其中两个灯同时亮，都是故障。

本项目学习的是数字电路进行逻辑运算的基本知识：基本逻辑运算和实现这些运算的门电路，以及中小规模组合逻辑电路的分析和制作。

项目目标

知识目标

（1）了解数字信号与模拟信号的区别。

（2）理解并掌握逻辑函数概念。

（3）能识别常见数字集成电路的类型。

（4）会叙述基本逻辑门电路的逻辑功能。

（5）会对逻辑函数进行化简。

技能目标

（1）会用门电路实现简单逻辑电路。

（2）会对组合逻辑电路分析。

（3）会设计简单的逻辑电路。

（4）能设计交通信号灯故障检查电路。

任务框架

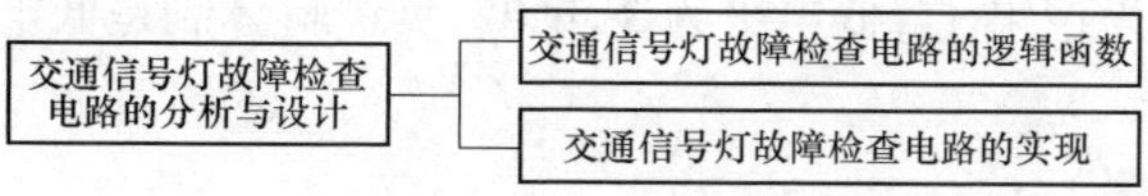

任务一　交通信号灯故障检查电路的逻辑函数

学习目标

（1）了解数字信号与模拟信号的区别。

（2）掌握逻辑函数的概念。

（3）会叙述基本逻辑门电路的逻辑功能。

（4）能识别常见数字集成电路的类型。

（5）会对逻辑函数进行化简。

任务引入

在键盘上输入数字 9，在电脑 CPU 处理过程中存在的形式是 1001，最终在电脑显示屏上显示的也是 9，在这个过程中 1001 与 9 数值上是等价的，那么什么是模拟信号，什么是数字信号，这些数字信号之间有什么逻辑关系呢？

任务分析

交通信号灯故障检查电路就是利用红灯、黄灯、绿灯状态体现信号灯是否存在故障，以此提醒维修人员及时维修故障信号灯。

知识准备

一、模拟信号与数字信号

在近代电子工程中，按照所处理的信号形式，通常将电路分成两大类：模拟电路和数字电路。模拟电路处理的是模拟信号；数字电路处理的是数字信号。在电子应用中，可测量的信号分为模拟信号和数字信号。

1. 模拟信号

模拟信号是指在时间和数值上均为连续取值的物理量。例如，用电压表测量电路中的电压属于模拟信号，因为任何时刻被测电压不可能发生突跳，所以测得的电压无论在时间还是数量上都是连续的。几乎所有的自然现象都是模拟量。

2. 数字信号

数字信号是指在时间和幅度上均为离散取值的物理量。例如用电子电路记录从自动生产线上输出的零件数目时，每送出一个零件就给电子电路一个信号，记 1，平时没有零件送出时电子电路信号是 0。

数字信号可能是二值、三值或多值信号。目前数字电路中只涉及二值信号，用两个电平（高电平和低电平）分别来表示两个逻辑值（逻辑 1 和逻辑 0）。数字电路有两种逻辑体制，即正逻辑体制是高电平为逻辑 1，低电平为逻辑 0。负逻辑体制是低电平为逻辑 1，高电平为逻辑 0。

二、逻辑函数门电路

日常生活中我们会遇到很多结果完全对立而又相互依存的事件，如开关的通断、信号的有无、工作和休息等。这些事件发生的条件与结果之间所遵循的规律称为逻辑。

最基本的逻辑关系有三种：与逻辑关系、或逻辑关系、非逻辑关系。

逻辑门电路是设计数字系统的最小单元。

1. 与门

逻辑与运算可用开关电路中两个开关相串联的例子来说明，如图 5-1 所示。开关 A、B 所有可能的动作方式见表 5-1，此表称为功能表。如果用 1 表示开关闭合，0 表示开关断开，灯亮时 F=1，灯灭时 F=0。则上述功能表可表示为表 5-2，这种表称为真值表。

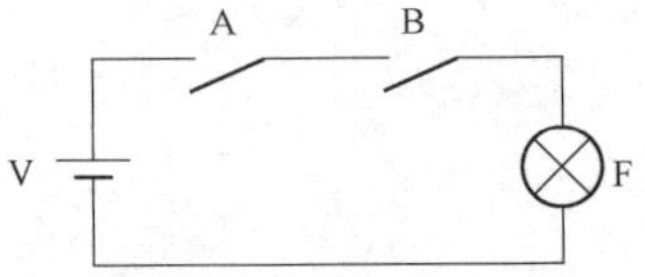

图 5-1　与门电路

表 5-1　与门功能表

A	B	灯 F
断开	断开	不亮
断开	闭合	不亮
闭合	断开	不亮
闭合	闭合	亮

表 5-2　与门真值表

输入		输出
A	B	F
0	0	0
0	1	0
1	0	0
1	1	1

运算规律：有 0 出 0，全 1 出 1。由此可推出其一般形式为

$$A \cdot 0=0$$

$$A \cdot 1=A$$

$$A \cdot A=A$$

与运算的逻辑表达式为

$$F=A \cdot B$$

实现与逻辑运算功能的电路称为与门。每个与门有两个或两个以上的输入端和一个输出端，图 5-2 所示为两输入端与门的逻辑符号。

［**例 5-1**］与门输入如图 5-3 所示的波形，求其输出波形 F。

解：当输入波形 A 和 B 同时为高电平时（对应于图 5-4），输出波形 F 为高电平。

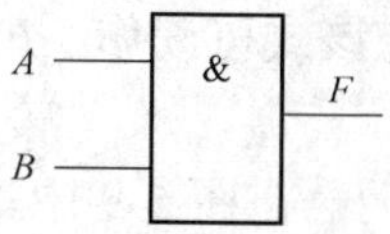

图 5-2　与门的逻辑符号

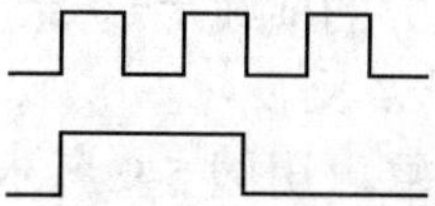

图 5-3　例 5-1 输入波形

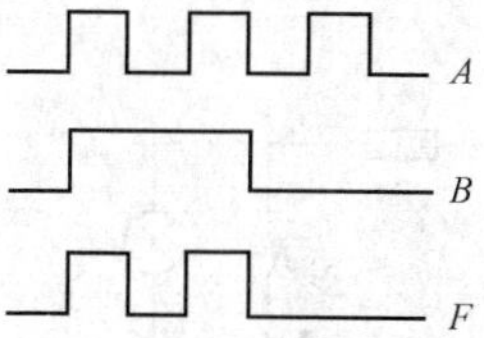

图 5-4　例 5-1 输出波形

2. 或门

或运算的逻辑表达式为

$$F=A+B$$

该式可读作 F 等于 A 加 B，也可读作 F 等于 A 或 B。

逻辑或运算可用开关电路中两个开关相并联的例子来说明，如图 5-5 所示。其功能表和真值表见表 5-3 和表 5-4。

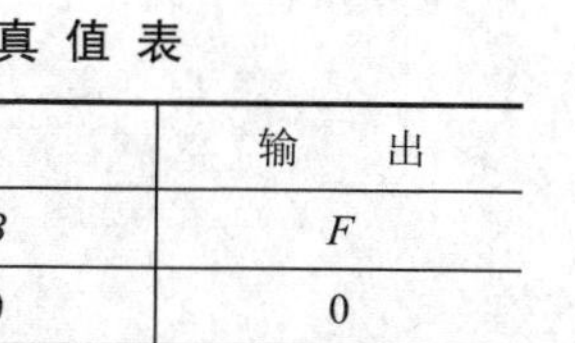

图 5-5　或运算电路

表 5-3　或门功能表

A	B	灯 F
断开	断开	不亮
断开	闭合	亮
闭合	断开	亮
闭合	闭合	亮

表 5-4　或门真值表

输入		输出
A	B	F
0	0	0
0	1	1
1	0	1
1	1	1

运算规律：有 1 出 1，全 0 出 0。由此可推出其一般形式为

$$A+0=A$$

$$A+1=A$$

$$A+A=A$$

实现或逻辑运算功能的电路称为或门。每个或门有两个或两个以上的输入端和一个输出端。图 5-6 所示为两输入端或门的逻辑符号。

［**例 5-2**］或门输入如图 5-7 所示的波形，求其输出波形 F。

解：当输入波形 A 和 B 之一或全部为高电平时（对应于图 5-8），输出波形 F 为高电平。

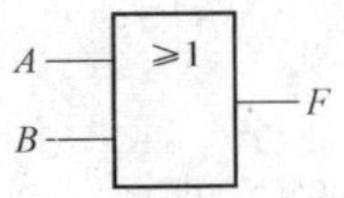

图 5-6　或门的逻辑符号

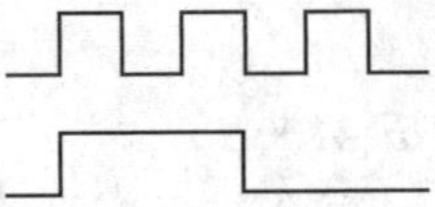

图 5-7　例 5-2 输入波形

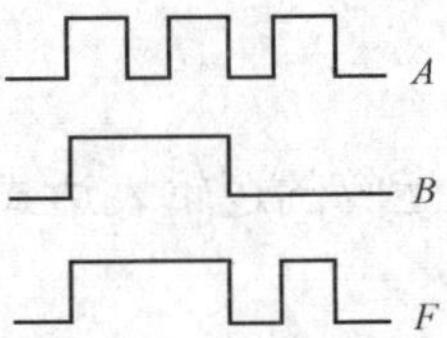

图 5-8　例 5-2 输出波形

3. 非门

非运算的逻辑表达式为

$$F=\overline{A}$$

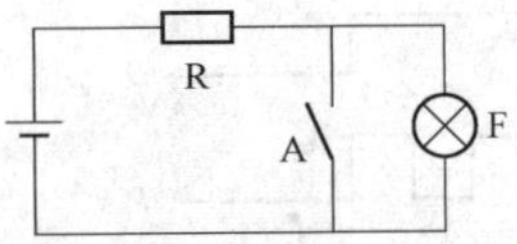

图 5-9　非运算电路

其中，字母上方的横线“−”表示“非”运算。该式可读作，F 等于 A 非，或 F 等于 A 反。

逻辑“非”运算可用图 5-9 所示开关电路来说明。在图 5-9 中，若令 A 表示开关处于常开位置，则 $\overline{A}$ 表示开关处于常闭位置。其功能表和真值表很简单，见表 5-5 和表 5-6。

表 5-5　非门功能表

A	灯 F
闭合 不闭合	不亮 亮

表 5-6　非门真值表

输入	输出
A	F
0 1	1 0

运算规律：有 0 出 1，有 1 出 0。由此可推出其一般形式为

$$A=A$$

$$A+\overline{A}=1$$

$$A\cdot\overline{A}=0$$

实现非逻辑运算功能的电路称为非门。非门也称为反相器。每个非门有一个输入端和一个输出端。图 5-10 所示为非门的逻辑符号。

［**例 5-3**］向图 5-10 所示非门输入图 5-11 所示的波形，求其输出波形 F。

解：如图 5-12 所示，当输入波形为高电平时，输出就为低电平；反之亦然。

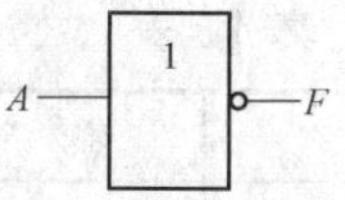

图 5-10　非门的逻辑符号

图 5-11　例 5-3 输入波形

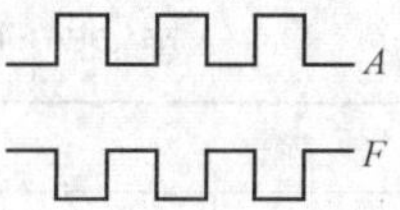

图 5-12　例 5-3 输出波形

4. 与非门

与运算后再进行非运算的复合运算称为与非运算，实现与非运算的逻辑电路称为与非门。一个与非门有两个或两个以上的输入端和一个输出端，两输入端与非门的逻辑符号如图 5-13 所示。

其输出与输入之间的逻辑关系表达式为

$$F = \overline{A \cdot B}$$

与非门真值表见表 5-7。

使用与非门可实现任何逻辑功能的逻辑电路。因此，与非门是一种通用逻辑门。

表 5-7　与非门真值表

输入		输出
A	B	F
0	0	1
0	1	1
1	0	1
1	1	0

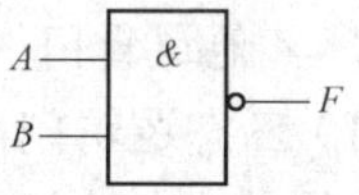

图 5-13　与非门的逻辑符号

5. 或非门

或运算后再进行非运算的复合运算称为或非运算，实现或非运算的逻辑电路称为或非门。一个或非门有两个或两个以上的输入端和一个输出端，两输入端或非门的逻辑符号如图 5-14 所示。

输出与输入之间的逻辑关系表达式为

$$F = \overline{A + B}$$

或非门真值表见表 5-8。

6. 异或门

对于二输入变量的异或逻辑，当两个输入端取值不同时，输出为 1；当两个输入端取值相同时，输出端为 0。实现异或逻辑运算的逻辑电路称为异或门。图 5-15 所示为二输入异或门的逻辑符号。

相应的逻辑表达式为

$$F = A \oplus B = \overline{A}B + A\overline{B}$$

异或门真值表见表 5-9。

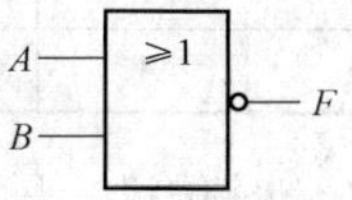

图 5-14　或非门的逻辑符号

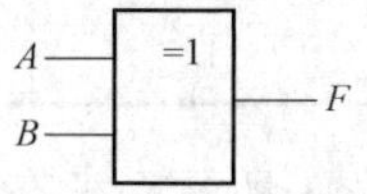

图 5-15　二输入异或门的逻辑符号

表 5-8　　或非门真值表

输入		输出
A	B	F
0	0	1
0	1	0
1	0	0
1	1	0

表 5-9　　异或门真值表

输入		输出
A	B	F
0	0	0
0	1	1
1	0	1
1	1	0

7. 同或门

异或运算之后再进行非运算，则称为同或运算。实现同或运算的电路称为同或门。同或门的逻辑符号如图 5-16 所示。

二变量同或运算的逻辑表达式为

$$F = A \odot B = \overline{A \oplus B} = \overline{A}\,\overline{B} + AB$$

同或门真值表见表 5-10。

8. 其他逻辑门

（1）三态逻辑门。三态输出门（简称 TS 门）除了有高电平和低电平（即逻辑 1 和逻辑 0）两种逻辑状态外，还有第三种状态——高阻状态（记为 Z），或称为禁止状态，逻辑符号如图 5-17 所示。在第三种状态下，三态门的输出端相当于悬空，此时的输出端就好像一根空头的导线，其电压值可浮动在高低电平之间的任意数值上。其真值表见表 5-11。当 EN=1 时，三态门工作，实现正常与非功能；当 EN=0 时，三态门禁止，呈现高阻态。图 5-17（b）则正好相反，为低电平有效的三态门，当 EN=0 时，三态门工作；当 EN=1 时，三态门禁止。图 5-17（b）在控制端上加了一个小圆圈，表示低电平有效。

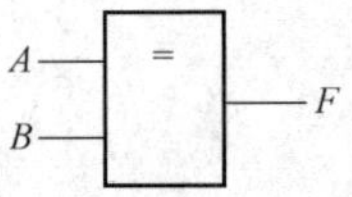

图 5-16　同或门的逻辑符号

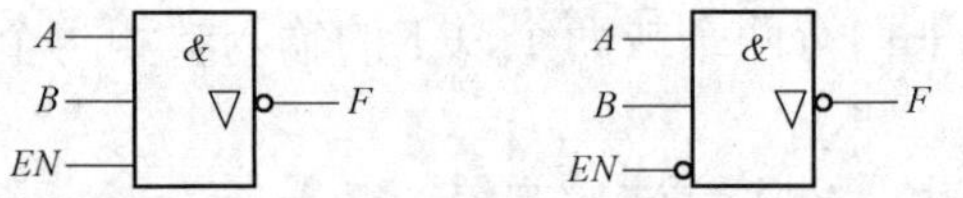

（a）控制端高电平有效　　（b）控制端低电平有效

图 5-17　三态门的逻辑符号

表 5-10　　同或门真值表

输入		输出
A	B	F
0	0	1
0	1	0
1	0	0
1	1	1

表 5-11　　TS 门真值表

使能端	输入		输出
EN	A	B	F
0	X	X	高阻
1	0	0	1
1	0	1	1
1	1	0	1
1	1	1	0

如图 5-18（a）所示，三态门用来实现多路数据在总线上的分时传送。只要控制各个门的 EN 输入端，轮流定时地使各个 EN 端为 1，并且在任何时刻只有一个 EN 端为 1，这样就可以

把各个门的输出信号轮流传送到总线上。

利用三态门还可以实现数据的双向传输，如图 5-18（b）所示，当 EN 为高电平时，G_1 正常工作，G_2 为高阻态，输入数据 D_I 经 G_1 反相后送到总线上；当 EN 为低电平时，G_2 正常工作，G_1 为高阻态，总线上的数据 D_O 经 G_2 反相后输出 $\overline{D_O}$ 。这样就实现了信号的分时双向传送。

使用三态门时，当多个三态门的输出端并接在一起时，任何时刻只允许一个门被选通；否则就会出现一般集成门输出端并接时的同样后果，造成器件损坏或不能正常工作。

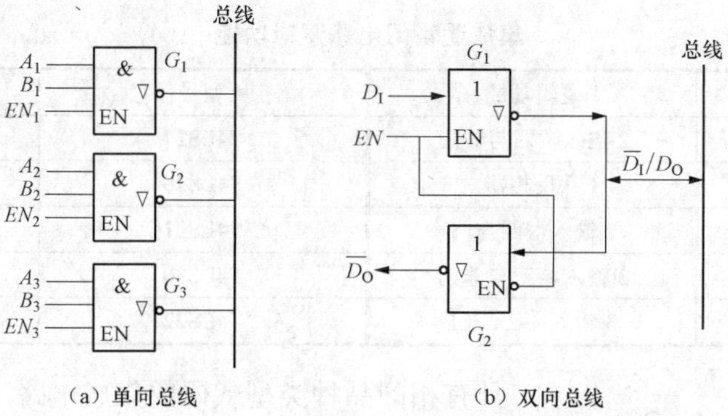

图 5-18　三态门组成的总线

（2）集电极开路逻辑门。集电极开路门，简称 OC 门。在使用时，必须外接上拉电阻 R_P，使开路的集电极与+5V 直流电源接通。它可以做成集电极开路与门、或门、与非门等各种 OC 门。OC 门的符号是在普通门的符号上加◇。图 5-19 所示为集电极开路与非门的符号。

OC 门与普通 TTL 门的不同之处是，多个 OC 门的输出可以直接连接在一起，如图 5-20 所示。当两个 OC 门的输出都是高电平时，总输出 Y 为高电平；只要有一个 OC 门的输出时低电平，总输出 Y 就为低电平。这体现了与逻辑关系，因此成为“线与”，即为用线连接成“与”。图 5-20 所示电路的输出与输入的关系为

$$Y=\overline{AB}\cdot\overline{CD}$$

OC 门除了具有线与功能外，还用于一些专门场合，如电平转换和总线传输。

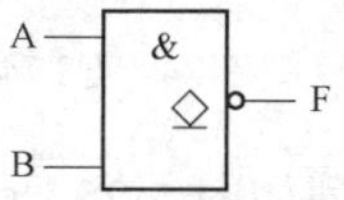

图 5-19　OC 与非门的逻辑符号

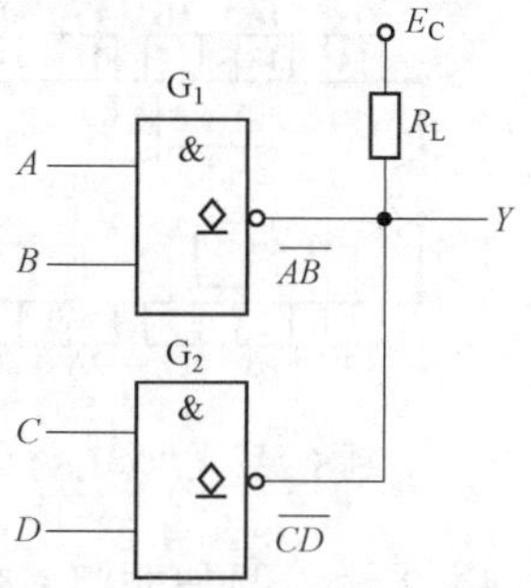

图 5-20　OC 与非门的开关级描述

9. 集成门电路

分立元件构成的门电路，不仅元件多、体积大，而且连线和焊点也多，因而造成电路的可靠性较差。随着电子技术的飞速发展及集成工艺的规模化生产，目前分立元件门电路已经被集成门电路所替代。

（1）TTL 集成电路逻辑门。双列直插式 TTL 集成门电路的外形示例如图 5-21 所示。

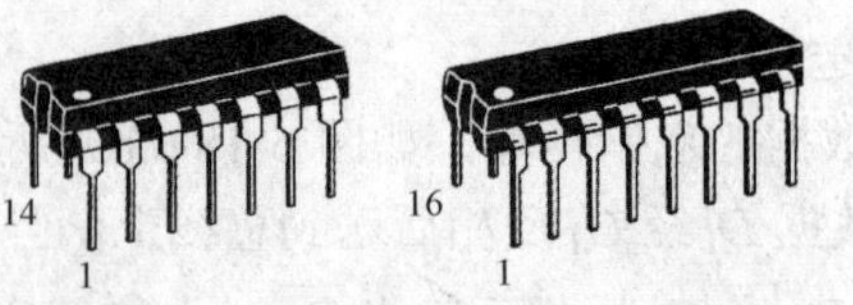

图 5-21　TTL 集成门电路的外形示例

集成逻辑门主要有 TTL 门电路和 CMOS 门电路。集成逻辑门电路逻辑功能见表 5-12。

表 5-12　　集成逻辑门电路逻辑功能

型号	逻辑功能	型号	逻辑功能
74LS00	2 输入端四与非门	74LS27	3 输入端三与非门
74LS04	六反相器	74LS20	4 输入端二与门
74LS08	2 输入端四与门	74LS21	4 输入端二与门
74LS10	3 输入端三与非门	74LS30	8 输入端与非门
74LS11	3 输入端三与门	74LS32	2 输入端四或门

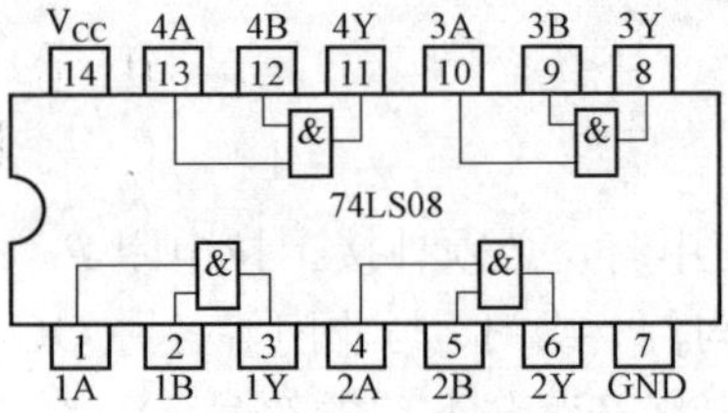

图 5-22　CT74LS08 外引线排列

具有相同品种类型代码的集成电路，不论属于哪个系列，它们的逻辑功能相同，外形尺寸相同，引脚也兼容。例如，7400、74LS00、74ALS00、74HC00、74AHC00 都是 14 个引脚兼容的 4 路 2 输入与非门封装。

1）2 输入四与门 CT74LS08 的外形及外引线排列如图 5-22 所示。

2）2 输入四或门 CT74LS32 的外形及外引线排列如图 5-23 所示。

3）TTL 六反相器 CT74LS04 的外形及外引线排列如图 5-24 所示。

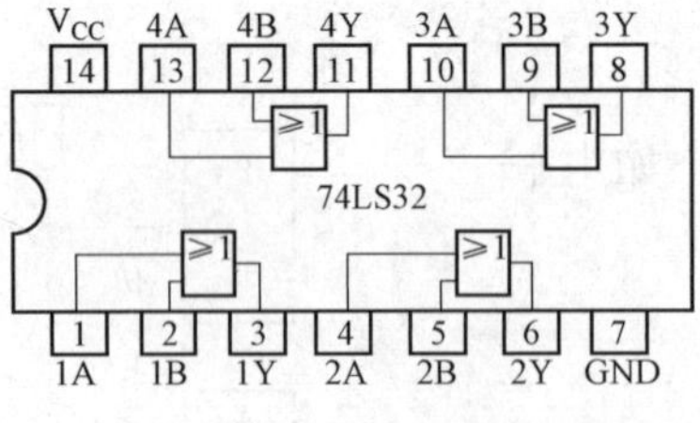

图 5-23　CT74LS32 外引线排列

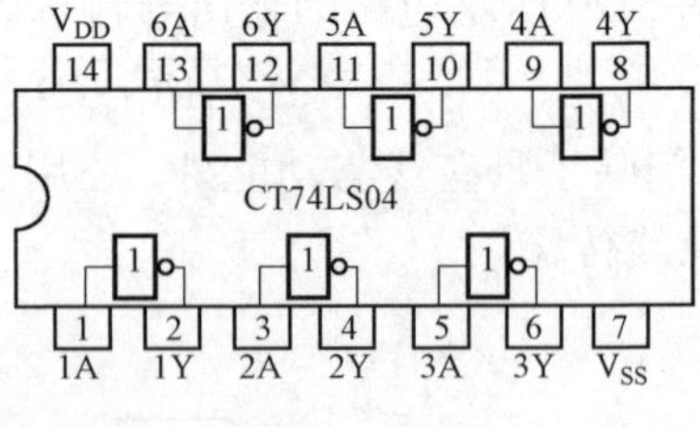

图 5-24　CT74LS04 外引线排列

4）2 输入四与非门 CT74LS00 的外形及外引线排列如图 5-25 所示。

TTL 门电路由双极型三极管构成，其特点是速度快、抗静电能力强，但其功耗较大，不适宜做成大规模集成电路，目前广泛应用于中小规模集成电路中。对于全部的 TTL 集成门电路都采用+5V 电源供电，逻辑电平为标准 TTL 电平。

（2）CMOS 集成电路逻辑门。CMOS 门电路具有功耗低、抗干扰能力强、电源电压范围宽、逻辑摆幅大等优点，因而在大规模集成电路中有更广泛的应用，已成为数字集成电路的发展方向。

1）CMOS 2 输入四与非门 CC4011 的外形及外引线排列，如图 5-26 所示。

2）CMOS 六反相器 CC4069 的外形及外引线排列如图 5-27 所示。

3）2 输入四异或门 CC4070 的外形及外引线排列如图 5-28 所示。

TTL 和 CMOS 与非门在使用时的区别如下：

（1）TTL 与非门对电源电压的稳定性要求较严，只允许在 5V 上有±10%的波动。电源电压超过 5.5V 易使器件损坏；低于 4.5V 又易导致器件的逻辑功能不正常。

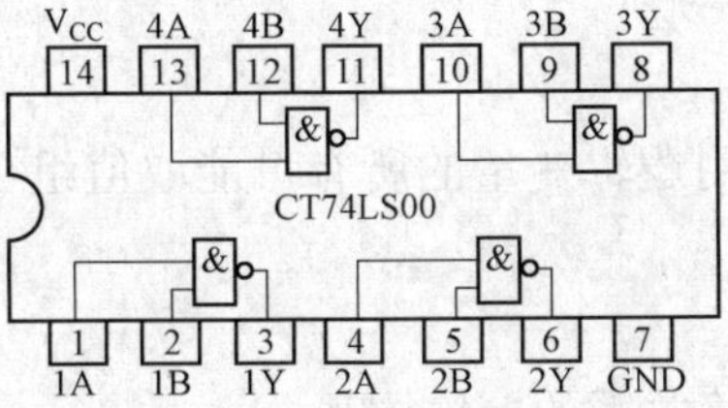

图 5-25　CT74LS00 外引线排列

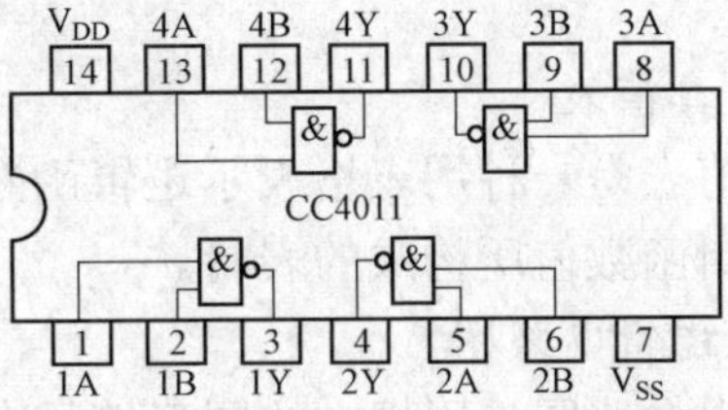

图 5-26　CC4011 外线排列

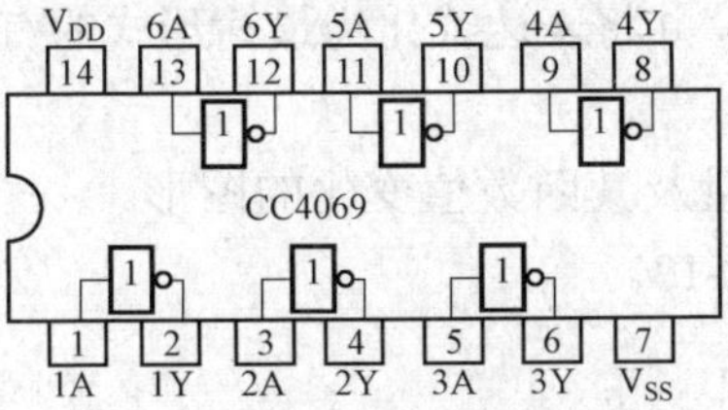

图 5-27　CC4069 外引线排列

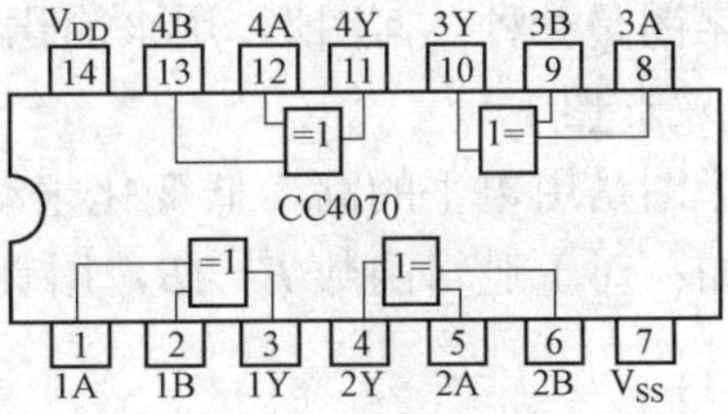

图 5-28　CC4070 外引线排列

（2）TTL 与非门不用的输入端允许直接悬空（但最好接高电平），不能接低电平。

（3）TTL 与非门的输出端不允许直接接电源电压或接地，也不能并联使用。

（4）CMOS 与非门的电源电压允许在较大范围内变化，例如 3～18V 电压均可，一般取中间值为宜。

（5）CMOS 与非门不用的输入端不能悬空，应按逻辑功能的要求接 V_{DD} 或 V_{SS}。

（6）组装、调试 CMOS 电路时，电烙铁、仪表、工作台均应良好接地，同时要防止操作人员的静电干扰损坏。

（7）CMOS 电路的输入端都设有二极管保护电路，导电时其电流容限一般为 1mA，在可能出现较大的瞬态输入电流时，应串接限流电阻。若电源电压为 10V，则限流电阻取 10kΩ 即可。电源电压切记不能把极性接反，否则保护二极管很快就会因过流而损坏。

（8）CMOS 电路的输出端既不能直接与电源 V_{DD} 相接，也不能直接与接地点 V_{SS} 相接，否则输出级的 MOS 管会因过流而损坏。

练 习

1. 与门的逻辑功能是（　　）。
   A. 全低为高　B. 全高为高　C. 部分高为高
2. 或非门的逻辑功能是（　　）。
   A. 全低为高　B. 全高为高　C. 部分高为高
3. 异或门的逻辑功能是（　　）。
   A. 全高为高　B. 相异为高　C. 全低为高

三、逻辑函数的表示与化简

（一）逻辑函数的表示方法

1. 逻辑表达式

设输入逻辑变量为 A、B、C、…，输出逻辑变量为 F，当 A、B、C、…的取值确定后，F 的值就被唯一的确定下来，则称 F 是 A、B、C、…的逻辑函数，记为

$$F=f(A, B, C, \cdots)$$

2. 真值表

真值表是一种用表格表示逻辑函数的方法，它是用逻辑变量的所有可能取值组合及其对应的逻辑函数值所构成的表格。

3. 逻辑电路图

逻辑电路图是用规定的图形符号表示逻辑函数运算关系的网络图形。

4. 卡诺图

卡诺图是一种几何图形，用来简化逻辑函数表达式，并将表达式化为最简形式的有用工具。

5. 波形图

波形图是用电平的高、低变化来动态表示逻辑变量及其函数值变化的图形。

例如：对于逻辑函数 $F=AB$，用真值表表示见表 5-13。

表 5-13 **$F=AB$ 真 值 表**

A	B	$F=AB$	A	B	$F=AB$
0	0	0	1	0	0
0	1	0	1	1	1

用逻辑电路图表示，如图 5-29 所示。用波形图表示，如图 5-30 所示。

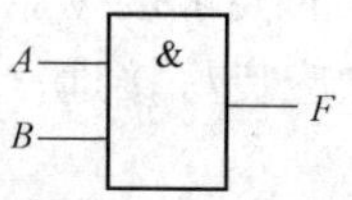

图 5-29 $F=AB$ 逻辑电路图

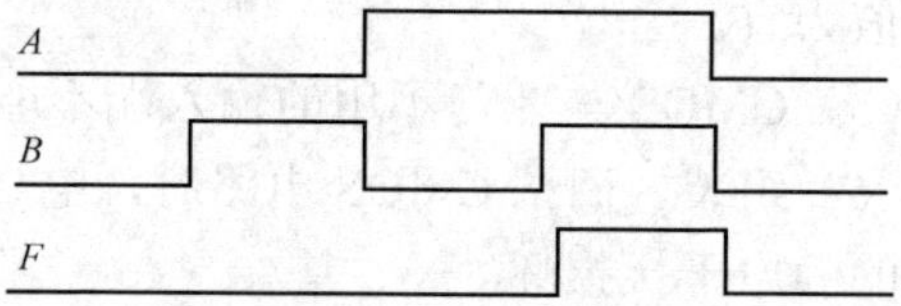

图 5-30 $F=AB$ 波形图

（二）逻辑函数的化简

1. 逻辑函数常用公式及定则

（1）逻辑代数的基本定律。

交换律：$AB=BA$ $A+B=B+A$

结合律：$(AB)C=A(BC)$ $(A+B)+C=A+(B+C)$

分配律：$A(B+C)=AB+AC$ $A+(BC)=(A+B)(A+C)$

反演律（摩根定理）：$\overline{A+B}=\overline{A}\cdot\overline{B}$ $\overline{AB}=\overline{A}+\overline{B}$

输入变量"或"运算的取反等于各个输入变量取反的"与"运算；输入变量"与"运算的取反等于各个输入变量取反的"或"运算。

（2）逻辑代数的基本公式。

与运算 $A\cdot 0=0$ $A\cdot 1=A$ $A\cdot\overline{A}=0$ $A\cdot A=A$

或运算　$A+0=A\quad A+1=1\quad A+\overline{A}=1\quad A+A=A$

非运算　$\overline{\overline{A}}=A$

（3）逻辑代数的常用公式。

$$A+AB=A\quad A(A+B)=A\quad A+(\overline{A}B)=A+B$$

$$A(\overline{A}+B)=AB\quad AB+A\overline{B}=A$$

$$(A+B)(A+\overline{B})=A\quad AB+\overline{A}C+BC=AB+\overline{A}C$$

（4）逻辑代数的三个规则。

1）代入规则。任何一个含有变量 A 的逻辑等式，如果将所有出现 A 的位置都代之以同一个逻辑函数 F，则等式仍然成立。这个规则称为代入规则。

例如，给定逻辑等式 A（B+C）=AB+AC，若等式中的 C 都用（C+D）代替，则该逻辑等式仍然成立，即 A（B+（C+D））=AB+A（C+D）。

2）反演规则。对于任何一个逻辑式 F，若将其中所有的“·”变成“+”，“+”换成“·”，“0”换成“1”，“1”换成“0”，原变量换成反变量，反变量换成原变量，则得到的结果就是 $\overline{F}$。这个规则称为反演规则。

使用反演规则时应注意遵守以下两个原则：①注意保持原函数中的运算符号的优先顺序不变；②不属于单个变量上的反号应保留不变，或不属于单个变量上的反号下面的函数当一个变量处理。

［**例 5-4**］已知逻辑函数 $F=\overline{A}C+B\overline{D}$，试求其反函数。

解：

$$\overline{F}=(A+\overline{C})\cdot(\overline{B}+D)$$

3）对偶规则。对于任何一个逻辑表达式 F，如果将式中所有的“·”换成“+”，“+”换成“·”，“0”换成“1”，“1”换成“0”，而变量保持不变，原表达式中的运算优先顺序不变。那么就可以得到一个新的表达式，这个新的表达式称为 F 的对偶式 F^*。这个规则称为对偶规则。

［**例 5-5**］已知 $F=AB+\overline{C}D$，求 F^*。

解：

$$F^*=(A+B)(\overline{C}+D)$$

对偶式有两个重要的性质：

性质 1：若 F（A，B，C，…）=G（A，B，C，…），则 F^*=G^*。

性质 2：$(F^*)^*$=F。

2. 逻辑函数的代数化简法

（1）并项法。

利用 $AB+A\overline{B}=A$ 的公式，将两项合并成一项，并消去一个变量。

［**例 5-6**］化简 $F=AB+AC+A\overline{B}\overline{C}$。

解：

$$\begin{aligned}F&=AB+AC+A\overline{B}\overline{C}\\&=A(B+C+\overline{B}\overline{C})\\&=A(B+C+\overline{B+C})\\&=A\end{aligned}$$

（2）吸收法。

利用公式 $A+AB=A$，消去多余的项。

［**例 5-7**］化简 $F = AB + A\overline{C} + A\overline{B}\overline{C}$ 。

解：

$$\begin{aligned} F &= AB + A\overline{C} + A\overline{B}\overline{C} \\ &= AB + A\overline{C}(1+\overline{B}) \\ &= AB + A\overline{C} \end{aligned}$$

（3）配项法。

1）利用公式 $A=A(B+B)$，为某一项配上所缺变量。

［**例 5-8**］化简 $F = A\overline{B} + B\overline{C} + \overline{B}C + \overline{A}B$。

解：

$$\begin{aligned} F &= A\overline{B} + B\overline{C} + \overline{B}C + \overline{A}B \\ &= A\overline{B} + B\overline{C} + (A+\overline{A})\overline{B}C + \overline{A}B(C+\overline{C}) \\ &= A\overline{B} + B\overline{C} + A\overline{B}C + \overline{A}\overline{B}C + \overline{A}BC + \overline{A}B\overline{C} \\ &= A\overline{B}(1+C) + B\overline{C}(1+\overline{A}) + \overline{A}C(\overline{B}+B) \\ &= A\overline{B} + B\overline{C} + \overline{A}C \end{aligned}$$

2）利用公式 $A+A=A$，为某项配上其所能合并的项。

［**例 5-9**］化简 $F = ABC + AB\overline{C} + A\overline{B}C + \overline{A}BC$ 。

解：

$$\begin{aligned} F &= ABC + AB\overline{C} + A\overline{B}C + \overline{A}BC \\ &= (ABC + AB\overline{C}) + (ABC + A\overline{B}C) + (ABC + \overline{A}BC) \\ &= AB + AC + BC \end{aligned}$$

（4）消去法。

利用公式 $AB + \overline{A}C + BC = AB + \overline{A}C$，将 BC 消去。

［**例 5-10**］化简 $F = AB + \overline{B}C + AC(DE+FG)$ 。

解：

$$\begin{aligned} F &= AB + \overline{B}C + AC(DE+FG) \\ &= AB + \overline{B}C \end{aligned}$$

练习

一、选择题

1. $A\overline{B} + BC + AC =$（　　）。

   A. $A\overline{B} + BC$　　B. $BC + AC$　　C. $A\overline{B} + AC$

2. $\overline{A+B} =$（　　）。

   A. AB　　B. $\overline{A}\overline{B}$　　C. $A+B$

二、填空题

1. $F = AB + A\overline{B}$ 可化简为 $F=$（　　）。
2. $F = (\overline{A\overline{B}} + C)ABD + AD$ 可化简为 $F=$（　　）。
3. $F = AC + \overline{A}D + \overline{C}D$ 可化简为 $F=$（　　）。
4. $F = AB + A(B+C) + B(B+C)$ 可化简为 $F=$（　　）。

练 习

5. $F=(\overline{A}+B)C+ABC$ 可化简为 F=（　　）。

6. $F=A+\overline{\overline{B}+C\overline{D}}+\overline{\overline{ADB}}$ 可化简为 F=（　　）。

7. $F=AB+A\overline{C}+\overline{B}C$ 可化简为 F=（　　）。

8. 采用配项法，$F=AB+A\overline{C}+BC$ 可化简为 F=（　　）。

9. $F=AB+\overline{A}C+BCDEFGH$ 可化简为 F=（　　）。

3. 逻辑函数的卡诺图化简

（1）最小项与最大项。

1）最小项。设有 n 个变量，它们所组成的具有 n 个变量的“与”项中，每个变量以原变量或反变量的形式出现一次，且仅出现一次，这个乘积项称为最小项。

由定义可知：n 个变量有 2^n 个最小项。例如四变量 A、B、C、D 有 16 个最小项如下：

$$\overline{ABCD}、\overline{ABC}D、\overline{AB}C\overline{D}、\cdots、ABCD$$

为了书写方便，把最小项记作 m_i。下标 i 的取值规则是：按照变量顺序将最小项中的原变量用 1 表示，反变量用 0 表示，由此得到一个二进制数，与该二进制数对应的十进制数即下标 i 的值。例如，四变量 A、B、C、D 有 16 个最小项，可记为

$$\overline{ABCD}=m_0，\overline{ABC}D=m_1，\overline{AB}C\overline{D}=m_2，\cdots，ABCD=m_{15}$$

2）最大项。设有 n 个变量，它们所组成的具有 n 个变量的“或”项中，每个变量以原变量或反变量的形式出现一次，且仅出现一次，这个“或”项称为最大项。

由定义可知：n 个变量有 2^n 个最大项。例如四变量 A、B、C、D 有 16 个最大项如下：

$$A+B+C+D,\ A+B+C+\overline{D},\ A+B+\overline{C}+D,\cdots,\overline{A}+\overline{B}+\overline{C}+\overline{D}$$

为了书写方便，把最大项记作 M_i。例如，四变量 A、B、C、D 有 16 个最大项，分别可记为

$$A+B+C+D=M_0,\ A+B+C+\overline{D}=M_1$$
$$A+B+\overline{C}+D=M_2,\cdots,\overline{A}+\overline{B}+\overline{C}+\overline{D}=M_{15}$$

［**例 5-11**］将 $F=ABC+\overline{A}B\overline{D}$ 展开为最小项之和的形式。

解：
$$\begin{aligned}F&=ABC+\overline{A}B\overline{D}\\&=ABC(D+\overline{D})+\overline{A}B\overline{D}(C+\overline{C})\\&=ABCD+ABC\overline{D}+\overline{A}BC\overline{D}+\overline{A}B\overline{C}\overline{D}\\&=m_{15}+m_{14}+m_6+m_4\\&=\sum m(4,6,14,15)\end{aligned}$$

［**例 5-12**］将 $F=AB+\overline{A}BC$ 写成标准与或表达式。

解：
$$\begin{aligned}F&=AB+\overline{A}BC\\&=AB(C+\overline{C})+\overline{A}BC\\&=ABC+AB\overline{C}+\overline{A}BC\\&=\sum m(3,6,7)\end{aligned}$$

（2）逻辑函数表达式与真值表的相互转换。

如果给出了函数的真值表，则只要将函数值为 1 的那些最小项相加，便是函数的标准与或表达式；将函数值为 0 的那些最大项相乘，便是函数的标准或与表达式。如果函数 F 的真值表见表 5-14，则

表 5-14　　　　函数 *F* 的真值表

A	B	C	F	最小项	最大项	A	B	C	F	最小项	最大项
0	0	0	0	m_0	M_0	1	0	0	0	m_4	M_4
0	0	1	1	m_1	M_1	1	0	1	1	m_5	M_5
0	1	0	1	m_2	M_2	1	1	0	0	m_6	M_6
0	1	1	1	m_3	M_3	1	1	1	0	m_7	M_7

$$
\begin{aligned}
F &= m_1 + m_2 + m_3 + m_5 = \Sigma m(1,2,3,5) \\
&= \overline{A}\overline{B}C + \overline{A}B\overline{C} + A\overline{B}\overline{C} + A\overline{B}C \\
&= M_0 \cdot M_4 \cdot M_6 \cdot M_7 \\
&= \Pi M(0,4,6,7) \\
&= (A+B+C)(\overline{A}+B+C)(\overline{A}+\overline{B}+C)(\overline{A}+\overline{B}+\overline{C})
\end{aligned}
$$

（3）逻辑函数的卡诺图化简法。代数化简法的优点是不受变量数目的限制。缺点是没有固定的步骤可循，需要熟练运用各种公式和定理，需要一定的技巧和经验，以及有时很难判定化简结果是否最简。

卡诺图实际上是真值表的一种变形，一个逻辑函数的真值表有多少行，卡诺图就有多少个小方格。所不同的是真值表中的最小项是按照二进制加法规律排列的，而卡诺图中的每一项则是按照相邻性排列的。

1）卡诺图的结构。

二变量卡诺图如图 5-31 所示。

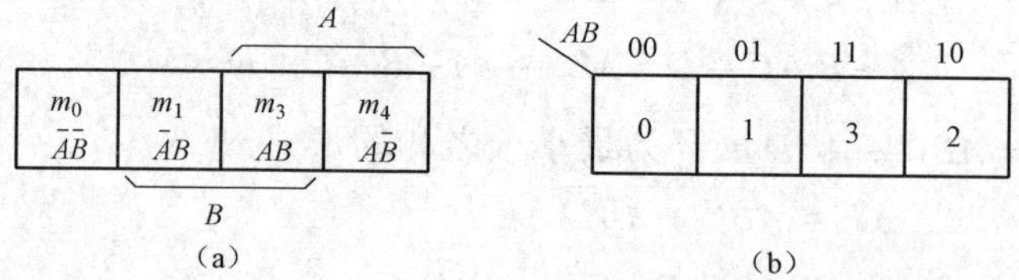

（a）　　　　（b）

图 5-31　二变量卡诺图

三变量卡诺图如图 5-32 所示。

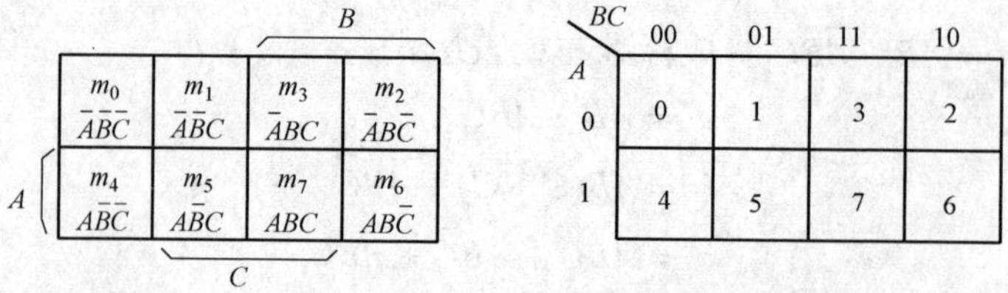

（a）　　　　（b）

图 5-32　三变量卡诺图

四变量卡诺图如图 5-33 所示。

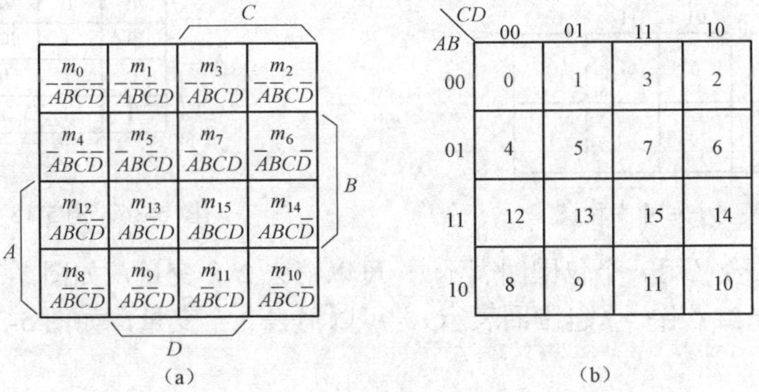

图 5-33　四变量卡诺图

2）从真值表到卡诺图。

［**例 5-13**］某逻辑函数的真值表见表 5-15，用卡诺图表示该逻辑函数。

解：该函数为三变量，先画出三变量卡诺图，然后根据表 5-15 将 8 个最小项 L 的取值 0 或者 1 填入卡诺图中对应的 8 个小方格中即可，如图 5-34 所示。

表 5-15　　　　例 5-13 真值表

A	B	C	L	A	B	C	L
0	0	0	0	1	0	0	0
0	0	1	0	1	0	1	1
0	1	0	0	1	1	0	1
0	1	1	1	1	1	1	1

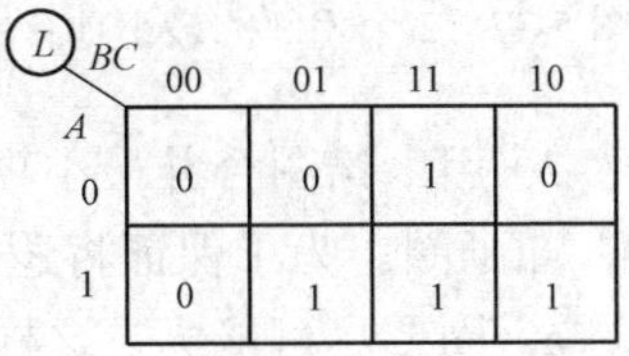

图 5-34　例 5-13 卡诺图

3）从逻辑表达式到卡诺图。

a．如果逻辑表达式为最小项表达式，只需要将函数式中出现的最小项在卡诺图对应的小方格中填入 1，没出现的最小项则在卡诺图对应的小方格中填入 0。

b．如果逻辑表达式不是最小项表达式，但是与或表达式，可将其先化成最小项表达式，再填入卡诺图；也可直接填写，分别找出每一个与项所包含的所有小方格，全部填入 1。

c．如果逻辑表达式不是与或表达式，可先将其化成与或表达式再填入卡诺图。

［**例 5-14**］用卡诺图表示逻辑函数 $F = \overline{A}\,\overline{B}\,\overline{C} + \overline{A}BC + AB\overline{C} + ABC$ 。

解：该函数为三变量，且为最小项表达式，写成简化形式 $F=m_0+m_5+m_6+m_7$，然后画出三变量卡诺图，将卡诺图中 m_0、m_3、m_6、m_7 对应的小方格填 1，其他小方格填 0，如图 5-35 所示。

［**例 5-15**］用卡诺图表示逻辑函数 $G = A\overline{B} + B\overline{C}D$ 。

解：卡诺图如图 5-36 所示。

（4）逻辑函数的卡诺图化简法。

1）卡诺图化简逻辑函数的原理。

a．2 相邻项结合（用一个包围圈表示），可以消去 1 个变量，如图 5-37 所示。

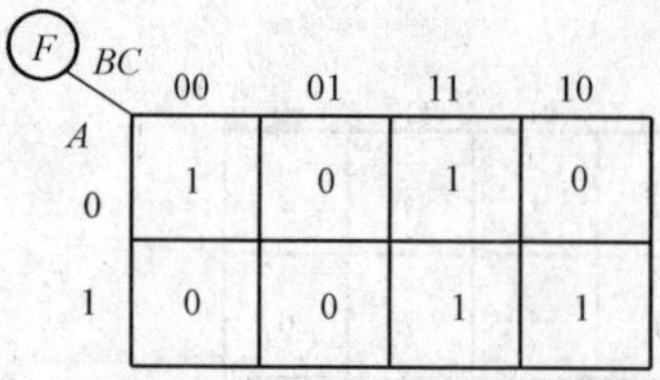

图 5-35　例 5-14 卡诺图

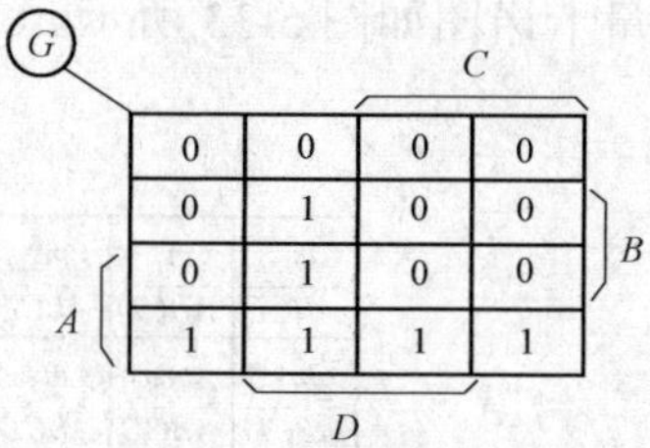

图 5-36　例 5-15 卡诺图

b．4 相邻项结合（用一个包围圈表示），可以消去 2 个变量，如图 5-38 所示。

c．8 相邻项结合（用一个包围圈表示），可以消去 3 个变量，如图 5-39 所示。

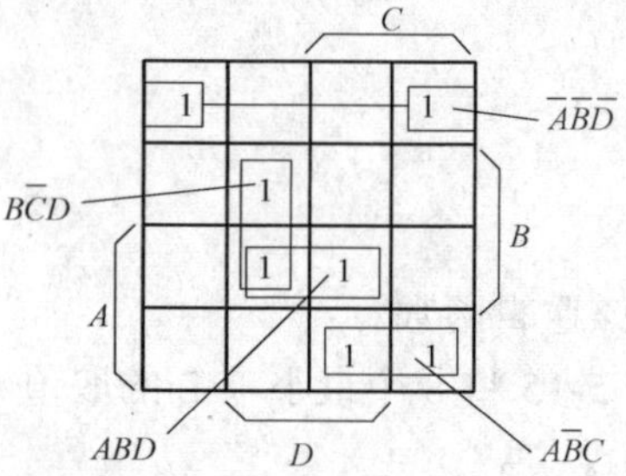

图 5-37　2 个相邻的最小项合并

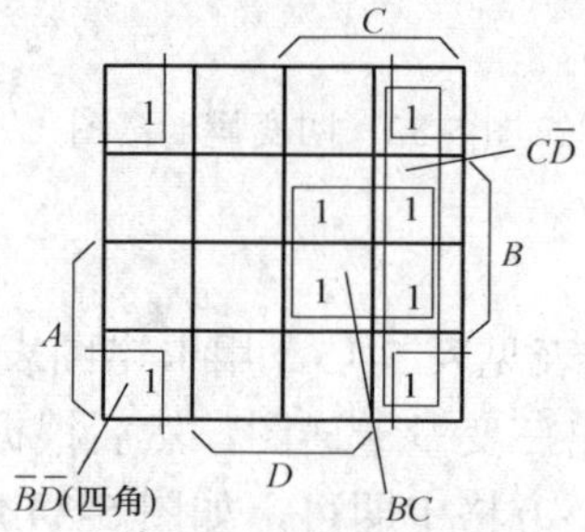

图 5-38　4 个相邻的最小项合并

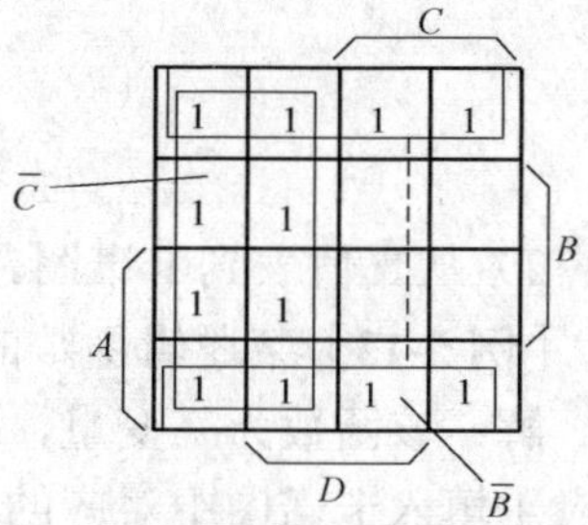

图 5-39　8 个相邻的最小项合并

2）用卡诺图合并最小项的原则。用卡诺图化简逻辑函数，就是在卡诺图中找相邻的最小项，即画圈。为了保证将逻辑函数化到最简，画圈时必须遵循以下原则：

a．圈要尽可能大，这样消去的变量就多。但每个圈内只能含有 2^n（n=0，1，2，3…）个相邻项。要特别注意对边相邻性和四角相邻性。

b．圈的个数尽量少，这样化简后逻辑函数的与项就少。

c．卡诺图中所有取值为 1 的方格均要被圈过，即不能漏下取值为 1 的最小项。

d．取值为 1 的方格可以被重复圈在不同的包围圈中，但在新画的包围圈中至少要含有 1 个未被圈过的 1 方格，否则该包围圈是多余的。

3）用卡诺图化简逻辑函数的步骤。

a．画出逻辑函数的卡诺图。

b．合并相邻的最小项，即根据前述原则画圈。

c．写出化简后的表达式。每一个圈写一个最简与项，取值为 1 的变量用原变量表示，取值为 0 的变量用反变量表示，将这些变量相与。然后将所有与项进行逻辑加，即得最简与或表达式。

［**例 5-16**］用卡诺图化简逻辑函数

$$F = AD + A\overline{B}\,\overline{D} + \overline{A}\,\overline{B}\,\overline{C}\,\overline{D} + \overline{A}\,\overline{B}C\overline{D}$$

解：（1）由表达式画出卡诺图如图 5-40 所示。

（2）画包围圈合并最小项，得到简化的与或表达式

$$F = AD + \overline{B}\,\overline{D}$$

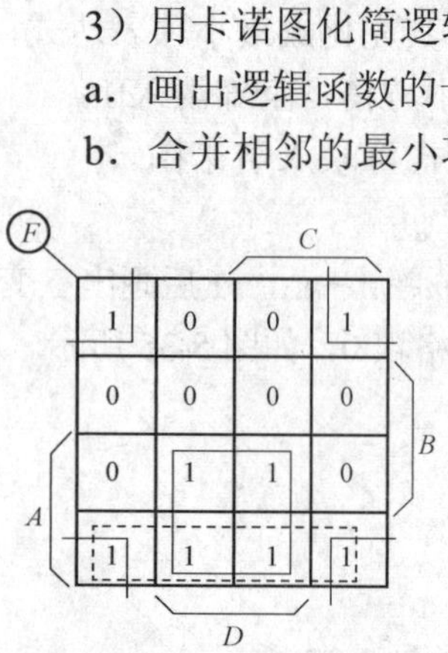

图 5-40　例 5-16 卡诺图

注 意

图 5-40 中，虚线圈是多余的，应去掉；包围圈 $\overline{BD}$ 是利用了四角相邻性。

［**例 5-17**］某逻辑函数的真值表见表 5-16，用卡诺图化简该逻辑函数。

表 5-16　例 5-17 真值表

A	B	C	L	A	B	C	L
0	0	0	0	1	0	0	1
0	0	1	1	1	0	1	1
0	1	0	1	1	1	0	1
0	1	1	1	1	1	1	0

解法 1：由真值表画出卡诺图，如图 5-41 所示，画包围圈合并最小项，如图 5-41（a）所示，得简化的与或表达式

$$L = \overline{B}C + \overline{A}B + A\overline{C}$$

解法 2：（1）由表达式画出卡诺图，如图 5-41（b）所示。

（2）画包围圈合并最小项，如图 5-41（b）所示，得简化的与或表达式

$$L = A\overline{B} + B\overline{C} + \overline{A}C$$

通过例 5-17 可以看出，一个逻辑函数的真值表是唯一的，卡诺图也是唯一的，但化简结果有时不是唯一的。

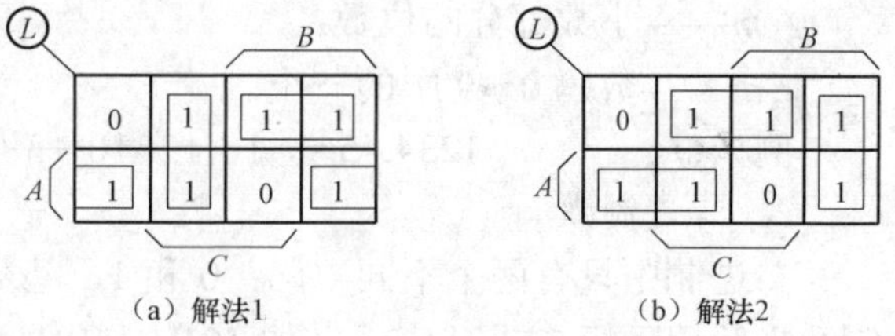

（a）解法1　（b）解法2

图 5-41　例 5-17 卡诺图

4）含无关项逻辑函数的卡诺图化简。在分析某些具体的逻辑函数时经常会遇到这样的问题，在真值表内对应于变量的某些取值组合下，函数的值可以是任意的，或者这些变量的取值组合根本不会出现。这些变量的取值组合所对应的最小项或最大项称为“无关项”或“任意项”。用符号“d”“×”或“ϕ”表示，它们的函数值可以为“0”或“1”。使用无关项有助于逻辑函数的化简。

含无关项的逻辑函数有如下几种表示方法：

最小项表达式

$$F = \Sigma m(\ ) + \Sigma d(\ )\text{或}\begin{cases} F = \Sigma m(\ ) \\ \Sigma d(\ ) = 0 \end{cases}$$

最大项表达式

$$F = \Pi M(\ ) \cdot \Pi d(\ )\text{或}\begin{cases} F = \Pi M(\ ) \\ \Pi d(\ ) = 1 \end{cases}$$

［**例 5-18**］化简函数 $F(A, B, C, D)=\Sigma m(0, 3, 4, 7, 11)+\Sigma d(8, 9, 12, 13, 14, 15)$。

解：上式中对应于最小项 m_0、m_3、m_4、m_7、m_{11} 的方格中填入“1”，而对应于无关项 m_8、

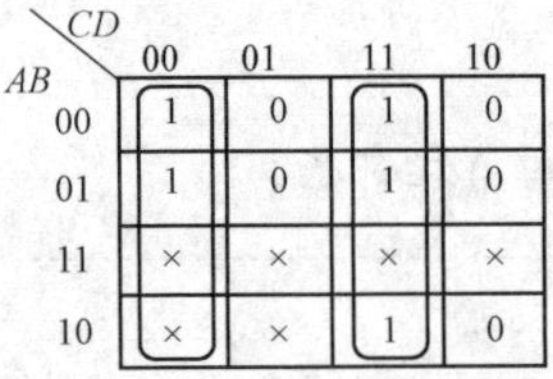

图 5-42 例 5-18 卡诺图

m_9、m_{12}、m_{13}、m_{14}、m_{15}的方格中填入“×”，表示其取值不确定。卡诺图如图 5-42 所示。

在化简过程中，无关项的取值可视具体情况取 0 或取 1。即如果无关项对化简有利，则取 1；如果无关项对化简不利，则取 0。

当无关项 m_8、m_{12}、m_{15} 均取“1”，其他无关项 m_9、m_{13}、m_{14} 均取“0”时，函数 F 可化简为

$$F = \overline{C}\,\overline{D} + CD$$

拓展与延伸

数制与编码

一、数制

表示数码中每一位的构成及进位的规则称为进位计数制，简称数制。

在日常生活中，人们习惯用十进制，有时使用十二进制，六十进制，而在数字电路中多采用二进制，也常采用八进制和十六进制。

1. 十进制数

十进制数有十个不同的数字符号：0、1、2、…、9。计数规则是逢十进一、借一当十。十进制的按权展开式为

$$D_{10} = \sum_{i=-m}^{n-1} a_i \times 10^i \tag{5-1}$$

式中 n——整数部分的位数；

m——小数部分的位数；

a_i——数码 0～9 中的一个。

例如： $1234.45=1\times10^3+2\times10^2+3\times10^1+4\times10^0+4\times10^{-1}+5\times10^{-2}$

2. 二进制数

二进制中只有两个不同数码：0 和 1，基数为 2。计数规则是逢二进一、借一当二。二进制数一般用下标 2 或 B 表示，如 101_2、1101_B 等。

二进制的按权展开式为

$$D_2 = \sum_{i=-m}^{n-1} a_i \times 2^i \tag{5-2}$$

式中 n——整数部分的位数；

m——小数部分的位数；

a_i——数码 0 或 1。

例如： $(11011011.01)_2=1\times2^7+1\times2^6+0\times2^5+1\times2^4+1\times2^3+0\times2^2+1\times2^1+1\times2^0+0\times2^{-1}+1\times2^{-2}$

3. 八进制数

八进制数的基数 R 是 8，它有 0、1、2、3、4、5、6、7 共八个有效数码。计数规则是逢八进一、借一当八。八进制的按权展开式为

$$D_8 = \sum_{i=-m}^{n-1} a_i \times 8^i \tag{5-3}$$

式中 n——整数部分的位数；

m——小数部分的位数；

a_i——数码 0～7 中的一个。八进制数用 Q 结尾表示。

例如，八进制数（503.04）$_Q$ 可表示为

$$(503.04)_0=5\times8^2+0\times8^1+3\times8^0+0\times8^{-1}+4\times8^{-2}$$

4. 十六进制数

十六进制数的基数 R 是 16，它有 0、1、2、3、4、5、6、7、8、9、A、B、C、D、E、F 共十六个有效数码。十六进制使用了字母 A～F 来计数。计数规则是逢十六进一、借一当十六。

十六进制数一般用下标 16 或 H 表示。十六进制的按权展开式为

$$D_{16}=\sum_{i=-m}^{n-1}a_i\times16^i \tag{5-4}$$

例如，十六进制数$(4E9.27)_H$可表示为

$$(4E9.27)_H=4\times16^2+14\times16^1+9\times16^0+2\times16^{-1}+7\times16^{-2}$$

二、数制转换

1. 十进制数与任意进制数的相互转换

（1）非十进制数转换为十进制数。

方法：按权展开的多项式之和。

［**例 5-19**］将二进制数 111.101_2 转换成十进制数。

解： $(111.101)_2=1\times2^2+1\times2^1+1\times2^0+1\times2^{-1}+0\times2^{-2}+1\times2^{-3}=(7.625)_{10}$

［**例 5-20**］将八进制数 165.2_8 转换成十进制数。

解：

$$\begin{aligned}165.2_8&=1\times8^2+6\times8^1+5\times8^0+2\times8^{-1}\\&=64+48+5+0.25\\&=117.25_{10}\end{aligned}$$

［**例 5-21**］将十六进制数 $2A.8_{16}$ 转换成十进制数。

解：只要将十六进制数用多项式表示法写出，并在十进制运算，即按十进制的运算规则算出相应的十进制数值即可。

$$\begin{aligned}2A.8_{16}&=2\times16^1+A\times16^0+8\times16^{-1}\\&=32+10+0.5\\&=42.5_{10}\end{aligned}$$

（2）十进制数转换为其他进制数。

方法：整数部分——除基数后取余，逆排；小数部分——乘基数后取整，顺排。

［**例 5-22**］将十进制数（125.6875）$_{10}$ 转换成二进制。

解：将十进制数转换成等值的二进制数，需采用除 2 取余法，具体的步骤如下：

除数	被除数/商	余数	
2	125		
2	62	………… 1	↑ 二进制整数低位
2	31	………… 0	
2	15	………… 1	
2	7	………… 1	
2	3	………… 1	
2	1	………… 1	
	0	………… 1	二进制整数高位

```
二进制小数首位        0.6875
   │               ×     2
   │              ──────────
   │  1…………        1.3750
   │                0.3750
   │               ×     2
   │              ──────────
   │  0…………        0.7500
   │                0.7500
   │               ×     2
   │              ──────────
   │  1…………        1.5000
   │                0.5000
   ↓               ×     2
二进制小数末位        ──────────
                 1…………   1.0000
              0000………… 为零，转换结束
```

即（125.6875）$_{10}$=（1111101.1011）$_2$

［**例 5-23**］将十进制数（1725.6875）$_{10}$ 转换成八进制数。

解： 整数部分 1725 转换如下：

```
8 | 1725
  ──────
8 | 215   …………5    ↑ 八进制整数低位
  ──────
8 | 26    …………7    │
  ──────
8 | 3     …………2    │
  ──────
  | 0     …………3    │ 八进制整数高位
```

小数部分 0.6875 转换如下：

```
八进制小数首位        0.6875
   │
   │              ×     8
   │             ──────────
   │  5…………       5.5000
   │               0.5000
   │
   │              ×     8
   │             ──────────
   │  4…………       4.0000
   ↓
八进制小数末位       0000…………为零，转换结束
```

即（1725.6875）$_{10}$=（3275.54）$_8$

［**例 5-24**］（12345.6875）$_{10}$ 转换成十六进制数。

解： 整数部分 12345 转换过程如下：

```
16 | 12345
16 | 771      ………9    ↑ 十六进制整数低位
16 |  48      ………3    |
16 |   3      ………0    |
       0      ………3    | 十六进制整数高位
```

小数部分 0.6875 转换如下：

```
十六进制小数首位        0.6875
   |                 ×   16
   |              ----------
   |        B……      11.0000
   ↓
十六进制小数末位        0000…………为零，转换结束
```

即
$$(12345.6875)_{10}=(3039.B)_{16}$$

2. 二进制数与八进制数的相互转换

（1）将二进制转换为八进制。将整数部分自右往左，每 3 位分成一组，最后剩余不足 3 位时在左边补 0；小数部分自左往右，每 3 位一组，最后剩余不足 3 位时在右边补 0；然后用等价的八进制替换每组数据。

［**例 5-25**］将二进制数$(11001111.01111)_2$转换为八进制数。

解：
$$(11001111.01111)_2=(011001111.011110)_2=(317.36)_8$$

（2）将八进制转换为二进制。将八进制数转换为二进制数时，对每位八进制数，只需将其展开成 3 位二进制数即可。

［**例 5-26**］将八进制数 67.721_8 转换为二进制数。

解：
$$67.721_8=110111.111010001_2$$

3. 二进制数与十六进制数的相互转换

十六进制能表示的最大十进制数值是 15（十六进制是 F），二进制计数系统需要四位数来表示 15（由于 $2^4-1=15$）。因此，每个十六进制位需要 4 位二进制数来表示，见表 5-17。

表 5-17　　**十六进制及其对应的二进制形式**

十六进制	0	1	2	3	4	5	6	7	8	9
二进制	0000	0001	0010	0011	0100	0101	0110	0111	1000	1001
十六进制	A	B	C	D	E	F				
二进制	1010	1011	1100	1101	1110	1111				

（1）将二进制转换为十六进制。将二进制转换为十六进制是一个简单的过程。只需将整数部分自右往左开始，每四位分成一组，最后剩余不足四位时在左边补 0；小数部分自

左往右，每四位一组，最后剩余不足四位时在右边补 0；然后用等价的十六进制替换每组数据。

［**例 5-27**］将二进制数 11001.00101 转换成十六进制数。

解：

$$\underbrace{0001}_{1}\ \underbrace{1001}_{9}\cdot\underbrace{0010}_{2}\ \underbrace{1000}_{8}$$

（2）将十六进制转换为二进制。对每位十六进制数，只需将其展开成 4 位二进制数即可。

［**例 5-28**］将十六进制数 17AC.D8 转换成二进制数。

解：

$$\underbrace{1}_{0001}\ \underbrace{7}_{0111}\ \underbrace{A}_{1010}\ \underbrace{C}_{1100}\ \ \underbrace{D}_{1101}\ \underbrace{8}_{1000}$$

练 习

1. 将十进制 23 转换成二进制数。
2. 将十进制小数 0.8125 转换成二进制数。
3. 十进制数 100 分别转换成二进制数、八进制数、十六进制数。
4. 将十六进制数 AF.8D 转换成八进制数。
5. 下列各种进位计数制中，最小的数是（　　）。

   A. $(1100101)_2$　B. $(146)_8$　C. $(100)_{10}$　D. $(6A)_{16}$

三、二进制编码

1. 加权二进制码

凡是用若干位二进制数来表示一位十进制数的方法，统称为十进制数的二进制编码，简称 BCD 码。其中，8421BCD 码是最基本、最常用的一种编码方案；2421BCD 码是另一种有权码，它的各位权值分别是 2、4、2、1。除了上面列出的两种，常见的还有 4221BCD 码和 5421BCD 码，见表 5-18。

表 5-18　常见的几种加权 BCD 码

十进制	8421BCD				2421BCD				4221BCD				5421BCD			
0	0	0	0	0	0	0	0	0	0	0	0	0	0	0	0	0
1	0	0	0	1	0	0	0	1	0	0	0	1	0	0	0	1
2	0	0	1	0	0	0	1	0	0	0	1	0	0	0	1	0
3	0	0	1	1	0	0	1	1	0	0	1	1	0	0	1	1
4	0	1	0	0	0	1	0	0	1	0	0	0	0	1	0	0
5	0	1	0	1	1	0	1	1	0	1	1	1	1	0	0	0
6	0	1	1	0	1	1	0	0	1	1	0	0	1	0	0	1
7	0	1	1	1	1	1	0	1	1	1	0	1	1	0	1	0
8	1	0	0	0	1	1	1	0	1	1	1	0	1	0	1	1
9	1	0	0	1	1	1	1	1	1	1	1	1	1	1	0	0

2．字符编码

ASCII 码——美国标准信息交换码。ASCII 码共有 128 个元素，包括 10 个阿拉伯数字、52 个英文大小写字母、32 个通用控制符和 34 个控制码。ASCII 码的编码见表 5-19。

表 5-19　　美国信息交换标准码（ASCII 码）

位 765 / 位 4321	000	001	010	011	100	101	110	111
0000	NUL	DLE	SP	0	@	P	`	P
0001	SOH	DC1	!	1	A	Q	a	Q
0010	STX	DC2	”	2	B	R	b	R
0011	ETX	DC3	#	3	C	S	c	S
0100	EOT	DC4	$	4	D	T	d	T
0101	ENQ	NAK	%	5	E	U	e	U
0110	ACK	SYN	&	6	F	V	f	V
0111	BEL	ETB	’	7	G	W	g	W
1000	BS	CAN	（	8	H	X	h	X
1001	HT	EM	）	9	I	Y	i	Y
1010	LF	SUB	*	:	J	Z	j	Z
1011	VT	ESC	+	;	K	[	k	{
1100	FF	FS	,	<	L	]	l	|
1101	CR	GS	-	=	M	\	m	}
1110	SO	RS	.	>	N	^	n	~
1111	SI	US	/	?	O	_	o	DEL

3．补码

数的符号在机器中的一种简单表示法，正数符号位用“0”表示，负数符号位用“1”表示。例如，二进制正数“+1011”和二进制负数“–1011”在该计算机中分别表示为“00001011”和“10001011”。这种自然表示机器数的形式称为原码。

反码：对于正数，反码的数值部分与原码按位相同；对于负数，反码的数值部分是原码的按位变反。

补码：在补码表示法中，正数的表示同原码和反码的表示是一样的；对于负数，从原码到补码的规则是符号位不变，数值部分则是按位求反，最低位加 1，或简称“求反加 1”。

思考与练习

一、填空题

1．逻辑函数 $F = AB + \overline{AB}$ 的反函数 $\overline{F}$ = ______，对偶函数 F' = ______。

2．逻辑函数 $F(A, B, C, D) = B\overline{CD} + A\overline{B} + AB\overline{C}D + BC$ 的最小项之和形式为 $F(A, B, C, D) = \sum m$（______），最大项之积形式为 $F(A, B, C, D) = \Pi M$（______）。

3．逻辑函数 $F=\overline{A}+B+\overline{C}D$ 的反函数 $\overline{F}=$______。

4．逻辑函数 $F=A(B+C)\cdot 1$ 的对偶函数是______。

二、选择题

1．n 个变量可以构成（　　）个最小项。

A．n　　B．$2n$　　C．2^n　　D．2^n-1

2．或非门的逻辑功能是（　　）。

A．全低为高　　B．全高为高　　C．部分高为高

3．标准与或式是由（　　）构成的逻辑表达式。

A．与项相或　　B．最小项相或　　C．最大项相与　　D．或项相与

4．逻辑函数 $F=A\oplus B$ 和 $G=A\odot B$ 满足关系式（　　）。

A．$F=\overline{G}$　　B．$F=G$　　C．$F'=\overline{G}$　　D．$F=G\oplus 1$

5．$F=A\overline{B}+BD+CDE+\overline{A}D=$（　　）。

A．$A\overline{B}+D$　　B．$(A+\overline{B})D$　　C．$(A+D)(\overline{B}+D)$　　D．$(A+D)(B+\overline{D})$

6．逻辑代数运算中，$A+A=$（　　）。

A．$2A$　　B．A　　C．A^2

三、利用代数法化简下列逻辑函数

1．$F=AB+\overline{A}\overline{B}C+BC$

2．$F=AC(\overline{C}D+\overline{A}B)+BC(\overline{CE+\overline{AD+\overline{B}}})$

3．$F=\overline{A}\overline{B}+\overline{B}\overline{C}+BC+AB$

4．$F=ABC+ABD+\overline{A}B\overline{C}+CD+B\overline{D}$

5．$F=ABC\overline{D}+ABD+BC\overline{D}+ABC+BD+B\overline{C}$

6．$F=\overline{A}\overline{B}C+AD+\overline{D}(B+C)+A\overline{C}+\overline{A}\overline{D}$

四、化简题，利用卡诺图法化简

1．$F(A,B,C,D)=\sum m(0,1,2,3,4,5,6,7,8,9,10,11,14)$

2．$F=ABC+ABD+A\overline{C}D+\overline{C}\overline{D}+A\overline{B}C+\overline{A}C\overline{D}$

3．$F=(A\overline{B}+B)C\overline{D}+\overline{(A+B)(C+\overline{B})}$

4．$F(A,B,C,D)=\sum m(3,6,8,9,11,12)+\sum d(0,1,2,13,14,15)$

5．$F(A,B,C,D)=\sum m(1,2,4,12,14)+\sum d(5,6,7,8,9,10)$

6．$F(A,B,C,D)=\sum m(2,3,5,6,7,8,9,12,13,15)$

任务二　交通信号灯故障检查电路的实现

学习目标

（1）会用门电路实现简单逻辑电路。

（2）会对组合逻辑电路分析。

（3）会设计简单的逻辑电路。

（4）能分析与设计交通信号灯故障检查电路。

任务引入

交通信号灯装置常有故障出现，为了检测电路是否正常工作，设计故障检查电路。交通信号灯的故障状态如何通过逻辑表达出来，又如何通过门电路设计呢？

任务分析

交通信号灯故障检查电路要分析出信号灯的故障状态，利用前面所学的逻辑关系建立逻辑函数，并用门电路进行逻辑电路图的实现。

知识准备

一、组合逻辑电路的分析

任意时刻的输出信号仅取决于该时刻输入信号，与电路原来所处的状态无关，这类数字电路称为组合逻辑电路。

分析组合逻辑电路步骤如图 5-43 所示。

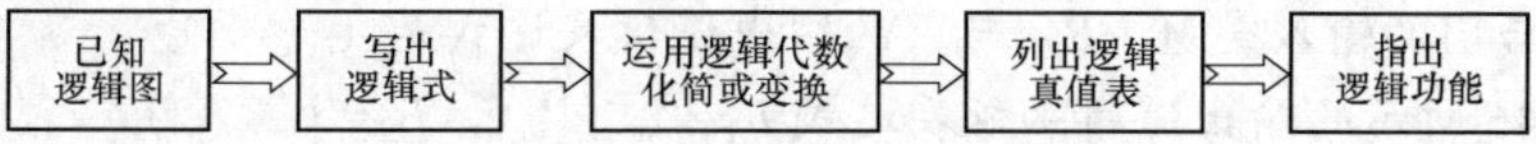

图 5-43　分析组合逻辑电路的步骤

［**例 5-29**］已知逻辑电路如图 5-44 所示，分析该电路逻辑功能。

解：（1）根据给定的逻辑电路，写出逻辑函数表达式

$$F_1=\overline{AB}$$

$$F_2=\overline{\overline{AB}\cdot A}$$

$$F_3=\overline{\overline{AB}\cdot B}$$

$$F=\overline{\overline{A\overline{AB}}\cdot\overline{B\overline{AB}}}$$

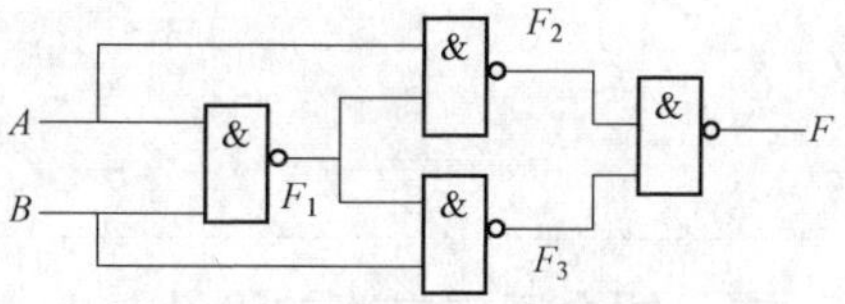

图 5-44　例 5-29 逻辑电路

（2）化简逻辑电路的输出函数表达式

$$\overline{AB}(A+B)=(\overline{A}+\overline{B})(A+B)=\overline{A}B+A\overline{B}$$

（3）根据化简后的逻辑函数表达式列出真值表，见表 5-20。

表 5-20　　例 5-29 真值表

A	*B*	*F*	*A*	*B*	*F*
0	0	0	1	0	1
0	1	1	1	1	0

（4）逻辑功能。由真值表可看出：输入 *AB* 相同时，输出为 0；输入 *AB* 相异时，输出为

1。显然，这是一个异或门电路，具有异或功能。

［**例 5-30**］已知逻辑电路如图 5-45 所示，分析该电路的逻辑功能。

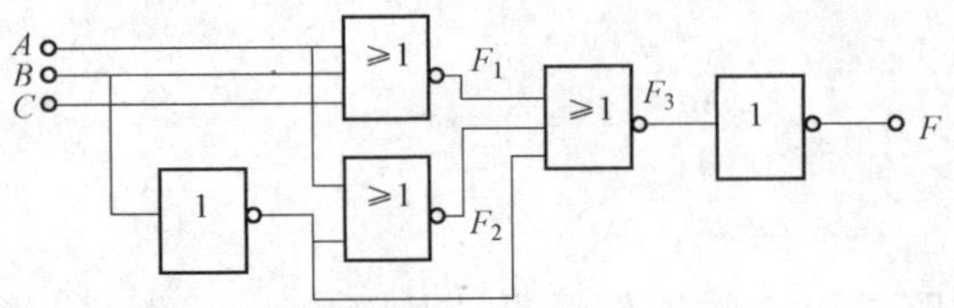

图 5-45 逻辑电路

解：（1）根据给定的逻辑电路，写出逻辑函数表达式

$$F_1=\overline{A+B+C}$$

$$F_2=\overline{A+\overline{B}}$$

$$F_3=\overline{F_1+F_2+\overline{B}}$$

$$F=\overline{F_3}=F_1+F_2+\overline{B}=\overline{A+B+C}+\overline{A+\overline{B}}+\overline{B}$$

（2）化简逻辑电路的输出函数表达式

$$\begin{aligned}F&=\overline{A+B+C}+\overline{A+\overline{B}}+\overline{B}=\overline{A}\,\overline{B}\,\overline{C}+\overline{A}B+\overline{B}\\&=\overline{A}\,\overline{B}\,\overline{C}+\overline{A}B+\overline{B}+\overline{A}=\overline{A}+\overline{B}=\overline{AB}\end{aligned}$$

（3）逻辑功能。由最简式可直接看出：电路输出只与输入 AB 有关，且具有与非功能。

练 习

1. 如果与门的输入是 A、B，与门的输出逻辑表达式是（ ）。
2. 图 5-46 所示的输出逻辑函数表达式 F_1=（ ），F_2=（ ）。

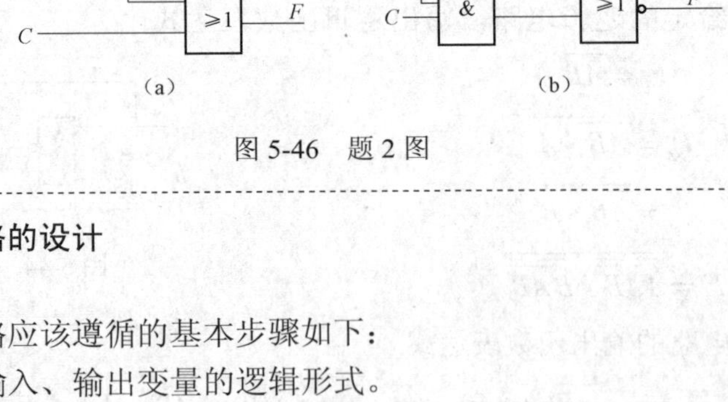

图 5-46 题 2 图

二、组合逻辑电路的设计

1. 设计步骤

设计组合逻辑电路应该遵循的基本步骤如下：

（1）据题意确定输入、输出变量的逻辑形式。

（2）列出相关真值表。

（3）写出相应逻辑表达式。

（4）化简逻辑式。

（5）根据最简逻辑式画出逻辑电路图。

2. 组合逻辑电路的设计举例

［**例 5-31**］用与非门设计一个举重裁判表决电路。设举重比赛有 3 个裁判，一个主裁判和两个副裁判。杠铃完全举起的裁决由每一个裁判按一下自己面前的按钮来确定。只有当两个或两个以上裁判判明成功，并且其中有一个为主裁判时，表示成功的灯才亮。

解：（1）设主裁判为变量 A，副裁判分别为 B 和 C，表示成功与否的灯为 F。

（2）根据逻辑要求列出真值表，见表 5-21。

表 5-21　　**例 5-21 真值表**

A	B	C	F	A	B	C	F
0	0	0	0	1	0	0	0
0	0	1	0	1	0	1	1
0	1	0	0	1	1	0	1
0	1	1	0	1	1	1	1

（3）根据真值表写出逻辑函数的“最小项之和”表达式

$$F = A\overline{B}C + AB\overline{C} + ABC$$

（4）将上述表达式化简并转换成与非形式

$$\begin{aligned} F &= A\overline{B}C + AB\overline{C} + ABC \\ &= ABC + AB\overline{C} + ABC + A\overline{B}C \\ &= AB(C + \overline{C}) + AC(B + \overline{B}) \\ &= AB + AC \end{aligned}$$

$$F = \overline{\overline{AB} \cdot \overline{AC}}$$

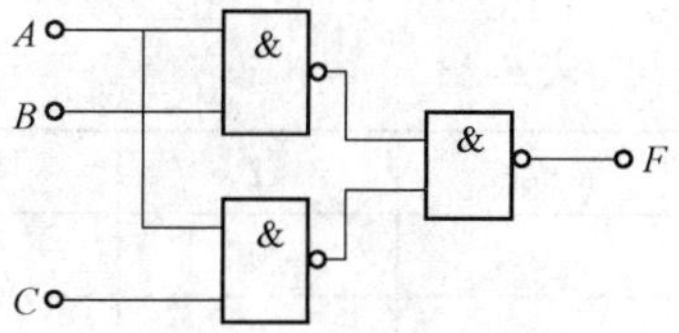

图 5-47　逻辑电路

（5）根据逻辑函数表达式画出逻辑电路图，如图 5-47 所示。

［**例 5-32**］请为某项比赛的评委设计一个三人表决电路，每人有一个电键开关。如果赞成，就按电键，表示 1；如果反对，就不按电键，表示 0。表决结果用灯表示，多数赞成，则指示灯亮；反之则不亮。

解：（1）进行逻辑抽象，建立真值表。用 A、B、C 表示参加表决的输入变量，用 F 表示表决结果，1 代表多数赞成，0 代表多数反对。根据题意列出真值表，见表 5-22。

表 5-22　　**例 5-32 真值表**

A	B	C	F	A	B	C	F
0	0	0	0	1	0	0	0
0	0	1	0	1	0	1	1
0	1	0	0	1	1	0	1
0	1	1	1	1	1	1	1

（2）根据真值表写出逻辑函数的“最小项之和”表达式

$$F = \overline{A}BC + A\overline{B}C + AB\overline{C} + ABC$$

（3）将上述表达式化简，并转换成与非形式

$$F = \overline{A}BC + A\overline{B}C + AB\overline{C} + ABC = BC + AC + AB = \overline{\overline{BC} \cdot \overline{AC} \cdot \overline{AB}}$$

（4）根据逻辑函数表达式画出逻辑电路图，如图 5-48 所示，该逻辑电路可以用 74LS00 芯片实现，74LS00 为四 2 输入与非门。74LS00 的逻辑符号和引脚如图 5-49 所示。

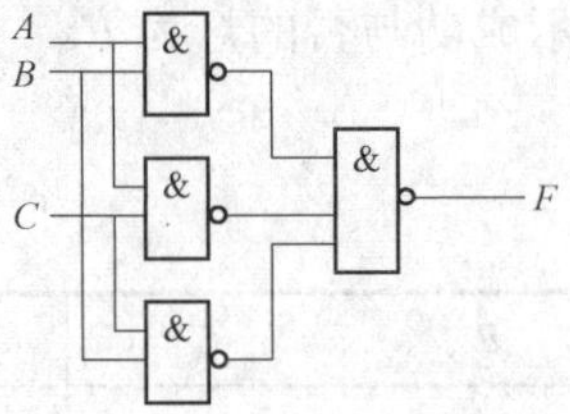

图 5-48 逻辑电路

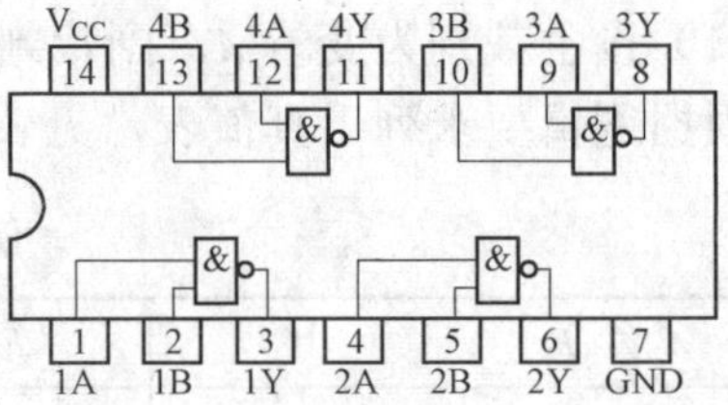

图 5-49 74LS00 的逻辑符号和引脚

任务实施 交通信号灯故障检查电路的制作

交通信号在正常情况下：红灯（R）亮——停车；黄灯（Y）亮——准备；绿灯（G）亮——通行；正常时只有一个灯亮。如果灯全不亮、全亮或两个灯同时亮，都是故障。输入变量为 1，表示灯亮；输入变量为 0，表示不亮。有故障时，输出为 1；正常时，输出为 0。

（1）交通信号灯的逻辑状态分析。由题意列写真值表，见表 5-23。

表 5-23 交通信号灯故障检查真值表

R	Y	G	L	R	Y	G	L
0	0	0	1	1	0	0	0
0	0	1	0	1	0	1	1
0	1	0	0	1	1	0	1
0	1	1	1	1	1	1	1

（2）由真值表写出逻辑式

$$L = \overline{R}\,\overline{Y}\,\overline{G} + \overline{R}YG + R\overline{Y}G + RY\overline{G} + RYG$$

（3）变换和化简逻辑式

$$\begin{aligned} L &= \overline{R}\,\overline{Y}\,\overline{G} + \overline{R}YG + R\overline{Y}G + RY\overline{G} + RYG \\ &= \overline{R}\,\overline{Y}\,\overline{G} + YG + RG + RY \\ &= \overline{\overline{\overline{R}\,\overline{Y}\,\overline{G}} \cdot \overline{RG} \cdot \overline{YG} \cdot \overline{RY}} \end{aligned}$$

（4）由逻辑式画出逻辑图，如图 5-50 所示。该逻辑电路可以用 74LS20 芯片实现，74LS20 的逻辑符号和引脚如图 5-51 所示。

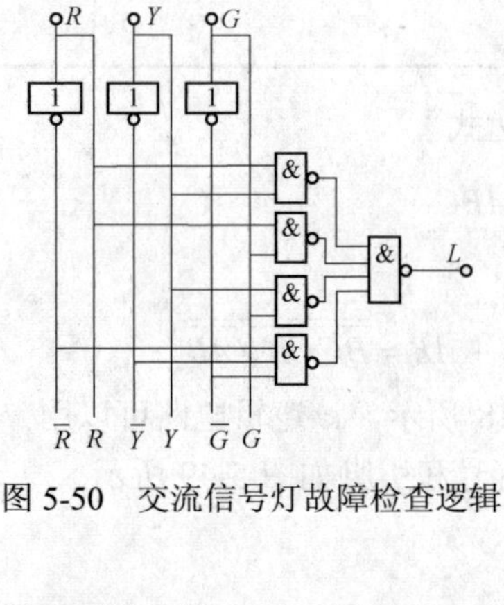

图 5-50 交流信号灯故障检查逻辑

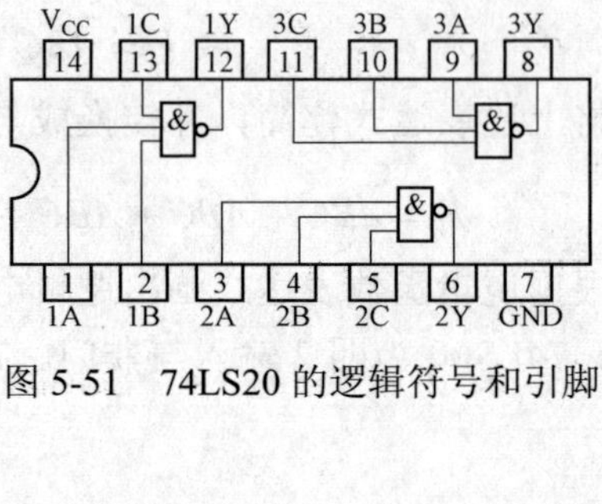

图 5-51 74LS20 的逻辑符号和引脚

（5）交通信号灯故障检查电路的接线如图 5-52 所示。

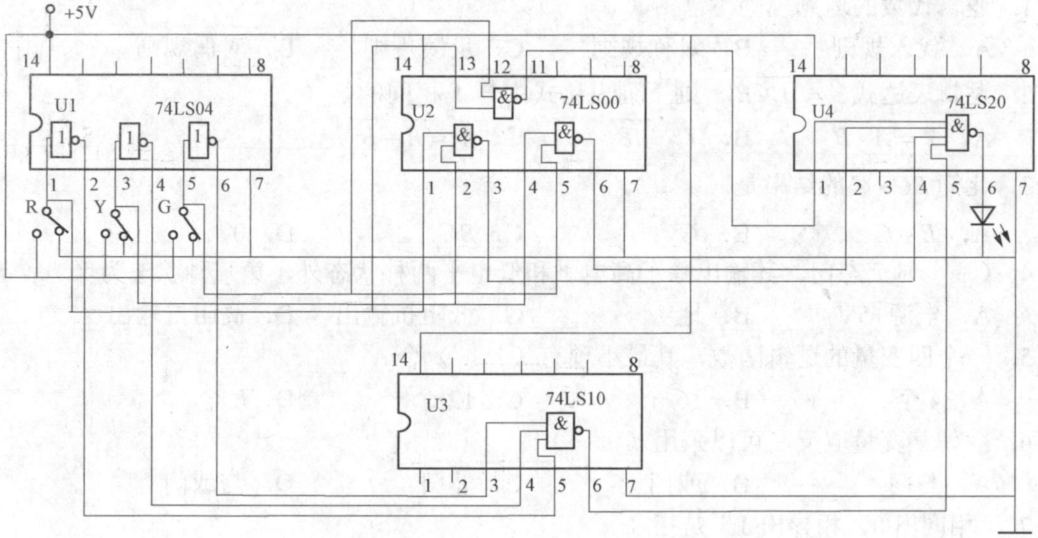

图 5-52　交通信号灯故障检查电路的接线

（6）交通信号灯故障检查电路元件清单（见表 5-24）。

表 5-24　　交通信号灯故障检查电路元件清单

序号	品名	型号/规格	数量	配件图号	实测情况
1	开关	SW SPDT	3	R、Y、G	
2	数字集成电路	74LS04	1	U1	
3	数字集成电路	74LS00	1	U2	
4	数字集成电路	74LS10	1	U3	
5	数字集成电路	74LS20	1	U4	
6	发光二极管	LED	1	D1	

自　测　题

一、填空题

1．基本的逻辑关系有______逻辑、______逻辑和______逻辑。

2．二进制数 1010101 转换为十进制数是______。

3．随时间连续变化的电信号称为______信号；随时间变化而突变的电信号称为信号。

4．$A+\overline{A}B=$______；$AB+\overline{A}C+BC=$______；$F=AC+B\overline{C}+\overline{A}B=$______。

5．如图 5-53 所示门电路符号，其中图 5-53（a）所示为______门，逻辑关系式为 $Y=$______；图 5-53（b）所示为______门，逻辑关系式为 $Y=$______。

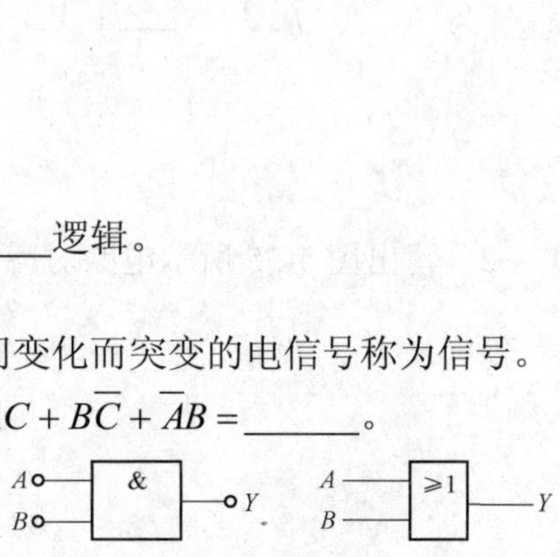

图 5-53　填空题 5 图

6．逻辑变量的取值有______种，即______。

二、选择题

1．逻辑代数的运算规则不包括（　　）。

A．代入规则　B．对称规则　C．反演规则　D．对偶规则

2．逻辑表达式 $Y=\overline{A+B}$，则下列表达式中与 Y 相同的是（　　）。

A．$Y=\overline{A}\cdot\overline{B}$　B．$Y=\overline{AB}$　C．$Y=\overline{A}+\overline{B}$

3．化简 $\overline{BC}\cdot\overline{C}$ 的结果是（　　）。

A．$B+\overline{C}$　B．$\overline{C}$　C．BC　D．0

4．（　　）三态门，其输出除了高电平和低电平两种状态外，第三种状态为（　　）。

A．电源+5V　B．地　C．低阻抗输出　D．高阻抗输出

5．一个四变量的逻辑函数，其最小项有（　　）个。

A．4 个　B．16 个　C．12 个　D．8 个

6．欲使某变量取反，可以采用（　　）。

A．与门　B．或门　C．非门　D．与或门

7．“相同出 0，相异出 1”是指（　　）。

A．与非门　B．或非门　C．异或门　D．同或门

三、判断题

1．真值表和卡诺图是逻辑函数的两种不同表示方法。（　　）

2．逻辑变量的取值 1 比 0 大。（　　）

3．卡诺图中的每一项是按照相邻性排列的。（　　）

4．数字电路最常使用的是二进制。（　　）

5．组合逻辑电路是非记忆性逻辑电路。（　　）

四、分析题

1．已知逻辑门与输入波形如图 5-54 所示，作出 F1 的波形。

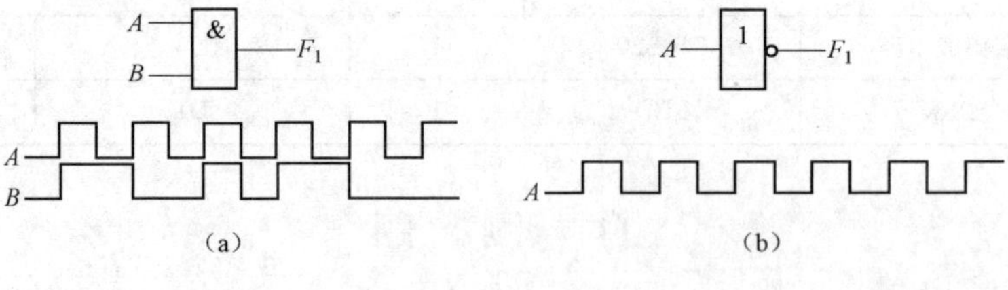

图 5-54　分析题图（一）

2．写出图 5-55 所示电路对应的逻辑表达式，并将表达式化简。

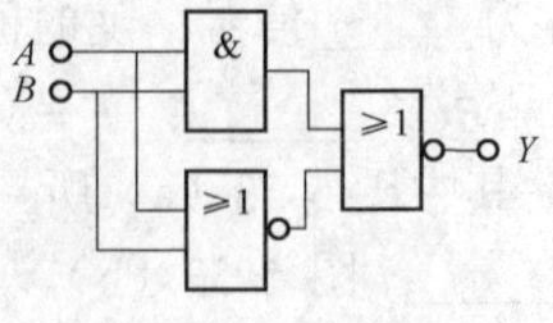

图 5-55　分析题图（二）

五、设计一个三人表决电路

1．要求：每人一个按键，如果同意则按下，不同意则不按。结果用指示灯表示，多数同意时指示灯亮，否则不亮。

2．规定：三个按键 *A*、*B*、*C* 按下时为“1”，不按时为“0”；输出量为 *F*，多数赞成时是“1”，否则是“0”。

（1）根据题意补充表 5-25。

表 5-25　　表决电路真值表

A	*B*	*C*	*F*	*A*	*B*	*C*	*F*
0	0	0		1	0	0	
0	0	1		1	0	1	
0	1	0		1	1	0	
0	1	1		1	1	1	

（2）写出逻辑表达式并化简。

（3）根据逻辑表达式画出逻辑图。

学习项目六　医院病房呼叫显示电路的分析与设计

项目描述

在医院病房中，呼叫系统是维护病人健康和生命的第一道关卡，也是病人与医护人员进行信息传递的主要接口。它可以实现病人和医护人员之间的交流和沟通，反映接受治疗的人的心理需求，可以实现医院护士站护士与病床病人之间的呼叫、对讲，让病人快捷方便地得到护士人员的服务照顾，大大改善了医院的服务效率及环境。

设某医院有 1～7 号病室，每室设有呼叫按钮，每个病室的病情状况不一样，设计一个具有优先级别的呼叫系统。

要求：

（1）根据病人病情设置优先级别。当有多人呼叫时，病情严重者优先（7 号优先级最高）。

（2）当病人紧急呼叫时，显示优先级别高的病人的编号。

病室呼叫显示电路工作框图如图 6-1 所示。

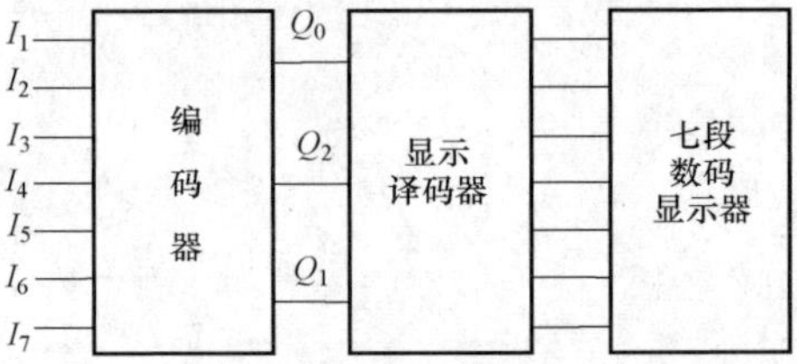

图 6-1　病室呼叫显示电路工作框图

图 6-1 所示电路工作框图实现的就是编码器的逻辑功能。前提条件是每一时刻仅有一个输入有效，如果同时有两个或两个以上输入有效，仅对优先级高的输入进行编码，例如当 I_6、I_5 同时有效时，编码器输入仅对 I_6 进行编码，而 I_5 被忽略。

项目目标

知识目标

（1）掌握 74LS148、CC4532 等优先编码器的逻辑功能及其使用方法。

（2）能区别优先编码器与普通编码器的功能。

（3）了解译码器的分类。

（4）掌握七段显示译码器的功能。

（5）掌握变量译码器的逻辑功能。

技能目标

（1）会使用 74LS138、CC4511 等显示译码器。

（2）会使用 LED 七段数码显示器。

（3）会用译码器和数码管连接成译码显示电路。

（4）利用译码器、编码器进行组合逻辑电路设计。

（5）会分析组合逻辑电路的逻辑功能。

（6）会设计简单的组合逻辑电路。

任务框架

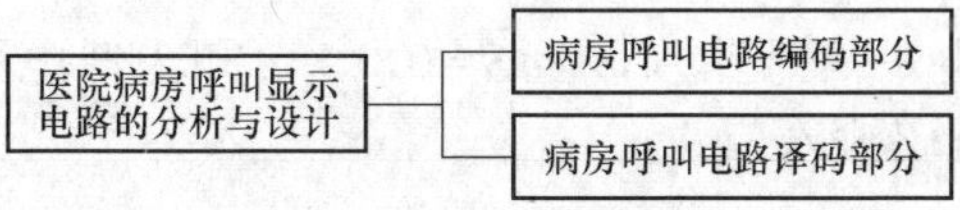

任务一　病房呼叫电路的编码部分

学习目标

（1）会分析组合逻辑电路的逻辑功能。

（2）会用中规模集成电路设计出一定功能的组合逻辑电路。

（3）掌握编码器 74LS148、CC4532、74LS147、CC40147 等的逻辑功能。

任务引入

病房呼叫显示电路分为两部分：呼叫与显示。那么病人如何通过床头的呼叫源（按钮）向护士站实现呼叫请求呢？

任务分析

这个任务是病人有呼叫请求时，按下请求按钮，首先要将按钮对应的病床床位号码十进制信息转换成电子仪器能识别的二进制信息；再者要根据病人病情进行优先级别设置，当有多人呼叫时，病情严重者优先进行处理。

知识准备

计算机键盘每个键都对应着一个编码，键盘上输入十进制数“15”，计算机内部的编码电路将该键的电平信号转换为对应的二进制编码 1111B 或者 BCD 码 00010101。实现编码操作的电路称为编码器。将 7 个病室的门牌号输出信号编为二进制代码，转换为机器代码的过程就是编码。同理，本项目中将抢答器的输出信号编为二进制代码，设计一个简单的电路实现此功能——这个过程也是编码。

按照转换成的编码形式，编码器可分为二进制编码器与二—十进制编码器等。

按照编码器的功能，编码器可分为普通编码器和优先编码器。

普通编码器：任何时候只允许输入一个有效编码信号，否则输出就会发生混乱。

优先编码器：允许同时输入两个以上的有效编码信号。当同时输入几个有效编码信号时，优先编码器能按预先设定的优先级别，只对其中优先权最高的一个进行编码。

1. 二进制编码器

用 n 位二进制代码对 2^n 个信号进行编码的电路就是二进制编码器。

（1）8 线—3 线优先编码器 74LS148。

常用的优先编码器有 74LS148，其引脚如图 6-2 所示。

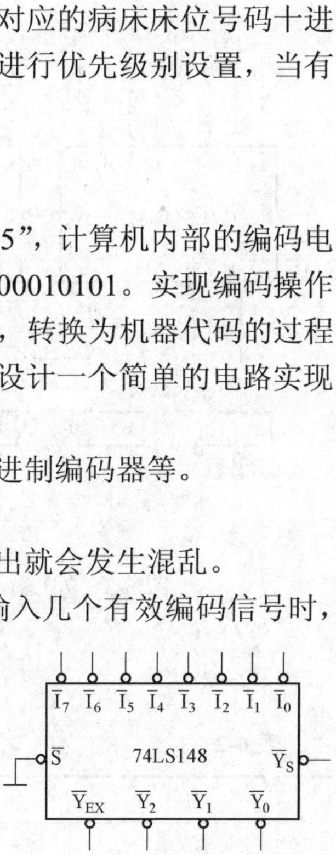

图 6-2　74LS148 引脚

在此编码器中，只有在 $\overline{S}$=0 时，编码器才能正常工作，而在 $\overline{S}$=1 时，所有的输出端均被封锁在高电平。选通输出端 $\overline{Y_S}$ 和扩展端 $\overline{Y}_{EX}$ 用于扩展编码功能。只有当所有的编码输入端都是高电平，而且 $\overline{S}$=0 时，$\overline{Y_S}$ 才是低电平。$\overline{Y_S}$ 低电平输出信号表示电路工作，但无编码输入。任何一个编码输入端有低电平信号输入，且 $\overline{S}$=0，$\overline{Y}_{EX}$ 即为低电平。$\overline{Y}_{EX}$ 的低电平输出信号表示“电路工作，而且有编码输入”。

功能表见表 6-1。

表 6-1　　优先编码器 74LS148 的功能表

输入									输出				
$\overline{S}$	$\overline{I}_7$	$\overline{I}_6$	$\overline{I}_5$	$\overline{I}_4$	$\overline{I}_3$	$\overline{I}_2$	$\overline{I}_1$	$\overline{I}_0$	$\overline{Y}_2$	$\overline{Y}_1$	$\overline{Y}_0$	$\overline{Y}_{EX}$	$\overline{Y}_S$
1	×	×	×	×	×	×	×	×	1	1	1	1	1
0	1	1	1	1	1	1	1	1	1	1	1	1	0
0	0	×	×	×	×	×	×	×	0	0	0	0	1
0	1	0	×	×	×	×	×	×	0	0	1	0	1
0	1	1	0	×	×	×	×	×	0	1	0	0	1
0	1	1	1	0	×	×	×	×	0	1	1	0	1
0	1	1	1	1	0	×	×	×	1	0	0	0	1
0	1	1	1	1	1	0	×	×	1	0	1	0	1
0	1	1	1	1	1	1	0	×	1	1	0	0	1
0	1	1	1	1	1	1	1	0	1	1	1	0	1

用两片 74LS148 可接成 16 线—4 线优先编码器，如图 6-3 所示。

（2）8 线—3 线优先编码器 CC4532，图 6-4 所示为 CC4532 的外引线排列。表 6-2 为其功能表。

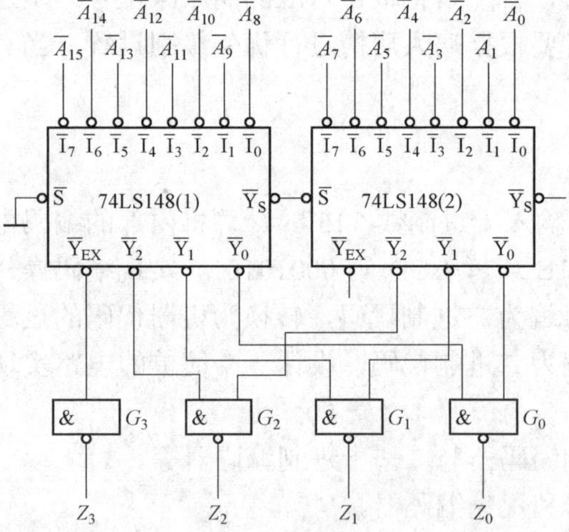

图 6-3　74LS148 引脚

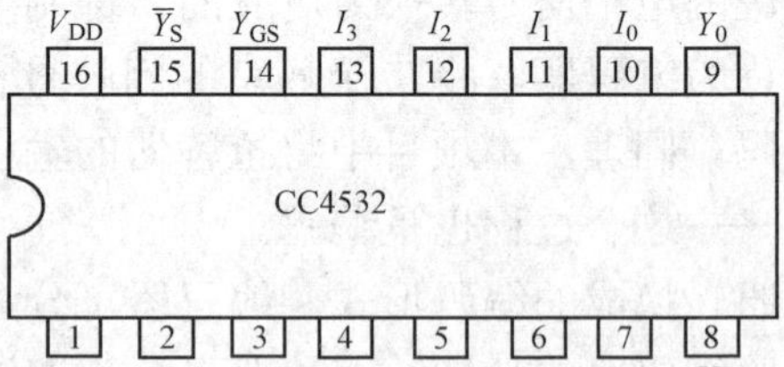

图 6-4　8/3 线优先编码器 CC4532 的外引线排列

I_0～I_7—数据输入端；ST—选通控制端；V_{DD}—电源；V_{SS}—地；

Y_0～Y_2—编码输出端；Y_{GS}—组选通输出端；Y_S—选通输出端

表 6-2　　优先编码器 CC4532 的功能表

输入									输出				
ST	I_7	I_6	I_5	I_4	I_3	I_2	I_1	I_0	Y_{GS}	$\overline{Y}_S$	Y_2	Y_1	Y_0
L	×	×	×	×	×	×	×	×	L	L	L	L	L
H	L	L	L	L	L	L	L	L	L	H	L	L	L

续表

输　入									输　出				
ST	I_7	I_6	I_5	I_4	I_3	I_2	I_1	I_0	Y_{GS}	$\overline{Y}_S$	Y_2	Y_1	Y_0
H	H	×	×	×	×	×	×	×	H	L	H	H	H
H	L	H	×	×	×	×	×	×	H	L	H	H	L
H	L	L	H	×	×	×	×	×	H	L	H	L	H
H	L	L	L	H	×	×	×	×	H	L	H	L	L
H	L	L	L	L	H	×	×	×	H	L	L	H	H
H	L	L	L	L	L	H	×	×	H	L	L	H	L
H	L	L	L	L	L	L	H	×	H	L	L	L	H
H	L	L	L	L	L	L	L	H	H	L	L	L	L

CC4532 可将最高优先输入 I_7～I_0 编码为 3 位二进制码，8 个输入端 I_7～I_0 具有指定优先权，I_7 为最高优先权，I_0 为最低。当片选输入 ST 为低电平时，优先编码器无效。当 ST 为高电平，最高优先输入的二进制编码呈现于输出端 Y_2～Y_0，且选通输入端 Y_{GS} 为高电平，表明优先输入存在。当无优先输入时，允许输出 Y_S 为高电平，如果任何一个输入为高电平，则 Y_S 为低电平且所有级联低阶级无效。

想一想

当 I_6 和 I_5 同时有效，其他输入无效时，输出编码为______。

2. 二—十进制编码器

将十进制数的 0～9 编成二进制代码的电路称为 8421BCD 码编码器。

（1）10 线—4 线优先编码器 74LS147。

74LS147 编码器的管脚排列如图 6-5 所示，其功能表见表 6-3。

表 6-3　　74LS147 编码器的功能表

输　入									输　出			
$\overline{I}_9$	$\overline{I}_8$	$\overline{I}_7$	$\overline{I}_6$	$\overline{I}_5$	$\overline{I}_4$	$\overline{I}_3$	$\overline{I}_2$	$\overline{I}_1$	$\overline{Y}_3$	$\overline{Y}_2$	$\overline{Y}_1$	$\overline{Y}_0$
1	1	1	1	1	1	1	1	1	1	1	1	1
0	×	×	×	×	×	×	×	×	0	1	1	0
1	0	×	×	×	×	×	×	×	0	1	1	1
1	1	0	×	×	×	×	×	×	1	0	0	0
1	1	1	0	×	×	×	×	×	1	0	0	1
1	1	1	1	0	×	×	×	×	1	0	1	0
1	1	1	1	1	0	×	×	×	1	0	1	1
1	1	1	1	1	1	0	×	×	1	1	0	0
1	1	1	1	1	1	1	0	×	1	1	0	1
1	1	1	1	1	1	1	1	0	1	1	1	0

（2）10 线—4 线编码器也称为 BCD 编码器。中规模集成 8421 BCD 码优先编码器主要有 CC40147，引脚如图 6-6 所示。表 6-4 为 CC40147 的功能表。

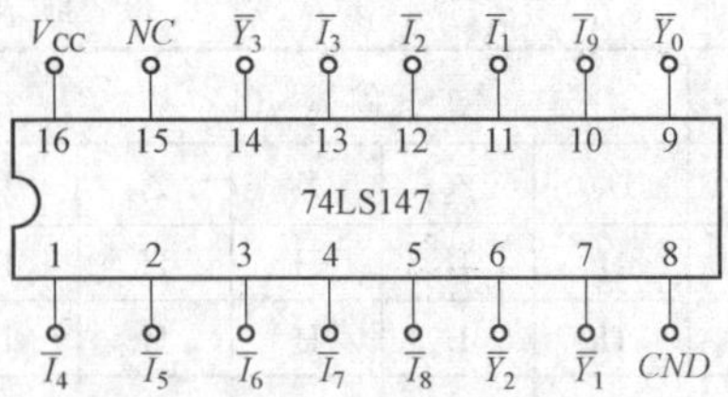

图 6-5 74LS147 编码器的引脚

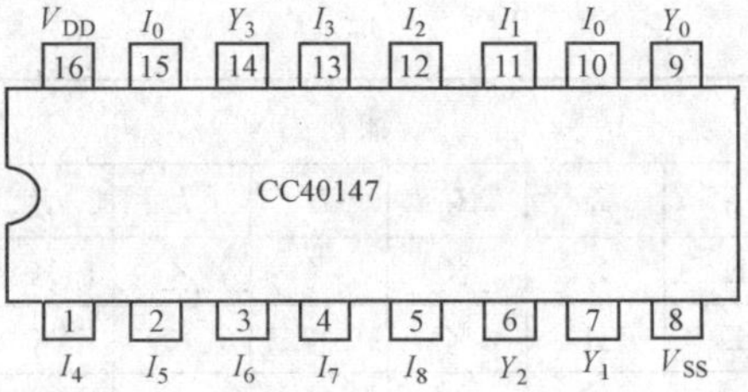

图 6-6 8421BCD 码优先编码器 CC40147 的外引线排列

表 6-4 优先编码器 CC40147 的功能表

输入										输出			
I_0	I_1	I_2	I_3	I_4	I_5	I_6	I_7	I_8	I_9	Y_3	Y_2	Y_1	Y_0
H	L	L	L	L	L	L	L	L	L	L	L	L	L
×	H	L	L	L	L	L	L	L	L	L	L	L	H
×	×	H	L	L	L	L	L	L	L	L	L	H	L
×	×	×	H	L	L	L	L	L	L	L	L	H	H
×	×	×	×	H	L	L	L	L	L	L	H	L	L
×	×	×	×	×	H	L	L	L	L	L	H	L	H
×	×	×	×	×	×	H	L	L	L	L	H	H	L
×	×	×	×	×	×	×	H	L	L	L	H	H	H
×	×	×	×	×	×	×	×	H	L	H	L	L	L
×	×	×	×	×	×	×	×	×	H	H	L	L	H
L	L	L	L	L	L	L	L	L	L	H	H	H	H

思考与练习

1．编码器在数字电路中的作用是什么？
2．编码器的输入是二进制数还是特定信息？
3．3 线—8 线编码器的输入有几个？

任务二 病房呼叫电路的译码显示部分

学习目标

（1）了解译码器的分类。
（2）掌握七段显示译码器的功能。
（3）掌握变量译码器的逻辑功能。
（4）会使用编码器、译码器进行简单的逻辑电路设计。

任务引入

病人通过按钮向护士站发出呼叫请求后，病室紧急呼叫的床位号经过编码器转化为电子仪器能够识别的二进制代码。那么这些代码是否可以直接在值班室显示呢？

任务分析

如果值班室显示二进制代码，值班人员是无法识别具体床位信息的，因此需要将二进制信息转化为十进制，这个过程称为译码。

知识准备

译码器在数字系统中有广泛的用途，不仅用于代码的转换、终端的数字显示，还用于数据分配、存储器寻址和组合控制信号等。

按功能的不同译码器可分为显示译码器、代码变换译码器和变量译码器。

一、显示译码器

七段数码显示器就是由七段能够独立发光直线段排列成日字形来显示数字的。常见的七段半导体数码管（又称 LED 数码管）是由七段发光二极管按图 6-7（a）所示结构拼合而成的。

半导体数码管有共阳极型和共阴极型两种类型。图 6-7（b）中，共阳极型中各发光二极管阳极连接在一起，接高电平，*a*～*g* 和 *DP* 各引脚中任一脚为低电平时相应的发光段发光；共阴极型号中各发光二极管的阴极连接在一起，接低电平，*a*～*g* 和 *DP* 各引脚中任一脚为高电平时相应的发光段发光（*DP* 为小数点）。

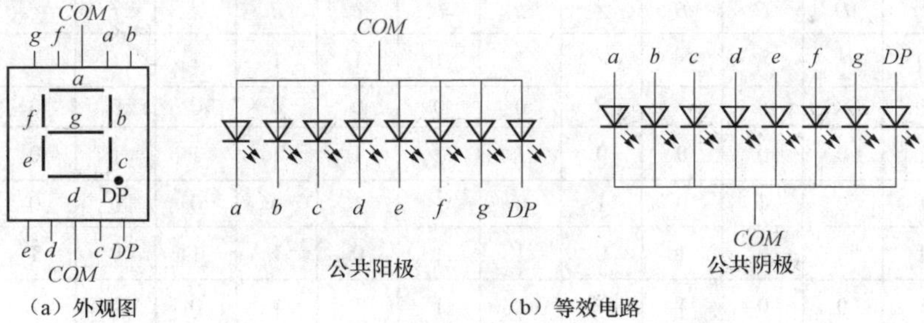

图 6-7　半导体数码管

半导体数码管适合于与集成电路直接配用，在微型计算机、数字化仪表和数字钟等电路中应用十分广泛。

七段数码显示器是用 *a*～*g* 这七个发光线段组合来构成十个十进制数的。为此，就需要使用显示译码器将 BCD 代码（二—十进制编码）译成数码管所需要的七段代码（*abcdefg*），以便使数码管用十进制数字显示出 BCD 代码所表示的数值。

显示译码器是将 BCD 码译成驱动七段数码管所需代码的译码器。

显示译码器型号有 74LS47（共阳）、74LS48（共阴）、CC4511（共阴）等多种类型。74LS47 也是常用的有多种功能的显示译码器，图 6-8 所示为其引线排列。图中 *D*、*C*、*B*、*A* 为 8421BCD 码输入端，*a*、*b*、*c*、*d*、*e*、*f*、*g* 输出驱动七段显示器的信号。

CC4511 是输出高电平有效的 CMOS 显示译码器，其输入为 8421BCD 码，图 6-9 所示为 CC4511 的外引线排列。

CC4511 引脚功能说明：

A、*B*、*C*、*D*——BCD 码输入端。

a、*b*、*c*、*d*、*e*、*f*、*g*——译码输出端，输出“1”有效，用来驱动共阴极 LED 数码管。

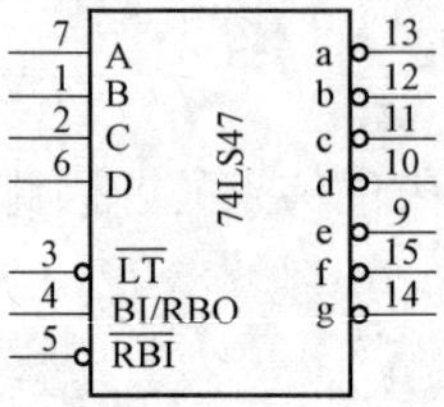

图 6-8　74LS47 外引线排列

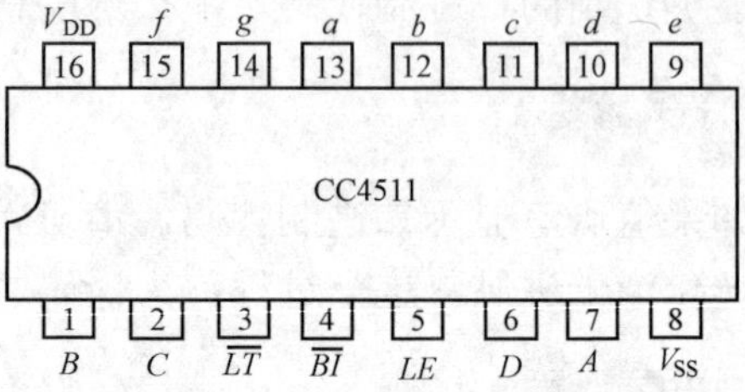

图 6-9　CC4511 外引线排列

$\overline{LT}$——测试输入端，$\overline{LT}$=0 时，译码输出全为“1”。

$\overline{BI}$——消隐输入端，$\overline{BI}$=0 时，译码输出全为“0”。

LE——锁定端，当 *LE*=1 时，译码器处于锁定（保持）状态，译码输出保持在 *LE*=0 时的数值；当 *LE*=0 时，为正常译码。

CC4511 逻辑功能表见表 6-5。CC4511 内接有上拉电阻，故只需在输出端与数码管笔段之间串入限流电阻即可工作。译码器还有拒伪码功能，当输入码超过 1001 时，输出全为“0”，数码管熄灭。

表 6-5　CC4511 逻辑功能表

输入							输出							
LE	$\overline{BI}$	$\overline{LT}$	*D*	*C*	*B*	*A*	*a*	*b*	*c*	*d*	*e*	*f*	*g*	显示字形
×	×	0	×	×	×	×	1	1	1	1	1	1	1	8
×	0	1	×	×	×	×	0	0	0	0	0	0	0	消隐
0	1	1	0	0	0	0	1	1	1	1	1	1	0	0
0	1	1	0	0	0	1	0	1	1	0	0	0	0	1
0	1	1	0	0	1	0	1	1	0	1	1	0	1	2
0	1	1	0	0	1	1	1	1	1	1	0	0	1	3
0	1	1	0	1	0	0	0	1	1	0	0	1	1	4
0	1	1	0	1	0	1	1	0	1	1	0	1	1	5
0	1	1	0	1	1	0	0	0	1	1	1	1	1	6
0	1	1	0	1	1	1	1	1	1	0	0	0	0	7
0	1	1	1	0	0	0	1	1	1	1	1	1	1	8
0	1	1	1	0	0	1	1	1	1	0	0	1	1	9
0	1	1	1	0	1	0	0	0	0	0	0	0	0	消隐
0	1	1	1	0	1	1	0	0	0	0	0	0	0	消隐
0	1	1	1	1	0	0	0	0	0	0	0	0	0	消隐
0	1	1	1	1	0	1	0	0	0	0	0	0	0	消隐
0	1	1	1	1	1	0	0	0	0	0	0	0	0	消隐
0	1	1	1	1	1	1	0	0	0	0	0	0	0	消隐
1	1	1	×	×	×	×	锁存							锁存

图 6-10 所示为 LED 七段显示器译码驱动电路的连接实例。

二、变量译码器

变量译码器的输入、输出端的数量关系是：当有 n 个输入端，就有 2^n 个输出端。而每一个输出所代表的函数对应于 n 个输入变量的最小项。常见的变量译码器有 3 线—8 线译码器 74 LS138、4 线—16 线译码器 74LS154 和带锁存的 3 线—8 线译码器 74LS131 等。

图 6-11 所示为 3 线—8 线译码器的逻辑符号，表 6-6 为其功能表。因为它有 3 个输入端 A_2、A_1、A_0，8 个输出端 $\overline{Y_0} \sim \overline{Y_7}$，所以常称为 3 线—8 线译码器，输出为低电平有效，G_1、$\overline{G}_{2A}$ 和 $\overline{G}_{2B}$ 为使能输入端。

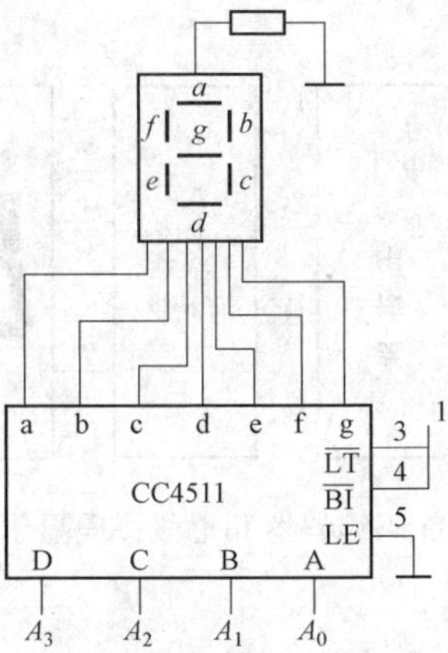

图 6-10　LED 七段显示器译码驱动电路的连接实例

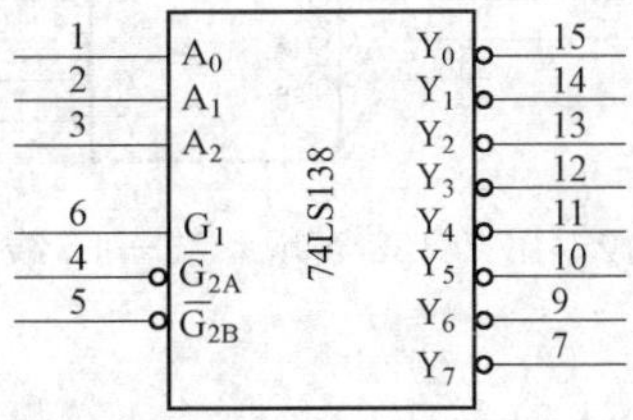

图 6-11　3 线—8 线译码器的逻辑符号

表 6-6　3 线—8 线译码器 74LS138 功能表

输入						输出							
G_1	$\overline{G}_{2A}$	$\overline{G}_{2B}$	A_2	A_1	A_0	Y_0	Y_1	Y_2	Y_3	Y_4	Y_5	Y_6	Y_7
×	1	×	×	×	×	1	1	1	1	1	1	1	1
×	×	1	×	×	×	1	1	1	1	1	1	1	1
0	×	×	×	×	×	1	1	1	1	1	1	1	1
1	0	0	0	0	0	0	1	1	1	1	1	1	1
1	0	0	0	0	1	1	0	1	1	1	1	1	1
1	0	0	0	1	0	1	1	0	1	1	1	1	1
1	0	0	0	1	1	1	1	1	0	1	1	1	1
1	0	0	1	0	0	1	1	1	1	0	1	1	1
1	0	0	1	0	1	1	1	1	1	1	0	1	1
1	0	0	1	1	0	1	1	1	1	1	1	0	1
1	0	0	1	1	1	1	1	1	1	1	1	1	0

在表 6-6 中，$G_2 = \overline{G}_{2A} + \overline{G}_{2B}$，从表 6-6 可以看出当 G_1=1、G_2=0 时该译码器处于工作状态；否则输出被禁止，输出高电平。用两片 74LS138 级联实现 4 线—16 线译码，如图 6-12 所示。

任务实施　病房呼叫电路解码设计

根据任务提出，医院呼叫显示系统的要求如下：

（1）根据病人病情设置优先级别。当有多人呼叫时，病情严重者优先（7 号优先级最高）。

（2）当病人紧急呼叫时，显示优先级别高的病人的编号。

设计思路图如图 6-13 所示，接线图如图 6-14 所示。

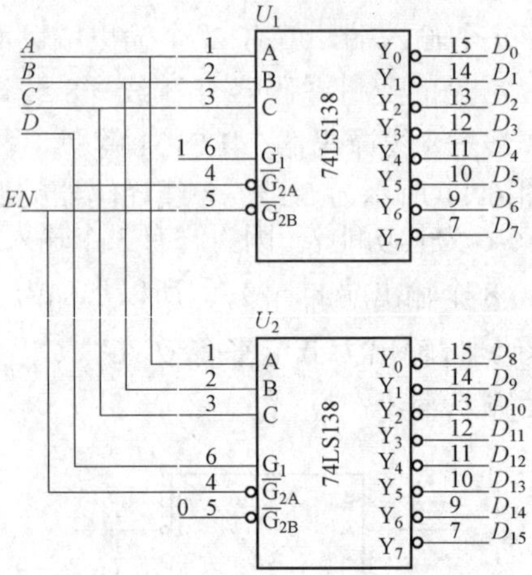

图 6-12 用 74138 实现 4 线—16 线译码

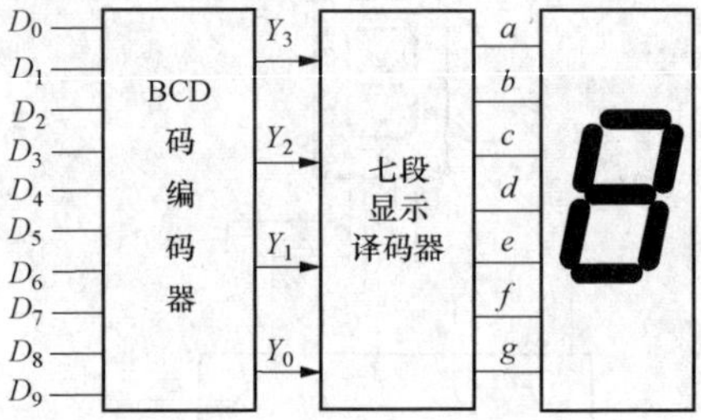

图 6-13 BCD 码编码器和七段译码显示电路的框图

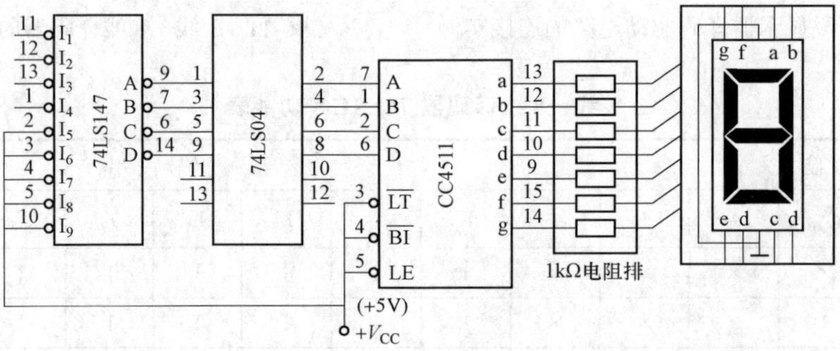

图 6-14 BCD 码编码器和七段译码显示电路的接线图

拓展与延伸 加法器与数据选择器

1. 半加器

半加器只能进行本位加数、被加数的加法运算而不考虑低位进位，真值表见表 6-7。

由真值表直接写出表达式

$$S=\overline{A}B+A\overline{B}=A\oplus B$$

$$C=AB$$

根据逻辑表达式画出逻辑电路与电路符号，如图 6-15 所示。

表 6-7 半加器真值表

输入		输出	
被加数 A	加数 B	和数 S	进位数 C
0	0	0	0
0	1	1	0
1	0	1	0
1	1	0	1

2. 全加器

全加器能同时进行本位数和相邻低位的进位信号的加法运算，真值表见表 6-8。

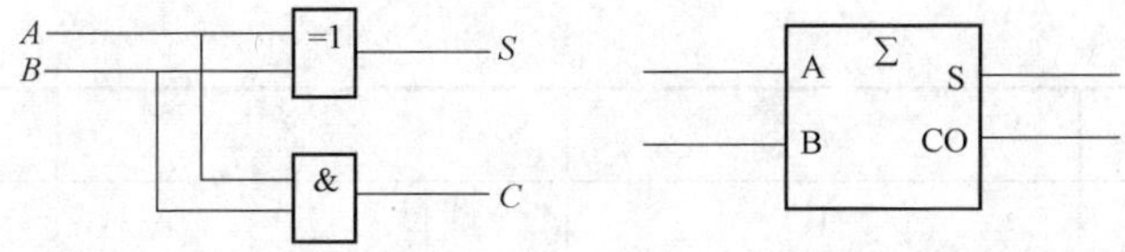

（a）逻辑电路　　（b）电路符号

图 6-15　半加器的逻辑电路与电路符号

和分别是被加数和加数，C_{i-1} 为相邻低位的进位，S_i 为本位的和，C_i 为本位的进位。

由真值表直接写出逻辑表达式，再经代数法化简和转换得

$$S_i = \overline{A_i}\,\overline{B_i}C_{i-1} + \overline{A_i}B_i\overline{C_{i-1}} + A_i\overline{B_i}\,\overline{C_{i-1}} + A_iB_iC_{i-1}$$
$$= \overline{(A_i \oplus B_i)}C_{i-1} + (A_i \oplus B_i)\overline{C_{i-1}}$$
$$= A_i \oplus B_i \oplus C_{i-1}$$
$$C_i = \overline{A_i}B_iC_{i-1} + A_i\overline{B_i}C_{i-1} + A_iB_i\overline{C_{i-1}} + A_iB_iC_{i-1}$$
$$= A_iB_i + (A_i \oplus B_i)C_{i-1}$$

根据逻辑表达式画出全加器的逻辑电路与电路符号，如图 6-16 所示。

表 6-8　　全加器真值表

输入			输出	
A_i	B_i	C_{i-1}	S_i	C_i
0	0	0	0	0
0	0	1	1	0
0	1	0	1	0
0	1	1	0	1
1	0	0	1	0
1	0	1	0	1
1	1	0	0	1
1	1	1	1	1

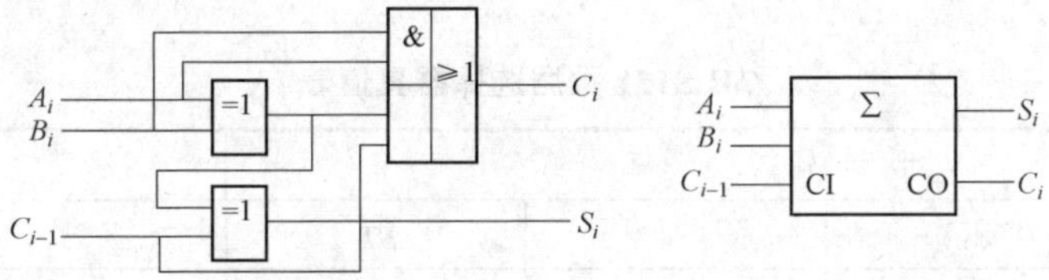

（a）逻辑电路　　（b）电路符号

图 6-16　全加器的逻辑电路与电路符号

3. 数据选择器

在日常生活中常常会碰到多路选择器的情况，如家庭音响系统中在选择音源时，可以在 CD、录音磁带、收音机中选择一路进行欣赏，这是将多个信号源中选择一路进行输出，但这种信号是模拟信号，而这里主要讲的是数字信号。

数据选择器的功能相当于一个受控波段开关。一个 4 选 1 的数据选择器，应有两个地址输入端，它共有 2^2=4 种不同的组合。同理，一个 8 选 1 的数据选择器有 3 个地址输入端。

（1）数据选择器的电路结构。数据选择器在上面已经讲到是在多个输入中选择一路进行输出，至于选择哪一路，需首先对输入信号进行编号，另外还需一个选择信号，用以选择哪一路输入。图 6-17 所示为 4 输入的多路选择器的电路符号，表 6-9 列出了其真值表。

表 6-9　　数据选择器真值表

$\overline{S}$	A_1	A_0	Y
0	0	0	D_0
0	0	1	D_1

续表

$\overline{S}$	A_1	A_0	Y
0	1	1	D_2
0	1	1	D_3
1	×	×	0

对真值表 6-9 分析可以写出输出与输入的关系为

$$Y=[D_0(\overline{A_1}\,\overline{A_0})+D_2(\overline{A_1}A_0)+D_2(A_1\overline{A_0})+D_3(A_1A_0)]\cdot S$$

（2）标准中规模数据选择器。常见标准中规模数据选择器有 74153（双 4 选 1 多路选择器）、74151A（8 选 1 多路选择器）、74150（16 选 1 多路选择器）。8 选 1 数据选择器 74LS151 电路符号如图 6-18 所示，其真值表见表 6-10。

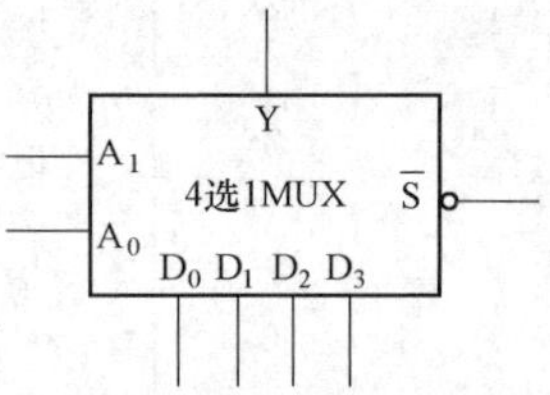

图 6-17　数据选择器的电路符号

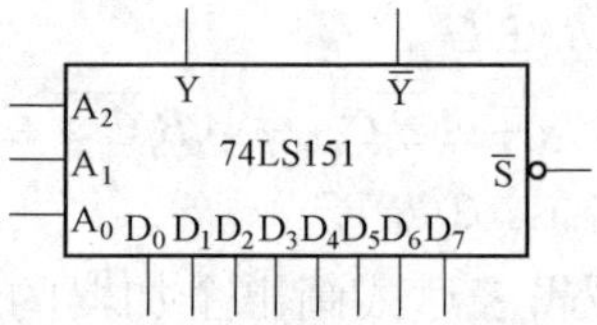

图 6-18　8 选 1 数据选择器的电路符号

表 6-10　　74LS151 数据选择器真值表

地址输入				输出	
A_2	A_1	A_0	$\overline{ST}$	Y	$\overline{Y}$
×	×	×	1	0	1
0	0	0	0	D_0	$\overline{D_0}$
0	0	1	0	D_1	$\overline{D_1}$
0	1	0	0	D_2	$\overline{D_2}$
0	1	1	0	D_3	$\overline{D_3}$
1	0	0	0	D_4	$\overline{D_4}$
1	0	1	0	D_5	$\overline{D_5}$
1	1	0	0	D_6	$\overline{D_6}$
1	1	1	0	D_7	$\overline{D_7}$

自　测　题

一、填空题

1．一个三位二进制译码器的输入线应有 3 根，输出线最多有______根。

2．编码器的功能是将输入信号转化为______。

3．七段显示译码器 74LS48 输出高电平有效，用以驱动共阴极 LED 显示器。当输入 $A_3A_2A_1A_0$= 0101 时，输出 $abcdefg$=______，显示字形______。

4．按计数器中各触发器的翻转是否同步可分为______、______。

5．触发器按逻辑功能可分为基本 RS 触发器、______触发器、JK 触发器和______触发器。

6．将 11010 二进制数转换为十进制数等于______。

二、选择题

1．最常用的显示器件是（　　）数码显示器。

A．五段　　B．七段　　C．九段　　D．十一段

2．8 线—3 线优先编码器 74LS148，低电平输入有效，反码输出。当对 $\overline{I}_5$ 编码时，输出 $\overline{Y}_2\overline{Y}_1\overline{Y}_0$ 为（　　）。

A．000　　B．101　　C．010　　D．100

3．能将输入信号转变成二进制代码的电路称为（　　）。

A．译码器　　B．数据选择器　　C．编码器　　D．数据分配器

4．半导体发光数码管由（　　）个条状的发光二极管组成。

A．5　　B．6　　C．7　　D．8

5．优先编码器同时有两个或两个以上信号输入时，是按（　　）给输入信号编码。

A．高电平　　B．低电平　　C．高频率　　D．高优先级

6．8421BCD 译码器 74LS42 输出低电平有效，当输入 $A_3A_2A_1A_0$=1000 时，其输出 $\overline{Y}_0$～$\overline{Y}_9$ 等于（　　）。

A．0000000010　　B．1011111111

C．0100000000　　D．1111111101

7．4 选 1 数据选择器构成逻辑函数产生器的电路连接如图 6-19 所示，该电路实现的逻辑函数是（　　）。

A．$Y=\overline{AB}$　　B．$Y=\overline{A}B+A\overline{B}$

C．$Y=\overline{A}\overline{B}+AB$　　D．$Y=\overline{A+B}$

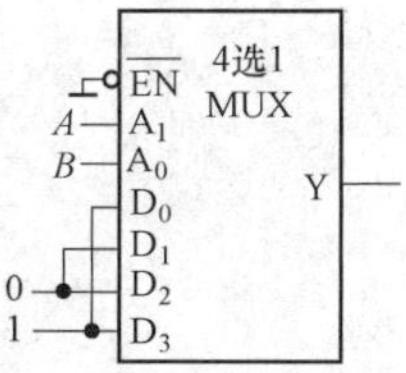

图 6-19　选择题 7 图

三、判断题

1．要给 8 个信号编码，至少需要 4 位二进制数。（　　）

2．驱动共阴极 LED 显示器的译码器输出为高电平有效；而驱动共阳极 LED 显示器的译码器输出为低电平有效。（　　）

3．译码器 n 个输入端最多可有 $2n$ 个输出端。（　　）

4．二进制译码器和二—十进制译码器，对应于一个输入代码，只有唯一一个输出端输出有效电平。（　　）

5．优先编码器在同一时刻允许输入多个请求编码信号，并对所有请求信号编码。（　　）

6．能将输入信号转变为二进制代码的电路称为译码器。（　　）

7．数据选择器是一个单输入、多输出的组合逻辑电路。（　　）

四、设计电路（逻辑电路）

用集成译码器 74LS138 和 4 输入与非门实现表 6-11 真值表的逻辑功能。先写出逻辑表达式，再画出逻辑电路图。

表 6-11　　组合逻辑电路设计题真值表

输入			输出	
A	B	C	S_1	S_2
0	0	0	0	0
0	0	1	1	0
0	1	0	1	0
0	1	1	0	1
1	0	0	1	0
1	0	1	0	1
1	1	0	0	1
1	1	1	1	1

学习项目七　抢答器电路的分析与设计

项目描述

抢答器是一种应用非常广泛的电子电气设备，它的发展是人类社会进步和科学发展的标志之一。过去竞赛中常看到有抢答的环节，举办方多数采用让选手通过举答题板的方法判断选手的答题权，这在某种程度上会因为主持人的主观误断造成比赛的不公平性。抢答器是一名公正的裁判员，它提升了比赛的公平性。

本项目设计一个 8 人抢答逻辑电路，具体要求如下：

（1）抢答器供八组选手参赛，编号为 1～8 号，各队分别用一个按钮（S0～S7）控制，并设置一个系统清零和抢答控制开关 S，开关由主持人控制。

（2）抢答器具有数据锁存功能，并将锁存数据用 LED 数码管显示出来。

（3）开关 S 作为清零及抢答控制开关，被按下时抢答电路清零，松开后则允许抢答。

抢答器的组成框图如图 7-1 所示。它主要由抢答输入端、优先编码电路、锁存器、译码显示、主持人控制开关、控制电路等几部分组成。

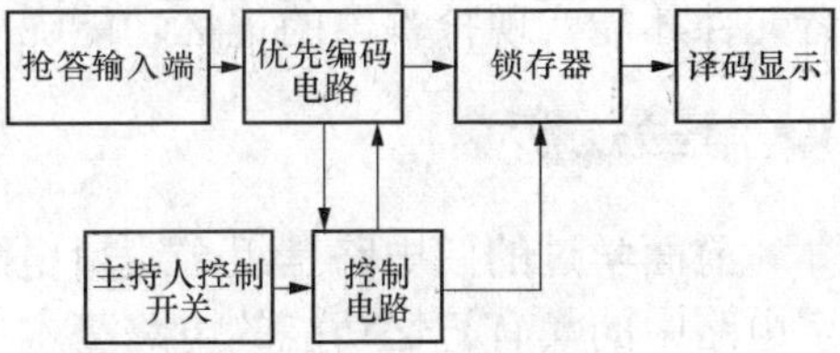

图 7-1　抢答器的组成框图

设计方案如下：

（1）接通电源后，主持人将开关拨到清除状态，抢答器处于禁止状态，显示器与指示灯灭，主持人将开关拨到开始位置后，抢答器处于等待状态，此时可以进行抢答。

（2）优先判断抢答的组号，将组号进行锁存，然后通过译码器将组号显示在七段数码管上。

（3）如果进行下轮抢答必须由主持人操作清除和开始状态的开关。

项目目标

学习目标

（1）会描述基本 RS、JK、D 和 T 触发器的逻辑功能，能叙述时序电路的工作特点。

（2）掌握集成触发器的逻辑功能及使用方法。

（3）熟悉各种功能不同的触发器之间相互转换的方法。

技能目标

（1）会使用集成触发器设计电路。

（2）会使用寄存器和锁存器。

（3）能分析抢答器各部分功能及工作原理。

任务框架

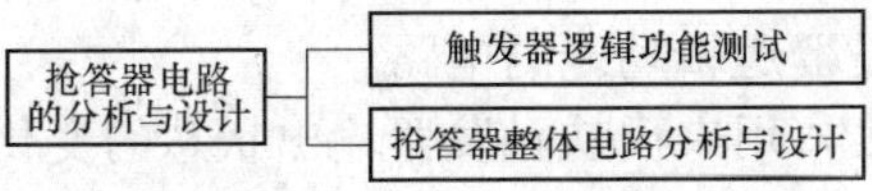

任务一　触发器逻辑功能测试

学习目标

（1）了解基本 RS、JK、D 和 T 触发器的逻辑功能。

（2）掌握集成触发器的逻辑功能及使用方法。

（3）熟悉各种功能不同的触发器之间相互转换的方法。

（4）能进行触发器逻辑功能的验证实验。

（5）掌握寄存器和锁存器的特点。

任务引入

根据抢答器的设计方案，抢答器基本电路为优先编码器和显示电路。优先编码器的作用是输出最先按下抢答按钮的序号。显示电路将优先编码器输出的序号进行显示。但是，实际的抢答器应该是一直显示优先按下的序号，即使按钮已经松开，仍然希望维持这个显示。这种维持相当于要求电路具有记忆功能，也就是记住最先按下的按钮的序号。那么什么电路或者元件才能实现抢答器的记忆功能呢？

任务分析

前面学过的门电路是组合逻辑电路的基本单元，但是它不具备记忆功能。触发器就是数字电路中的具有记忆功能的电路基本单元。这个任务就以触发器的逻辑功能测试展开学习。

知识准备

一、触发器基本知识

在复杂的数字电路中，不但需要对二值信号进行算术运算和逻辑运算，还经常需要将这些信号和运算结果保存起来，因此需要使用具有记忆功能的基本逻辑单元。

触发器是由门电路构成的时序逻辑单元，它有一个或多个输入端，两个互补输出端，分别用 Q 和 $\overline{Q}$ 表示。其中，Q 的状态代表触发器的状态。当 Q=0 时，表示触发器处于 0 状态；当 Q=1 时，表示触发器处于 1 状态。在一定的外界信号作用下，触发器可以从一个稳定状态翻转到另一个稳定状态。它是一个具有记忆功能的二进制信息存储器件，是构成各种时序电路的最基本逻辑单元。

1. 触发器的特点

（1）触发器有两个稳定的状态：0 状态和 1 状态。

（2）在不同的输入情况下，它可以被置成 0 状态或 1 状态。

（3）当输入信号消失后，所置成的状态能够保持不变。

2. 触发器的分类

按逻辑特性分，有 RS 触发器、D 触发器、JK 触发器、T 触发器。

按触发方式分，有基本触发器、同步触发器、主从触发器、边沿触发器。

3. 触发器逻辑功能的表示方法

（1）逻辑电路：实现触发器逻辑功能的电路。

（2）特性表：又称功能表，用来反映触发器输出状态的变化规律。

（3）特性方程：又称状态方程，反映触发器输出状态变化的函数式。

（4）状态转换图：反映触发器“0”和“1”两种状态之间转换及条件的图形。

（5）时序图：又称输出状态演化时序波形图，类似组合逻辑电路的波形图。

二、基本 RS 触发器

1. 基本 RS 触发器的电路结构与工作原理

基本 RS 触发器是许多复杂电路结构触发器的一个组成部分，它可由两个与非门或两个或非门交叉连接而成，如图 7-2 所示。

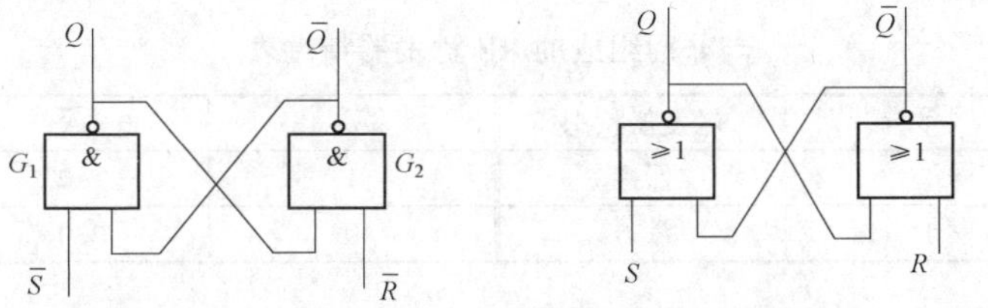

（a）与非门组成的基本RS触发器　（b）或非门组成的基本RS触发器

图 7-2　基本 RS 触发器

在图 7-2 中，Q 和 $\overline{Q}$ 为两个互补的输出端，并且定义如下：Q=0，$\overline{Q}$=1，为触发器的 0 状态；Q=1，$\overline{Q}$=0，为触发器的 1 状态。

对于图 7-2（a），根据输入信号 R、S 的不同取值组合，触发器的输出与输入之间的关系有 4 种情况：

（1）当 $\overline{S}=\overline{R}=1$ 时，触发器现态 Q^n=0，次态 Q^{n+1}=0，$\overline{Q^{n+1}}$=1，触发器状态不变，保持功能；触发器现态 Q^n=1，次态 Q^{n+1}=1，$\overline{Q^{n+1}}$=0，触发器状态不变，保持功能。这体现了触发器具有记忆功能。

（2）当 $\overline{S}=1$，$\overline{R}=0$ 时，触发器现态 Q^n=1，次态 Q^{n+1}=0，$\overline{Q^{n+1}}$=1，触发器状态由 1 变为 0，置 0 功能；触发器现态 Q^n=0，次态 Q^{n+1}=0，$\overline{Q^{n+1}}$=1，触发器状态不变，置 0 功能。这种情况称为触发器置 0 或触发器复位，故 R 输入端称为复位端或置 0 输入端。

（3）当 $\overline{S}=0$，$\overline{R}=1$ 时，触发器现态 Q^n=0，次态 Q^{n+1}=1，$\overline{Q^{n+1}}$=0，触发器状态由 0 变为 1，置 1 功能；触发器现态 Q^n=1，次态 Q^{n+1}=1，$\overline{Q^{n+1}}$=0，触发器状态不变，置 1 功能。这种情况称为触发器置 1 或触发器置位，故 S 输入端称为置位端或置 1 输入端。

（4）当 $\overline{S}=\overline{R}=0$ 时，触发器现态 Q^n=0，次态 Q^{n+1}=1，$\overline{Q^{n+1}}$=1，触发器状态由 1 变为 0，置 0 功能；触发器的两个互非输出端出现相同的逻辑混乱情况，显然这是触发器正常工作条件下不允许发生的，因此应当避免。

2. 真值表

由与非门组成的 RS 触发器的真值表和特性表（见表 7-1 和表 7-2）可看出，这种触发器的输入端为低电平有效。

表 7-1　**与非门组成的 RS 触发器真值表**

$\overline{R}$	$\overline{S}$	Q^n	Q^{n+1}	触发器状态
1	1	0	0	保持原状态不变
1	1	1	1	

续表

$\overline{R}$	$\overline{S}$	Q^n	Q^{n+1}	触发器状态
0	1	0	0	触发器置 0
0	1	1	0	
1	0	0	1	触发器置 1
1	0	1	1	
0	0	0	×	触发器状态不定
0	0	1	×	

表 7-2　　与非门组成的 RS 触发器特性表

$\overline{R}$	$\overline{S}$	触发器状态	$\overline{R}$	$\overline{S}$	触发器状态
1	1	保持	1	0	置 1
0	1	置 0	0	0	不定

对于图 7-2（b），可作同样分析，真值表见表 7-3。

表 7-3　　或非门组成的 RS 触发器的真值表

R	S	触发器状态	R	S	触发器状态
0	0	保持	1	0	置 0
0	1	置 1	1	1	不定

3. 与非门 RS 触发器特征方程

$$Q^{n+1} = S + \overline{R} \cdot Q^n \tag{7-1}$$

$$\overline{S} + \overline{R} = 1 \text{（约束条件）}$$

由于基本 RS 触发器不允许输入同时为低电平，所以加一约束条件。

4. 与非门 RS 触发器状态图

与非门 RS 触发器状态图如图 7-3 所示。

5. 时序波形图

与非门组成的基本 RS 触发器的波形图如图 7-4 所示。

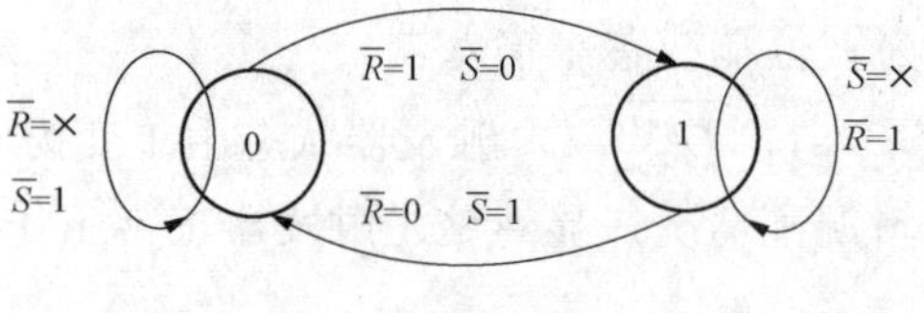

图 7-3　RS 触发器状态图

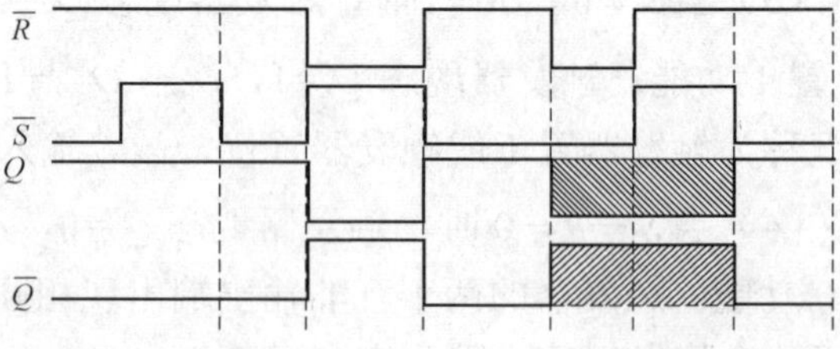

图 7-4　与非门组成的基本 RS 触发器的波形图

与非门与或非门构成的 RS 触发器逻辑符号如图 7-5 所示。

与非门与或非门构成的 RS 触发器真值表见表 7-4。

表 7-4　　RS 触发器的真值表

输入				输出	功能说明
$\overline{S}$	$\overline{R}$	S	R	Q^{n+1}	
1	1	0	0	Q^n	保持

续表

输　入				输　出	功能说明
$\bar{S}$	$\bar{R}$	S	R	Q^{n+1}	
1	0	0	1	0	置 0
0	1	1	0	1	置 1
0	0	1	1	不定	不允许

输入端各自取反，即它们的触发电平相反；其特性表相同，表明它们具有相同的逻辑功能。

注意

两输入端不允许同时出现有效电平。

常用的集成 RS 触发器芯片有 74LS279 和 CC4044 等。集成基本 RS 触发器 74LS279 的内部包含 4 个基本 RS 触发器，输入信号均为低电平有效，其引脚如图 7-6 所示，应该注意的是图中有两个基本 RS 触发器具有两个输入端 S1 和 S2，这两个输入端的逻辑关系为与逻辑，每个基本 RS 触发器只有一个 Q 输出端。CC4044 引脚如图 7-7 所示。

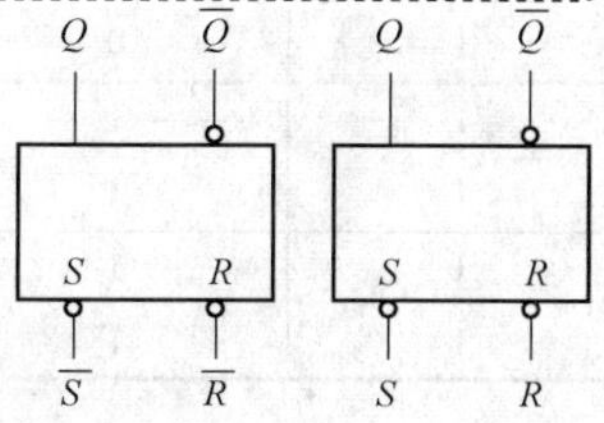

图 7-5　RS 触发器的逻辑符号

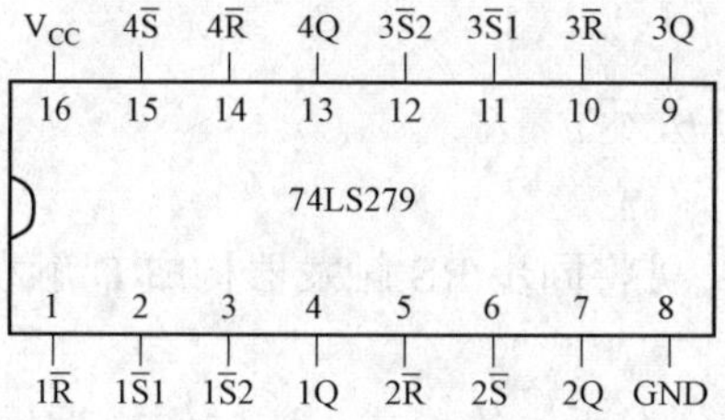

图 7-6　74LS279 引脚

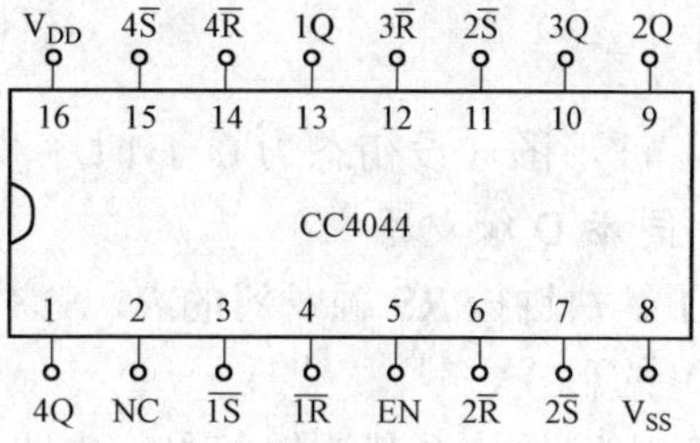

图 7-7　CC4044 引脚

三、同步触发器

1. 同步 RS 触发器

具有时钟脉冲控制端的 RS 触发器称为钟控 RS 触发器，也称同步 RS 触发器。钟控 RS 触发器的状态变化不仅取决于输入信号的变化，还受时钟脉冲 CP 的控制。CP 为一个正脉冲序列，如图 7-8 所示。

（1）结构与工作原理。它由基本 RS 触发器构成，如图 7-9 所示。G_1、G_2 门组成控制门，G_3、G_4 门组成基本 RS 触发器。时钟信号通过控制门控制输入信号 R、S 进入 G_3 和 G_4 门的输入端。

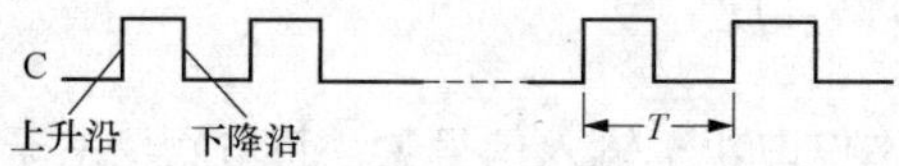

图 7-8　CP 脉冲序列

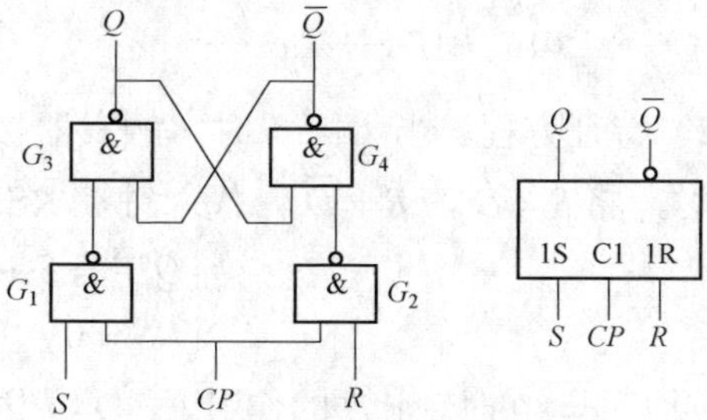

图 7-9　同步 RS 触发器

1）当 CP=0 时，G_1、G_2 门禁止，输入信号 R、S 不会影响输出端的状态，故触发器保持原状态不变。

2）当 CP=1 时，G_1、G_2 门启动，R、S 起作用，此时工作情况与基本 RS 触发器相同。

（2）真值表。根据上述关系可得到真值表，见表 7-5。

表 7-5　　钟控 RS 触发器状态转换真值表

CP	S	R	Q^n	Q^{n+1}	功能说明
0	×	×	0	0	$Q^{n+1}=Q^n$
0	×	×	1	1	保持
1	0	0	0	0	$Q^{n+1}=Q^n$
1	0	0	1	1	保持
1	0	1	0	0	$Q^{n+1}=0$
1	0	1	1	0	置 0
1	1	0	0	1	$Q^{n+1}=1$
1	1	0	1	1	置 1
1	1	1	0	1^*	不定
1	1	1	1	1^*	

（3）特征方程。根据表 7-5 有钟控 RS 触发器的特性方程为

$$\begin{cases} Q^{n+1} = S + \overline{R}Q^n \\ RS = 0 \end{cases} \tag{7-2}$$

（4）波形图（设初态为 0）。时序波形图如图 7-10 所示。

2. 同步 D 触发器

为了解决钟控 RS 触发器的 R、S 之间的约束问题，可将同步 RS 触发器构成 D 触发器（D 锁存器）的形式。

（1）电路结构及其逻辑符号。电路结构如图 7-11（a）所示的形式，这样便成为只有一个输入端的 D 触发器。其逻辑符号如图 7-11（b）所示。

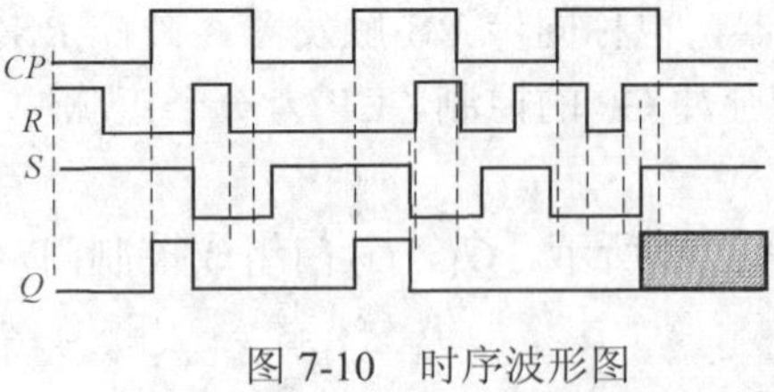

图 7-10　时序波形图

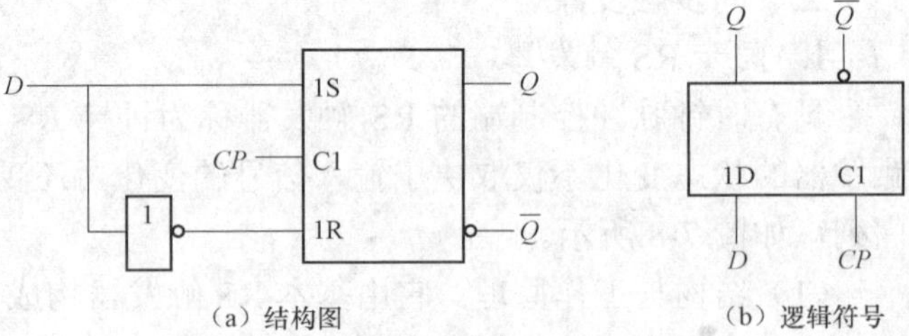

（a）结构图　（b）逻辑符号

图 7-11　同步 D 触发器结构与符号

（2）特征方程。当 CP=0 时，触发器被禁止，输入信号不起作用，其状态保持不变；当 CP=1 时，将 $S = D$，$R = \overline{D}$，代入钟控 RS 触发器的特性方程式（7-2）中，得到

$$\begin{cases} Q^{n+1} = S + \overline{R}Q^n \\ RS = 0 \end{cases} \Rightarrow Q^{n+1} = D \tag{7-3}$$

由此可见，在时钟脉冲的作用下，D 触发器的新状态仅取决于输入信号 D，而与原状态无关。

（3）D 触发器的真值表（当 CP=1 时）见表 7-6。

表 7-6　　**D 触发器真值表（*CP*=1 时）**

D	Q^n	Q^{n+1}	D	Q^n	Q^{n+1}
0	0	0	0	1	0
1	0	1	1	1	1

D 触发器集成电路型号有 74LS373 和 74LS75。这种电平触发的 D 触发器存在的问题是：在 CP=1 期间，如果 D 端信号有变化，则输出状态也随之改变。在一个时钟脉冲周期中，触发器发生多次翻转的现象称为空翻，如图 7-12 所示。

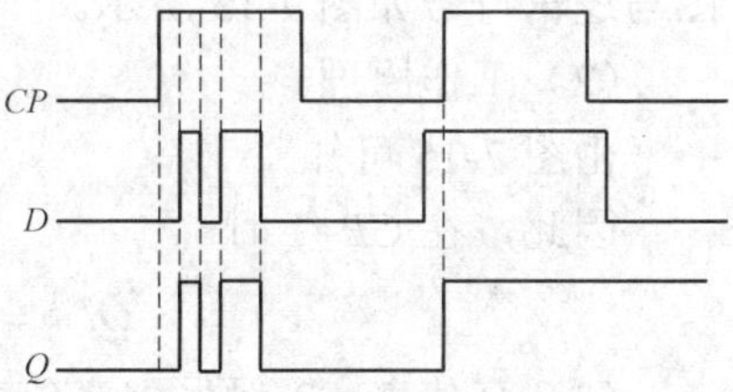

图 7-12　空翻波形

［**例 7-1**］画出同步 D 触发器输出端波形，若未给定初态，则波形图有两个。

解：当 CP=1 时，无论 D 为高电平信号还是低电平信号，Q 输出端的信号总是和 D 输入信号相同；当 CP=0 时，Q 输出保持不变。故 Q 输出波形如图 7-13 所示。

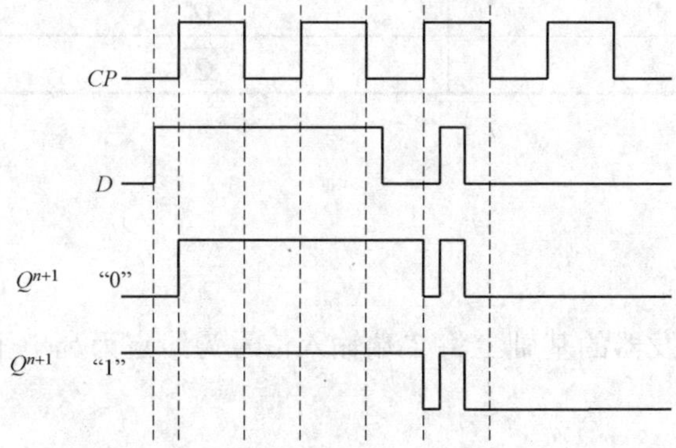

图 7-13　例 7-1 波形图

3. 同步 JK 触发器

（1）电路结构及逻辑符号。同步 JK 触发器结构与逻辑符号如图 7-14 所示。

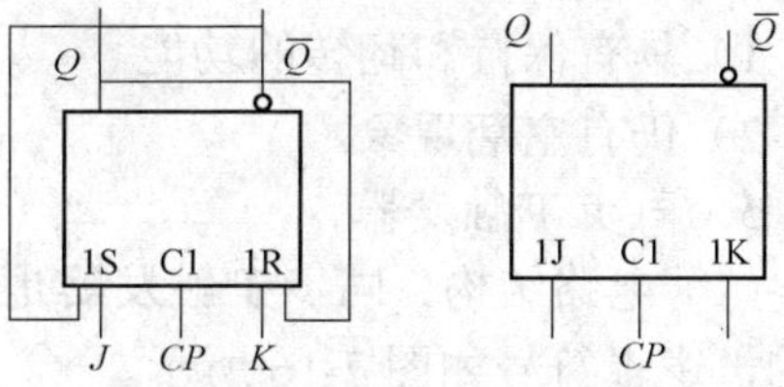

（a）结构　（b）逻辑符号

图 7-14　同步 JK 触发器

（2）特征方程。

由图 7-14 可知

$$\begin{cases} S = J\overline{Q^n} \\ R = KQ^n \end{cases}$$

可得

$$Q^{n+1} = S + \overline{R}Q^n = J\overline{Q^n} + \overline{KQ^n}Q^n = J\overline{Q^n} + \overline{K}Q^n \tag{7-4}$$

（3）真值表。JK 触发器真值表见表 7-7。

表 7-7　　**JK 触发器真值表**

CP	J	K	Q^{n+1}
0	×	×	Q^n
1	0	0	Q^n
1	0	1	0
1	1	0	1
1	1	1	$\overline{Q^n}$

（4）基本特点。

1）J、K之间无约束，功能齐全（有置 1、置 0、保持、翻转），使用方便灵活。

2）仍然有空翻现象。CP=1 期间，Q^{n+1} 随 JK 变化而变化。

4. 同步 T 触发器

（1）电路结构及逻辑符号。在同步 JK 触发器上将 J、K 连在一起构成 T 触发器，其结构图与逻辑符号如图 7-15 所示。

（2）工作原理。

由图 7-15 可知
$$J=K=T$$
因此，在 CP=1 时
$$Q^{n+1}=J\overline{Q^n}+\overline{K}Q^n=T\overline{Q^n}+\overline{T}Q^n=T\oplus Q^n \tag{7-5}$$

（3）真值表。T 触发器真值表见表 7-8。

表 7-8 T 触发器真值表

CP	T	Q^{n+1}
0	×	Q^n
1	0	Q^n
1	1	$\overline{Q^n}$

（4）基本特点。

1）具有保持和翻转的功能。

2）仍有空翻现象。

5. 同步 T′触发器

（1）电路结构。同步 T′触发器是在 T 触发器的基础上将 T 端输入信号为给定为高电平得到的，逻辑符号如图 7-16 所示。

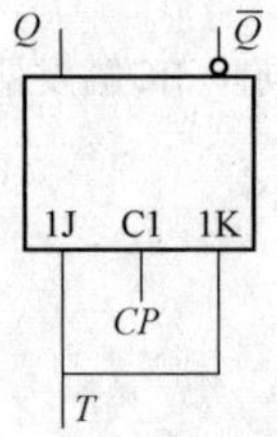

（a）结构图

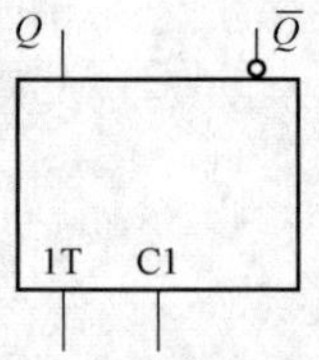

（b）逻辑符号

图 7-15 同步 T 触发器逻辑符号

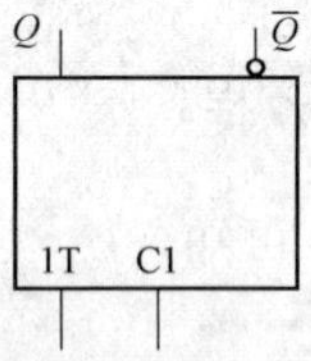

图 7-16 同步 T′触发器逻辑符号

（2）工作原理。

$$Q^n=T\oplus Q^n=1\oplus Q^n=\overline{Q^n} \tag{7-6}$$

每输入一时钟脉冲，触发器的次态与现态相反，即触发器在 CP 作用下处于计数状态，因此称为计数型触发器。Q 端波形频率为时钟频率的一半，故这种触发器可作为二分频器。

四、主从触发器

1. 主从 RS 触发器

为了解决时钟控制 RS 触发器的空翻现象，引入主从 RS 触发器。

（1）电路组成和逻辑符号。由两个钟控 RS 触发器组成的主从 RS 触发器电路如图 7-17 所示，其工作原理简述如下：

1）CP=1 期间，主触发器工作，其输出状态按照下面特性方程变化：

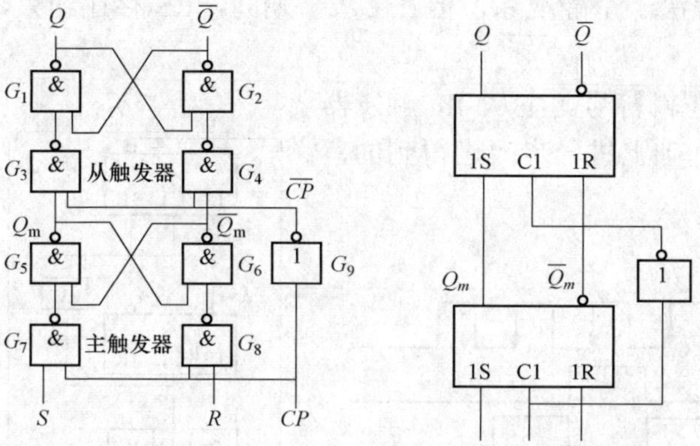

（a）结构　（b）逻辑符号

图 7-17　主从 RS 触发器

$$\begin{cases}Q^{n+1}=S+\overline{R}Q^n\\ RS=0\end{cases} \tag{7-7}$$

其中，S、R 为 CP=1 期间的输入信号，故主触发器还存在空翻。而从触发器保持输出状态不变。

2）CP 由 1 变为 0，主触发器禁止状态；同时，从触发器开始工作。由于主触发器的两个输出始终相反，故从触发器的输出状态跟随主触发器的最后输出状态。

$$\begin{cases}Q^{n+1}=Q^{n+1}=S+\overline{R}Q^n=S+\overline{R}Q^n\\ RS=0\end{cases} \tag{7-8}$$

3）CP=0 期间，即使 S、R 输入信号发生变化，主触发器的输出状态继续不变，这使得从触发器的输入不变，故从触发器保持上述动作后的输出状态不变，从触发器无空翻。

（2）特征方程。

$$\begin{cases}Q^{n+1}=S+\overline{R}Q^n\\ RS=0\end{cases}$$

（3）真值表。主从 RS 触发器真值表见表 7-9。

表 7-9　主从 RS 触发器真值表

CP	R	S	Q^n	Q^{n+1}	说明
↓	0	0	0	0	保持
	0	0	1	1	
↓	0	1	0	1	置 1（同 S）
	0	1	1	1	
↓	1	0	0	0	置 0（同 S）
	1	0	1	0	
↓	1	1	0	×	不允许
	1	1	1	×	

主从 RS 触发器克服了“空翻”现象，但是输入信号 R、S 仍然存在约束条件 RS=0。

（4）波形图。主从 RS 触发器波形图如图 7-18 所示。

2. 主从 JK 触发器

主从 RS 触发器解决了空翻现象，但在 CP=1 期间，RS 存在约束，为解决这个问题引入主从 JK 触发器。

（1）电路组成和逻辑符号。主从 JK 触发器是在主从 RS 触发器基础上进一步改进得到的，如图 7-19 所示。

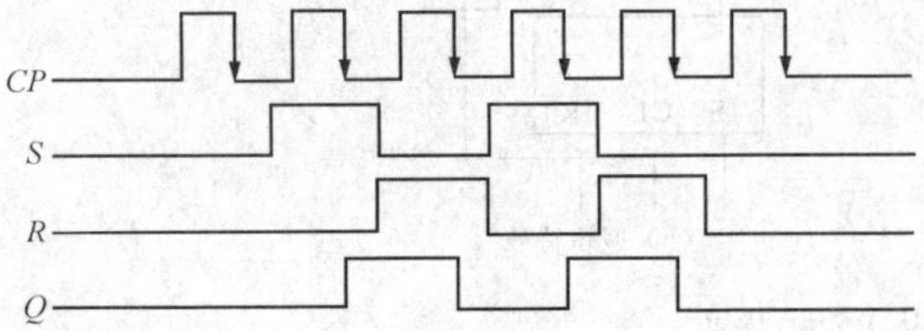

图 7-18 主从 RS 触发器波形图

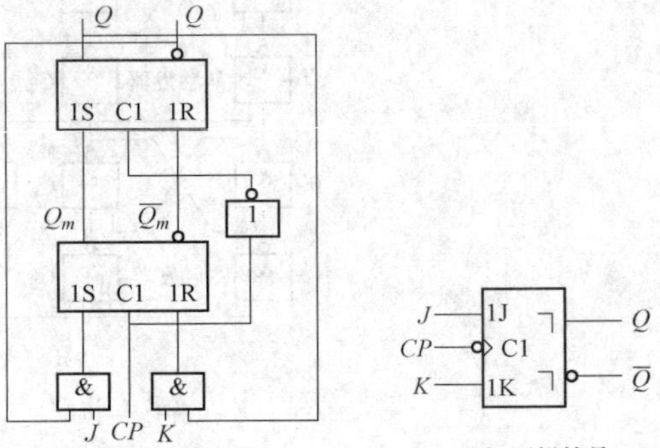

（a）结构 （b）逻辑符号

图 7-19 主从 JK 触发器

$$S = J\overline{Q}^n,\ R = KQ^n$$

（2）特征方程。将输入信号 S、R 的表达式代入主从 RS 触发器的特性方程式（7-8），即可得到主从 JK 触发器的特性方程

$$\begin{aligned} Q^{n+1} &= S + \overline{R}Q^n \\ &= J\overline{Q}^n + \overline{KQ^n}Q^n \\ &= J\overline{Q}^n + \overline{K}Q^n \end{aligned}$$

（3）真值表。主从 JK 触发器真值表见表 7-10。

表 7-10 **主从 JK 触发器真值表**

CP	J	K	Q^n	Q^{n+1}	说明
↓	0	0	0	0	保持
	0	0	1	1	
↓	0	1	0	0	置 0
	0	1	1	0	
↓	1	0	0	1	置 1
	1	0	1	1	
↓	1	1	0	1	翻转
	1	1	1	0	

（4）状态图。主从 JK 触发器状态转换图如图 7-20 所示。

（5）波形图。已知主从 JK 触发器 J、K 的波形（见图 7-21），画出输出 Q 的波形图（设初始状态为 0）。

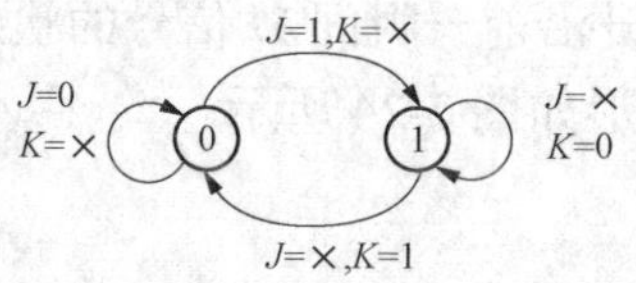

图 7-20　主从 JK 触发器状态转换图

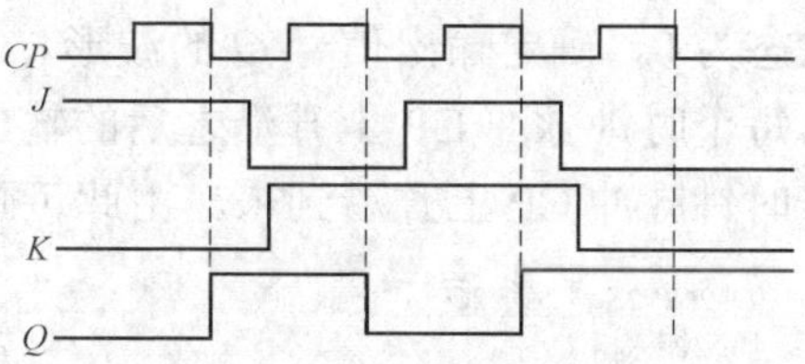

图 7-21　主从 JK 触发器波形图

假定在 CP=1 期间 J、K 信号是不变的，因此，在 CP 脉冲的下降沿时从触发器所达到的状态就是 CP=1 期间主触发器所接收的状态。但在 CP=1 期间，若 J、K 信号发生变化，可能会导致主触发器的状态发生变化，但只能变化一次。这种现象称为一次变化现象，它最终会造成从触发器的错误翻转。

3. 主从 T 触发器和 T′触发器

如果将 JK 触发器的 J 和 K 相连作为 T 输入端就构成了 T 触发器。

T 触发器特性方程

$$Q^{n+1} = T\overline{Q^n} + \overline{T}Q^n$$

当 T 触发器的输入控制端 T=1 时，称为 T′触发器。

T′触发器特性方程

$$Q^{n+1} = \overline{Q^n}$$

五、边沿触发器

主从触发器若是负跳变沿触发的主从触发器，它们在工作时必须在正跳变沿前加入输入信号，如果在 CP=1 的期间，输入端出现干扰，就有可能使触发器状态出错。边沿触发器的电路结构可以克服这一缺点。它大大提高了触发器抗干扰能力和电路的可靠性。

边沿触发器有两种工作方式：维持阻塞边沿触发器与利用传输延迟的边沿触发器。

1. 边沿 D 触发器

边沿触发的触发器在时钟脉冲的上升沿或下降沿时刻改变输出状态，边沿 D 触发器的逻辑符号如图 7-22 所示。逻辑符号中，“>”表示 CP 为边沿触发，以区分于电平触发；“∘”表示下降沿触发。

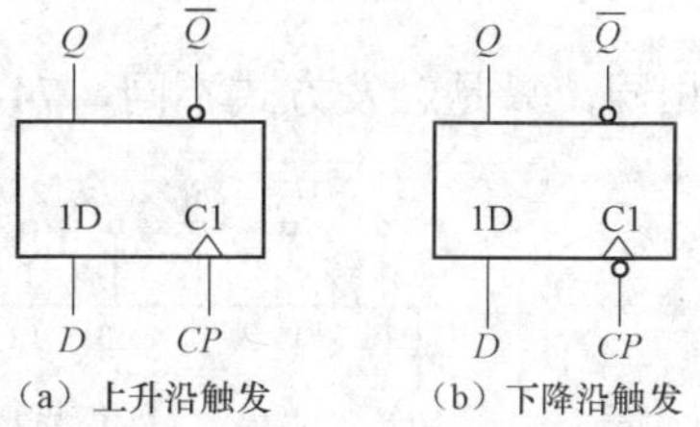

图 7-22　边沿 D 触发器的逻辑符号

边沿 D 触发器的特性方程表达式仍与电平触发 D 触发器的特性方程（7-3）相同，只是输出状态发生变化的时刻不同。它在时钟脉冲的上升沿或下降沿时刻，将上升沿或下降沿前一瞬间的输入 D 数据传输到输出端。

常用的集成 D 触发器有双 D 触发器 74LS74、四 D 触发器 74LS75 和六 D 触发器 74LS176 等。图 7-23（a）所示为 74LS74 的引脚。

图中 S_D、R_D 分别为异步置 1 端和异步置 0 端（或异步复位端），其逻辑功能如下：当异步置 1 端或异步置 0 端有效时，触发器的输出状态将立即被置 1 或置 0，而不受 CP 脉冲和输入信号的控制。

［**例 7-2**］图 7-24 所示为上升沿触发 D 触发器的输入信号和时钟脉冲波形，设触发器

的初始状态为 0，确定输出信号 Q 的波形。

解：每个时钟脉冲 CP 上升沿之后的输出状态等于该上升沿前一瞬间 D 信号的状态，直至下一个时钟脉冲 CP 上升沿到来。由此可画出输出 Q 的波形如图 7-24 所示。

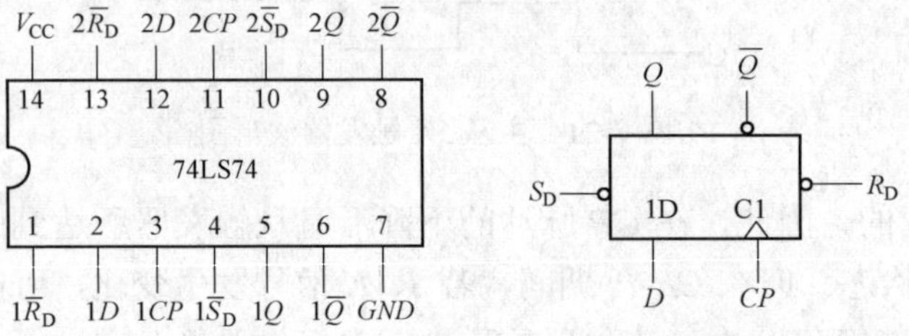

（a）引脚

（b）带异步清零端和异步置1端的边沿D触发器逻辑符号

图 7-23 集成电路 74LS74

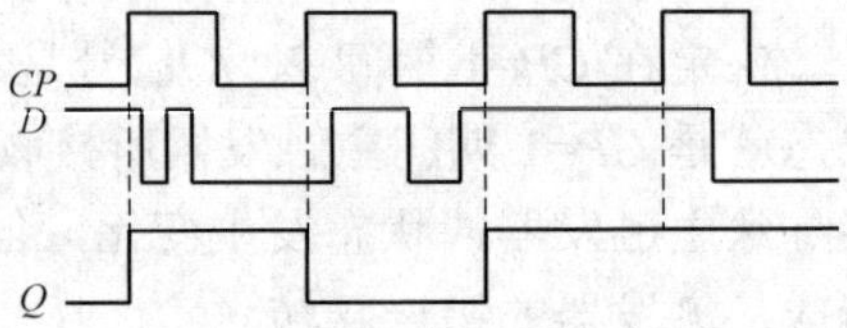

图 7-24 波形图

2. 边沿 JK 触发器

图 7-25 所示为利用门传输延迟时间构成的负边沿 JK 触发器逻辑电路与逻辑符号。

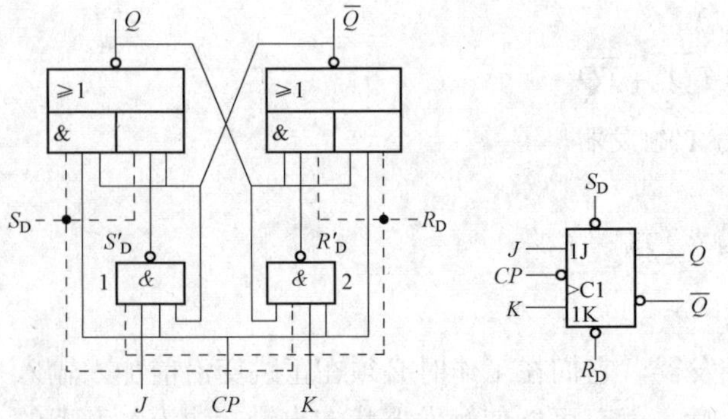

（a）边沿JK触发器内部电路

（b）逻辑符号

图 7-25 边沿 JK 触发器

边沿 JK 触发器具有以下特点：

（1）边沿触发，无一次变化问题。

（2）抗干扰能力极强，工作速度很高。

（3）边沿 JK 触发器的真值表、特性方程与主从 JK 触发器完全相同。

（4）功能齐全，使用方便灵活。

边沿型集成 JK 触发器的常用型号有 74LS112、CC4027 等。它们的逻辑功能都相同，只是触发方式不同，74LS112、CC4027 的引脚如图 7-26 所示。

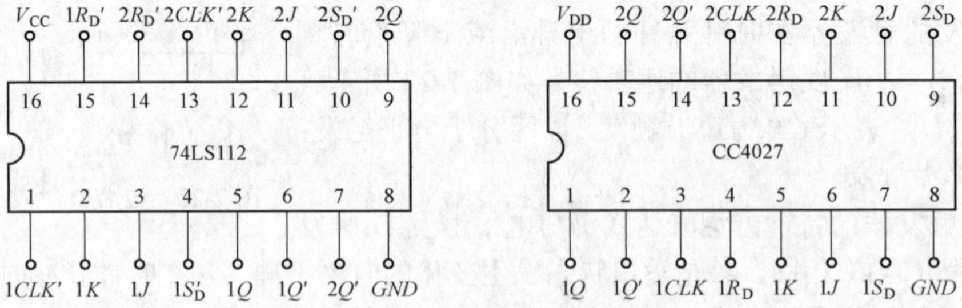

（a）74LS112的引脚

（b）CC4027的引脚

图 7-26 JK 触发器引脚

（1）74LS112 为 CLK 下降沿触发。

（2）CC4027 为 CLK 上升沿触发，且其异步输入端 R_D 和 S_D 为高电平有效。

［**例 7-3**］设边沿 JK 触发器的初态为 0，输入信号波形如图 7-27 所示，试画出它的输出波形。

解：（1）以时钟 CP 的下降沿为基准，划分时间间隔，CP 下降沿到来前为现态，下降沿到来后为次态。

（2）每个时钟脉冲下降沿来到后，根据触发器的特性方程或状态转换真值表确定其次态。输出波形如图 7-27 所示。

六、不同类型触发器的相互转换

RS、D、JK 三种集成触发器各有特点，在实际电子电路设计中有时会碰到相互转换的问题。其转换方法是：根据已有触发器和待求触发器的特性方程相等的原则，求出转换关系。

1．D 触发器转换为 JK、T 和 T′触发器

（1）D 触发器转换成 JK 触发器。

D 触发器的特性方程　$Q^{n+1}=D$

JK 触发器的特征方程　$Q^{n+1}=J\overline{Q^n}+\overline{K}Q^n$

两者进行比较，可得

$$D=J\overline{Q^n}+\overline{K}Q^n \tag{7-9}$$

按照式（7-9）可得图 7-28 所示用 D 触发器构成的 JK 触发器。

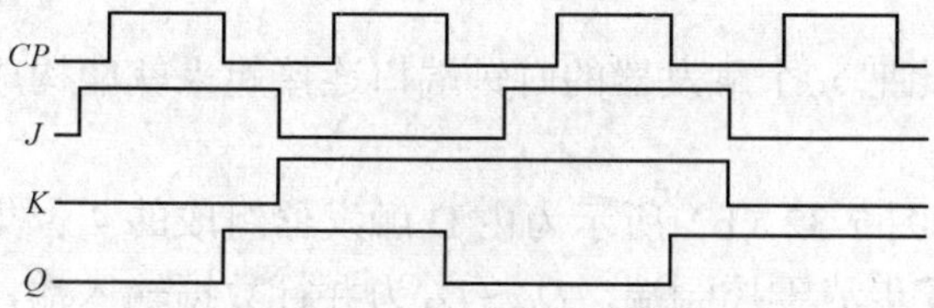

图 7-27　波形图

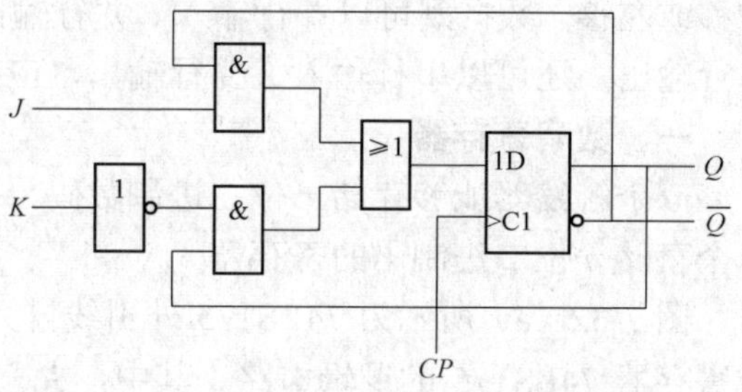

图 7-28　用 D 触发器构成的 JK 触发器

（2）D 触发器转换成 T、T′触发器。实际集成电路中，没有 T、T′触发器。它们一般由其他触发器转换而来。

T 触发器的特征方程　$Q^{n+1}=T\overline{Q}^n+\overline{T}Q^n=T\oplus Q^n$

所以　$D=T\oplus Q^n$

按照此式，可得如图 7-29 所示的用 D 触发器构成的 T 触发器电路。

T′触发器特征方程　$Q^{n+1}=\overline{Q^n}$

D 触发器转换为 T′触发器时　$D=\overline{Q^n}$

由此可得到如图 7-30 所示用 D 触发器构成的 T′触发器电路。

2．JK 触发器转换为 D 触发器

写出待求 D 触发器的特性方程，并进行变换，使之形式与已有 JK 触发器的特性方程一致，即

$$Q^{n+1}=D=DQ^n+D\overline{Q^n}$$

再与 JK 触发器的特性方程 $Q^{n+1}=J\overline{Q^n}+\overline{K}Q^n$ 进行比较，可得 $J=D$，$K=\overline{D}$，因此可

得由 JK 触发器构成的 D 触发器，如图 7-31 所示。

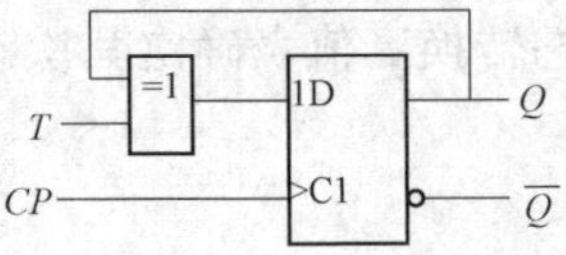

图 7-29　用 D 触发器构成的 T 触发器

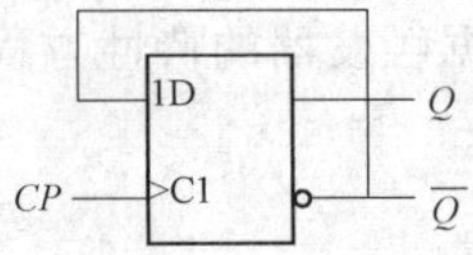

图 7-30　用 D 触发器构成的 T′触发器

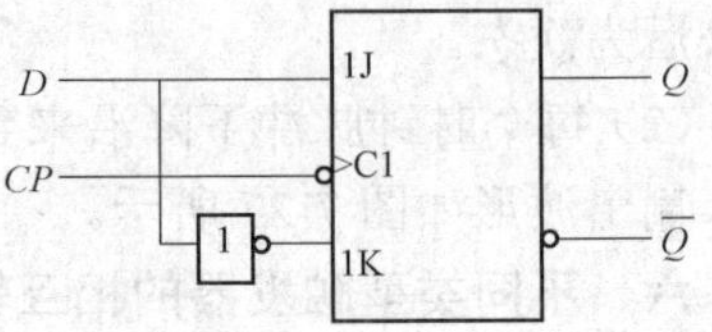

图 7-31　JK 触发器构成的 D 触发器

JK 触发器转换成 T 和 T′触发器的方法与此相同，在此不再赘述。

拓展与延伸　寄存器

寄存器与存储器的区别：存储器用于存储计算结果，存储时间长，容量大，而寄存器一般只用来暂存中间运算结果，存储时间短，存储容量小，一般只有几位。

按照功能的不同，可将寄存器分为数码寄存器和移位寄存器两大类。数码寄存器只能并行送入数据，需要时也只能并行输出。移位寄存器中的数据可以在移位脉冲作用下依次逐位右移或左移，数据既可以并行输入、并行输出，也可以串行输入、串行输出，还可并行输入、串行输出，还可以串行输入、并行输出，应用十分灵活，用途也很广。

一、数码寄存器

一个触发器能够存储一位二进制数码，因此把 *n* 个触发器的时钟端口连接起来就能构成一个存储 *n* 位二进制码的寄存器。

图 7-32（a）所示为 74LS175 外引线排列，图 7-32（b）所示为由 D 触发器组成的 4 位集成寄存器 74LS175 的逻辑电路。其中，$\overline{R_D}$ 为异步清零控制端，D_0～D_3 为并行数据输入端，CP 为时钟脉冲端，Q_0～Q_3 为并行数据输出端，$\overline{Q}_0$～$\overline{Q}_3$ 为 Q_0～Q_3 的反码数据输出端。

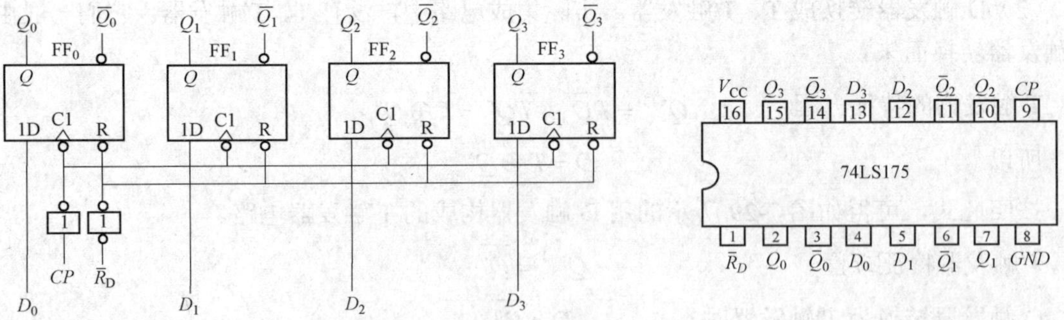

（a）逻辑电路　　（b）外引线排列

图 7-32　4 位集成寄存器 74LS175

图 7-32（a）所示电路的数码接收过程如下：将需要存储的四位二进制数码送到数据输入端 D_0～D_3，在 CP 端送一个时钟脉冲，脉冲上升沿作用后，四位数码并行地出现在四个触发器 Q 端。

$$Q_3^{n+1}Q_2^{n+1}Q_1^{n+1}Q_0^{n+1}=D_3D_2D_1D_0$$

表 7-11 为 74LS175 的功能表。

表 7-11　　74LS175 的功能表

清零	时钟	输入				输出				工作模式
$\overline{RD}$	CP	1D	2D	3D	4D	1Q	2Q	3Q	4Q	
0	×	×	×	×	×	0	0	0	0	异步清零
1	↑	1D	2D	3D	4D	1D	2D	3D	4D	数码寄存
1	1	×	×	×	×	保持				数据保持
1	0	×	×	×	×	保持				数据保持

二、移位寄存器

移位寄存器除了具有存储功能外，还要将存储代码在移位脉冲的作用下左移或右移。例如在串行运算器中，需要用移位寄存器把 2 进制数 1 位 1 位地依次送入全加器中进行运算，运算结果又需 1 位 1 位地依次存入移位寄存器中。

1. 单向移位寄存器

（1）4 位右移寄存器。图 7-33 所示为 4 位右移寄存器逻辑电路图，表 7-12 为其状态表。

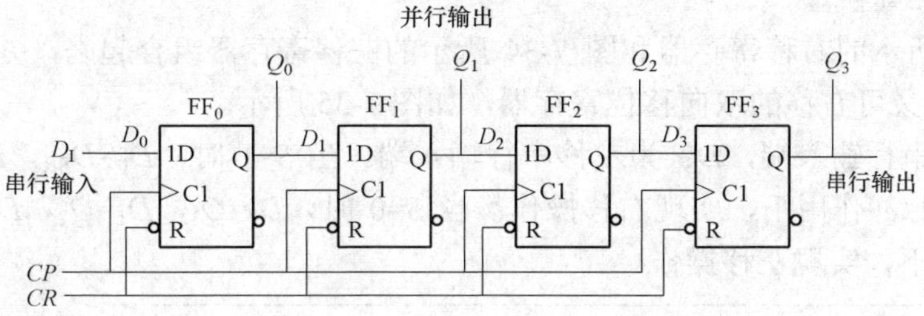

图 7-33　D 触发器组成的 4 位右移寄存器

表 7-12　　右移寄存器的状态表

移位脉冲	输入数码	输入				输出			
CP	D_I	Q_0	Q_1	Q_2	Q_3	Q_0	Q_1	Q_2	Q_3
↑	1	0	0	0	0	1	0	0	0
↑	1	1	0	0	0	1	1	0	0
↑	1	1	1	0	0	1	1	1	0
↑	1	1	1	1	0	1	1	1	1

此时移位寄存器具有“串行输入—并行输出”和“串行输入—串行输出”两种工作方式。

（2）左移寄存器。图 7-34 所示为 4 位左移寄存器，表 7-13 为其状态表。其工作原理与右移寄存器完全相同，不同之处是右移寄存器是从低位开始输入数据而左移寄存器是从高位开始输入数据。

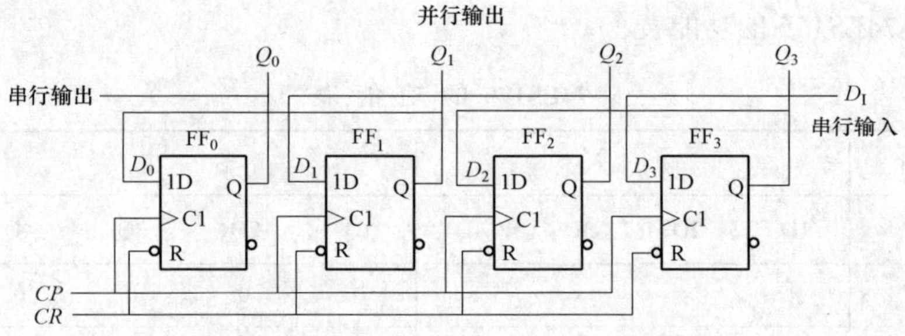

图 7-34　D 触发器组成的 4 位左移寄存器

表 7-13　　　　**左移寄存器的状态表**

移位脉冲	输入数码	输入				输出			
CP	D_I	Q_0	Q_1	Q_2	Q_3	Q_0	Q_1	Q_2	Q_3
↑	1	0	0	0	0	0	0	0	1
↑	1	0	0	0	1	0	0	1	1
↑	1	0	0	1	1	0	1	1	1
↑	1	0	1	1	1	1	1	1	1

2. 双向移位寄存器

将图 7-33 所示的右移寄存器和图 7-34 所示的左移寄存器组合起来，并引入一控制端 S 便构成既可左移又可右移的双向移位寄存器，如图 7-35 所示。

D_{SR} 为右移串行输入端，D_{SL} 为左移串行输入端。当 S=1 时，$D_0=D_{SR}$，$D_1=Q_0$，$D_2=Q_1$，$D_3=Q_2$，在 CP 脉冲作用下，实现右移操作；当 S=0 时，$D_0=Q_1$，$D_1=Q_2$，$D_2=Q_3$，$D_3=D_{SL}$，在 CP 脉冲作用下，实现左移操作。

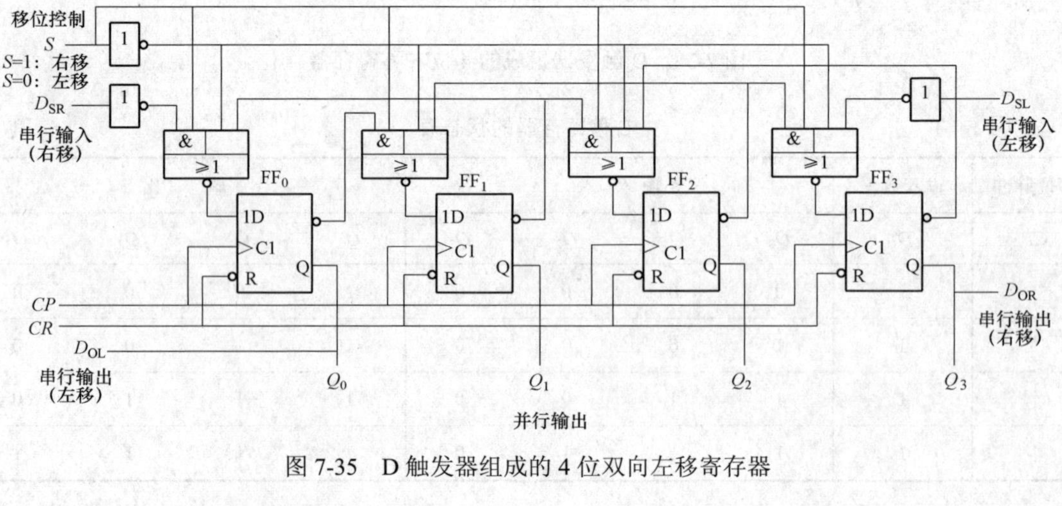

图 7-35　D 触发器组成的 4 位双向左移寄存器

任务实施　测试双 D 触发器 74LS74 的逻辑功能

图 7-36 所示为 74LS74 逻辑功能测试原理，CP 为时钟输入信号，上升沿有效。

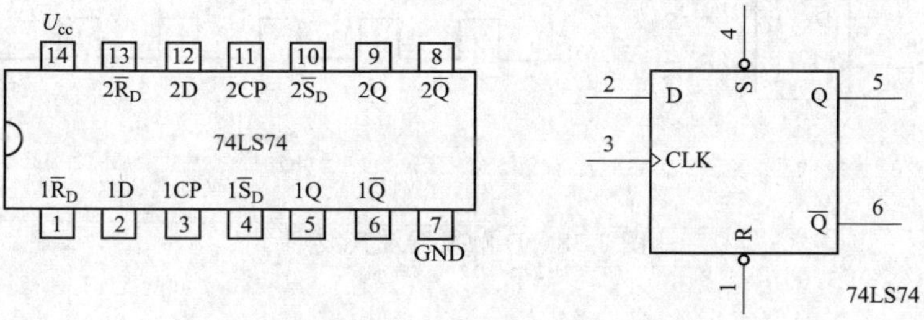

图 7-36　74LS74 逻辑功能测试原理

根据触发器测试原理图进行如下测试：

（1）测试 $\overline{R}_D$、$\overline{S}_D$ 的复位、置位功能。

（2）测试 D 触发器的逻辑功能

观察触发器状态更新的是否发生在 CP 脉冲的上升沿（即由 0→1），记录在表 7-14 中。

（3）将 D 触发器的 $\overline{Q}$ 端与 D 端相连接，构成 T′触发器，如图 7-37 所示。测试逻辑功能，测试方法同实验内容 2（3），记录之。

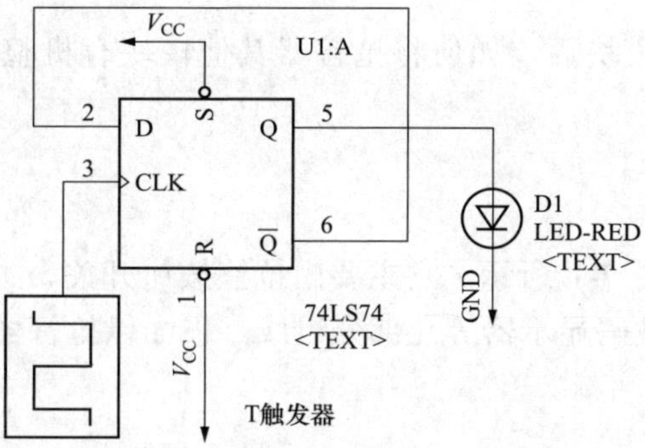

图 7-37　T′触发器逻辑功能测试原理

表 7-14　　74LS74 逻辑功能测试记录

D	CP	Q^{n+1}	
		Q^n=0 时	Q^n=1 时
0	0→1（↑）		
1	0→1（↑）		

思考与练习

1．输出状态和输入信号相同的触发器称为______触发器。

2．逻辑电路如图 7-38 所示。这是一个上升沿触发的 D 触发器，其 $\overline{Q}$ 端与 D 端连接在一起。已知 CP 波形，试画出输出 Q 端的信号波形。设 Q 的初状态为 0。

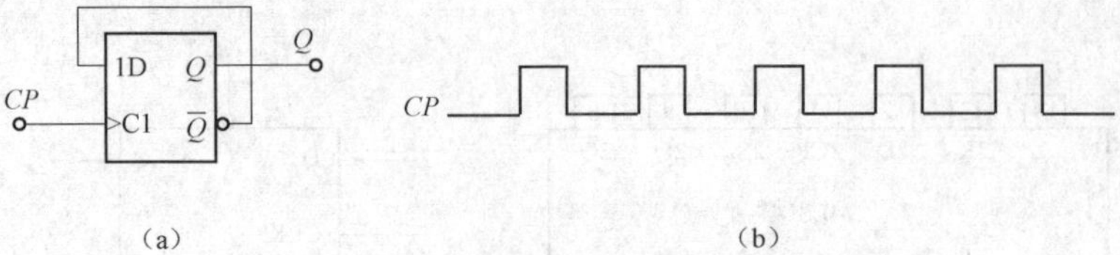

图 7-38　D 触发器及其波形

任务二　抢答器整体电路分析与设计

学习目标

（1）了解抢答器组成部分及每部分的作用。

（2）掌握编码器译码器设计电路技巧。

（3）会使用集成触发器设计电路。

（4）能分析抢答器各部分功能及工作原理。

任务引入

学习了抢答器的记忆模块后，如何将抢答器其他模块有机整合成一个整体实现抢答功能呢？

任务分析

抢答器的设计框图如图 7-1 所示。它主要由抢答按钮开关、主持人开关、编码器、触发锁存电路、显示译码器、数码显示器等几部分组成。下面以抢答器整体电路的组成部分及工作过程展开讨论与学习。

知识准备

1. 抢答按钮开关

每一组竞赛者与一组开关相对应。即开关 S0～S7 的代号分别是 1、2、3、4、5、6、7、8，便于主持人看到显示器上的数字后，能准确宣布谁是优先抢答者。开关应为常开型，当按下开关时，开关闭合；当松开开关时，开关自动弹出断开，如图 7-39 所示。

2. 触发锁存电路

当某一开关首先按下时，触发锁存电路被触发，在输出端产生相应的开关电平信息，同时为防止其他开关随后触发而产生紊乱，最先产生的输出电平变化又反过来将触发电路锁定，选择 74LS279 锁存器。

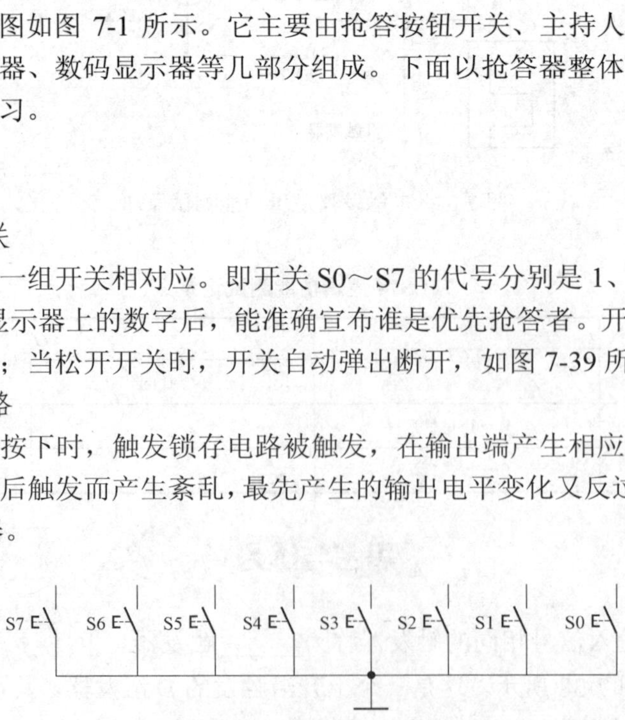

图 7-39　抢答器按钮开关

3. 编码器

编码器的作用是将某一开关信息转化为相应的 8421BCD 码，以提供数字显示电路所需要的编码输入。选 74LS148 8 线—3 线优先编码器。

4. 译码驱动及显示电路

译码驱动电路将编码器输出的 8421BCD 码转换为数码管需要的逻辑状态，并且为保证数码管正常工作提供足够的工作电流，选择 74LS48 译码器。

任务实施　设计 8 路抢答器

抢答电路的功能有两个：一是能分辨出选手按键的先后，并锁存优先抢答者的编号，供译码显示电路用；二是要使其他选手的按键操作无效。其电路组成如图 7-40 所示。

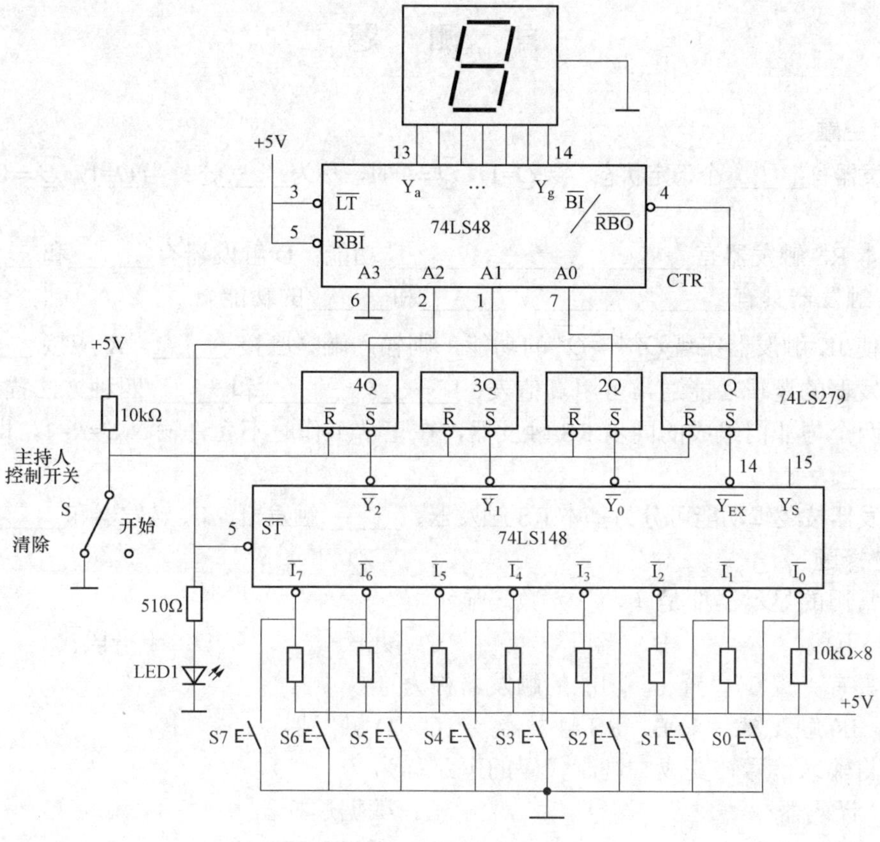

图 7-40　抢答电路

其工作原理是：当主持人控制开关处于“清零”位置时，RS 触发器的 R 端为低电平，输出端（4Q～1Q）全部为低电平。于是 74LS48 的 $\overline{BI}$=0，显示器灭灯；74LS148 的选通输入端 $\overline{ST}$=0，74LS148 处于工作状态，此时锁存电路不工作。当主持人将开关拨到“开始”位置时，优先编码电路和锁存电路同时处于工作状态，即抢答器处于等待工作状态，等待输入端 I_7、I_6、I_5、I_4、I_3、I_2、I_1、I_0 输入信号，当有选手将键按下时（如按下 S5），74LS148 的输出 $\overline{Y_2}\,\overline{Y_1}\,\overline{Y_0}$=010，

$\overline{Y_{EX}}=0$，经 RS 锁存器后，$CTR=1$，$\overline{BI}=1$，此时 74LS279 处于工作状态，4Q3Q2Q=101，经 74LS48 译码后，显示器显示出“5”。此外，$CTR=1$，使 74LS148 的$\overline{ST}$端为高电平，74LS148 处于禁止工作状态，封锁了其他按键的输入。当按下的键松开后，74LS148 的$\overline{Y}_{EX}$端为高电平，因为 CTR 维持高电平不变，因此 74LS148 仍处于禁止工作状态，其他按键的输入信号仍不会被接受。这就保证了抢答者的优先性以及抢答电路的准确性。当优先抢答者回答完问题后，主持人操作控制开关 S，使抢答电路复位，以便进行下一轮抢答。

思考与练习

1．抢答器抢答电路由哪几部分构成？

2．清零功能怎么实现？

自　测　题

一、填空题

1．触发器有______个稳定状态，当 $Q=1$，$\overline{Q}=1$时，称为______态；当 $Q=1$，$\overline{Q}=0$时，称为______态。

2．基本 RS 触发器有______、______、______功能；D 触发器有______和______功能。

3．JK 触发器具有______、______、______和______的功能。

4．欲使 JK 触发器实现 $Q^{n+1}=\overline{Q^n}$ 的功能，则输入端 J 应接______，K 应接______。

5．触发器的逻辑功能通常可用真值表、______、______和______四种方法描述。

6．由两个与非门组成的同步 RS 触发器，在正常工作时不允许输入 $S=R=1$，即约束条件为 $SR=$______。

7．触发器按逻辑功能可分为基本 RS 触发器、______触发器、JK 触发器和______触发器。

二、选择题

1．最常用的显示器件是（　　）数码显示器。

A．五段　　B．七段　　C．九段　　D．十一段

2．仅具有“置 0”“置 1”功能的触发器称为（　　）。

A．JK 触发器　　B．RS 触发器　　C．D 触发器

3．能将输入信号转变成二进制代码的电路称为（　　）。

A．译码器　　B．数据选择器

C．编码器　　D．数据分配器

4．半导体发光数码管由（　　）个条状的发光二极管组成。

A．5　　B．6　　C．7　　D．8

5．仅具有“翻转”功能的触发器称为（　　）。

A．JK 触发器　　B．T′触发器　　C．D 触发器

6．触发器由门电路构成，但它不同于门电路的功能，主要特点是（　　）。

A．和门电路功能一样　　B．有记忆功能

C．没有记忆功能

7．不能用作计数器的触发器是（　　）。

A．同步 RS 触发器　　B．边沿 D 触发器

C．边沿 JK 触发器

8．在 CP 有效时，若 JK 触发器的 J、K 端同时输入高电平，则其次态将会（　　）。

A．保持　　B．置 0　　C．置 1　　D．翻转

三、判断题

1．一个触发器能够存储两位二进制数。（　　）

2．译码器 n 个输入端最多可有 $2n$ 个输出端。（　　）

3．基本 RS 触发器没有时钟。（　　）

4．触发器是具有记忆功能的逻辑器件。（　　）

5．JK 触发器的现态为 1，欲在 CP 作用后次态为 0，则应使 $J=K=1$。（　　）

四、画图题

1．在基本 RS 触发器中，已知 $\overline{R_D}$、$\overline{S_D}$ 的波形如图 7-41 所示，试画出 Q、$\overline{Q}$ 的波形。（初态 $Q=0$）

2．在同步 RS 触发器中，已知 R、S 的波形如图 7-42（b）所示，试画出 Q、$\overline{Q}$ 的波形。（初态 $Q=0$）

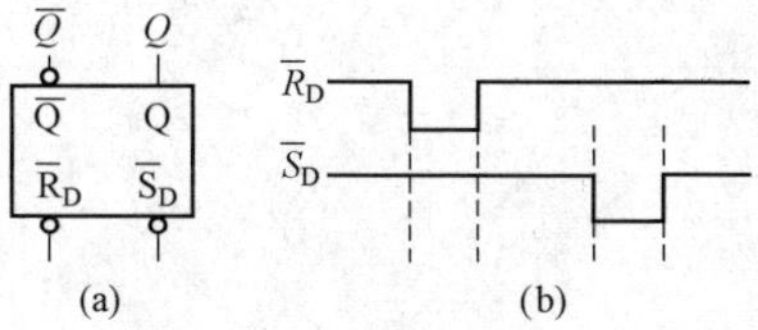

图 7-41　画图题 1 图

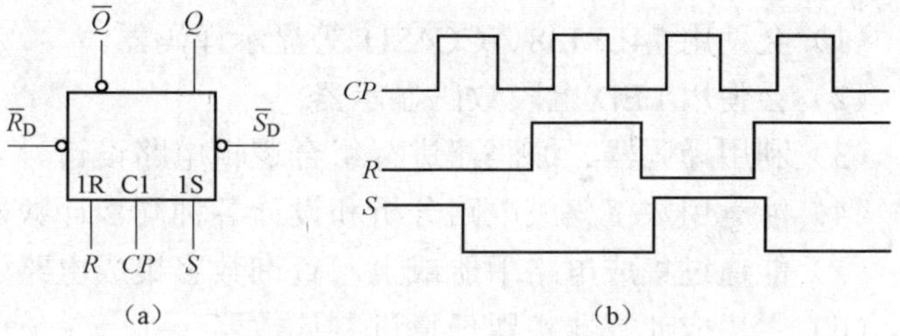

图 7-42　画图题 2 图

3．如图 7-43 所示的各触发器，可设其初态为 $Q=0$ 或 $Q=1$。试分别画出各电路对应 4 个 CP 脉冲作用下的输出端 Q 的波形。

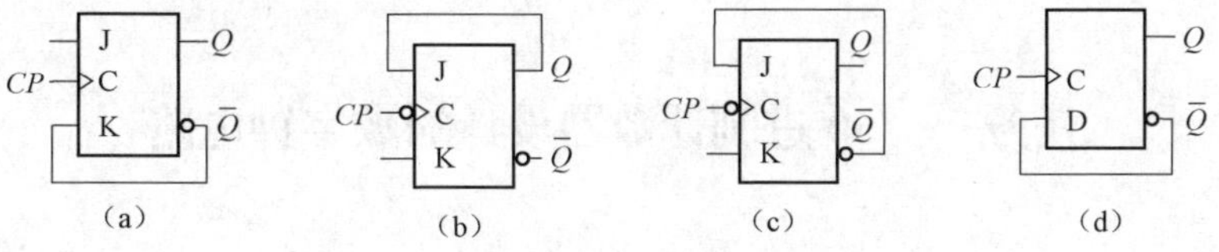

图 7-43　画图题 3 图

学习项目八　数字计步器的分析与设计

项目描述

数字计步器在日常生活中主要应用在医疗健身等电子产品中，如数字跑步器、计步器等相关电子设备。该设计可以合理运用到大范围的产品设计中，提高现代电子产品水平，更好地服务于社会，有着很广大的发展前景和用途。

项目目标

知识目标

（1）掌握 74LS148、CC4532 等优先编码器的逻辑功能及其使用方法。

（2）会叙述计数器的逻辑功能及原理。

（3）能区分同步计数器与异步计数器。

（4）用 D 触发器和 JK 触发器实现同步计数器。

技能目标

（1）会使用 74LS138、CC4511 等显示译码器。

（2）会使用 LED 七段数码显示器。

（3）利用译码器、编码器进行组合逻辑电路设计。

（4）能运用数字集成电路分析和设计各种同步计数器。

（5）能通过集成电路手册或上网查询数字集成电路资料。

（6）用集成计数器实现任意进制计数器。

任务框架

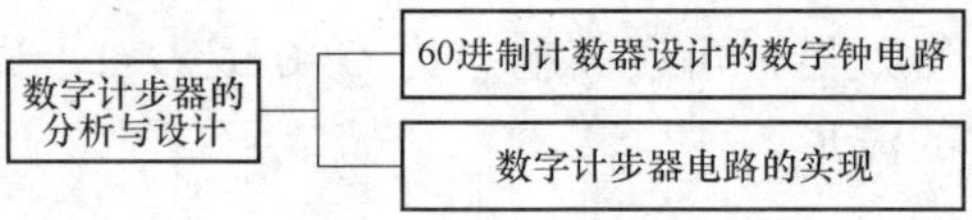

任务一　60 进制计数器设计的数字钟电路

学习目标

（1）能区分同步计数器与异步计数器。

（2）会叙述计数器的逻辑功能及原理。

（3）用 D 触发器和 JK 触发器实现同步计数器。

（4）能运用数字集成电路分析和设计各种同步计数器。

（5）用集成计数器实现任意进制计数器。

任务引入

计数器是一种应用广泛的时序逻辑电路，基本功能是统计时钟脉冲的个数，可用于分频、定时、产生节拍脉冲和脉冲序列等。例如，计时器、交通信号灯装置、工业生产流水线等都要使用计数器。那么实现计数功能的核心电路单元是什么呢？它是如何计数的呢？

本项目数字计步器要求采用 4 位数字显示步数，传感器采用水银开关，用户走一步，开关闭合一次，同时还应具备清零的功能。为了实现对移动步数的累计，在人体移动时水平位置发生变化从而触动水银开关使电路实现间断性的接触，从而产生脉冲信号使计数电路实现累计，达到记录人体移动步数的目的。

在设计该电路时，由于要实现对移动步数的累计，故要用计数器来计数。系统框图如图 8-1 所示。

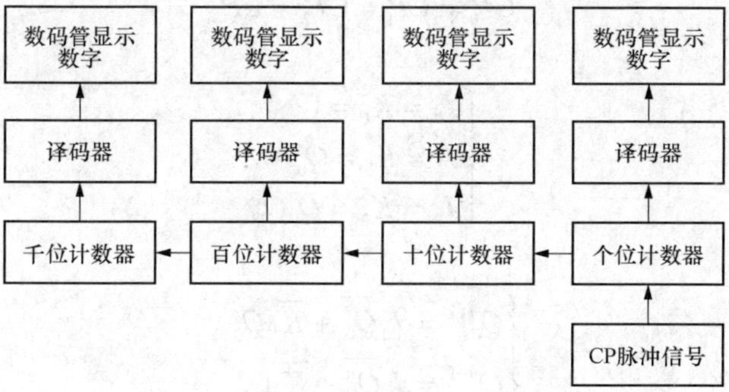

图 8-1　计步器工作框图

任务分析

触发器有两个稳定状态，在时钟脉冲作用下，两个稳定状态可相互转换，因此可用来累计时钟脉冲的个数，构成计数器。

用触发器构成计数器的原理是用触发器构成计数器时，触发器的状态随着计数脉冲的输入而变化，触发器状态变化的次数等于输入的计数脉冲数。

知识准备

计数器种类很多，按照计数器中的各触发器是否使用一个时钟脉冲源，可分为同步计数器和异步计数器；按进制的不同，可分为二进制计数器、十进制计数器和任意进制计数器；按计数过程中数字增减趋势的不同，可分为加法计数器、减法计数器和可逆计数器。

目前，同步计数器基本分为二进制和十进制两种。

1. 同步二进制计数器

按二进制的规律累计脉冲个数，它也是构成其他进制计数器的基础。要构成 n 位二进制计数器，需用 n 个具有计数功能的触发器。

同步计数器是指计数脉冲同时接到各位触发器，各触发器状态的变换与计数脉冲同步。由于各触发器同步翻转，因此工作速度快，但接线较复杂。

（1）同步二进制加法计数器。二进制加法计数器状态转换表见表 8-1。

表 8-1　　二进制加法计数器状态转换表

CP 顺序	Q_2	Q_1	Q_0	等效十进制数	CP 顺序	Q_2	Q_1	Q_0	等效十进制数
0	0	0	0	0	5	1	0	1	5
1	0	0	1	1	6	1	1	0	6
2	0	1	0	2	7	1	1	1	7
3	0	1	1	3	8	0	0	0	0
4	1	0	0	4					

同步二进制加法计数器如图 8-2 所示，从状态表可看出：最低位触发器 F0 每来一个脉冲就翻转一次；F1，当 Q_0=1 时，再来一个脉冲则翻转一次；F2，当 Q_0=Q_1=1 时，再来一个脉冲则翻转一次。

1）时钟方程

$$CP_0 = CP_1 = CP_2 = CP$$

2）驱动方程

$$\begin{cases} J_0 = K_0 = 1 \\ J_1 = K_1 = Q_0 \\ J_2 = K_2 = Q_0 Q_1 \end{cases}$$

3）状态方程

$$\begin{cases} Q_0^{n+1} = J_0\overline{Q_0^n} + \overline{K}_0 Q_0^n \\ Q_1^{n+1} = J_1\overline{Q_1^n} + \overline{K}_1 Q_1^n \\ Q_2^{n+1} = J_2\overline{Q_2^n} + \overline{K}_2 Q_2^n \end{cases}$$

把驱动方程代入特性方程，得

$$\begin{cases} Q_0^{n+1} = \overline{Q_0^n} \\ Q_1^{n+1} = Q_0\overline{Q_1^n} + \overline{Q_0}Q_1^n \\ Q_2^{n+1} = Q_0Q_1\overline{Q_2^n} + \overline{Q_0 Q_1}Q_2^n \end{cases}$$

4）时序波形图如图 8-3 所示。

5）状态转换图如图 8-4 所示。

（2）同步二进制减法计数器。按照二进制减法运算的规律，在统一的时钟脉冲作用下，各触发器状态转换规律如下：每来一个脉冲最低位就翻转一次；其他位均是在其所有低位都为 0 时才翻转，因为此时再来一个脉冲，低位需向高位借位。同步 3 位二进制减法计数器如图 8-5 所示。

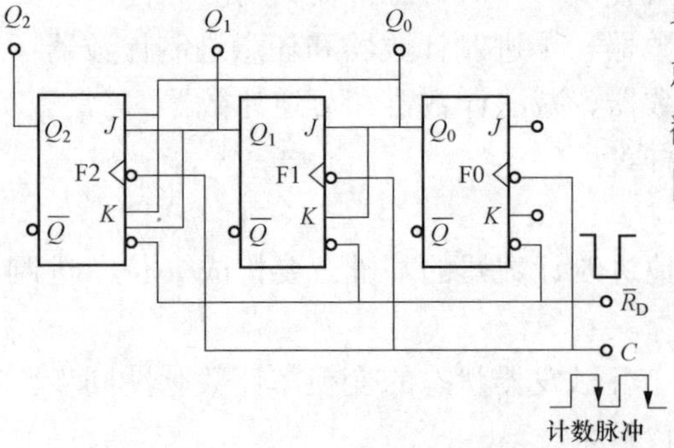

图 8-2　同步二进制加法计数器

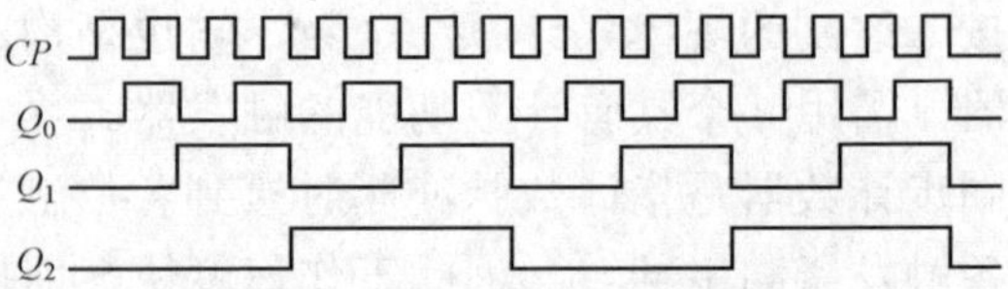

图 8-3　二进制计数器时序波形图

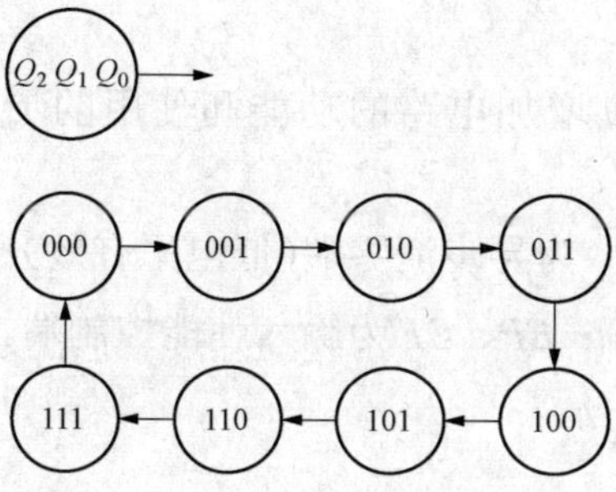

图 8-4　二进制计数器状态转换图

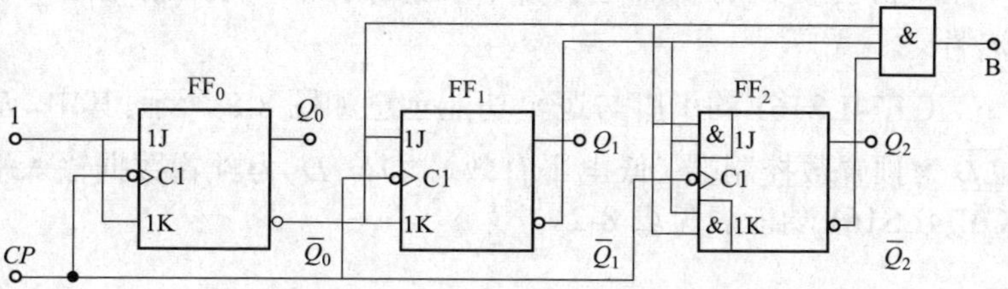

图 8-5　同步 3 位二进制减法计数器

1）时钟方程

$$CP_0 = CP_1 = CP_2 = CP$$

2）驱动方程

$$\begin{cases} J_0 = K_0 = 1 \\ J_1 = K_1 = \overline{Q}_0 \\ J_2 = K_2 = \overline{Q}_0\overline{Q}_1 \end{cases}$$

3）状态方程

$$\begin{cases} Q_0^{n+1} = J_0\overline{Q_0^n} + \overline{K}_0 Q_0^n \\ Q_1^{n+1} = J_1\overline{Q_1^n} + \overline{K}_1 Q_1^n \\ Q_2^{n+1} = J_2\overline{Q_2^n} + \overline{K}_2 Q_2^n \end{cases}$$

把驱动方程特性方程可得

$$\begin{cases} Q_0^{n+1} = \overline{Q_0^n} \\ Q_1^{n+1} = \overline{Q}_0\overline{Q_1^n} + Q_0 Q_1^n \\ Q_2^{n+1} = \overline{Q}_0\overline{Q}_1\ \overline{Q_2^n} + \overline{\overline{Q}_0\overline{Q}_1}\ Q_2^n \end{cases}$$

4）时序波形图如图 8-6 所示。

5）状态转换图如图 8-7 所示。

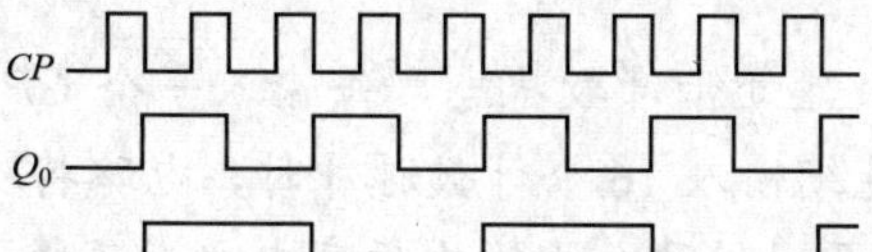

图 8-6　二进制减法计数器时序波形图

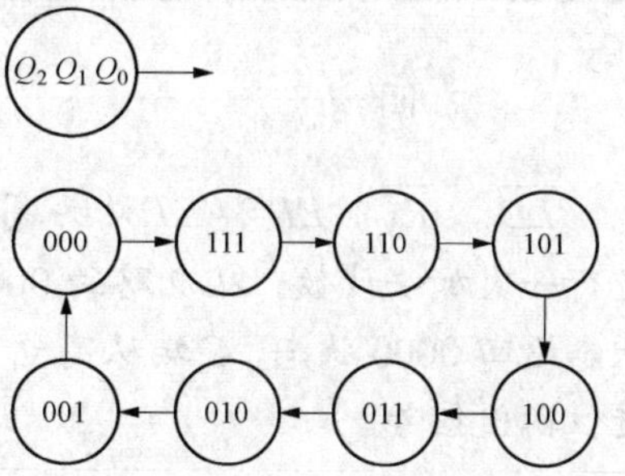

图 8-7　二进制减法计数器状态转换图

练 习

一个触发器有______个稳定状态，可以构成______进制计数器；两个触发器有______个稳定状态，可以构成______进制计数器；n 个触发器有______个稳定状态，可以构成______进制计数器。

2. 集成同步二进制计数器 CT74LS161

实际生产的计数器芯片中，还要附加一些控制电路，以增加电路的功能和使用的灵活性。

CT74LS161 的引脚与逻辑功能示意如图 8-8 所示。其中，$\overline{R_D}$ 为异步清零端（低电平有效）；$\overline{LD}$ 为预置数控制端（低电平有效）；D_0～D_3 为预置数据输入端；EP、ET 为输入使能控制端。CT74LS161 功能表见表 8-2。

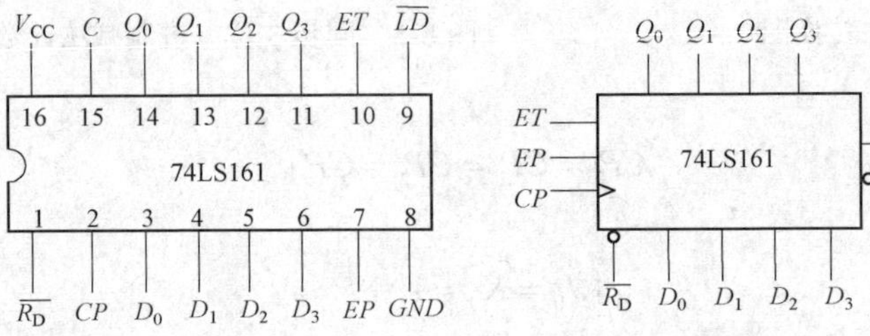

（a）引脚　　（b）逻辑功能示意

图 8-8　CT74LS161 电路

表 8-2　　CT74LS161　功　能　表

清零	预置	使能		时钟	预置数据输入				输出				工作模式
$\overline{R_D}$	$\overline{L_D}$	EP	ET	CP	D_3	D_2	D_1	D_0	Q_3	Q_2	Q_1	Q_0	
0	×	×	×	×	×	×	×	×	0	0	0	0	异步清零
1	0	×	×	↑	d_3	d_2	d_1	d_0	d_3	d_2	d_1	d_0	同步置数
1	1	0	×	×	×	×	×	×	保持				数据保持
1	1	×	0	×	×	×	×	×	保持				数据保持
1	1	1	1	↑	×	×	×	×	计数				加法计数

说明

$\overline{LD}$、$\overline{R_D}$、EP 和 ET 均为高电平时，计数器处于计数状态，每输入一个 CP 脉冲，进行一次加法计数。从电路的 0000 状态开始连续输入 16 个计数脉冲时，电路将从 1111 状态返回 0000 状态，C 端从高电平跳变到低电平，利用 C 端输出的高电平或下降沿作为进位输出信号。

主要功能分析：①异步置 0 功能；②同步并行置数功能；③计数功能；④保持功能。

另一种型号为 74LS163 的同步四位二进制计数器，其引脚与 74LS161 完全相同，不同之处是 74LS163 为同步清零方式。

3. 同步二进制可逆计数器

将加法和减法计数器综合起来，由控制门进行转换，可得到可逆计数器。S 为加/减控制端，S=1 时，为加法计数；S=0 时，为减法计数，结构如图 8-9 所示。

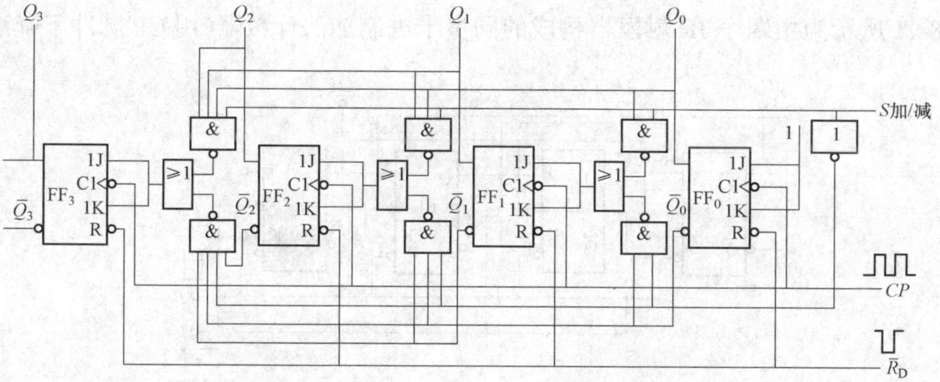

图 8-9　同步二进制可逆计数器结构

两种常用的同步四位二进制可逆计数器 74LS191 和 74LS193，两者的差别是：74LS191 只有一个时钟脉冲输入端，而 74LS193 有两个时钟脉冲输入端，分别用于加法和减法。

以集成四位同步二进制加法/减法计数器 74LS191 为例，74LS191 的逻辑电路如图 8-10 所示。其中，D_0～D_3 为数据输入端；$\overline{S}$ 为控制端，Q_3～Q_0 为数据输出端，M 为加减控制端；$\overline{LD}$ 为预置数控制端。74LS191 功能表见表 8-3。

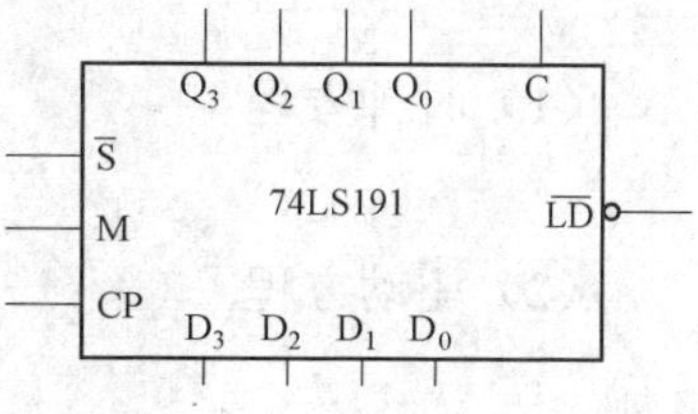

图 8-10　74LS191 逻辑电路

表 8-3　74LS191　功　能　表

$\overline{S}$	$\overline{LD}$	M	CP	工作状态	$\overline{S}$	$\overline{LD}$	M	CP	工作状态
0	1	0		加法计数	×	0	×	×	预置数
0	1	1		减法计数	1	1	×	×	保持

4. 同步十进制计数器

日常生活中人们习惯于十进制的计数规则，当利用计数器进行十进制计数时，就必须构成满足十进制计数规则的电路。

十进制计数器的计数规律是“逢十进一”。它是用四位二进制数表示对应的十进制数，所以又称为二-十进制计数器。

四位二进制可以表示十六种状态，为了表示十进制数的十个状态，需要去掉六种状态，这里仅介绍广泛使用 8421 编码的十进制计数器。十进制计数器真值表见表 8-4。

表 8-4　十进制计数器真值表

CP 顺序	Q_3	Q_2	Q_1	Q_0	等效十进制数	CP 顺序	Q_3	Q_2	Q_1	Q_0	等效十进制数
0	0	0	0	0	0	6	0	1	1	0	6
1	0	0	0	1	1	7	0	1	1	1	7
2	0	0	1	0	2	8	1	0	0	0	8
3	0	0	1	1	3	9	1	0	0	1	9
4	0	1	0	0	4	10	0	0	0	0	进位
5	0	1	0	1	5						

图 8-11 所示为由四个 JK 触发器构成的同步十进制加法计数器(用 CP 脉冲下降沿触发)。

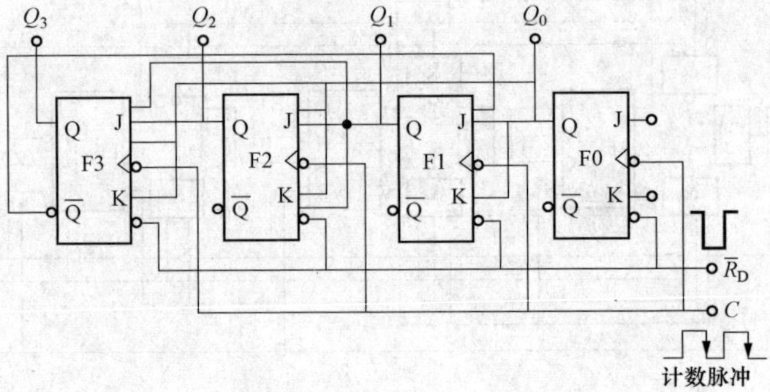

图 8-11　同步十进制计数器结构

（1）时钟方程

$$CP_0 = CP_1 = CP_2 = CP$$

（2）驱动方程

$$\begin{cases} J_0 = K_0 = 1 \\ J_1 = Q_0\overline{Q_3}, K_1 = Q_0 \\ J_2 = K_2 = Q_0Q_1 \\ J_3 = Q_0Q_1Q_2, K_3 = Q_0 \end{cases}$$

（3）状态方程

$$\begin{cases} Q_0^{n+1} = J_0\overline{Q_0^n} + \overline{K}_0Q_0^n \\ Q_1^{n+1} = J_1\overline{Q_1^n} + \overline{K}_1Q_1^n \\ Q_2^{n+1} = J_2\overline{Q_2^n} + \overline{K}_2Q_2^n \\ Q_3^{n+1} = J_3\overline{Q_3^n} + \overline{K}_3Q_3^n \end{cases}$$

（4）时序波形图如图 8-12 所示。

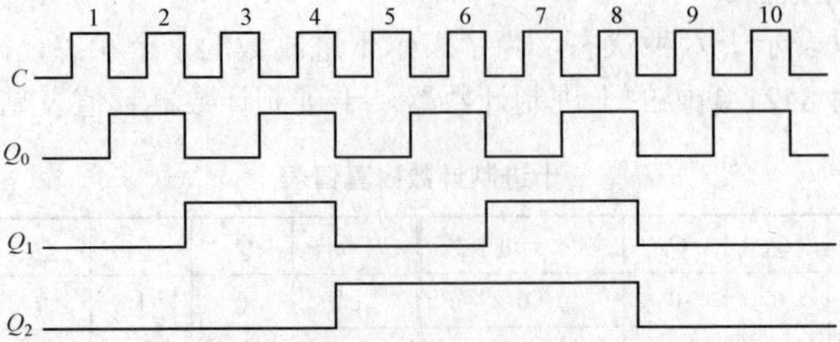

图 8-12　十进制计数器时序波形图

（5）状态转换图如图 8-13 所示。

5. 集成同步十进制加法计数器 74LS160

逻辑功能图如图 8-14 所示，功能表同 74LS161。74LS160 与 74LS161 的区别是 74LS160 是十进制而 74LS161 是十六进制。

6. 同步十进制加/减计数器 74LS192

同步十进制加/减计数器有单时钟和双时钟两种结构，属于单时钟类型的有 74LS190、74LS168、CC4510 等，属于双时钟类型的有 74LS192、CC40192 等。

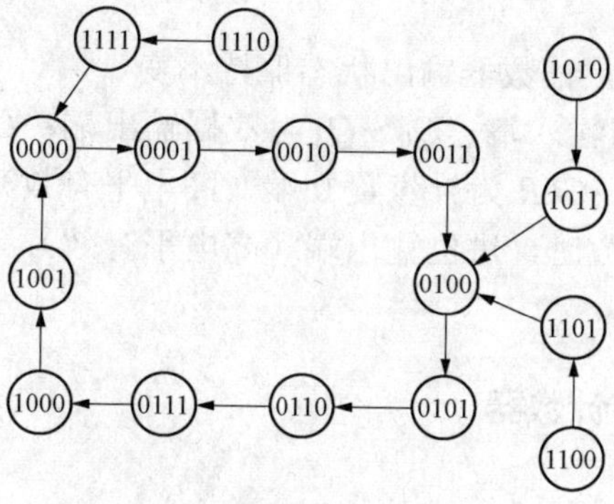

图 8-13　十进制计数器状态转换图

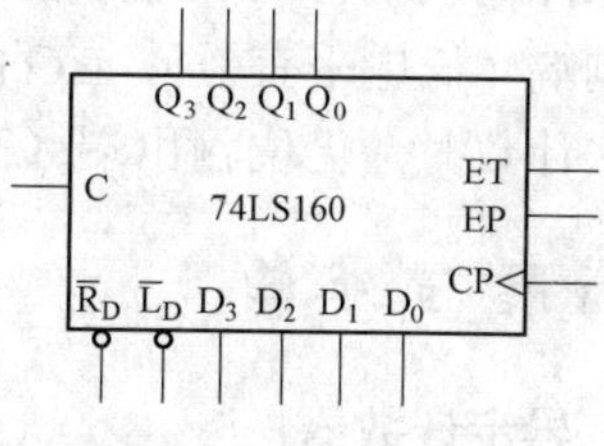

图 8-14　74LS160 引脚

单时钟结构的 74LS190 的输入、输出端的用法及功能表与 74LS191 类同。74LS192 是双时钟输入同步可逆计数器，并具有清除和置数等功能。其引脚与逻辑符号如图 8-15 所示。

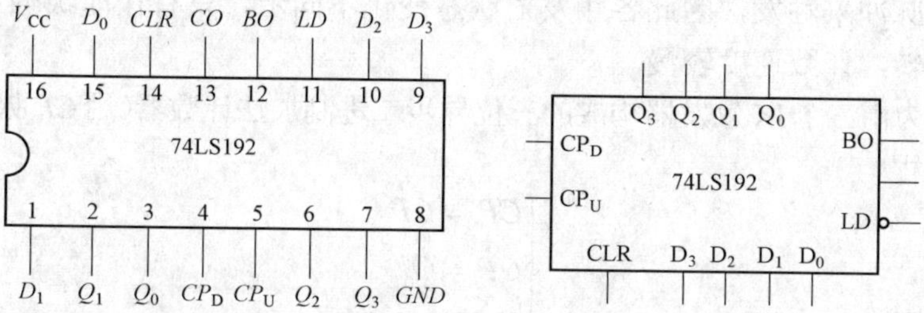

（a）引脚　　（b）逻辑符号

图 8-15　同步十进制加/减计数器 74LS192

74LS192 功能表见表 8-5。

表 8-5　　**74LS192　功　能　表**

输入								输出				功能
$\overline{LD}$	CLR	CP_U	CP_D	D_0	D_1	D_2	D_3	Q_0	Q_1	Q_2	Q_3	
0	0	×	×	d_0	d_1	d_2	d_3	d_0	d_1	d_2	d_3	异步置数
1	0	↑	1	×	×	×	×	递增 8421BCD 码				递增计数
1	0	1	↑	×	×	×	×	递减 8421BCD 码				递减计数
1	0	1	1	×	×	×	×	Q_3^n	Q_2^n	Q_1^n	Q_0^n	保持不变
×	1	×	×	×	×	×	×	0	0	0	0	异步清零

由功能表 8-5 可知，74LS192 具有以下功能：

（1）CLR=1 时异步清零，它为高电平有效。

（2）CLR=0（异步清零无效）、$\overline{LD}$=0 时异步置数。

（3）CLR=0，$\overline{LD}$=1（异步置数无效）且减法时钟 CP_D=1 时，则在加法时钟 CP_U 上升沿作用下，计数器按照 8421BCD 码进行递增计数：0000～1001。

（4）CLR=0，$\overline{LD}$=1 且加法时钟 CP_U=1 时，则在减法时钟 CP_D 上升沿作用下，按照 8421BCD 码进行递减计数：1001～0000。

（5）CLR=0，$\overline{LD}$=1，且 CP_U=1，CP_D=1 时，计数器输出状态保持不变。

各引脚功能符号的意义：D_0～D_3 为并行数据输入端；Q_0～Q_3 为数据输出端；CP_U 为加法计数脉冲输入端；CP_D 为减法计数脉冲输入端；CLR 为异步置 0 端（高电平有效）；LD 为置数控制端（低电平有效）；CO 的功能是加法计数时，进位输出端（高电平有效）；BO 的功能是减法计数时，借位输出端（高电平有效）。

拓展与延伸

异步计数器

一、异步计数器

1. 异步二进制加法计数器

状态表与同步二进制加法计数器相同，不同的是：异步计数是指计数脉冲 CP 不是同时加到各位触发器。最低位触发器由计数脉冲触发翻转，其他各位触发器有时需由相邻低位触发器输出的进位脉冲来触发，因此各触发器状态变化不同步，只有在前级触发器翻转后，后级触发器才能翻转，计数速度较慢。

图 8-16 所示为由三个 JK 触发器构成的三位异步二进制加法计数器（用 CP 脉冲下降沿触发）。

（1）时钟方程

$$\begin{cases} CP_0 = CP \\ CP_1 = Q_0^n \\ CP_2 = Q_1^n \end{cases}$$

（2）驱动方程

$$\begin{cases} J_0 = K_0 = 1 \\ J_1 = K_1 = 1 \\ J_2 = K_2 = 1 \end{cases}$$

（3）状态方程

$$\begin{cases} Q_0^{n+1} = J_0\overline{Q_0^n} + \overline{K}_0 Q_0^n \\ Q_1^{n+1} = J_1\overline{Q_1^n} + \overline{K}_1 Q_1^n \\ Q_2^{n+1} = J_2\overline{Q_2^n} + \overline{K}_2 Q_2^n \end{cases}$$

把驱动方程特性方程可得

$$\begin{cases} Q_0^{n+1} = \overline{Q_0^n} \\ Q_1^{n+1} = \overline{Q_1^n} \\ Q_2^{n+1} = \overline{Q_2^n} \end{cases}$$

（4）时序波形图如图 8-17 所示。

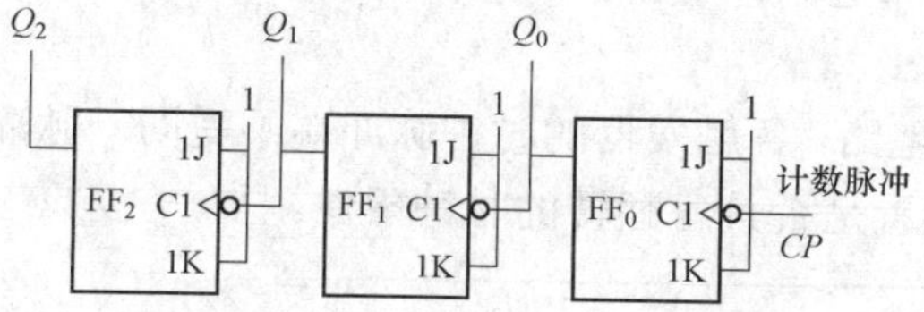

图 8-16　异步二进制加法计数器

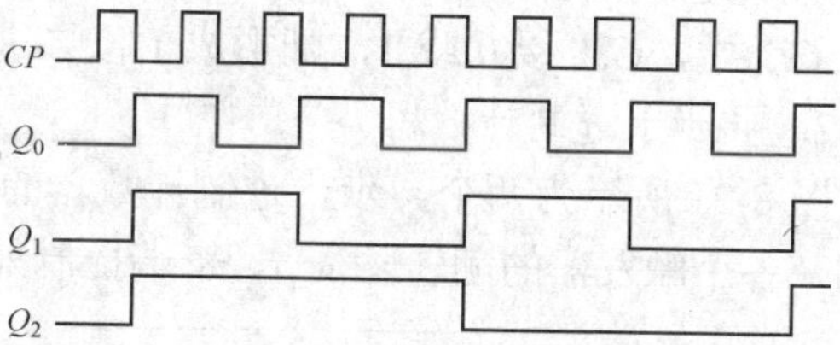

图 8-17　异步二进制加法计数器时序波形图

（5）状态转换图如图 8-18 所示。

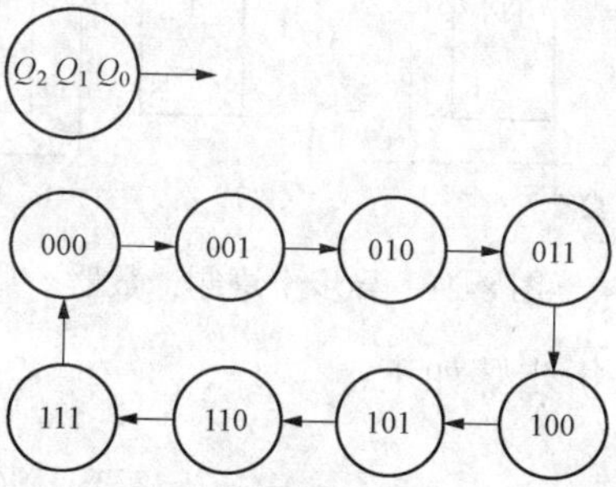

图 8-18　异步二进制加法计数器状态转换图

思 考

如图 8-19 所示，用 D 触发器构成三位二进制异步加法器，问：

（1）各触发器 C 应如何连接？

（2）若构成减法计数器 C 又如何连接？

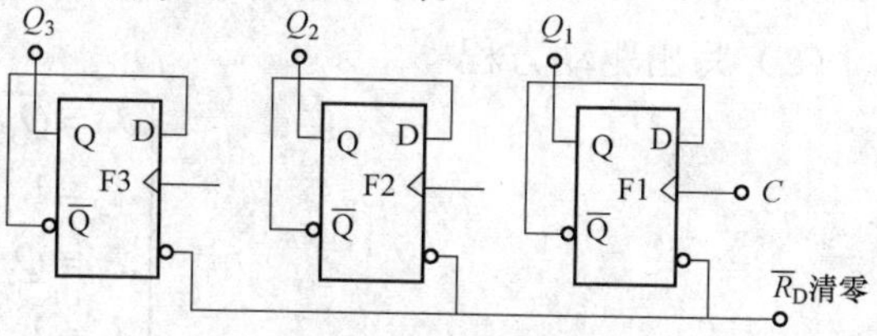

图 8-19　思考题图

目前，最常用的异步二进制加法计数器产品有：4 位的 74LS197、74LS293、74LS393、74HC393 等，7 位的 CC4024 等，12 位的 CC4040 等和 14 位的 CC4060 等。

异步二进制加法计数器引脚排列与逻辑功能示意如图 8-20 所示。其中，$\overline{CR}=0$ 时，异步清零；$\overline{CR}=1$，$CT/\overline{LD}=0$ 时，异步置数；$CT/\overline{LD}=1$ 时，异步加法计数，如果将输入时钟脉冲 CP 加在 CP_0 端，把 Q_0 与 CP_1 连接起来，则构成 4 位二进制即 16 进制异步加法计数

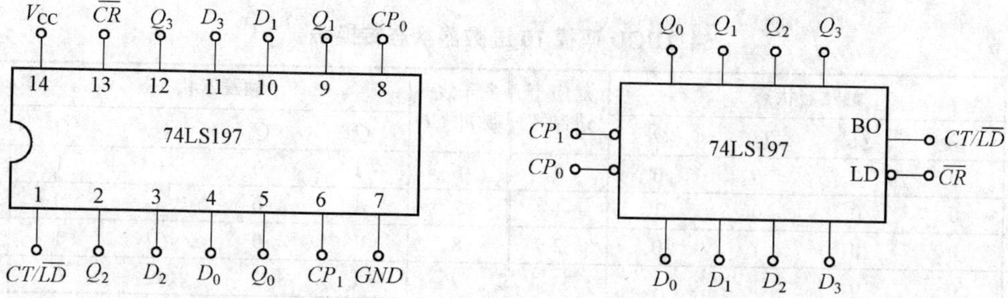

（a）引脚排列　（b）逻辑功能示意

图 8-20　异步二进制加法计数器

器；如果将 CP 加在 CP_1 端，则构成 3 位二进制即 8 进制计数器，FF_0 不工作；如果只将 CP 加在 CP_0 端，CP_1 接 0 或 1，则形成 1 位二进制即二进制计数器。

2. 异步十进制计数器

图 8-21 所示为两个异步十进制计数器的逻辑电路，各触发器的时钟脉冲端不受同一脉冲控制，各个触发器的翻转除受 J、K 端控制外还要看是否具备翻转的时钟条件。

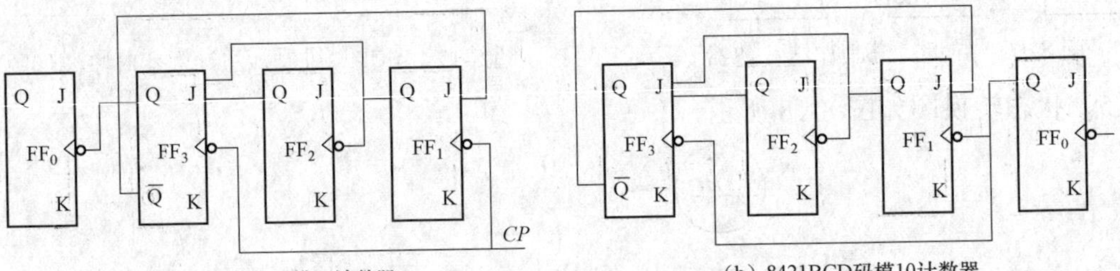

图 8-21 异步十进制计数器

图 8-21（a）所示的电路分析步骤如下：

（1）写出时钟方程

$$\begin{cases} CP_1 = CP \\ CP_2 = Q_1 \\ CP_3 = CP \\ CP_0 = Q_3 \end{cases}$$

（2）写出驱动方程

$$\begin{cases} J_1 = \bar{Q}_3,\ K_1 = 1 \\ J_2 = 1,\ K_2 = 1 \\ J_3 = Q_2 Q_1,\ K_3 = 1 \\ J_0 = 1,\ K_0 = 1 \end{cases}$$

（3）写出次态方程，此时要特别注意各触发器次态变化的时刻。

$$\begin{cases} Q_1^{n+1} = \bar{Q}_3 \bar{Q}_1 \quad CP_1 \downarrow \ (CP_1 = CP) \\ Q_2^{n+1} = \bar{Q}_2 \quad CP_2 \downarrow \ (CP_2 = Q_1) \\ Q_3^{n+1} = \bar{Q}_3 Q_2 Q_1 \quad CP_3 \downarrow \ (CP_3 = CP) \\ Q_0^{n+1} = \bar{Q}_0 \quad CP_0 \downarrow \ (CP_0 = Q_3) \end{cases}$$

（4）列出状态转换表见表 8-6。

表 8-6　5421BCD 码模 10 进数器状态转换表

计数脉冲 CP	触发器状态				对应十进制数	计数脉冲 CP	触发器状态				对应十进制数
	Q_0	Q_3	Q_2	Q_1			Q_0	Q_3	Q_2	Q_1	
0	0	0	0	0	0	6	1	0	0	1	6
1	0	0	0	1	1	7	1	0	1	0	7
2	0	0	1	0	2	8	1	0	1	1	8
3	0	0	1	1	3	9	1	1	0	0	9
4	0	1	0	0	4	10	0	0	0	0	0
5	1	0	0	0	5						

由表 8-6 可画出图 8-21（a）的时序波形图和状态转换图如图 8-22 所示。

由转换图可知该电路是具有自启动功能的。

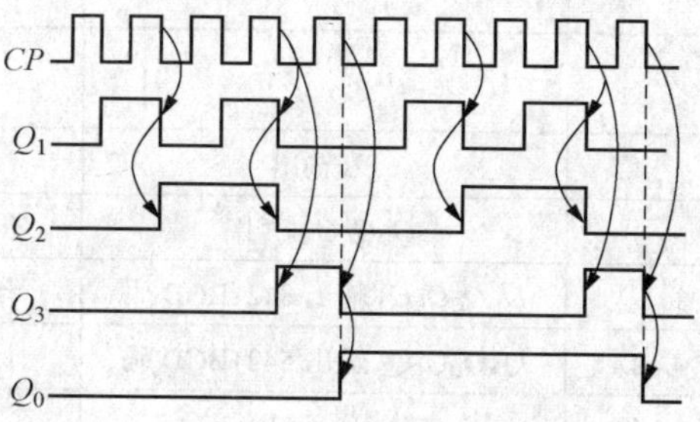

（a）时序波形图

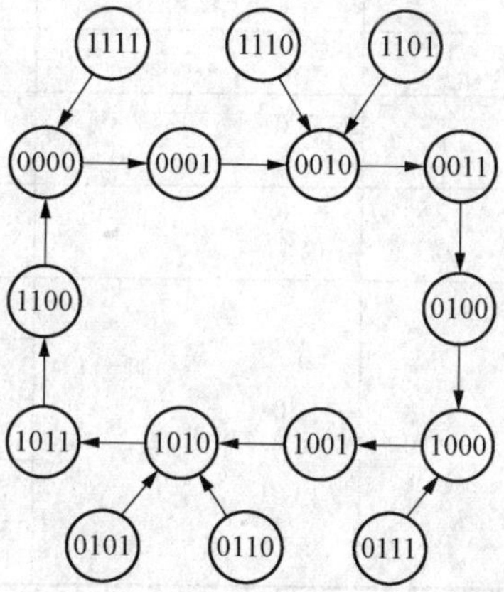

（b）全状态转换图

图 8-22　时序波形图和状态转换图

（5）归纳逻辑功能。由状态转换表、时序波形图或状态转换图均可得出，图 8-21（a）所示电路是 5421 BCD 码的异步十进制加法计数器。将图 8-21（a）中高位触发器移至低位，即为图 8-21（b）所示电路。

按照图 8-21（a）的分析方法，可列出图 8-21（b）的状态转换表及全状态转换图和时序波形图如图 8-23 所示。可见，图 8-21（b）所示为 8412 BCD 码的异步加法计数器，也具有自启动功能。

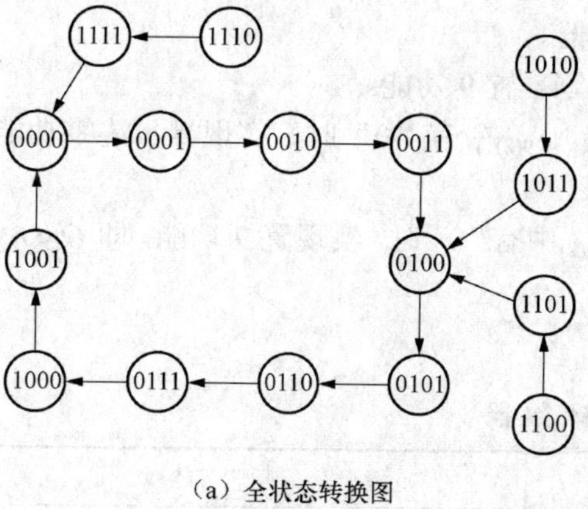

（a）全状态转换图

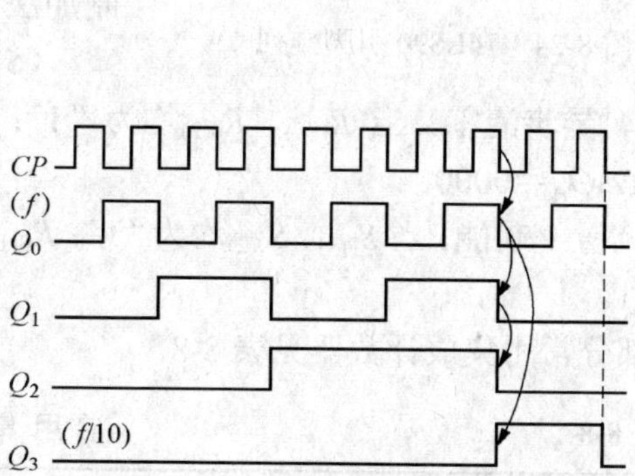

（b）时序波形图

图 8-23　全状态转换图和时序波形图

3. 二-五-十进制异步计数器 74LS90

74LS90 是异步二-五-十进制加法计数器，它既可以作二进制加法计数器，又可以作五进制和十进制加法计数器，其引脚如图 8-24 所示，功能表见表 8-7。

表 8-7　　74LS90 功 能 表

输入						输出				功能
清 0		置 9		时钟		Q_D	Q_C	Q_B	Q_A	
$R_{0(1)}$	$R_{0(2)}$	$S_{9(1)}$	$S_{9(2)}$	CP_1	CP_2					
1	1	0 ×	× 0	×	×	0	0	0	0	清零
0 ×	× 0	1	1	×	×	1	0	0	1	置 9
0 ×	× 0	0 ×	× 0	↓	1	Q_A 输出				二进制计数
				1	↓	$Q_DQ_CQ_B$ 输出				五进制计数
				↓	Q_A	$Q_DQ_CQ_BQ_A$ 输出 8421BCD 码				十进制计数
				Q_D	↓	$Q_AQ_DQ_CQ_B$ 输出 5421BCD 码				十进制计数
				1	1	不变				保持

通过不同的连接方式，74LS90 可以实现四种不同的逻辑功能；而且还可借助 $R_{0(1)}$、$R_{0(2)}$ 对计数器清零，借助 $S_{9(1)}$、$S_{9(2)}$ 将计数器置 9。其具体功能详述如下：

（1）计数脉冲从 CP_1 输入，Q_A 作为输出端，为二进制计数器。

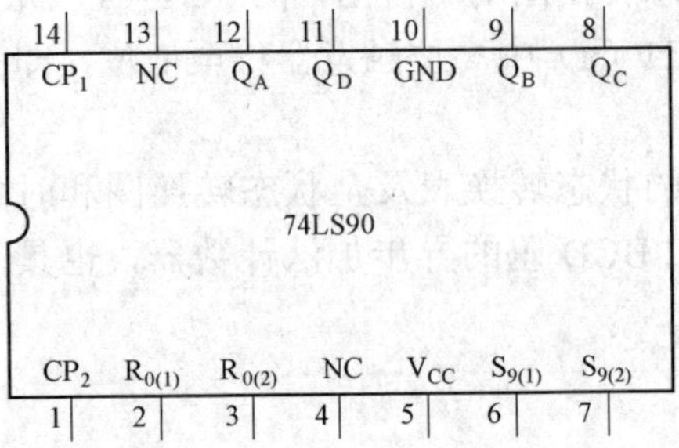

图 8-24　74LS90 引脚排列

（2）计数脉冲从 CP_2 输入，$Q_DQ_CQ_B$ 作为输出端，为异步五进制加法计数器。

（3）若将 CP_2 和 Q_A 相连，计数脉冲由 CP_1 输入，Q_D、Q_C、Q_B、Q_A 作为输出端，则构成异步 8421 码十进制加法计数器。

（4）若将 CP_1 与 Q_D 相连，计数脉冲由 CP_2 输入，Q_A、Q_D、Q_C、Q_B 作为输出端，则构成异步 5421 码十进制加法计数器。

（5）清零、置 9 功能。

1）异步清零。当 $R_{0(1)}$、$R_{0(2)}$ 均为“1”；$S_{9(1)}$、$S_{9(2)}$ 中有“0”时，实现异步清零功能，即 $Q_DQ_CQ_BQ_A=0000$。

2）置 9 功能。当 $S_{9(1)}$、$S_{9(2)}$ 均为“1”；$R_{0(1)}$、$R_{0(2)}$ 中有“0”时，实现置 9 功能，即 $Q_DQ_CQ_BQ_A=1001$。

部分常用集成计数器见表 8-8。

表 8-8　　常 用 集 成 计 数 器

类别	型号	名　称	功　能
TTL	74LS290	异步二–五–十进制计数器	双计数输入，直接置 9，直接清零
	74LS197	异步二–八–十六进制计数器	直接清零，可预置数，双时钟
	74LS160	同步 4 位十进制计数器	同步预置数，异步清零
	74LS161	同步 4 位二进制计数器	异步清零，同步预置数
	74LS163	同步 4 位二进制计数器	同步清零，同步预置数

续表

类别	型号	名　称	功　能
TTL	74LS191	同步可逆4位二进制计数器	异步预置数，带加/减控制
	74LS192	同步可逆十进制计数器	异步清零，预置数，双时钟
	74LS193	同步可逆4位二进制计数器	异步清零，异步预置数，双时钟
CMOS	CC4024	7位二进制串行计数器	带清零端，有7个分频输出
	CC4040	14位二进制串行计数器	带清零端，有12个分频输出
	CC4518	双同步十进制加法计数器	异步清零，CP脉冲可采用正负沿触发
	CC4520	双同步4位二进制计数器	同上
	CC4510	同步可逆十进制计数器	异步清零、预置数，可级联
	CC4516	同步可逆4位二进制计数器	同上
	CC40160	同步十进制计数器	同步预置数，异步清零
	CC40161	同步4位二进制计数器	同步预置数，异步清零

二、用集成计数器构成任意进制计数器

获得任意进制计数器的方法有两种：一种是用触发器和门电路构成；另一种是用集成计数器构成。集成计数器的函数关系已经固化在芯片中了，其状态编码多为自然态序码，可以利用其清零或置数功能，让电路跳过某些状态而获得任意进制计数器。

74LS161 是十六进制加法计数器，利用它可以构成小于十六的任意进制加法计数器。通常采用两种方法实现，即反馈清零法和反馈置数法。应用这两种方法的关键是要严格区分异步清零与同步清零、异步置数与同步置数的差别。

［**例 8-1**］用 74LS161 构成十二进制加法计数器。

解：（1）反馈清零法。

反馈清零法适用于有清零输入端的集成计数器。74LS161 的计数状态转换图如图 8-25 所示，共有十六个计数状态 0000～1111。而十二进制加法计数器只需要十二个计数状态 0000～1011 进行循环，因此当 74LS161 正常计数到 1011 后，它就必须再循环到 0000 而不是进入正常的下一个状态 1100，如图 8-25 中的虚线所示。这可以利用它的异步清零端 R_D 实现，即利用 1011 的下一个状态 1100 产生清零低电平信号从而使计数器立即清零，清零信号 R_D 消失后，74LS161 重新从 0000 开始新的计数周期。

需要说明的是，计数器一旦进入 1100 状态，立即被清零，故 1100 状态仅在瞬间出现，该状态不属于稳定的计数状态，一般称为过渡状态，这是异步清零的一个重要特点。根据上述方法构成的十二进制加法计数器如图 8-26 所示。

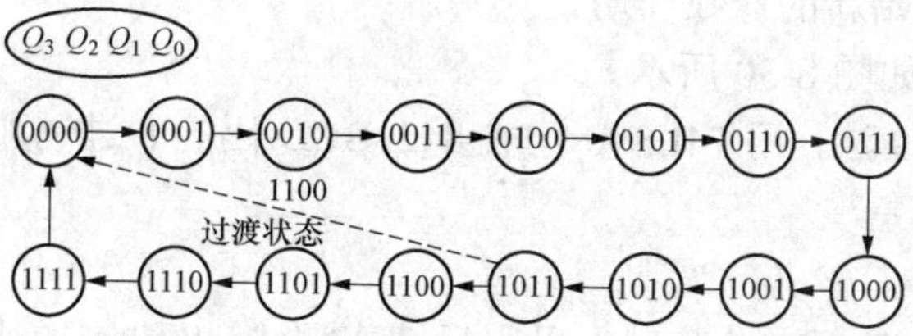

图 8-25　十二进制加法计数器状态转换

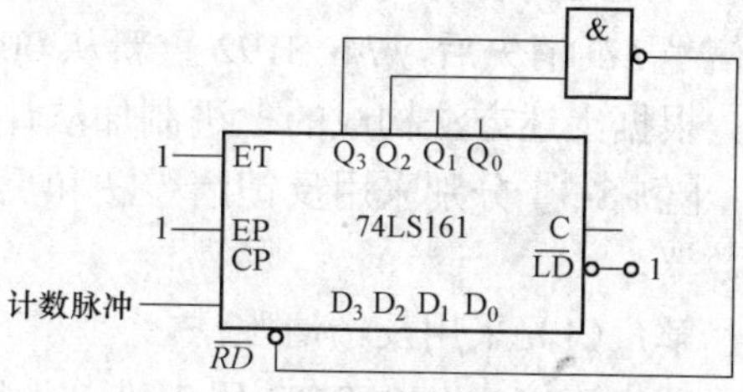

图 8-26　74LS161 构成的十二进制加法计数器（反馈清零法）

（2）反馈置数法。

反馈置数法适用于有置数输入端的集成计数器。利用 74LS161 构成十二进制加法计数器时，可选择它的十六个计数状态 0000～1111 中的任意十二个状态作为十二进制加法计数器的计数状态，如选择 0001～1100。当 74LS161 正常计数到 1100 后，它就必须跳变到 0001，而不是进入正常的下一个状态 1101，如图 8-27 中的虚线所示。这可以通过在 74LS161 的预置数据输入端置入 0001，并使它的同步置数端 *LD* 有效来实现。即利用 1100 产生置数低电平信号，当下一个时钟脉冲的上升沿到来时，计数器输出端的状态 $Q_3Q_2Q_1Q_0$ 将变为预置数据 0001，置数信号 *LD* 消失后，74LS161 重新从 0001 开始新的计数周期。

需要说明的是，计数器进入 1100 状态后，输出端并没有立即被置数，而是保持该状态不变，直到下一个时钟脉冲的上升沿到来为止。故 1100 状态属于稳定的计数状态。因此，同步置数没有过渡状态，这是同步置数的一个重要特点。

根据上述方法构成的十二进制加法计数器如图 8-28 所示。

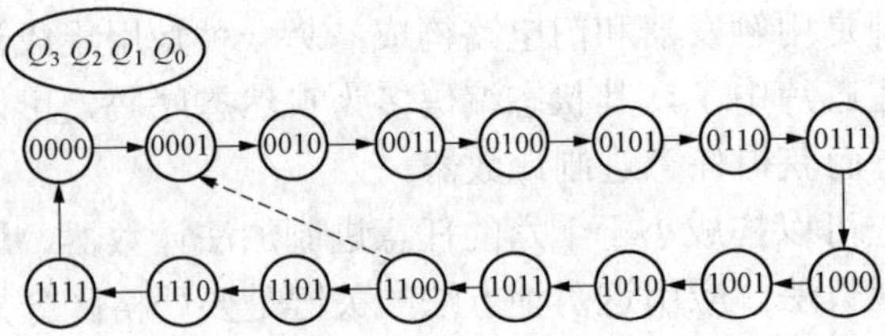

图 8-27　反馈置数法十二进制计数器状态转换图

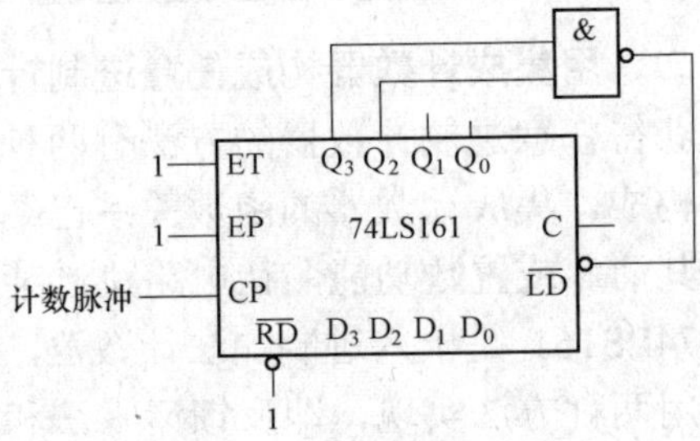

图 8-28　74LS161 构成的十二进制加法计数器（反馈置数法）

74LS192 是十进制可逆计数器，利用它可以构成小于十的任意进制可逆计数器。与 74LS161 类似，也采用反馈清零法或反馈置数法实现。

［**例 8-2**］利用反馈置数法，用 74LS192 构成七进制加法计数器（要求采用两个不同的预置数据输入：0000 和 0010）。

解： 74LS192 在加计数模式下的状态转换图如图 8-29 所示，共有十个计数状态 0000～1001。而七进制加法计数器只需要七个计数状态，可选择其中的任意七个状态作为七进制加法计数器的计数状态，如选择 0010～1000。当 74LS192 正常计数到 1000 后，它就必须跳变到 0010，而不是进入正常的下一个状态 1001，如图 8-29 中的虚线所示。这可以通过在 74LS192 的预置数据输入端置入 0010，并使它的异步置数端 *LD* 有效来实现。由于异步置数存在过渡状态，因此要利用 1000 的下一个状态 1001 产生置数低电平信号从而使计数器立即置数，置数信号 *LD* 消失后，74LS192 重新从 0010 开始新的计数周期。

根据上述方法构成的七进制加法计数器如图 8-30 所示。

［**例 8-3**］分别采用反馈清零法和反馈置 9 法，用 74LS90 构成 8421BCD 码的 8 进制加法计数器。

解：（1）采用反馈清零法。

首先连接成 8421BCD 码十进制计数器，然后在此基础上采用反馈清零法。8 进制加法计数器的计数状态为 0000～0111，将 0111 的下一个状态 1000 作为过渡状态，用过渡状态中的所有“1”产生高电平清零信号，将输出端直接清零。由此得到的 8 进制加法计数器电路如

图 8-31 所示。

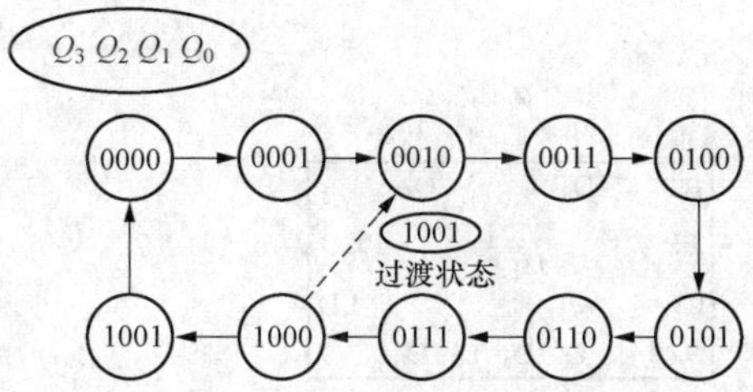

图 8-29　反馈置数法

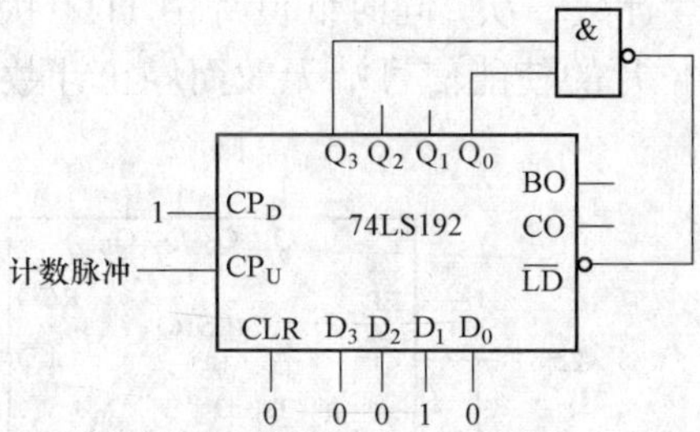

图 8-30　74LS192 构成的七进制加法计数器（反馈置数法）

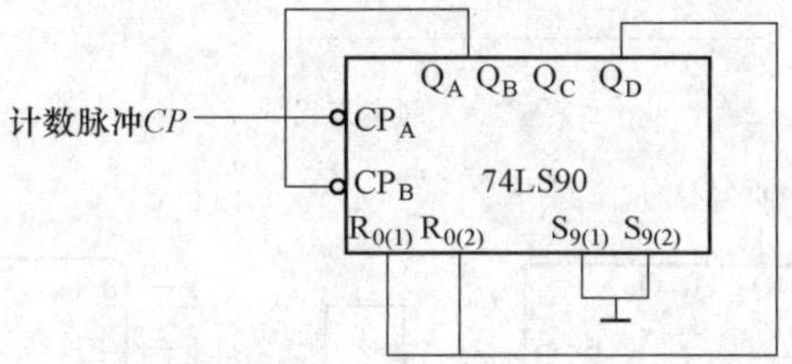

图 8-31　74LS90 构成的 8 进制计数器（反馈清零法）

（2）采用反馈置 9 法。

首先连接成 8421BCD 码十进制计数器，然后在此基础上采用反馈置 9 法。8 进制加法计数器的计数状态为 1001、0000～0110，其状态转换图如图 8-32（a）所示。将 0110 的下一个状态 0111 作为过渡状态，用过渡状态中的所有“1”产生高电平置 9 信号，将输出端直接置 9。由此得到的 8 进制加法计数器电路如图 8-32（b）所示。

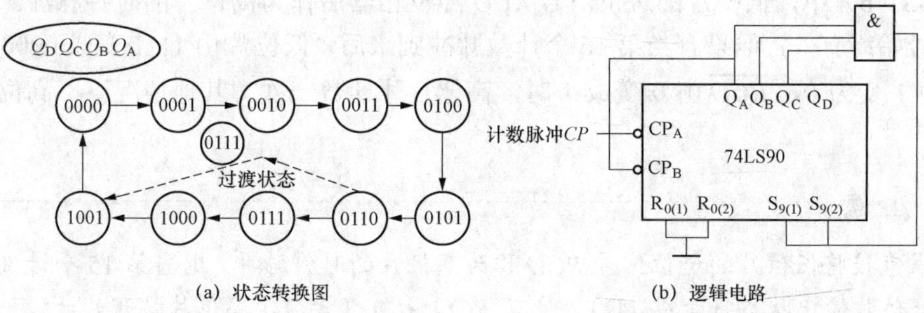

图 8-32　74LS90 构成的 8 进制计数器（反馈置 9 法）

将两片计数器（分别为模 n 和模 m）相串接，可扩展为 $N=n\times m$ 的计数器。在此基础上，再利用前面介绍的反馈清零或反馈置数的方法，可构成小于 $N=n\times m$ 的任意进制计数器。

［**例 8-4**］用两片 74LS161 构成 256 进制加法计数器。

解：74LS161 有专门的进位信号 RCO，其逻辑表达式为 $RCO=ET\cdot Q_3Q_2Q_1Q_0$。每片接成十六进制，两片之间串接方式有两种：一种是将计数脉冲同时送入两片的 CP 端，低位片的进位信号 RCO 作为高位片的使能信号 ET 及 EP，即同步方式，如图 8-33（a）所示；另一种是将计数脉冲送入低位片的 CP 端，低位片的进位信号 RCO 作为高位片的时钟脉冲。这种方式称为异步方式，如图 8-33（b）所示。

图 8-33（a）中，低位片的使能信号 $ET=EP=1$，因而它总处于计数状态。同时低位片的进位信号 RCO 接到高位片的使能信号端，因而只有当低位片计数到 1111（第 15 个计数脉

冲到来后）而使 RCO=1 时，高位片才处于计数状态。再来下一个计数脉冲（第 16 个脉冲）时，高位片计数一次，同时低位片由 1111 状态变成 0000 状态，它的进位信号 RCO 也变成 0，因此使高位片的使能信号端无效而停止计数。

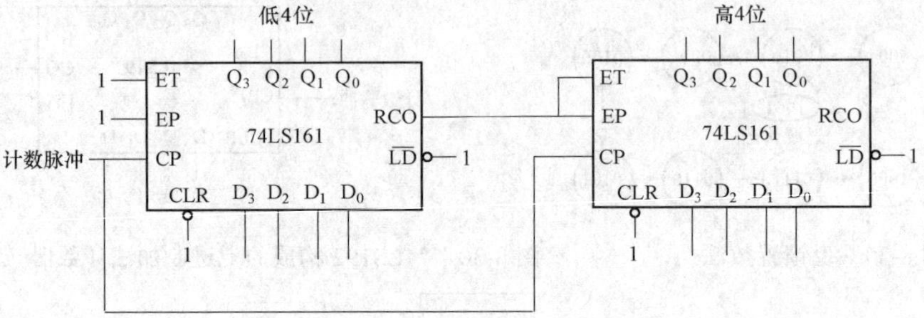

（a）同步方式

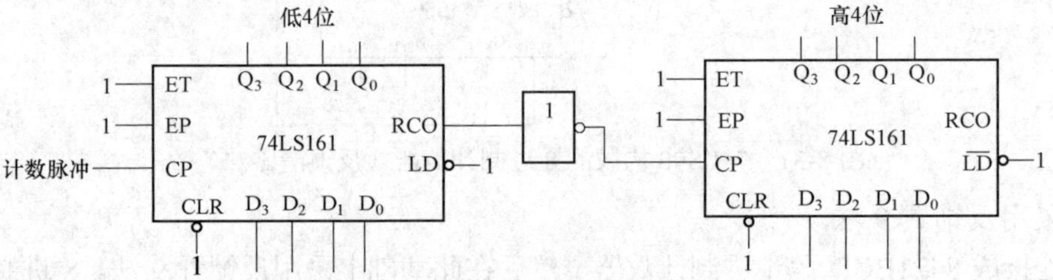

（b）异步方式

图 8-33　74LS161 构成 256 进制计数器

图 8-33（b）中，低位片的进位信号 RCO 经反相器后作为高位片的时钟脉冲。虽然两片的使能信号始终有效，但只有当第 16 个计数脉冲到来后，低位片由 1111 变成 0000 状态，使其 RCO 由 1 变为 0，$\overline{RCO}$ 由 0 变成 1 时，高位片才计数一次。其他情况下，高位片将保持原有状态不变。

注 意

如果直接将低位片的进位信号 RCO 作为高位片的时钟脉冲，则当第 15 个计数脉冲到来后，低位片输出状态将变成 1111，使其 RCO 由 0 变为 1，高位片就开始计数一次。这样两片计数器构成的是 15×16=240 进制计数器。图 8-34 所示的时序波形图清楚地说明了这一点。

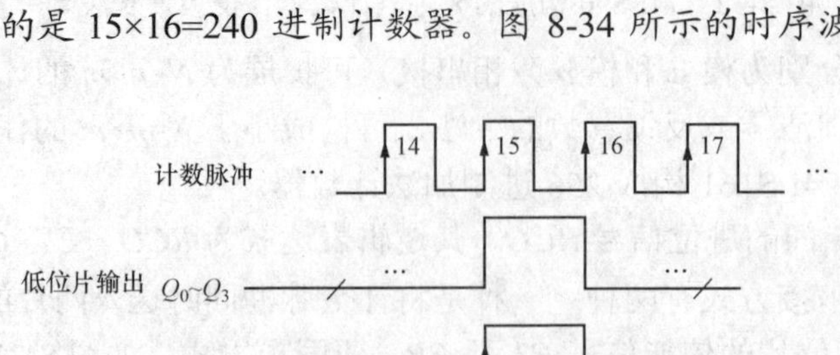

图 8-34　时序波形图

［**例 8-5**］用两片 74LS161 构成 204 进制加法计数器。

解：首先将两片 74LS161 串接构成 256 进制加法计数器，方法参考例 8-4；然后在此基础上采用整体反馈清零或整体反馈置数的方法构成小于 256 的任意进制加法计数器。

采用整体反馈清零法构成 204 进制加法计数器的状态转换图如图 8-35 所示。利用过渡状态 11001100（204 对应的二进制数）产生异步清零低电平信号，使两片 74LS161 同时清零。这样就构成了 204 进制加法计数器，其电路如图 8-36 所示。

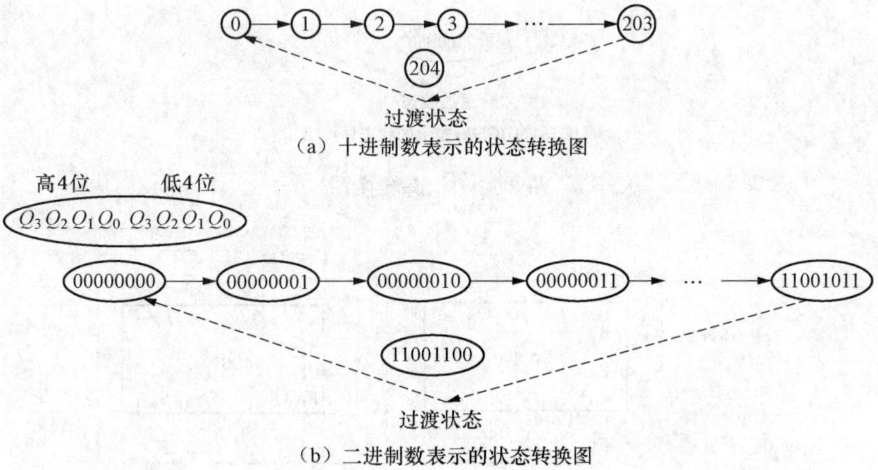

图 8-35　状态转换图

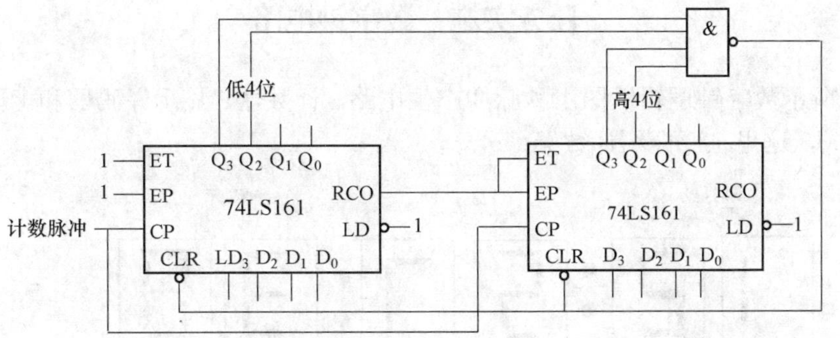

图 8-36　204 进制加法计数器

［**例 8-6**］用两片 74LS90 构成 8421BCD 码的 60 进制加法计数器。

解：首先将每片 74LS90 连接成 8421BCD 码的 10 进制计数器，然后将低位片的进位信号 Q_D 送给高位片的 CPA，从而串接成 100 进制计数器。在此基础上，采用整体反馈清零或整体反馈置数的方法构成小于 100 的任意进制计数器。

采用整体反馈清零法构成 60 进制加法计数器的状态转换图如图 8-37 所示。利用过渡状态 01100000（60 对应的 8421BCD 码）产生异步清零高电平信号，使两片 74LS90 同时清零。60 进制加法计数器的电路如图 8-38 所示。

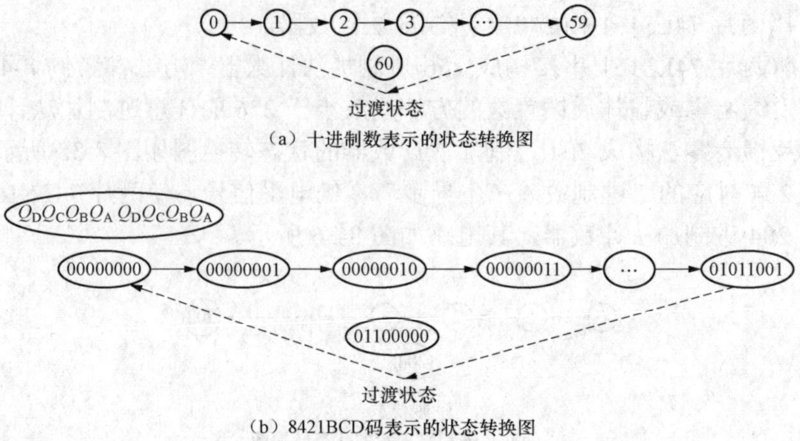

图 8-37　状态转换图

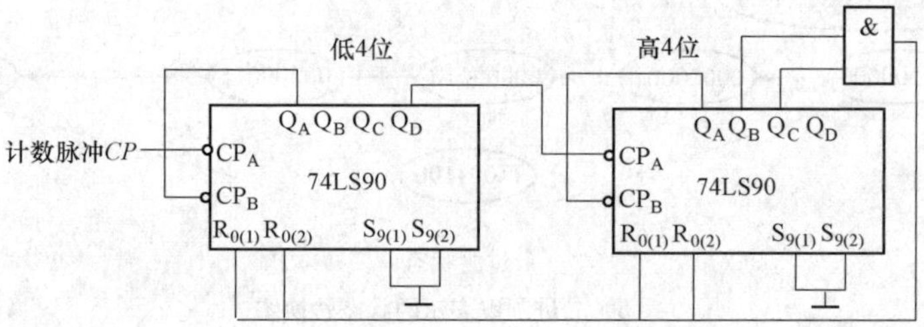

图 8-38　例 8-6 的 60 进制加法计数器

任务实施　数字钟电路

图 8-39 所示数字钟逻辑框图由秒脉冲产生电路、计数器、显示译码器和七段显示数码管共四部分组成，这里主要介绍计数器部分。

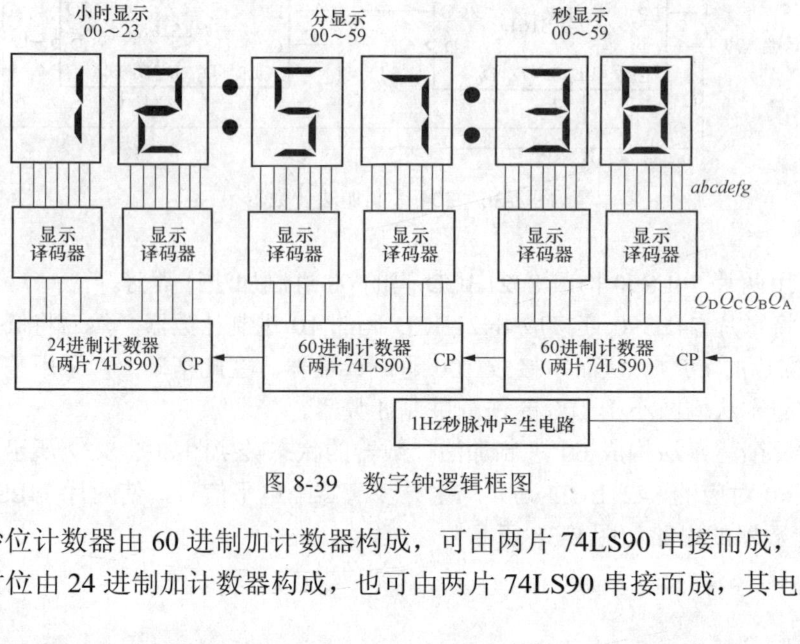

图 8-39　数字钟逻辑框图

分位和秒位计数器由 60 进制加计数器构成，可由两片 74LS90 串接而成，其具体电路见图 8-38。小时位由 24 进制加计数器构成，也可由两片 74LS90 串接而成，其电路构成方法与例 8-6 相同。秒位的进位信号作为分位的时钟脉冲，分位的进位信号作为小时位的时钟脉冲。

下面讨论 60 进制加计数器的进位信号产生方法。参看图 8-37（a）中 60 进制加计数器的状态转换图：当计数到 59（01011001）后，再来一个时钟脉冲时，计数状态便回到 00（00000000），此时应产生一个进位信号送给高位并使高位计数一次。显然，过渡状态（01100000）可产生一个正的窄脉冲，该脉冲即可作为进位信号。

任务二　数字计步器电路的实现

学习目标

（1）会使用 74LS138、CC4511 等显示译码器。

（2）会使用 LED 七段数码显示器。

（3）用集成计数器实现任意进制计数器。

（4）能运用数字集成电路分析和设计各种同步计数器。

（5）能通过集成电路手册或上网查询数字集成电路资料。

（6）掌握数字计步器的构成与工作原理。

任务引入

数字计步器的整体电路除了计数器外，还有哪些组成部分？各部分又如何设计呢？

任务分析

数字计步器主要由传感器、计数器、显示电路几部分组成。

知识准备

一、传感器

采用 4 位数字显示步数，传感器采用水银开关，用户走一步的时候，开关闭合一次。74LS160 级联计数模块。

二、计数器

数字计步器的计数主要是运用逻辑元件 74LS161 的计数功能，把四个 74LS161 逻辑元件逐次相连起来，已达到用 4 个数码管显示 4 位有效数字的计步器，并且可以按照十进制向高位进位。通过逻辑开关的功能控制整个计步器的计数与暂停。第一个 74LS161 元件的 *CP* 接入逻辑开关，输出接入第二元件的脉冲信号接入口，依次将四个元件级联。

图 8-40 所示为两个 74LS160 级联电路，计数先从低位开始，逐一累加，当低位累加完成一个计数循环后，低位归 0，同时向高位进 1，并能在高位逐一累加和计数循环，继而再向更高位进位。级联扩展中，首先，应排列好集成计数器高低位的顺序；其次，在每一个集成计数器中找到一个低位向高位的进位信号，要求这一进位信号在低位集成计数器完成一个计数循环时发出，并在一个计数循环中只出现一次；最后，即时将低位集成计数器的进位信号变成高位集成计数器的有效计数信号，使高位集成计数器计数。四个元件级联电路可参照图 8-40 进行连接。

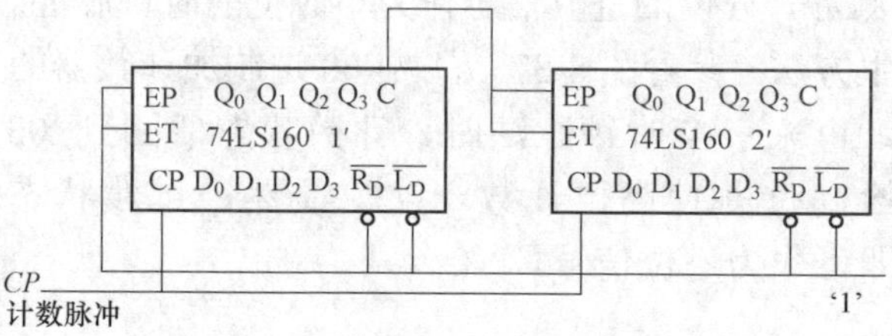

图 8-40 两个 74LS160 的同步级联计数

用低位芯片的进位输出端 C，作为向高位芯片进行进位的控制信号。当低位计数器计数状态从 0 到 8 时，C=0，使高位计数器的 EP=ET=0，处于保持状态，高位计数器不能进行计数；当低位计数器计数到 9 状态（即 $Q_3Q_2Q_1Q_0$=1001）时，C=1，由于两集成计数器共用同一个 CP 脉冲，虽然 EP=ET=1，但 CP 脉冲有效边沿已过，高位计数器并不计数；在低位计数器的一个计数循环中，只有当第十个 CP 脉冲到来时，高位计数器的 EP=ET=1，处于计数状态，允许计数，使高位计数器递加 1。也就是说，低位计数器每一个计数循环中，C 端在最后一个状态发出一个进位控制信号，开启高位计数器进行计数。高位进位完毕后，低位计数器归 0，同时 C=0，使高位计数器的 EP=ET=0，封锁高位计数器的 CP 端，但高位计数器也不计数。从而使得低位计数器每一个计数循环完成后，允许高位计数器计数 1，达到进位的目的。从 74LS160 的功能表（参照表 8-2）可以看出，清零端 $\overline{R_D}$ 为低电平时，可以对计数器复位清零。为了达到整体清零，也就是说级联的 4 个 74LS160 可以同时都清零，可将 4 个 74LS160 元件的 $\overline{R_D}$ 端串接在一起，用一个开关控制；当需要清零的时候，将开关闭合，使 4 个元件的 $\overline{R_D}$ 端都接到低电平，从而达到清零的效果，2 个 74LS160 级联电路如图 8-41 所示。

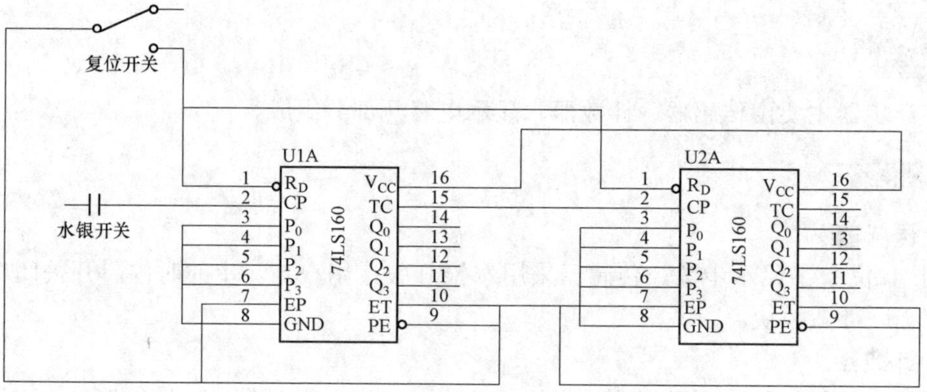

图 8-41 74LS160 级联清零

三、显示模块

本系统采用七段数码管的显示系统，由译码/驱动器 74LS48 和共阴极荧光数码管 BS201A 组成，如图 8-42 所示。

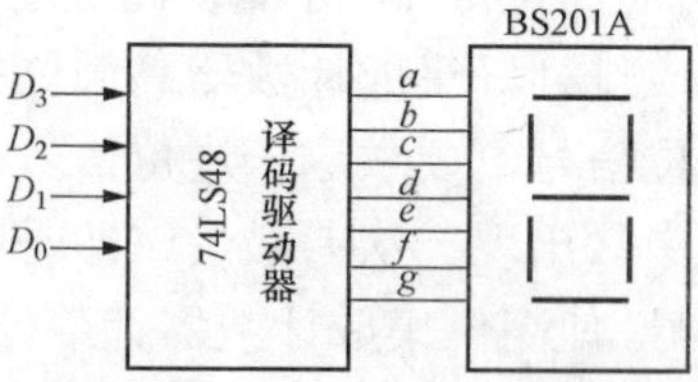

图 8-42 七段数字显示系统原理图

任务实施　数字计步器

数字计步器框图如图 8-1 所示，系统运用逻辑元件十进制计数器 74LS160 计步，将 4 个 74LS160 依次相连，通过四个译码显示电路显示四位有效数字。

通过前面的分析与知识，可确定电路总图如图 8-43 所示。

当 R_D 端接高电平时，电路实现计数功能，CP 端输入一个脉冲时，个位实现实现计数。当个位计数达到 9 时，CP 在输入一个脉冲，这时个位上的计数器产生进位信号，十位加一，个位清零，以此类推。当 R_D 端接低电平时，电路实现清零功能，四位显示显示都为零。

数字计步器元件清单见表 8-9。

表 8-9　数字计步器元件清单

类型	元件	数量
芯片	74LS160	4 个
开关	水银开关	1 个
开关	逻辑开关	1 个
芯片	74LS48	4 个
荧光数码管	BS201A	4 个
导线	连接导线	若干

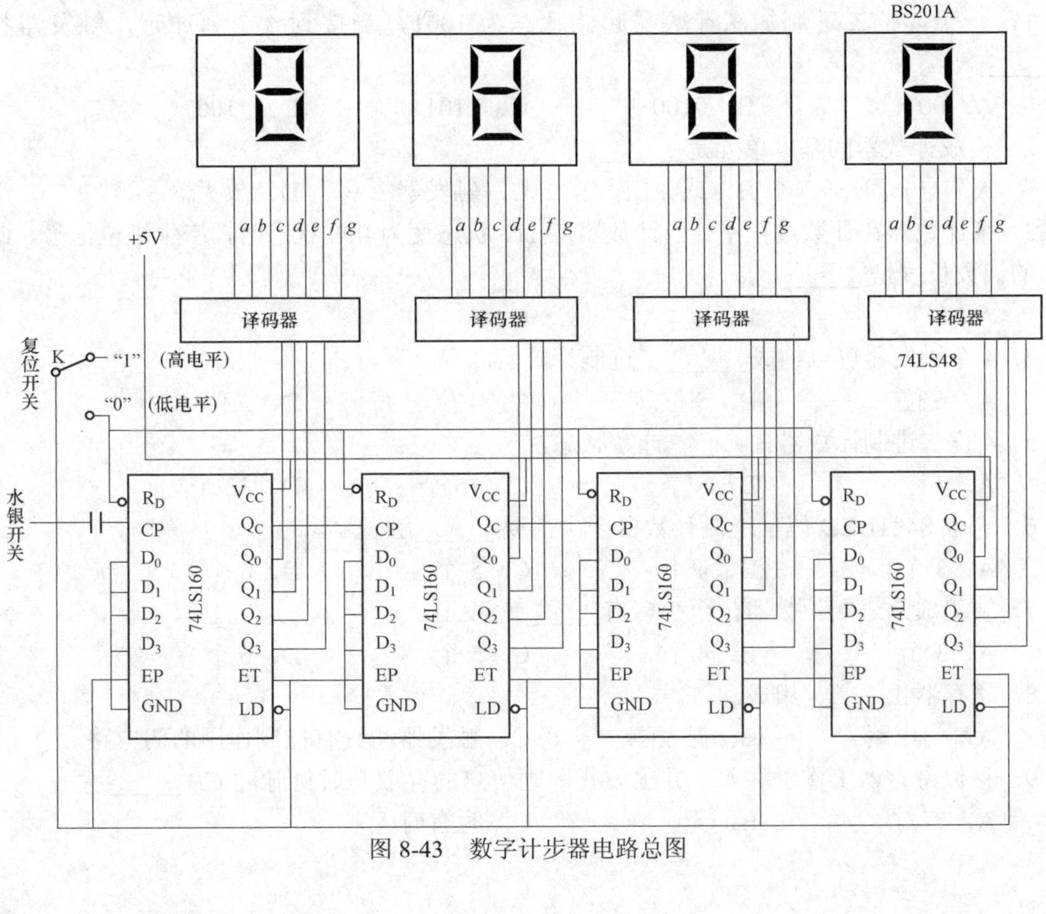

图 8-43　数字计步器电路总图

自 测 题

一、填空题

1．在计数器中，若触发器的时钟脉冲不是同一个，各触发器状态的更新有先有后，则这种计数器称为______。

2．计数器的主要用途是对脉冲进行______，也可以用作______和______等。

3．用 n 个触发器构成的二进制计数器计数容量最多可为______。

4．计数器按计数进位制，常用的有______、______计数器。

5．用来累计和寄存输入脉冲数目的部件称为______。

6．寄存器可分成______寄存器和______寄存器。

7．4 位移位寄存器经过______个 CP 脉冲后，4 位数码恰好全部移入寄存器，再经过______个 CP 脉冲，可以得 4 位串行输出。

8．在计数器中，当计数脉冲输入时，所有触发器同时翻转，即各触发器状态的改变是同时进行的，这种计数器称为______。

9．一个触发器可以构成______位二进制计数器，它有______种工作状态，若需要表示 n 位二进制数，则需要______个触发器。

二、选择题

1．一个 4 位二进制加法计数器起始状态为 1001，当接到 4 个脉冲时，触发器状态为______。

A．0011　　B．0100　　C．1101　　D．1100

2．构成计数器的基本单元是______。

A．与非门　　B．或非门　　C．触发器　　D．放大器

3．某计数器在计数过程中，当计数器从 111 状态变为 000 状态时，产生进位信号，此计数器的计数长度是______。

A．8　　B．7　　C．6　　D．3

4．4 个触发器可以构成______二进制计数器。

A．6 位　　B．5 位　　C．4 位　　D．3 位

5．4 位二进制计数器有______计数状态。

A．4 个　　B．8 个　　C．16 个　　D．32 个

6．一位 8421BCD 码十进制计数器至少需要______触发器。

A．3 个　　B．4 个　　C．5 个　　D．6 个

7．要组成六进制计数器，至少应有______触发器。

A．3 个　　B．4 个　　C．5 个　　D．6 个

8．寄存器由______组成。

A．门电路　　B．触发器　　C．触发器和具有控制作用的门电路

9．移位寄存器工作于并入—并出方式，则信息的存取与时钟脉冲 CP______关。

A．有　　B．无　　C．时有时无

10．分析图 8-44 所示计数器的波形图，可知它是______。

A．二进制计数器
B．五进制计数器
C．六进制计数器
D．十进制计数器

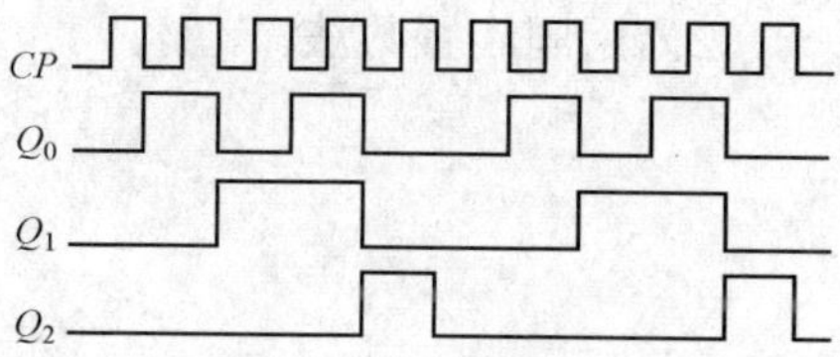

图 8-44　选择题 10 图

三、判断题

1．构成计数器电路的器件必须具有记忆功能。（　）
2．按照计数器在计数过程中触发器翻转次序，把计数器分为同步计数器和异步计数器。（　）
3．异步加法计数器应将低位的 Q 端与高位的 CP 端相连接。（　）
4．十进制计数器由十个触发器组成。（　）
5．移位寄存器只能串行输入数据。（　）

四、综合分析题

1．在图 8-45 所示的逻辑电路中，试画出 Q_1 和 Q_2 端的波形，时钟脉冲的波形 CP 如图所示。设初始状态 $Q_1=Q_2=0$。

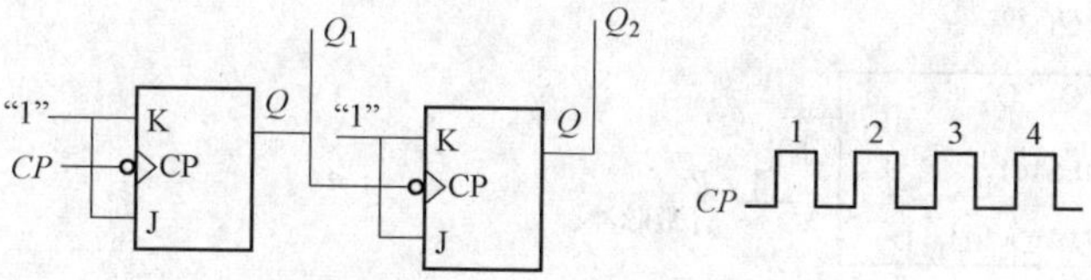

图 8-45　综合题 1 图

2．根据图 8-46 所示的逻辑图及相应的 CP、$\overline{R}_D$ 和 D 的波形，试画出 Q_1 端和 Q_2 端的输出波形，设初始状态 $Q_1=Q_2=0$。

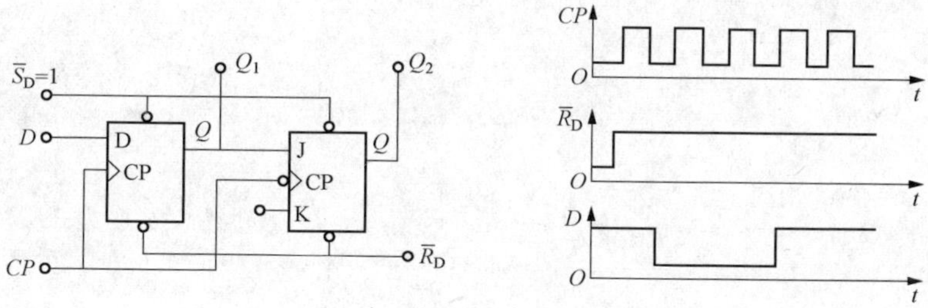

图 8-46　综合题 2 图

3．电路如图 8-47 所示，试画出 Q_1 和 Q_2 的波形。设两个触发器的初始状态均为 0。

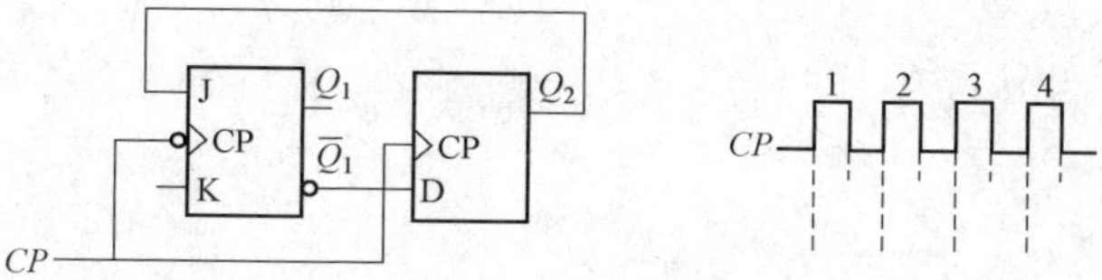

图 8-47　综合题 3 图

4．4 位二进制计数器 74LS161 的逻辑符号如图 8-48 所示。请用 74LS161 组成五进制计数器。

（1）用异步清零法。

（2）用同步置数法。

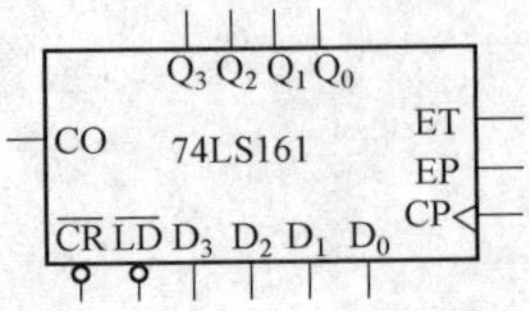

图 8-48　综合题 4 图

5．分析图 8-49 所示的集成芯片 74LS161 构成几进制计数器。要求：画出状态转换图。74LS161 的功能表见表 8-2。

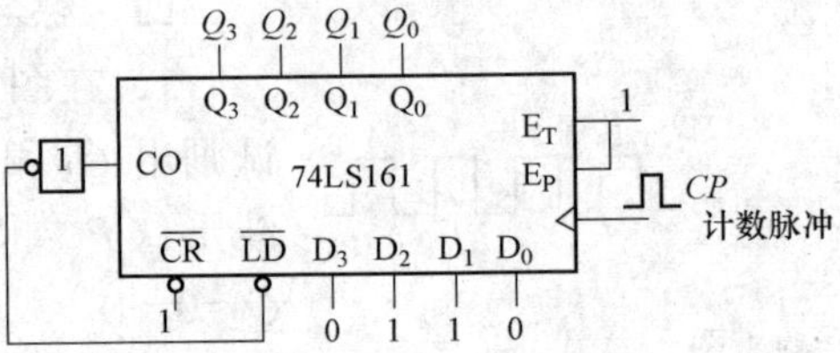

图 8-49　综合题 5 图

学习项目九　可燃气体报警器分析与设计

项目描述

家庭使用液化气、燃气等可燃气体作燃料的越来越多，但是这些气体有害、易爆炸、隐患事故多，如果气体泄漏时不能及时发现和处理，会给家庭及邻居带来灾难性危害。本项目包括可燃气体报警电路的结构及其工作原理。此报警电路以气敏半导体传感器检测到可燃气体。检测时通过电导率的改变来控制多谐振荡器及正反馈振荡器间歇工作，通过报警电路达到报警。

项目目标

知识目标

（1）能叙述 555 定时器逻辑功能、管脚功能。
（2）了解 555 定时器构成的单稳态触发器与施密特触发器的特点。
（3）掌握各种振荡器的工作特点。
（4）能分析并设计数字钟电路。

技能目标

（1）会正确使用 555 定时器。
（2）会用 555 定时器构成振荡器。
（3）会应用脉冲产生、整形电路。
（4）会应用 555 定时器分析与设计烟雾报警器。

任务框架

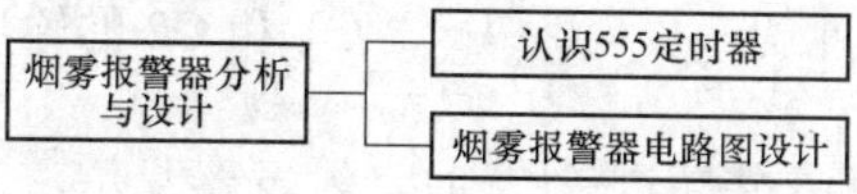

任务一　认识 555 定时器

学习目标

（1）能叙述 555 定时器逻辑功能、管脚功能。
（2）能正确使用 555 定时器。

任务引入

本项目中设计的烟雾报警器是利用 555 定时器构成的多谐振荡器驱动扬声器报警的。那什么是 555 定时器？它有什么样的工作特性呢？

任务分析

555 定时器具有良好的通用性、可靠性，以及低廉的价格，直至今日仍被广泛应用于电子电路的设计中，例如在波形的产生与变换、测量与控制、家用电器、电子玩具等许多领域中都得到了广泛应用，其中 CMOS 型的电路已经广泛应用到航天领域。

知识准备

555 定时器电路是一种中规模集成定时器，目前应用十分广泛。通常只需外接几个阻容元件，就可以构成各种不同用途的脉冲电路，如多谐振荡器、单稳态触发器、施密特触发器等。555 定时电路有 TTL 集成定时电路和 CMOS 集成定时电路，它们的逻辑功能与外引线排列都完全相同。双极型产品型号最后数码为 555，CMOS 型产品型号最后数码为 7555。

555 定时器的集成电路外形、引脚、内部结构如图 9-1 所示。

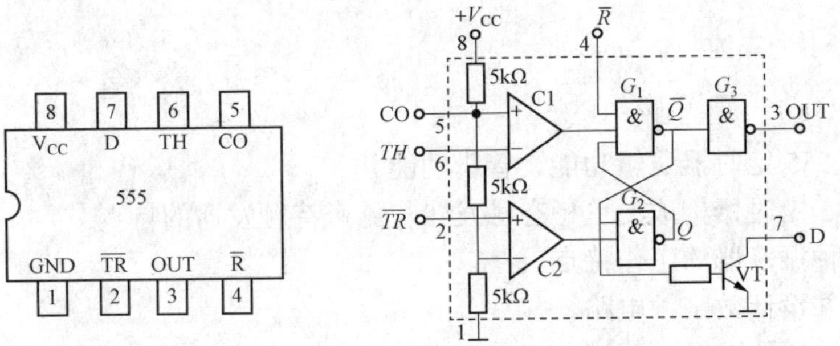

（a）外引线排列　　（b）内部结构

图 9-1　555 定时器外引线排列及内部结构

GND—接地端；$\overline{TR}$ —低触发端；OUT—输出端；$\overline{R}$ —复位端；CO—控制电压端；TH—高触发端；D—放电端；V_{CC}—电源端

555 定时器含有两个电压比较器，一个基本 RS 触发器，一个放电开关 T，比较器的参考电压由三只 5kΩ 的电阻器构成分压，它们分别使高电平比较器 C1 同相比较端和低电平比较器 C2 的反相输入端的参考电平为 $\frac{2}{3}V_{CC}$ 和 $\frac{1}{3}V_{CC}$。C1 和 C2 的输出端控制 RS 触发器状态和放电管开关状态。当输入信号输入并超过 $\frac{2}{3}V_{CC}$ 时，触发器复位，555 定时器的输出端 3 脚输出低电平，同时放电，开关管导通；当输入信号自 2 脚输入并低于 $\frac{1}{3}V_{CC}$ 时，触发器置位，555 的 3 脚输出高电平，同时放电，开关管截止。

$\overline{R}$ 是复位端，当其为 0 时，555 定时器输出低电平。平时该端开路或接 V_{CC}。

V_{CO} 是控制电压端（5 脚），平时输出 $\frac{2}{3}V_{CC}$ 作为比较器 C1 的参考电平，当 5 脚外接一个输入电压，即改变了比较器的参考电平，从而实现对输出的另一种控制，在不接外加电压时，通常接一个 0.01μF 的电容器到地，起滤波作用，以消除外来的干扰，以确保参考电平的稳定。

VT 为放电管，当 VT 导通时，将给接于脚 7 的电容器提供低阻放电电路。

555 定时器的输入、输出关系见表 9-1。

表 9-1　　**555 定时器的输入、输出关系**

$\overline{R}$	CO	U_{TH}	$U_{\overline{TR}}$	U_{OUT}	VT 的状态
0	0	*	*	U_{OL}	导通
1	0	$>\frac{2}{3}V_{CC}$	$>\frac{1}{3}V_{CC}$	U_{OL}	导通
		$<\frac{2}{3}V_{CC}$	$>\frac{1}{3}V_{CC}$	不变	不变
		*	$<\frac{1}{3}V_{CC}$	U_{OH}	截止
	1	$>V_{CO}$	$>\frac{1}{2}V_{CO}$	U_{OL}	导通
		$<V_{CO}$	$>\frac{1}{2}V_{CO}$	U_{OL}	不变
		*	$<\frac{1}{2}V_{CO}$	不变	截止

任务实施　555 定时器的功能测试

静态测试：先利用 5V 电源电压和电位器制作一个 0～5V 的可变电压作为输入，在渐变过程中记录输出端的电压变化，电路如图 9-2 所示。

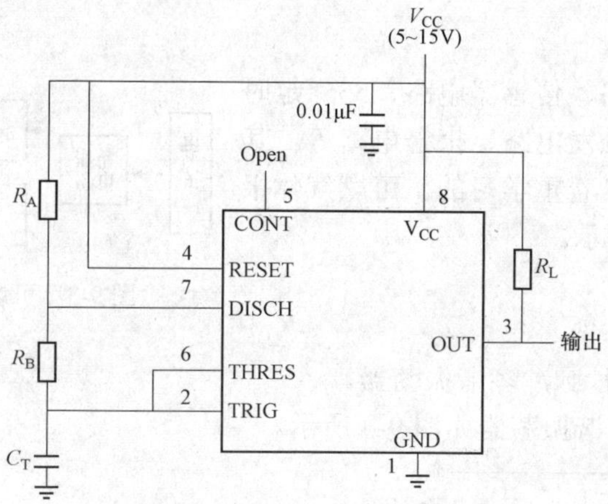

图 9-2　555 定时器的功能测试电路

1—接地；4、8—接 5V 电源；2、6—接 0～5V 可变电压；5—悬空；3、7—接指示灯

当输入电压从 0～5V 上调时，记录数据填在表 9-2 中。

表 9-2　　**测 量 数 据 （0～5V 上调）**

A	B	C	D	E	F	G	H	I	J
V_i									
V_o									
发光二极管									

当输入电压从 5～0V 下调时，记录数据填在表 9-3 中。

表 9-3 测 量 数 据 （5～0V 下调）

A	B	C	D	E	F	G	H	I	J
V_i									
V_o									
发光二极管									

任务二 可燃气体报警器电路图设计

学习目标

（1）了解 555 定时器构成的单稳态触发器与施密特触发器的特点。

（2）掌握各种振荡器的工作特点。

（3）会应用脉冲产生整形电路。

（4）会应用 555 定时器分析与设计可燃气体报警器。

任务引入

了解了 555 定时器特性后，利用 555 定时器构成的典型应用有哪些，它们又各自有什么特性？可燃气体报警器电路系统又与 555 定时器有什么联系呢？

任务分析

本系统包括电源电路、传感器电路、555 定时器构成的多谐振荡器、触发电路、报警电路等。其中，多谐振荡器是本项目着重学习的。可燃气体报警器系统框图如图 9-3 所示。

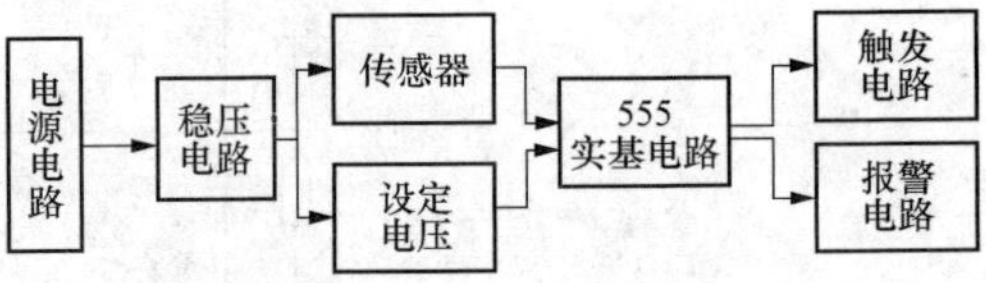

图 9-3 可燃气体报警器系统框图

知识准备

555 电路构成 1kHz 秒脉冲多谐振荡器。

555 定时器构成的多谐振荡器如图 9-4 所示。

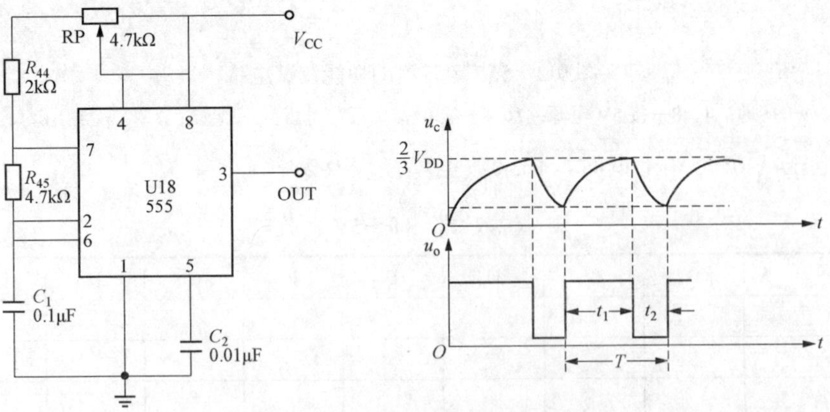

（a）原理图 （b）波形图

图 9-4 555 定时器构成的多谐振荡器

多谐振荡器工作原理是：接通 V_{CC} 后，V_{CC} 经 R_{44} 和 R_{45} 对 C_1 充电。当 u_c 上升到 $\frac{2}{3}V_{CC}$ 时，u_o=0，VT 导通，C_1 通过 R_{45} 和 VT 放电，u_c 下降。当 u_c 下降到 $\frac{1}{3}V_{CC}$ 时，u_o 又由 0 变为 1，VT 截止，V_{CC} 又经 R_{44} 和 R_{45} 对 C_1 充电。如此重复上述过程，在输出端 u_o 产生了连续的矩形脉冲。

振荡频率和占空比的估算：

（1）电容 C 充电时间　$t_1 = 0.7(R_{44}+R_{45})C_1$

（2）电容 C 放电时间　$t_2 = 0.7R_{45}C_1$

（3）电路谐振频率 f 的估算

振荡周期　$T = 0.7(R_{44}+2R_{45})C_1$

振荡频率　$f = \frac{1}{T} = \frac{1}{0.7(R_{44}+2R_{45})C_1} \approx \frac{1.43}{(R_{44}+2R_{45})C_1}$

（4）占空比 D　$D = \frac{t_1}{T} = \frac{0.7(R_{44}+R_{45})C_1}{0.7(R_{44}+2R_{45})C_1} = \frac{R_{44}+R_{45}}{R_{44}+2R_{45}}$

［例 9-1］ 如图 9-4 所示的由 555 定时器构成的多谐振荡器。已知 V_{CC}=10V，C=0.1μF，R_1=15kΩ，R_2=24kΩ。试求多谐振荡器的振荡频率。

解：

$$f = \frac{1}{T} = \frac{1}{t_{w1}+t_{w2}}$$

$$\begin{aligned} t_{w1} &= 0.7(R_1+R_2)C \\ &= 0.7(15+24)\times 10^3 \times 0.1\times 10^{-6} \\ &= 2.73(\text{ms}) \\ t_{w2} &= 0.7R_2C \\ &= 0.7\times 24\times 10^3 \times 0.1\times 10^{-6} \\ &= 1.68(\text{ms}) \end{aligned}$$

所以

$$\begin{aligned} f &= \frac{1}{T} = \frac{1}{(2.73+1.68)\times 10^3} \\ &\cong 226.75(\text{Hz}) \end{aligned}$$

思考任务

图 9-5 所示为 555 定时器构成叮咚门铃原理。可以看出该电路就是前面 555 振荡电路的应用，就是由 555 振荡电路改进得来的。按钮 S、R_4、C_1 构成冲放电路。4 脚的电压是冲放电路中 C_1 的电压。

该电路实际上是用 NE555 集成电路接成的多谐振荡器。当按下 S，电源经 VD2 对 C_1 充电，当集成电路 4 脚（复位端）电压大于 1V 时，电路振荡，扬声器中发出“叮”声。松开按钮 S，C_1 电容储存的电能经 R_4 电阻放电，但集成电路 4 脚继续维持高电平而保持振荡，但这时因 R_1 电阻

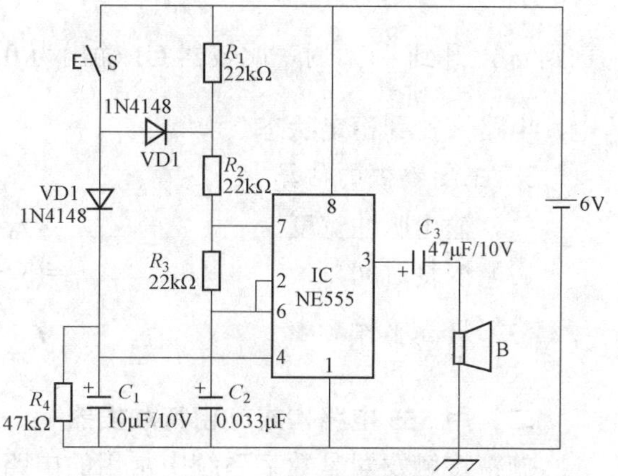

图 9-5　叮咚门铃原理

也接入振荡电路，振荡频率变低，使扬声器发出“咚”声。当 C_1 电容器上的电能释放一定时间后，集成电路 4 脚电压低于 1V，此时电路将停止振荡。再按一次按钮，电路将重复上述过程。

思考与练习

1．断开 S 后要改变余音的长短，可调整电路中元件______的数值。

2．试估算扬声器发出“叮咚”声时，555 定时器组成的振荡器的振荡频率分别是______、______。

拓展与延伸　单稳态和施密特触发器

一、用 555 电路构成单稳态触发器

1．单稳态触发器的特点

（1）它有一个稳定状态和一个暂稳状态。

（2）在外来触发脉冲作用下，能够由稳定状态翻转到暂稳状态。

（3）暂稳状态维持一段时间后，将自动返回到稳定状态，而暂稳状态时间的长短，与触发脉冲无关，仅决定于电路本身的参数。

2．555 定时器构成的单稳态触发器的电路组成及其工作原理

单稳态触发器的组成如图 9-6 所示。

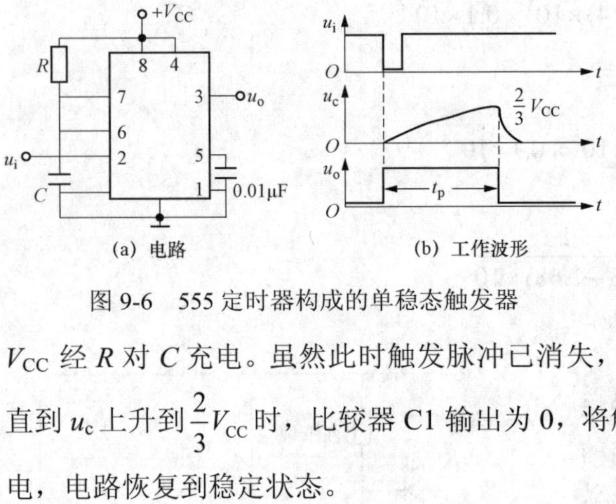

(a) 电路　(b) 工作波形

图 9-6　555 定时器构成的单稳态触发器

接通 V_{CC} 后瞬间，V_{CC} 通过 R 对 C 充电，当 u_c 上升到 $\frac{2}{3}V_{CC}$ 时，比较器 C1 输出为 0，将触发器置 0，u_o=0。这时 Q=1，放电管 VT 导通，C 通过 VT 放电，电路进入稳态。

u_i 到来时，因为 $u_i < \frac{1}{3}V_{CC}$，使 C_2=0，触发器置 1，u_o 又由 0 变为 1，电路进入暂稳态。由于此时 Q=0，放电管 VT 截止，V_{CC} 经 R 对 C 充电。虽然此时触发脉冲已消失，比较器 C2 的输出变为 1，但充电继续进行，直到 u_c 上升到 $\frac{2}{3}V_{CC}$ 时，比较器 C1 输出为 0，将触发器置 0，电路输出 u_o=0，VT 导通，C 放电，电路恢复到稳定状态。

3．主要参数的估算

（1）输出脉冲宽度　$t_p=1.1RC$

（2）恢复时间　$t_{re}=(3\sim5)R_{CES}\cdot C$

（3）最高工作频率　$f_{max}=\dfrac{1}{t_p+t_{re}}$

二、用 555 电路构成施密特触发器

施密特触发器是数字系统中常用的电路之一，它可以把变化缓慢的脉冲波形变换成为数字电路所需要的矩形脉冲。

施密特电路的特点在于它也有两个稳定状态，但与一般触发器的区别在于这两个稳定状态的转换需要外加触发信号，而且稳定状态的维持也要依赖于外加触发信号，因此它的触发方式是电平触发。

1. 施密特触发器的组成

555 定时器组成的施密特触发器电路如图 9-7（a）所示。只要将 555 定时器的 2 号脚和 6 号脚接在一起，就可以构成施密特触发器。

2. 施密特触发器的工作原理

（1）当 u_i=0 时，由于比较器 C1 输出为 1、C2 输出为 0，触发器置 1，即 Q=1，$\overline{Q}=0$，u_{o1}=u_o=1。u_i 升高时，在未到达 $\frac{2}{3}V_{CC}$ 以前，u_{o1}=u_o=1 的状态不会改变。

（2）u_i 升高到 $\frac{2}{3}V_{CC}$ 时，比较器 C1 输出为 0，C2 输出为 1，触发器置 0，即 Q=0，$\overline{Q}=1$，u_{o1}=u_o=0。此后，u_i 上升到 V_{CC}，然后再降低，但在未到达 $\frac{1}{3}V_{CC}$ 以前，u_{o1}=u_o=0 的状态不会改变。

（3）u_i 下降到 $\frac{2}{3}V_{CC}$ 时，比较器 C1 输出为 1、C2 输出为 0，触发器置 1，即 Q=1，$\overline{Q}=0$，u_{o1}=u_o=1。此后，u_i 继续下降到 0，但 u_{o1}=u_o=1 的状态不会改变。

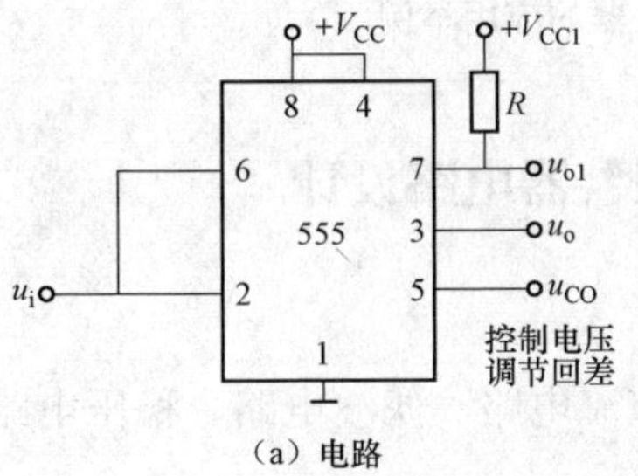

（a）电路

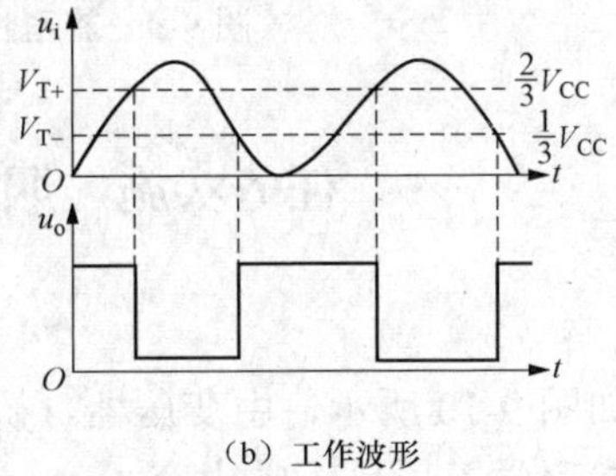

（b）工作波形

图 9-7　555 定时器构成的施密特触发器

3. 滞回特性及主要参数

（1）滞回特性。如图 9-8 所示的施密特触发器的电压传输特性即输出电压 u_o 与输入电压 u_i 的关系曲线。当 $u_i<\frac{1}{3}V_{CC}$ 时，$u_o=V_{OH}$；当 $\frac{1}{3}V_{CC}<u_i<\frac{2}{3}V_{CC}$ 时，u_o 保持原状态不变；当 $u_i<\frac{2}{3}V_{CC}$ 时，$u_o=V_{OL}$。

（2）主要参数。正向阈值电压（或称上触发电平）V_{T+} 是指 u_i 上升过程中，使施密特触发器状态翻转，输出电压 u_o 由高电平跳变到低电平时，所对应的输入电压值称为正向阈值电压，并用 V_{T+}表示。在图 9-7 中，$V_{T+}=\frac{2}{3}V_{CC}$。

负向阈值电压（或称下触发电平）V_{T-}是指 u_i 下降过程中，使施密特触发器状态翻转，输出电压 u_o 由低电平跳变高电平到时，所对应的输入电压 u_i 值称为负向阈值电压，并用 V_{T-}表示。在图 9-7 中，$V_{T-}=\frac{1}{3}V_{CC}$。

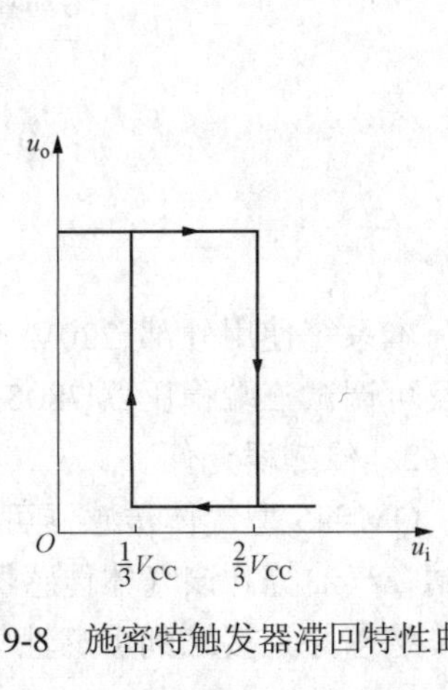

图 9-8　施密特触发器滞回特性曲线

回差电压 ΔV_T 又称滞回电压是正向阈值电压 V_{T+} 与负向阈值电压 V_{T-} 之差，即 $\Delta V_T = V_{T+} - V_{T-}$。在图 9-7 中 $\Delta V_T = V_{T+} - V_{T-} = \frac{2}{3}V_{CC} - \frac{1}{3}V_{CC} = \frac{1}{3}V_{CC}$。

4. 施密特触发器的应用

施密特触发器主要应用于波形的变换与整形，以及构成多谐振荡器等方面，其输入、输出波形如图 9-9 所示。

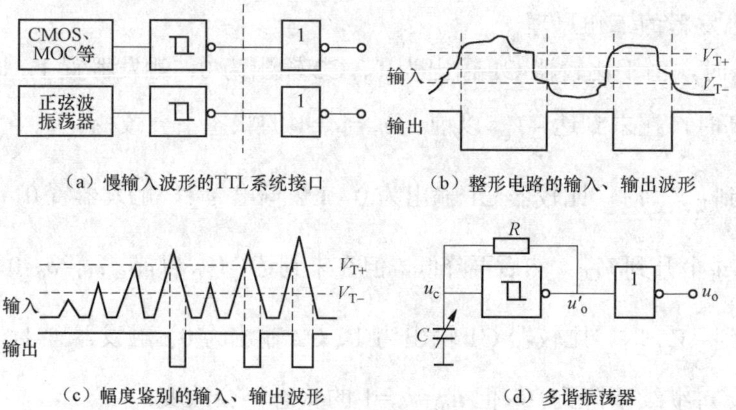

图 9-9 施密特触发器的应用举例

任务实施 烟雾报警器电路设计

1. 电源电路

电源电路如图 9-10 所示，由变压器、桥式整流电路、滤波电路、稳压电路组成，具体参数的选择可以参照学习项目三的内容。

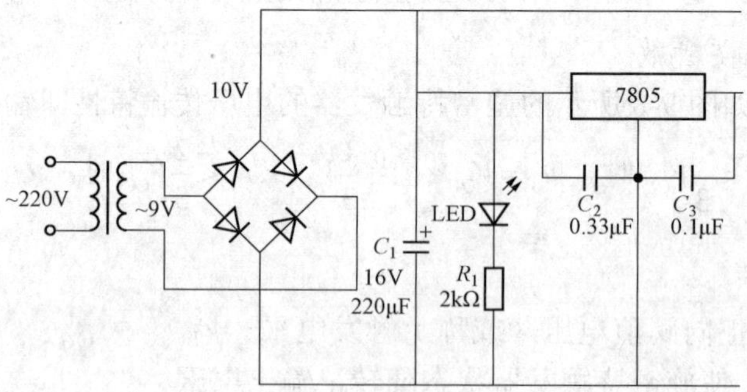

图 9-10 电源电路

本系统使用外部 220V 交流电源供电，经过变压器降压、桥式整流电路整流、电容滤波以及可调试三端稳压器 7805 调节后，可以输出直流电压 5V。

2. 传感器元件

QM-N5 型气体传感器可用于检测各类可燃性气体和液体蒸汽，如天然气、液化石油气、酒精、汽油等。该气体传感器是以二氧化锡为基材的 N 型半导体气体传感器。当传感器处于工作状态并且接触到可燃性气体时，其 A、B 两端的电阻减小，可燃性气体浓度越大，电阻值变化越大。它对甲烷、丙烷、丁烷有很高的灵敏度。QM-N5 型气体传感器的加热电压为 5V，回路检测电压低于 15V，QM-N5 型气体传感器特别适用于低成本高可靠的可燃气体探测器。其引脚如图 9-11 所示。

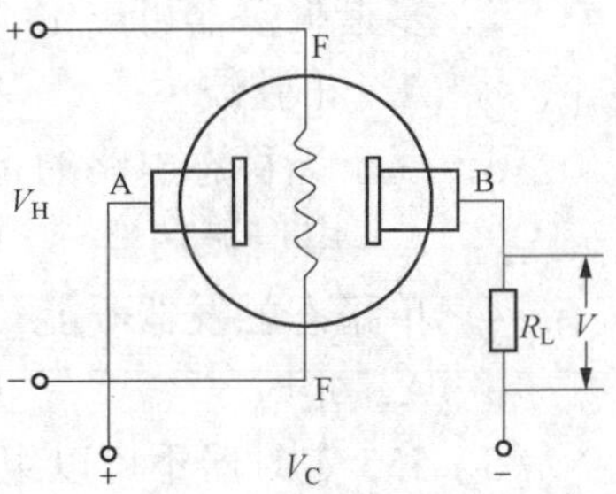

图 9-11　气体传感器引脚

3. 火灾烟雾报警器电路设计

利用直流电源电路、传感器、555 定时器连接的烟雾报警器电路如图 9-12 所示。

4. 工作原理

采用 QM-N5 气敏传感器，实现气体信号与电信号转换，555 定时电路及其周围元器件组成触发电路和报警电路。由于气敏元件工作时，要求其加热电压相当稳定，所以利用 12V 电源对气敏元件的加热丝进行稳压，报警器就能稳定地工作在 180～260V 范围内。电路工作时，由 555 定时电路组成自激多谐振荡器，利用它的复位端进行触发。当气敏元件接触到可燃气体和烟雾时，其阻值降低，使 555 时基电路复位端即 4 脚电压上升，当电压达到 555 时基电路电源电压 V_{CC} 的 1/3 时，其输出端即 3 脚输出高电平，驱动扬声器发出报警声。

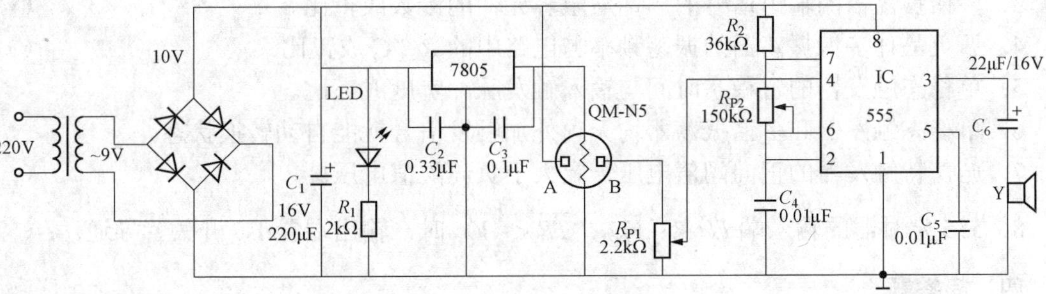

图 9-12　火灾烟雾报警器

自　测　题

一、填空题

1. 555 定时器型号的最后数码为 555 的是______产品，为 7555 的是______产品。

2. 施密特触发器具有______现象，又称______特性。

3. 施密特触发器有______个稳态，单稳态触发器有______个稳态，多谐振荡器有______个稳态。

4. 常见的脉冲产生电路有______，常见的脉冲整形电路有______、______。

5. 为了实现高的频率稳定度，常采用______振荡器。

6. 施密特触发器的主要用途有______、______、______、______等。

二、选择题

1. 脉冲整形电路有______。

A. 多谐振荡器　　B. 单稳态触发器

C. 施密特触发器　　D. 555 定时器

2．多谐振荡器可产生______。

A．正弦波 B．矩形脉冲 C．三角波 D．锯齿波

3．属于无稳态电路的是______。

A．多谐振荡器 B．单稳态触发器 C．施密特触发器 D．基本 RS 触发器

4．单稳态触发器不能______。

A．定时 B．延时 C．整形 D．计数

5．555 定时器不可以组成______。

A．多谐振荡器 B．单稳态触发器 C．施密特触发器 D．JK 触发器

6．以下各电路中，可以用于定时的是______。

A．多谐振荡器 B．单稳态触发器 C．施密特触发器 D．石英晶体多谐振荡器

7．欲将三角波、正弦波等变换为同频率的矩形波，应选用______。

A．555 定时器 B．单稳态触发器 C．施密特触发器 D．多谐振荡器

三、判断题

1．施密特触发器可用于将三角波变换成正弦波。（ ）

2．施密特触发器有两个稳态。（ ）

3．多谐振荡器的输出信号的周期与阻容元件的参数成正比。（ ）

4．石英晶体多谐振荡器的振荡频率与电路中的 R、C 成正比。（ ）

5．单稳态触发器的暂稳态时间与输入触发脉冲宽度成正比。（ ）

6．单稳态触发器和多谐振荡器均无须外加触发信号就能自动转换状态。（ ）

7．施密特触发器的正向阈值电压一定大于负向阈值电压。（ ）

8．555 定时器的输入端 $TH < \frac{2}{3}V_{CC}$、$\overline{TR} < \frac{1}{3}V_{CC}$ 时，输出端置 1，开关管导通。（ ）

四、简答题

1．555 定时器由哪几部分组成？各部分功能是什么？

2．多谐振荡器的主要特点有哪些？

五、综合题

1．在图 9-13（a）所示的电路中，若输入信号 u_i 如图 9-13（b）所示，请画出 u_o 的波形。

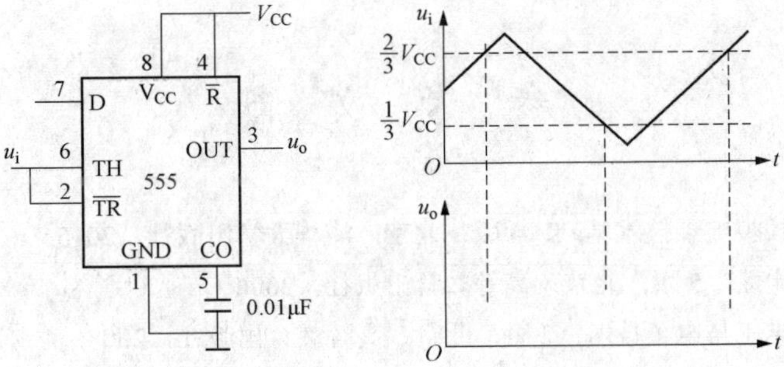

（a）电路　　（b）波形

图 9-13　综合题 1 图

2．图 9-14 所示为一个根据周围光线强弱可自动控制 LED 亮灭的电路，其中 VT 为光敏三极管，有光照时导通，有较大的集电极电流，光暗时截止，试分析电路的工作原理。

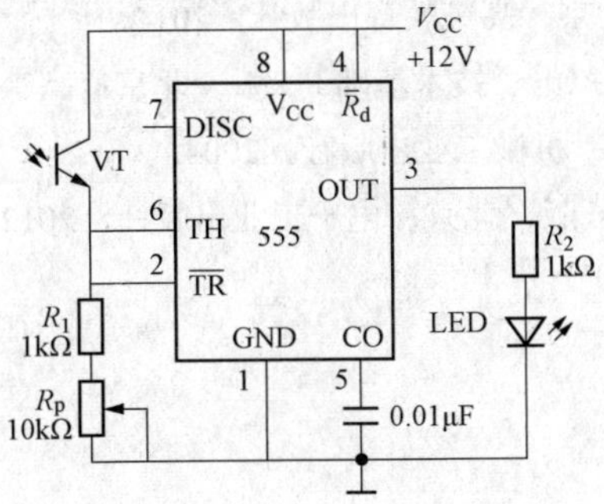

图 9-14　综合题 2 图

参 考 文 献

[1] 童诗白，华成英．模拟电子技术基础．4 版．北京：清华大学出版社，2015.
[2] 邱关源，罗先觉．电路．5 版．北京：高等教育出版社，2006.
[3] 文春帆，李乃夫．电工与电子技术．2 版．北京：高等教育出版社，2008.
[4] 张洪润，金伟萍，关怀．电工电子技术．北京：清华大学出版社，2013.
[5] 王为民，袁建军．电工电子技术与实践．北京：化学工业出版社，2010.
[6] 陈新龙，胡国庆．电工电子技术基础教程．2 版．北京：清华大学出版社，2013.
[7] 付植桐．电子技术．5 版．北京：高等教育出版社，2016.
[8] 王兆晶．维修电工（技师、高级技师）．北京：机械工业出版社，2017.
[9] 石生．电路基本分析．4 版．北京：高等教育出版社，2014.
[10] 周良权，傅恩锡，李世馨．模拟电子技术基础．5 版．北京：高等教育出版社，2015.
[11] 杨静生．电工电子技术．北京：机械工业出版社，2004.
[12] 孟贵华．电子技术工艺基础．6 版．北京：电子工业出版社，2012.